KB121332

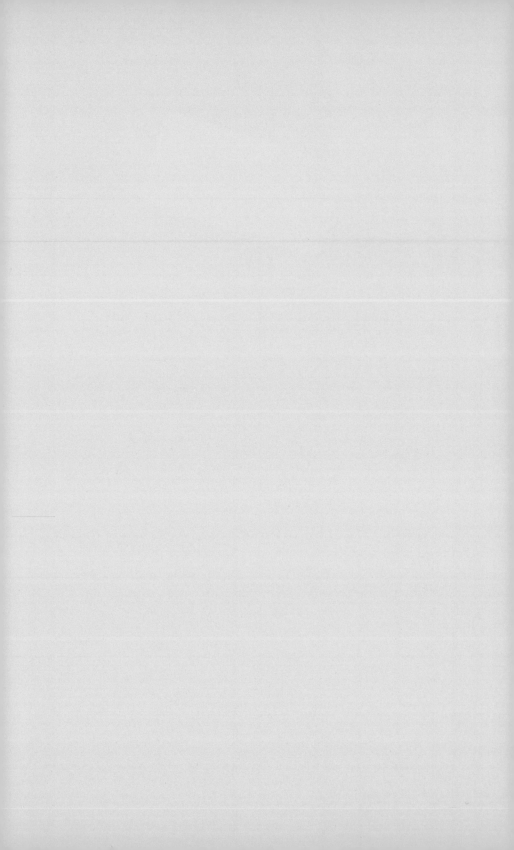

# 생명의 경계

# 생명의 경계

—

2022년 4월 20일 초판 1쇄 발행

—

**지은이** 칼 짐머
**옮긴이** 김성훈
**펴낸이** 김정수, 강준규
**책임편집** 유형일
**마케팅** 추영대
**마케팅지원** 배진경, 임혜솔, 송지유

—

**펴낸곳** (주)로크미디어
**출판등록** 2003년 3월 24일
**주소** 서울시 마포구 성암로 330 DMC첨단산업센터 318호
**전화** 02-3273-5135
**팩스** 02-3273-5134
**편집** 070-7863-0333
**홈페이지** http://rokmedia.com
**이메일** rokmedia@empas.com

—

**ISBN** 979-11-354-7637-2 (03470)
책값은 표지 뒷면에 적혀 있습니다.

—

브론스테인은 로크미디어의 과학, 건강 도서 브랜드입니다.
잘못 만들어진 책은 구입하신 서점에서 교환해 드립니다.

# Life's Edge
생명의 경계

## 살아있음의 의미를 찾아 떠나는
## 과학적 여정

칼 짐머 지음 / 김성훈 옮김

BRONSTEIN

내 사랑이자 생명인 그레이스에게

— ❀ —

# 저자·역자 소개

| 저자 |    **칼 짐머**Carl Zimmer

칼 짐머는 호평받는 과학 작가이자 칼럼니스트, 저널리스트이다. 그는 〈뉴욕 타임스〉로부터 "우리가 알고 있는 가장 영민한 과학 저술가", 〈뉴욕〉으로부터 "미국에서 가장 존경받는 과학 저널리스트"라는 극찬을 받은 바 있다. 짐머는 미국에서 가장 사랑받는 과학 잡지 중 하나인 〈디스커버〉에서 과학 저널리스트로 활동을 시작했으며, 도서 집필과 여러 프로젝트에 집중하기 위해 〈디스커버〉를 떠나 프리랜서 작가로 활동하기 시작했다. 현재는 예일 대학교에서 분자생물물리학 및 생화학 겸임 교수로 재직 중이며, 기고 활동과 과학 커뮤니케이션 교육을 이어가고 있다. 짐머는 탁월한 과학 저술을 인정받아 1994년에 모든 과학 분야에서 뛰어난 저술 능력을 보인 젊은 과학 작가에게 주는 에버트 클라크/세스 페인상Evert Clark/Seth Payne Award, 미국과학진흥협회에서 과학, 공학 및 수학 분야에서 뛰어난 보도를 하는 저널리스트에게 주는 과학 저널리즘상Science Journalism Award을 세 차례(2004년, 2009년, 2012년) 받았고, 2007년에는 과학 저술가로서 최고 영예인 내셔널 아카데미 커뮤니케이션상Science Communication Award, 2016년에는 진화학, 생물학, 교육 및 일상에서 대중에게 진화학에 대한 이해도를 높이기 위해 꾸준히

모범적인 활동을 한 개인에게 수여하는 스티븐 제이 굴드상Stephen Jay Gould Prize을 수상했다. 2017년에는 미국 온라인뉴스협회에서 주관하는 온라인 저널리즘 어워드Online Journalism Awards 해설 보도부문을 수상했으며, 2019년에는 전미과학작가협회에서 수여하는 과학 사회 저널리즘상Science in Society Journalism Awards을 수상했다. 또한 짐머는 2021년 코로나19 팬데믹 사태 심층보도로 퓰리처상 공공서비스 부문을 수상한 〈뉴욕 타임스〉 탐사보도팀의 일원으로 활약했다. 〈뉴욕 타임스〉, 〈사이언티픽 아메리칸〉, 〈디스커버〉, 〈타임〉, 〈사이언스〉, 〈내셔널 지오그래픽〉 등 유명 저널에 수많은 과학 관련 글을 기고해왔고, 그중 일부는 《미국 최고의 과학 저술The Best American Science and Nature Writing》 같은 과학 에세이 선집에 실리기도 했다. 그는 2004년부터 〈뉴욕 타임스〉의 주간 과학 칼럼 코너 'Matter'에서 다양한 분야에서 나타나는 새로운 과학적 발견을 알리는 칼럼을 게재하고 있다. 《바이러스 행성》, 《기생충 제국》, 《영혼의 해부》, 《마이크로코즘》, 《진화》, 《그녀는 엄마의 미소를 닮았네》 등 그가 쓴 10권이 넘는 과학책들은 베스트셀러 목록에 올랐으며, 여러 매체에서 주목할 만한 도서 목록에 오르기도 했다.


| 역자 |　　**김성훈**

　　치과의사의 길을 걷다가 번역의 길로 방향을 튼 번역가. 경희대학교 치과대학을 졸업했고 현재 출판번역 및 기획그룹 '바른번역' 회원으로 활동 중이다. 《나를 나답게 만드는 것들》, 《운명의 과학》, 《뇌의 미래》, 《정리하는 뇌》 등 다수의 책을 우리말로 옮겼다. 《늙어감의 기술》로 제36회 한국과학기술도서상 번역상을 받았다.

— ❀ —

서문

# 경계지대

1904년 가을, 캐번디시 연구소Cavendish Laboratory[1]는 온갖 신기한 실험
으로 가득했다. 수은 구름이 번쩍이는 파란 불빛으로 요동친다. 납
실린더가 구리 원반 위에서 피루엣pirouette(특히 발레에서 한쪽 발로 서서 빠
르게 도는 것—옮긴이)을 하며 돈다. 케임브리지대학교의 중심부인 프리
스쿨 레인Free School Lane에 자리 잡은 이 담쟁이넝쿨 건물은 영국뿐 아
니라 전 세계 물리학자들에게 가장 흥미진진한 장소였다. 이곳에 오
면 우주의 근본이 되는 조각들을 가지고 놀 수 있었다. 자석, 진공장
치, 배터리가 숲처럼 빼곡히 들어찬 이곳 한구석에 쓸쓸히 자리 잡은
소규모 실험에 관심을 두는 사람은 별로 없었을 것이다. 면으로 덮은
유리관에 갈색 수프 몇 숟가락을 퍼 담아 절반 정도 채운 것이 고작
이었으니까.

하지만 그 유리관 안에서 무언가가 생겨나고 있었다. 몇 달 후면
전 세계가 이 연구 결과 앞에서 숨을 죽일 것이다. 신문은 이 실험을

과학 역사상 가장 놀라운 업적 중 하나로 치켜세울 것이다. 그리고 어느 기자가 이 유리관 속에 숨은 것을 두고 '가장 원시적인 형태의 생명체이자 무기물의 세계와 유기물의 세계를 연결해 줄 잃어버린 고리'[2]로 묘사할 것이다.

이 가장 원시적인 생명체는 존 버틀러 버크John Butler Burke[3]라는 31세 물리학자의 창조물이다. 실험을 진행하던 즈음의 사진들을 보면 버크의 소년처럼 앳된 얼굴이 우수에 젖은 분위기를 자아낸다. 그는 필리핀 마닐라에서 태어났고 어머니는 필리핀, 아버지는 아일랜드 출신이다. 학교에 다니기 위해 소년 시절에 더블린으로 이사 왔고, 결국 트리니티칼리지Trinity College에 들어가 엑스선, 다이너모 발전기dynamo, 설탕에서 나오는 신비한 불꽃을 연구했다. 트리니티칼리지는 버크에게 물리학과 화학에서 금메달을 수여했다. 한 교수는 그를 "자신의 연구에 쏟아부은 열정을 다른 사람들의 마음속에도 불어넣는 재능을 타고난 남자"라고 묘사했다.[4] 버크는 연구를 마무리한 다음에 더블린에서 잉글랜드로 옮겼고 여러 대학교에서 학생을 가르쳤다. 머지않아 아버지가 세상을 떠났고 버크가 나중에 '돈 많은 아주머니'라고 불렀던 그의 어머니가 넉넉한 돈으로 그를 뒷바라지했다.[5] 그리고 1898년, 버크는 캐번디시 연구소에 합류한다.

지구에서 캐번디시 연구소만큼 물리학자들이 물질과 에너지에 대해 그렇게 짧은 시간에 그렇게 많은 것을 밝혀낸 곳은 없었다. 당시는 캐번디시 연구소 소장인 조셉 존 톰슨Joseph John Thomson이 전자를 발견한 성과도 거둔 상황이었다. 캐번디시에 들어가고 몇 년 동안 버크는 톰슨의 연구를 뒤따라 미스터리한 하전 입자에 대해 자체적으로 연구를 진행하며 전자가 어떻게 기체 구름을 빛나게 할 수 있는지 조사했다. 그러다 새로운 미스터리가 그를 사로잡았다. 캐번디시의 다른 젊은 물리학자들처럼 버크도 라듐radium이라는 빛을 내는 새로운 원소로 실험을 시작했다.

그보다 몇 년 앞선 1896년에는 앙리 베크렐Henri Becquerel이라는 프랑스 물리학자가 평범한 물질이 이상한 형태의 에너지를 방출할 수 있다는 첫 증거를 발견했다. 그가 우라늄염uranium salt을 검은 천으로 감싸 두었는데 그것이 근처에 있던 사진 건판에 유령 같은 이미지를 만들어 낸 것이다. 머지않아 우라늄이 일종의 강력한 입자를 꾸준히 방출하고 있다는 것이 확실해졌다. 베크렐의 연구를 이어 마리 퀴리Marie Curie와 피에르 퀴리Pierre Cuire가 역청우라늄석pitchblende이라는 광석에서 우라늄을 추출했다. 그리고 그 과정에서 두 번째 원소로부터 어떤 에너지가 흘러나오고 있음을 발견했다. 두 사람은 이 원소를 '라듐', 그 새로운 형태의 에너지는 '방사능radioactivity'이라 명명했다.

라듐은 대량의 에너지를 방출하기 때문에 자체적으로 열을 유지할 수 있었다. 과학자들이 얼음덩어리 위에 라듐 조각을 올려놓으면 자기 무게만큼의 얼음을 물로 녹일 수 있었다. 퀴리 부부가 라듐을 인과 섞었더니 라듐에서 방출된 입자가 인을 어둠 속에서 빛나게 만들었다. 이 희귀하고 이색적인 물질에 대한 소식이 퍼지면서 센세이션을 일으켰다. 뉴욕에서는 무용수들이 라듐을 코팅한 옷을 입고 어두운 카지노 안에서 연기를 펼쳤다. 사람들은 라듐이 문명을 떠받치는 기둥이 될지 궁금해했다. 한 화학자는 이렇게 물었다. "연금술사들의 터무니없는 꿈인, 기름 없이도 영원히 어둠을 밝히는 램프가 실현되는 것이 아닐까?"**6** 라듐은 생명을 불어넣는 힘도 가진 것으로 보였다. 정원사들은 라듐이 꽃을 빛나게 해 줄 것이라 확신하고 꽃 위에 라듐을 뿌렸다. 어떤 사람은 온갖 질병, 심지어는 암을 치료해 보겠다며 이 '액체 햇빛liquid sunshine'을 마시기도 했다.

하지만 결국 1934년에 그 암이 마리 퀴리의 목숨을 앗아갔다. 아마도 그녀가 연구하면서 매일 접했던 라듐과 다른 방사능원소 때문이었을 것이다. 방사능이 얼마나 위험한지 잘 알고 있는 지금에 와서 생각해 보면 대체 무슨 근거로 라듐에 생명을 불어넣는 힘이 있을 거라고 생각했는지 이해하기 힘들다. 하지만 1900년대 초반만 해도 과학자들은 생명의 본질에 대해 놀라울 정도로 아는 것이 없었다. 과학자들이 기껏 할 수 있는 말이라고는 생명의 본질이 세포 속 젤리 비슷한 물질에 숨어 있다는 것이었다. 이 물질을 과학자들은 원형질protoplasm이라 불렀다. 그 원리는 알 수 없으나 원형질은 세포를 살아 있는 존재로 조직하고 다음 세대로 전달되었다. 그것 말고는 확실한 것이 거의 없어서 온갖 개념들이 활개를 쳤다.

버크의 눈에는 생명과 방사능 사이의 심오한 유사성이 보였다. 애벌레가 나방이 되듯이, 라듐 원자는 내부에서 오는 것으로 보이는 변화를 겪을 수 있었다. 버크는 1903년에 한 잡지 기사에서 다음과 같이 말했다. "라듐은 자신의 실체를 변화시킨다. 제한된 의미로는 살아 있다고 할 수 있다. 하지만 그럼에도 항상 동일하다. 따라서 생물학자들이 살아 있는 물질과 소위 죽어 있는 물질 사이에 존재한다고 주장하는 극복 불가능한 차이는 거짓이며, 이는 사라져야 마땅하다. (······) 모든 물질은 살아 있다. 그것이 나의 가설이다."**7**

버크는 신비주의자가 아니라 한 사람의 과학자로서 이런 말을 한 것이다. 그는 이렇게 경고했다. "지나친 상상력에 휩쓸려 실험적 사실이 뒷받침하지 않는 순수한 공상의 세계에 빠져들지 않도록 조심해야 한다." 자신의 가설을 입증하기 위해 버크는 실험을 설계했다. 라듐을 이용해서 생명 없는 물질로부터 생명을 창조하는 실험이었다.

이 창조 행위를 실천에 옮기기 위해 버크는 소고기에 소금과 젤라틴을 뿌리고 끓여서 육수를 준비했다. 일단 재료들이 걸쭉한 국물이 되자 그것을 시험관에 담아 불 위로 가져갔다. 그 열로 액체 속에 숨어 있을지 모를 소의 세포와 미생물이 모두 파괴됐다. 그렇게 해서 생명이 없는 분자로 이루어진 멸균 육수만 남았다.

버크는 밀봉된 작은 유리병에 라듐염을 조금 담고 그 병을 육수 위에 매달아 두었다. 유리병은 백금 철사로 묶여 있었다. 실험을 시작하기 위해 버크가 그 철사의 끝부분을 당겨 유리병을 깨뜨렸다. 그러자 라듐이 그 아래 육수로 쏟아졌다.

그는 이 방사능 육수를 밤새 약한 불에 끓게 두었다. 그러고 나서 보았더니 변화가 있었다. 표면에 구름 같은 층이 형성되어 있었다. 버크는 세균 오염으로 만들어진 것인지 확인하려고 그것을 조금 건어냈다. 그리고 세균을 위한 먹이가 들어 있는 페트리 접시에 넓게 펼쳐 보았다. 만약 그 구름층 속에 세균이 들어 있다면 그 먹이를 먹고 자라서 눈에 보이는 균락colony을 만들 것이다.

하지만 균락은 생기지 않았다. 버크는 이 구름층이 다른 것에 의해 형성된 것이 틀림없다고 결론 내렸다. 그는 다시 구름층에서 표본을 채취해 유리 슬라이드에 펼친 다음 현미경으로 관찰해 보았다. 세균보다 훨씬 작은 점들이 흩어져 있었다. 그리고 몇 시간 후에 다시 확인해 보니 그 점들이 사라지고 없었다. 하지만 그다음 날에는 다시 돌아왔다. 그래서 버크는 그 점들을 그림으로 그려 어떻게 자라고, 형태는 어떻게 변하는지 기록하기 시작했다. 그 후로 며칠에 걸쳐 이 점들은 내부의 핵과, 외부의 껍질이 있는 구체로 변했다. 그리고 아령 모양으로 늘어났다. 부풀어 나와 떨어지며 작은 꽃 모양을 만들기도 했다. 이 점은 분열했다. 2주 후에는 형태가 무너져 내렸다. 이것을 보고 점이 죽었다고 말할 사람도 있을 것이다.

버크는 이 변화하는 형태를 스케치하면서 이것이 세균이 아니란 것은 알았다. 크기가 너무 작다는 이유만은 아니었다. 버크가 그중 일부를 물에 넣어 보았더니 녹아서 사라졌다. 세균이라면 이런 운명을 겪지 않았을 것이다. 하지만 버크는 라듐으로 장식된 이 물방울이 결정은 아니며 생명이 없는 다른 익숙한 형태의 물질도 아니라고 확신했다. 버크는 이렇게 결론 내렸다. "이것들은 생명체로 분류될 자격이 있다."[8] 그는 자신이 인공생명을 창조했다고 생각했다. 생명의 영역에서 가장 끝 가장자리에 존재하는 생명체를 만들어 냈다고 말이다. 그리고 이들에게 생명을 불어넣은 원소를 기념해서 '라디오브radiobe'라는 이름을 붙였다.

자기가 어떻게 라디오브를 창조했는지는 버크도 짐작만 할 뿐이었다. 그는 자신이 육수에 떨어뜨린 라듐 원소가 분자에게 성장하고 조직하고 번식할 힘을 불어넣은 것이 분명하다고 생각했다. 그는 나중에 이렇게 적었다. "원형질의 구성 성분은 육수 속에 들어 있지만, 생명의 흐름은 라듐 속에 들어 있다."[9]

그해 12월에 캐번디시 연구소의 과학자들은 케임브리지대학교 식당의 안쪽 방에서 열린 연례 만찬에서 버크의 발견을 축하했다. 검정 나비넥타이를 맨 그 사람들은 프랭크 호튼Frank Horton이라는 물리학자가 쓴 노래 가사를 읊었다. 이들은 뮤직홀의 오래된 노래 곡조에 맞추어 '라듐 원자The Radium Atom'를 힘차게 불렀다.[10]

오, 나는 라듐 원자,

역청우라늄석에서 첫날을 시작했지.

하지만 난 곧 헬륨으로 바뀌어야 해.

내 에너지가 쇠약해지고 있다네.

물리학자들은 라듐에서 방출되는 감마선과 베타선에 대해 노래한 다음에 버크의 실험에 대해 노래했다.

생명은 나를 통해 창조되었고

동물은 진흙에서 만들어져 나왔다지.

듣자 하니 내가 육수와 짝짓기를 해서

오늘날의 생명이 시작되었다고 하네.

버크는 5개월 후인 1905년 5월 25일에 라디오브에 대한 첫 보고서를 학술지 〈네이처Nature〉에 발표했다.[11] 그는 실험에 대해 설명하면서 '고도로 조직화된 물체'를 그린 세 개의 흐릿한 스케치를 함께 실었다. 그는 보고서를 마감하면서 이 물체에 라디오브라는 이름을 붙이고 이렇게 말했다. "이는 미생물과의 유사점뿐만 아니라 독특한 특성과 기원도 말해 주고 있다."

기자들로부터 연락이 오자 버크는 처음에는 자신의 발견에 지나치게 큰 의미를 부여하는 것을 삼갔다. 하지만 기자들은 오래된 나무를 좀먹는 흰개미 떼처럼 끈질기게 그를 괴롭혔다. 그러자 버크는 방사성 광물질이 놀라울 정도로 광범위하게 퍼져 있는 것으로 밝혀지고 있음을 지적하며 라디오브가 지구 전체에 광범위하게 존재할지 모른다고 추측했다. 그는 한 기자에게 말했다. "지구의 생명은 그런 식으로 기원했을지도 모릅니다."[12]

대중은 이 주장을 선뜻 받아들였다. 〈뉴욕타임스〉는 이렇게 물었다. "라듐이 생명의 비밀을 드러냈는가?"[13] 사람들은 버크의 라디오브가 "생명 없는 존재의 관성과 막 시작된 생기의 기이한 진동 사이를 오가며 전율하는 것 같다"라며 경탄했다.

이 뉴스로 버크도 라디오브만큼이나 유명해졌다. 〈뉴욕트리뷴〉에서는 이렇게 말했다. "존 버틀러 버크가 갑자기 영국에서 사람들의 입에 가장 많이 오르내리는 과학자가 됐다."[14] 〈타임스〉에서는 그를 "역사상 위대한 업적을 이룬 가장 총명한 젊은 물리학자 중 한 명"이라며 극찬했다.[15] 또 한 명의 영국 작가는 다음과 같이 말했다. "버크는 갑자기 악명을 떨치게 됐는데, 이 나라에서는 이런 악명은 보통 저명한 선수들만 누리는 것이다."[16] 버크가 훗날 회상하기를 라디오브에 관한 질문이 가득 담긴 편지들이 "지구 가장 외딴 구석에서도" 날아왔다고 했다.

버크는 이런 명성을 즐겼다. 그는 캐번디시에서 더 많은 실험을 진행하는 대신 강연장에서 강연장으로 옮겨 다니면서 슬라이드 환등기를 돌리기 바빴다. 잡지사에서도 그에게 후한 강연료를 지불했다. 〈월즈 워크World's Work〉에서는 버크를 무려 다윈에 비교하며 말했다. "라디오브는 《종의 기원The Origin of Species》의 출판 이후 과학 역사에서 그 어떤 사건보다 많은 논의를 촉발했을 것이다."[17] 찰스 다윈Charles Darwin은 1859년에 생명의 진화에 관한 이론을 제시했다. 그리고 그로부터 반세기가 지난 시점에 버크가 그보다 훨씬 큰 미스터리인 생명 자체와 씨름하고 있었다. 런던의 선도적 출판사 중 하나였던 채프먼 앤 홀Chapman and Hall은 그의 이론에 관한 책을 내기로 버크와 출판 계약도 맺었다. 그리하여 1906년에 《생명의 기원—생명의 물리적 기반과 정의The Origin of Life: Its Physical Basis and Definition》[18]라는 책이 세상에 나왔다.

버크가 처음에 했던 경고는 이미 사라지고 없었다. 이 책에서 그는 살아 있는 물질의 속성에 대해, 광물질과 식물계 사이의 경계지대에 대해, 효소와 세포핵에 대해, 자신의 물질 전기론electric theory of matter에 대해, 그리고 그가 '정신물질mind-stuff'이라 부른 것에 대해 장황하게 설명했다. 버크는 정신물질을 "우리가 살고, 움직이고, 우리의 존재를 두고 있는 '거대한 생각의 바다'를 구성하는 보편적 정신에 대한 자각"이라 설명했다.[19] 그에게 도움이 될 내용은 아니었다.

이런 말과 함께 버크는 이카로스Icarus처럼 정점을 찍고 추락하기 시작했다. 머지않아 버크의 자만심을 비웃으며 《생명의 기원》을 가차 없이 비판하는 논평이 쏟아졌다. 엽록소와 염색질의 차이도 모르는 물리학자가 생명의 본질에 대해 장황한 설명을 늘어놓고 있다고 말이다. 한 논평가는 이렇게 비웃었다. "분명 생물학은 그의 특기가 아니다."[20]

　머지않아 한 동료 과학자로부터 훨씬 치명적인 판결이 나왔다. 자신도 캐번디시 연구소에 몇 년간 몸담아 연구했던 W. A. 더글러스 러지W. A. Douglas Rudge가 버크의 라디오브 실험을 직접 해 보기로 마음 먹은 것이다. 그는 더 엄격하게 실험을 진행할 방법을 알고 있었다. 예를 들면 수돗물과 증류수로 실험을 각각 진행해 보는 것도 그중 하나였다. 러지는 버크처럼 "그저 그림을" 그리는 데서 그치지 않고 자신의 결과를 사진으로 촬영해서 기록했다.[21] 러지가 증류수로 육수를 끓였을 때는 라듐이 아무것도 만들어 내지 않았다. 그리고 수돗물을 이용했을 때는 이상한 형태가 나타나기는 했지만 버크가 그린, 생명체 비슷한 라디오브의 흔적은 보이지 않았다.

　버크는 러지의 실험을 아마추어의 작품이라며 모략하려 했지만 다른 과학자들은 런던 왕립협회Royal Society에 보낸 러지의 보고서를 라디오브에 대한 최종 선고로 받아들였다. 캐번디시의 물리학자 노먼 로버트 캠벨Norman Robert Campbell은 이렇게 단언했다. "버크가 오래전에 했어야 할 실험을 러지가 수행했다. 러지는 세포 혹은 라디오브란 것이 젤라틴에 소금이 작용해서 만들어진 작은 물방울에 불과하다는 강력한 증거를 제시했다."[22]

　1906년 9월에 캠벨은 버크를 잔인하게 공격하는 글을 발표했다. 이 글은 표면적으로는 《생명의 기원》에 대한 논평이었지만, 그보다는 인신공격에 가까웠다. 그는 이렇게 조롱했다. "버크는 케임브리지 대학교에서 교육받지 않았다. 그는 상급학생으로 케임브리지에 오기 전에 대학 두 곳을 다녔다. 그가 최근에 발표한 내용과 관련해서 버크가 캐번디시 연구소 소속이라고 말하는 것도 오해의 소지가 있다. 그는 몇 년 전에 그곳에서 물리학 연구를 좀 했었다. 그는 라디오브의 생물학적 속성을 조사하는 동안 그 라디오브를 배양하는 시험관을 예전에 연구를 진행했던 그 방에 그냥 보관했던 것뿐이다."

버크가 캐번디시에서 연구를 중단한 것은 이 즈음이었다. 그가 스스로 그만둔 것인지 쫓겨난 것인지는 아무도 모른다. 1906년 12월에 연구소 사람들은 다시 연말 만찬을 위해 모였다. 축하할 일이 있었다. 톰슨이 막 노벨상을 탔기 때문이다. 하지만 1906년에 부른 노래는 전자에게 바치는 찬가가 아니었다. 대신 수학자 알프레드 아서 롭Alfred Arthur Robb이 1896년 뮤지컬 〈게이샤The Geisha〉에 나오는 '요염한 금붕어The Amorous Gold fish'의 곡조에 맞추어 노래를 썼다.

이 노래의 제목은 '라디오브The Radiobe'였다.[23]

수프 한 사발 속에서 라디오브가 헤엄치고 있었어요.

귀여운 라디오브가 헤엄치고 있는데

버틀러 버크가 요란하게 함성을 지르며

현미경으로 몸을 숙였어요.

그리고 라디오브가 눈에 들어왔죠.

그는 말했어요.

"이 라디오브는 모든 형태의 생명체가 어떻게 등장했는지 분명하게 보여 주지."

"그리고 존 버틀러 버크가 얼마나 위대한 인간인지도!"

그 후로 버크는 끝없는 추락의 길을 걸었다. 이 추락은 40년 후인 1946년에 그의 죽음과 함께 막을 내렸다. 그가 캐번디시 연구소를 떠난 후로 어느 곳에서도 그에게 변변한 교수직 자리를 제시하지 않았다. 잡지에서도 그의 아이디어에 대한 흥미를 잃었다. 그는 제멋대로 원고 두 편을 썼지만 출판해 줄 곳을 찾아 몇 년을 헤매야 했다. 어머니가 그에게 보내는 돈을 대폭 삭감한 것과 동시에 그가 강연과 집필을 통해 벌어들이던 돈줄도 말라 버렸다. 제1차 세계대전 동안에 버크는 비행기를 점검하는 일로 간신히 연명했지만, 건강이 나빠져 몇 달 후엔 그마저도 그만두어야 했다. 1916년에 그는 왕립문학기금Royal Literary Fund에 "끔찍한 파산"으로부터 구원해 줄 대출을 간청해 보았지만 거절당했다.[24]

젊은 시절에 버크는 금방이라도 생명을 정의하고, 생명의 경계선을 그을 수 있을 것처럼 보였었다. 하지만 그는 생명을 넘어서지 못했다. 짧은 명성을 누리고 사반세기가 지난 1931년에 그는 수상쩍은 대표작인 《생명의 출현The Emergence of Life》을 출판했다. 이 책은 횡설수설 헛소리였다. 훗날 역사가 루이스 캄포스Luis Campos는 이렇게 적었다. "버크는 완전히 정신이 나갔다."[25] 이 책에서 버크는 겁도 없이 공중부양이나 심령현상을 설명하겠다고 덤벼들었다. 세상은 라디오브를 잊은 지 오래였지만 그는 여전히 라디오브에 충성을 다하고 있었다. 그는 생명이 우주를 구성하는 정신의 단위 사이로 흐르는 '시간의 파도time-waves'로부터 출현한다고 주장했다.

버크는 생명에 대해 생각할수록 생명을 점점 더 이해하지 못했다. 《생명의 출현》에서 그는 생명의 정의를 내리고 있지만 그것은 도

와달라는 울부짖음에 더 가깝게 들렸다. "생명이란 생명인 것이다Life
is what IS"**26**

꠸

    나는 자라면서 버크에 대해서는 한 번도 배워 본 적이 없다. 내가
배운 사람들은 다윈과 그의 '생명의 나무tree of life', 멘델과 그의 완두
콩, 루이 파스퇴르와 그의 병원균 등 결국 옳은 것으로 밝혀진 개념
을 제시한 과학의 위인들뿐이었다. 그런 식으로 배우면 쉽다. 한 영
웅을 지정해서 배우고 그다음 영웅으로 뛰어넘어 갈 뿐, 그 중간에
있었던 기적, 실패, 사라져 간 영광 따위는 그냥 무시하면 된다.
    생물학에 대해 글을 쓰기 시작했을 때도 나는 여전히 버크에 대
해서는 몰랐다. 운이 좋아서 수많은 형태의 생명체와 그 생명체를 연
구한 수많은 과학자에 대해 알 기회가 있었다. 북대서양에서 먹장어
를 끌어올리기도 하고, 노스캐롤라이나의 왕솔나무 숲으로 하이킹
을 가서 야생의 파리지옥도 찾아내고, 수마트라 정글의 높은 나무 꼭
대기에서 느긋하게 쉬고 있는 오랑우탄을 찾기도 했다. 과학자들은
먹장어가 만드는 신기한 점액에 대해, 식충식물이 만드는 살충효소
에 대해, 오랑우탄이 나무막대기로 만드는 도구에 대해 자신이 알아
낸 내용을 공유해 주었다.
    이들이 비추는 과학의 불빛은 아주 밝지만 폭이 너무 좁다. 평생
을 오랑우탄만 추적하며 살아 온 사람은 파리지옥 전문가가 될 시간
이 없다. 파리지옥과 오랑우탄은 아주 중요한 공통점을 갖고 있다.

둘 다 살아 있는 생물이라는 것이다. 하지만 생물학자에게 무언가가 살아 있다는 것의 의미를 물어보면 아주 어색한 대화로 이어지게 된다. 생물학자들은 이의를 제기하거나, 말을 더듬거나, 조금만 조사해 봐도 궁색하게 무너져 버릴 조잡한 개념들을 제시할 것이다. 대부분의 생물학자는 매일 연구를 진행하면서도 생명의 정의에 대해서는 별 생각을 하지 않는다.

생물학자들의 이런 망설임을 보며 나는 오랫동안 혼란스러웠다. 살아 있다는 것의 의미가 무엇이냐는 질문은 땅속을 흐르는 강처럼 4세기에 걸친 과학의 역사를 관통하며 흘러왔기 때문이다. 자연철학자들은 움직이는 물질로 이루어진 세상에 대해 생각하기 시작하면서 대체 생명을 나머지 우주와 차별화하는 것이 무엇인지 물었다. 이런 의문이 과학자들을 수많은 발견으로 이끌었지만, 어리석은 실수로도 이끌었다. 버크만 그런 것이 아니다. 예를 들어 1870년대에는 잠시 많은 과학자들이 해저 전체가 박동하는 원형질 층으로 덮여 있다고 믿었었다. 그로부터 150년 넘게 지난 지금은 생물학자들이 생명체에 대해 많은 것을 알아내고도 여전히 생명의 정의에 대해 일치된 의견을 내지 못하고 있다.

이런 현실을 도무지 이해할 수 없던 나는 여행을 시작했다. 나는 생명의 영토 중심부에서 출발했다. 우리 각자는 자신이 살아 있음을 확신하며, 탄생과 죽음이 삶의 시작과 끝을 경계 짓고 있다는 확신 속에서 시작한 여행이었다. 하지만 우리는 생명이 무엇인지는 느끼지만, 생명을 이해하지는 못한다. 우리는 뱀이나 나무 역시 살아 있다는 것을 안다. 그 생명체들에게 살아 있느냐고 직접 물어볼 수는 없다. 그래서 대신 우리는 모든 생명체가 공통으로 가진 듯 보이는 전형적 특징을 이용한다. 나는 이런 특징들을 둘러보며 그런 특징을 가장 인상적이고 극단적인 형태로 과시하는 생명체들을 알게 됐다. 그리하여 결국 그 여행은 나를 생명의 경계,[27] 살아 있는 것과 살아 있지 않은 것 사이의 안개 자욱한 경계지대로 이끌었다. 그곳에서 나는 생명의 전형적인 특징을 일부만 갖추고 다른 특징은 갖추지 못한 기이한 존재들을 만났다. 그리고 마침내 그곳에서 존 버틀러 버크를 처음 만났고, 나는 그가 우리의 기억에서 한 자리를 차지할 자격이 있다고 생각했다. 그곳에서 여전히 생명의 경계를 따라 더듬거리며 앞으로 가고 있는 그의 과학계 후손들을 만나 보았다. 그들은 생명이 어떻게 시작되었는지, 그리고 다른 세계에서는 얼마나 기이한 생명이 살고 있을지 알아내려 애쓰고 있었다.

언젠가 인류는 이 여행을 더 쉽게 만들어 줄 지도를 그리게 될지도 모른다. 몇 세기 후면 사람들은 우리가 지금 이해하고 있는 생명의 모습을 뒤돌아보며 우리가 어째서 그렇게 편협한 생각에 빠져 있었는지 궁금해할지도 모른다. 오늘날의 생명은 4세기 전의 밤하늘과 비슷하다. 사람들은 신비로운 빛이 때로는 하늘을 떠돌고, 때로는 하늘에 긴 줄무늬를 남기고, 때로는 어둠 속에서 확 불타오르는 모습을 밤하늘에서 보았다. 당시 일부 천문학자는 빛이 그런 특정 경로를 따르는 이유를 처음으로 어렴풋이나마 이해했지만, 당시의 수많은 설명은 결국 틀린 이야기로 밝혀졌다. 후대 사람들은 이제 밤하늘에서 행성, 혜성, 적색거성red giant star을 바라보며 이 천체들이 모두 동일한 물리법칙의 지배를 받고, 모두 동일한 근원적 이론에서 발현된 것임을 이해한다. 우리가 생명 이론theory of life에 언제나 도달할지 알 수 없지만, 적어도 살아생전에 가능하지 않을까 하는 바람을 가져 본다.

# 차례

# 1 부

## 태동

THE QUICKENING

# 영혼이 뼈에
# 깃드는 방법

THE WAY THE SPIRIT COMES TO THE BONES

산쑥이 가득 돋아난 모래벽을 오른쪽에 두고 구불구불한 길을 따라 걷는 동안 나의 생명이 강렬하게 느껴졌다. 내 다리에서 비탈길의 가파름이 느껴졌다. 연이어 급하게 굽이를 돌고 나니 모래벽이 사라지면서 길고 황량한 바닷가가 드러났다. 그 바닷가는 무너져 내리는 높은 절벽과 드넓은 태평양 사이에서 띠처럼 북쪽으로 길게 이어져 있었다. 바다 저편으로 태양은 하늘을 하얀 둑처럼 뒤덮고 있는 구름 뒤에 숨어 있었다. 그날 이른 시간 호텔방에 있을 때 내 폰이 하늘에 구름이 많이 끼어 있고, 기온은 20도를 조금 웃도는 수준일 거라 일러주었다. 그래서 나의 뇌는 그 정보에 반응해서 바닷가로 산책 가는 길에 입을 옷으로 가벼운 긴팔 셔츠를 선택했다. 이제 나의 뇌는 내 의식적 자아에게 물어보지도 않고 그 결정을 업데이트하고 있었다.

내 피부 곳곳에 박혀 있는 신경들이 내 몸을 감싼 공기층의 습도와 온도를 감지했다. 거기서 발생한 전압 스파이크가 신경말단에서 출발해 가지돌기dendrite라는 긴 가지를 따라 이동해 세포체soma라는 신경세포 중심부에 도달했다. 거기서부터는 새로운 신호가 축삭돌기axon라는 긴 케이블 모양의 연장선을 따라 내달린다. 축삭돌기가 내 척추에 도착하고, 다시 위로 내 머리를 향해 나아간다. 이렇게 뉴런neuron에서 뉴런으로 이어지며 바깥세상에서 들어온 신호가 마침내 내 머리뼈 안쪽 깊숙한 곳에 있는 중추 뉴런에 가 닿는다.

이 뉴런들이 내 몸 곳곳에서 올라오는 모스 부호를 결합해서 새로운 다른 신호를 만들어 낸다. 이 신호는 감각 대신 명령을 실어 나른다. 새로운 전압 스파이크가 뇌를 떠나 바깥으로 향하는 축삭돌기를 따라 뇌줄기brain stem와 척수를 거쳐 내 피부에 있는 수백만 개의 땀샘에 도달한다. 그곳에 도착한 전압 스파이크가 꼬여 있는 튜브에 전하를 발생시켜 주변 세포로부터 물을 짜낸다. 그리고 내 등줄기를 따라 땀이 흘러내린다.

내 의식적 자아는 땀을 만든 뇌에게 짜증이 난다. 가져온 티셔츠도 몇 개 없는데 그중 하나가 이제 땀범벅이 되어 버렸다. 나는 피부에서 뇌로 정보를 실어 나른 전압 스파이크를 감지하지 못했다. 내 뇌의 체온 조절 중추가 활동을 개시하면서 그곳에 피가 몰리는 것도 느끼지 못했다. 바닷가에 나가 있던 동안 그저 땀이 흐르는 것을 느꼈을 뿐이다. 나는 짜증이 났다. 그리고 살아 있음을 느꼈다.

내 생명을 느끼니까 바닷가에 나와 있는 다른 생명들도 눈에 들어왔다. 한 남자가 흰색과 파란색이 섞인 서핑보드를 들고 느긋하게 남쪽으로 걷고 있었다. 북쪽 저 멀리에서는 누군가의 패러글라이더가 절벽 꼭대기에서 바람을 타고 날아올랐다. 나선형으로 움직이는 노란색 패러글라이더 날개를 보니 그 누군가의 뇌 속에 떠오른 의도가 손으로 신호를 보내 브레이크 핸들을 움켜쥐게 했음을 알 수 있었다.

사람과 함께 깃털이 달린 생명체들도 볼 수 있었다. 도요새가 파도 거품을 따라 잽싸게 내달렸다. 씨앗 크기만 한 도요새의 뇌는 다리 주변으로 밀려 들어오는 파도와 차가운 거품을 느끼고 근육을 수축시켜 몸을 곤추세우고, 더 높은 곳으로 종종걸음을 치며 모래를 쪼아 그 속에 묻혀 있는 고둥을 찾아낸다. 고둥은 뇌가 없지만 신경망을 가지고 있어 그것으로 자체적인 신호를 만들어 느리지만 쉼 없이 몸을 모래 속에 파묻는다. 나는 내 발밑에 묻혀 있는 대형 식용 조개pismo clam와 다른 생명체들의 안에 들어 있는 수천 개의 다른 지하 신경계에 대해 생각했다. 바다 저 멀리 수중협곡 아래로는 다른 뇌들이 헤엄을 치고 있었다. 레오파드 상어leopard shark와 가오리는 몸통 안에 뇌를 싣고 다니고, 해파리의 신경망도 이리저리 물에 떠밀려 다닌다.

물가를 따라 몇 분을 걷다가 걸음을 멈추고 아래를 내려다보았다. 180센티미터 정도 되는 거대한 뉴런 하나가 모래 위에 올라와 있었다. 이 뉴런은 대부분 반짝이는 캐러멜 색깔의 축삭돌기로 이루어져 있었다. 이 축삭돌기는 두껍게 절연된 전기 케이블처럼 부드럽게 휘어 있었다. 축삭돌기 한쪽 끝이 전구 모양으로 부풀어 올라 세포체를 이루었고, 그 세포체는 다시 가지돌기들을 머리에 이고 있었다. 이것은 어쩌면 이곳과 하와이 사이 어딘가에서 범고래 무리와 싸움을 벌이다 죽은 크라켄kraken(전설에 나오는 거대한 오징어 모양의 괴물―옮긴이)의 사체가 남긴 흔적인지도 모른다.

　이 환상적인 뉴런은 사실 엘크 켈프elk kelp(우리나라의 감태나 모자반 같은 갈조류에 해당하는 대형 해조류―옮긴이)의 줄기였다.[1] 바다 밑 켈프 숲에서 이곳으로 떠밀려 온 것이다. 내가 축삭돌기라고 상상했던 것은 켈프의 몸통 줄기stipe였다. 이 줄기가 얼마 전까지만 해도 이 생명체를 바다 밑바닥에 고정시켜 주었을 것이다. 뉴런의 세포체처럼 보였던 것은 사실 켈프가 해류 속에서도 똑바로 서 있을 수 있게 도와주는, 가스로 부풀어 오른 공기주머니bladder였다. 가지처럼 뻗어 있는 가지돌기는 엘크 켈프의 가지뿔이었다. 한때는 이 가지뿔 위에 긴 엽편blade이 자랐었다. 이 엽편 식물의 잎처럼 작용해서 바닷물을 뚫고 들어온 미약한 햇빛을 붙잡아 엘크 켈프의 성장을 돕는다. 그 덕에 엘크 켈프의 키는 내 뒤쪽 절벽 위를 덮고 있는 야자나무에 버금갈 정도로 높이 자란다.

　켈프는 생명체의 특징을 보여 주는 복잡성을 갖고 있다. 하지만 그것을 내려다보고 있으니 과연 내 눈앞의 이 켈프가 아직도 살아 있는 것이 맞는지 알 수가 없었다. 켈프에게 오늘 하루를 어떻게 보내고 있는지 물어볼 수도 없는 노릇이었다. 그렇다고 심장이 뛰고 있는지 맥을 짚어 볼 수도 없고, 폐가 있어서 숨을 쉴 때마다 가슴이 오르내리는 것도 아니었다. 하지만 이 켈프는 표면이 온전해서 아직도 반짝거렸다. 더 이상 햇빛을 붙잡을 수는 없을지라도 그 세포는 남아 있는 에너지를 끌어모아 자기 유전자와 세포막을 수리하며 여전히 살아 있을지도 모른다. 내일 혹은 다음 주 어느 시점에 가서는 이제 이 켈프가 죽었다고 확실히 말할 수 있게 될 것이다.

하지만 그 과정에서 이 켈프는 육상 생명의 일부가 될 것이다. 미생물이 켈프의 억센 외피를 파먹고 들어가면, 갯쥐며느리beach hopper와 켈프 파리kelp fly가 그 뒤를 이어 부드러운 조직을 갉아 먹을 것이다. 물가에 밀려온 해초를 먹고 사는 이 생명체들 역시 도요새와 제비갈매기tern의 먹이가 된다. 켈프가 품고 있던 질소가 땅속으로 스며들면서 식물의 비료 역할을 해 준다. 그리고 이 바닷가에서 뇌에 대한 생각으로 뇌를 가득 채우며 땀을 한 바가지 흘리고 있는 한 인간은 자신의 뉴런 속에 뉴런 비슷하게 생긴 켈프의 형상을 기억으로 담고 자리를 뜰 것이다

다음 날 아침 나는 절벽 꼭대기를 따라 걸었다. 노스 토리 파인스 로드North Torrey Pines Road가 주위의 타워 크레인을 따라 캘리포니아 라호야를 관통해 북쪽으로 나 있다. 내 옆으로 러시아워의 차량들이 흘러가는 모습을 보고 있으니 근처 한적한 곳에 자리 잡은 야생의 해안가는 잘 떠오르지 않았다. 나는 유칼립투스나무가 늘어선 주차장을 가로질러 샌포드 재생의학 컨소시엄Sanford Consortium for Regenerative Medicine으로 갔다. 이곳은 실험실과 사무실이 모여 있는 복합단지 건물이다. 일단 건물 안으로 들어간 다음 3층 실험실로 찾아가 그곳에서 클레버 트루히요Cleber Trujillo라는 과학자를 만났다. 그는 수염을 짧게 기른 브라질 태생의 과학자였다. 우리는 함께 파란색 장갑과 작업복을 착용했다.

트루히요가 나를 냉장고, 인큐베이터, 현미경 등이 쌓여 있는 창 없는 방으로 안내했다. 그가 파란색 두 손을 양쪽으로 펼치니 손이 벽에 거의 닿을 것 같았다. "이곳이 우리가 하루의 절반을 보내는 곳입니다." 그가 말했다.

이 방에서 트루히요와 대학원생들이 특별한 종류의 생명을 키우고 있었다. 그가 인큐베이터를 열어 투명 플라스틱 상자를 하나 골랐다. 그가 상자를 머리 위로 든 후에 내게 고개를 들어 그 밑면을 통해 상자 안을 바라보라고 했다. 상자 안에는 여섯 개의 원형 우물이 있었다. 각 우물의 폭은 쿠키 하나 정도였고, 물에 탄 포도주스 같은 것이 채워져 있었다. 우물마다 그 안에 백 개의 창백한 방울이 떠 있었다. 방울은 집파리의 머리 크기 정도였다.

이 방울들은 모두 각각 수십만 개의 사람 뉴런으로 만들어져 있었다. 각 방울은 하나의 전구세포progenitor cell로부터 발달해 나온 것이다. 이 방울들이 우리의 뇌가 하는 많은 일들을 하고 있었다. 포도주스 색깔의 배지에서 영양분을 흡수해서 연료를 만들어 낸다. 그리고 자신의 분자들도 잘 수리된 상태로 유지한다. 신경전달물질neurotransmitter 교환으로 동기 상태를 유지하며 파도처럼 일제히 전기신호도 만든다. 과학자들이 오가노이드organoid라고 부르는 이 각각의 방울들은 세포들을 하나의 집합체로 엮어 놓은, 분명 살아 있는 존재였다.

트루히요가 우물의 밑면을 바라보며 말했다. "이 녀석들은 서로 가까이 붙어 있는 것을 좋아합니다." 자신의 창조물에 대한 애정이 묻어나는 목소리였다.

트루히요가 연구하는 연구소는 또 다른 브라질 출신의 과학자인 앨리슨 무오트리Alysson Muotri[2]가 이끌고 있었다. 무오트리는 미국으로 이민 와서 캘리포니아대학교 샌디에이고 캠퍼스에서 교수가 된 후에 뉴런을 기르는 법을 배웠다. 그는 사람의 피부를 조금 떼어내서 세포를 배아 비슷한 세포로 변환시켜 주는 화학물질을 투여했다. 그리고 이 세포에 또 다른 화학물질을 적용해서 완전한 특성을 갖춘 뉴런으로 발달시켰다. 이 뉴런들은 편평한 층을 형성하며 페트리 접시 바닥을 덮었다. 그리고 이 안에서 전압 스파이크를 만들고, 신경전달 물질을 교환할 수 있었다.

무오트리는 이 뉴런들을 이용하면 돌연변이로 생기는 뇌 장애를 연구할 수 있음을 깨달았다. 그는 사람의 머리에서 회백질gray matter 한 조각을 떼어내는 대신 피부 표본을 채취하고 그것을 새로 프로그래밍해서 뉴런으로 만들 수 있었다. 첫 실험에서 그는 레트증후군Rett syndrome이라는 유전성 자폐증이 있는 사람으로부터 뉴런을 길러 냈다. 이 병의 증상으로는 지능 장애와 운동제어 능력 상실 등이 있다. 무오트리의 뉴런들은 페트리 접시를 가로지르며 켈프처럼 생긴 가지를 뻗어 다른 뉴런들과 접촉했다. 그는 이것을 레트증후군이 없는 사람에서 얻은 피부 표본으로 키운 뉴런과 비교해 보았다. 그랬더니 차이점이 드러났다. 가장 주목할 만한 부분은 레트증후군의 뉴런은 연결의 수가 적었다. 레트증후군의 핵심은 신경망이 성겨지는 것이라는 추측이 가능하다. 그럼 신호가 뇌를 돌아다니는 방식에 변화가 생길 수 있다.

하지만 무오트리는 편평한 뉴런 층 한 장과 뇌는 하늘과 땅 차이라는 것을 아주 잘 알고 있었다. 우리 머릿속에 들어 있는 1.4킬로그램짜리 생각하는 물질은 일종의 살아 있는 대성당이다. 뇌는 배아의 머리가 될 자리로 기어 들어온 몇몇 전구세포로부터 만들어진다. 이 전구세포들이 한데 모여 주머니 모양의 덩어리를 형성한 다음 증식한다. 이 덩어리는 자라면서 형성 중인 머리뼈의 벽을 향해 모든 방향으로 케이블 모양의 성장체를 뻗는다. 다른 세포들도 전구세포 덩어리에서 등장해서 이 케이블을 타고 오른다. 그렇게 올라가던 세포들이 서로 다른 지점에서 멈춘 후에 바깥쪽으로 성장을 시작한다. 이 세포들이 겹겹이 쌓인 구조로 조직되는데, 이것을 대뇌겉질cerebral cortex[3]이라고 한다.

사람 뇌의 이 바깥 껍질에서 인간을 인간답게 만드는 생각의 상당 부분이 생겨난다. 우리가 말을 이해하고, 사람들의 표정에 드러나는 내면세계를 이해하고, 과거를 떠올리고, 머나먼 미래의 계획을 세우는 일이 모두 이곳에서 일어난다. 우리가 이런 생각을 하는 데 사용하는 모든 세포는 복잡한 신호의 바다로 넘쳐나는 머릿속 특정 3차원 공간 속에서 발생한다.

무오트리에게는 행운이 따랐다. 과학자들이 재프로그래밍한 세포들을 구슬려 소형 기관으로 증식시킬 수 있는 새로운 방법을 찾아낸 것이다. 그래서 과학자들은 폐 오가노이드, 간 오가노이드, 심장 오가노이드 등을 만들어 냈고, 2013년에는 뇌 오가노이드[4]를 만드는 데도 성공했다. 연구자들은 재프로그램한 세포들을 구슬려 뇌의 전구세포로 만들었다. 적절한 신호가 제공되면 이 세포들은 수천 개의 뉴런으로 증식한다. 무오트리는 뇌 오가노이드가 자신의 연구를 심오하게 바꾸어 놓으리라는 것을 깨달았다. 레트증후군 같은 질병은 가장 이른 뇌 발달 단계부터 대뇌겉질을 뜯어고치기 시작한다. 무오트리 같은 과학자들의 입장에서는 캄캄한 블랙박스 안에서 일어나는 이런 변화를 볼 방법이 없었다. 하지만 이제는 뇌 오가노이드를 키워서 그것을 있는 그대로 볼 수 있게 됐다.

무오트리와 트루히요는 다른 과학자들이 알아낸 오가노이드 만드는 법을 따라 해 보았다. 그다음에는 자체적으로 대뇌겉질을 만드는 방법을 만들기 시작했다. 이것은 뇌세포들이 올바른 발달경로를 따르도록 구슬리는 화학물질 조합을 찾기 위한 노력이다. 세포들이 그 과정에서 죽어서 찢어지면서 자신의 분자 내용물을 쏟아내는 경우도 많았다. 결국 이 과학자들은 올바른 조합을 찾아냈다. 이들은 놀랍게도 일단 세포가 올바른 방향으로 들어서면 그 후로는 알아서 발달한다는 것을 발견했다.

이제 더 이상 연구자들이 끈질기게 달라붙어 오가노이드를 성장하도록 구슬릴 필요가 없어졌다. 세포 무리들이 자발적으로 서로 떨어져 나가면서 속이 빈 관을 형성했다. 이 관으로부터 케이블이 돋아나 가지를 뻗으면, 다른 세포들이 그 케이블을 타고 이동해서 층을 형성했다. 심지어 우리의 주름진 뇌를 반영하듯 이 오가노이드의 바깥 표면에도 주름이 생겨났다. 이제 무오트리와 트루히요는 수십만 개의 세포로 자라나는 겉질 오가노이드를 만들 수 있게 됐다. 그들의 창조물은 몇 주, 그다음에는 몇 달, 그다음에는 몇 년까지 살아 있는 상태를 유지했다.

"제일 믿기 어려운 부분은 이 뉴런들이 자기 자신을 스스로 구축해 나간다는 점입니다." 무오트리가 내게 말했다.

내가 무오트리의 실험실을 방문한 날 그는 우주로 날려 보낸 오가노이드들을 점검하고 있었다. 그는 사무실에 앉아 있었다. 그의 사무실은 실험실 옆 발코니에 걸쳐 놓은 유리상자 같았다. 무오트리는 온화하고 느긋한 사람이다. 태도만 보면 마치 어느 때라도 하던 일을 접고 책상 옆 벽에 기대어 놓은 흠집 난 서핑보드를 집어 들고 바다로 달려 나갈 것 같았다. 하지만 오늘 그는 자신의 수많은 실험 중에서 가장 화려한 실험에 집중하고 있었다. 유리창 밖 저 멀리에서 패러글라이더들이 날아다니고 있었지만 그는 그쪽은 아랑곳하지 않았다. 무오트리의 머리 위 400킬로미터 높이에 떠 있는 국제우주정거장에는 그의 뇌 오가노이드 수백 개가 금속 상자 안에 놓여 있었다. 그는 이 오가노이드들이 그곳에서 어떻게 지내는지 알고 싶었다.

오랫동안 우주정거장에 탑승한 우주비행사들은 지구 저궤도에서 세포들이 어떻게 성장하는지 관찰하는 실험을 진행해 왔다. 지구 주변에서 자유낙하하는 세포들은 지난 40억 년 동안 지구 위 모든 생명체들을 아래로 잡아끌던 중력을 더 이상 경험하지 않았다. 이런 극미중력microgravity 상태에서는 이상한 일들이 일어나는 것으로 밝혀졌다. 어떤 실험에서는 세포들이 지상에 있을 때보다 더 빨리 성장했다. 어떤 경우에는 더 커지기도 했다. 무오트리는 자신의 오가노이드가 우주 공간에서는 더 큰 군집으로 자라 뇌와 더 비슷해질지 궁금했다.

나사NASA로부터 승인 받은 후에 무오트리, 트루히요 그리고 그 동료들은 공학자들과 협력해서 우주에서 오가노이드가 살 집을 만들기 시작했다. 이들은 발달에 적합한 환경을 유지해서 오가노이드를 양육할 수 있는 인큐베이터를 설계했다. 내가 연구소를 방문하기 몇 주 전에 무오트리는 새로 나온 신선한 미니 뇌를 시험관에 담아 배낭에 넣었다. 샌디에이고 국제공항 보안 검색 줄에 서 있던 그는 시험관에 든 것이 무엇이냐고 누가 물어보기라도 하면 뭐라 대답해야 할지 알 수 없었다. '제가 실험실에서 기른 미니 뇌 천 개입니다. 이제 이것을 우주로 보내려고요.' 이렇게 대답해야 하나?

들자 하니 사람들은 오가노이드에 그리 관심을 두지 않았다고 한다. 무오트리는 별다른 질문을 받지 않고 비행기에 오를 수 있었다. 플로리다에 도착한 그는 시험관을 보급 로켓에 실어 줄 공학자들에게 넘겼다. 그리고 며칠 후에 무오트리는 스페이스X의 팰컨9Falcon 9이 땅을 박차고 솟아오르는 모습을 지켜보았다.

화물이 우주정거장에 도착하자 우주비행사들은 오가노이드가 들어 있는 상자를 꺼내 장착하고 플러그를 꽂았다. 그리고 그곳에 한 달 동안 두었다. 실험이 끝나면 우주비행사들은 오가노이드를 알코올에 담글 것이다. 그럼 오가노이드는 죽겠지만 그들의 삶은 죽음의 순간을 간직한 채 얼어붙을 것이다. 태평양에 낙하한 이 오가노이드 화물을 수거해 무오트리의 연구실로 가져오면 우주 공간에서 세포들이 어떤 유전자를 사용했는지 확인할 수 있을 것이다.

이 연구는 과연 오가노이드가 정해진 일정까지 살아남느냐에 달려 있었는데, 무오트리는 과연 오가노이드가 그 기간 동안 살아남을지 알 수 없었다. 우주에 머무는 한 달 동안 오가노이드의 상태를 추적하기 위해 그는 30분마다 사진을 촬영하는 소형 카메라를 그 안에 설치해 두었다. 우주정거장은 그 사진들을 지구로 전송했고, 그럼 무오트리가 원격 서버에 접속해서 그 사진들을 받아볼 수 있었다.

그가 연구 초기에 처음 촬영된 이미지들을 다운로드해 보니 엉망이 되어 있었다. 공기 방울이 시야를 막아 버린 것이다. 그래서 3주 동안은 오가노이드가 잘 살고 있는지 확인할 방법이 없었다. 이제 내 앞에서 무오트리가 다시 한 번 서버에 접속했다. 그는 우주정거장에서 새로 보내온 이미지를 찾아냈다. 큰 파일의 압축을 푸니 이미지가 한 장씩 스크린 위에 나타났다.

"우와! 진짜 보이네요." 무오트리가 못 믿겠다는 듯 웃으며 말했다.

그가 이미지를 보려고 얼굴을 스크린에 가까이 댔다. 베이지색 배경 위에 여섯 개 정도의 회색 구체가 떠다니고 있었다.

그가 말했다. "모두 괜찮아 보이네요. 구체 형태가 됐고, 크기도 거의 비슷합니다. 합쳐지거나 한데 모여 있는 모습은 보이지 않습니다." 그가 의자를 뒤로 물리며 말했다. "아주 좋은 소식입니다. 기분이 좋네요. 정말 환상적입니다."

우주에 나가 있었지만 오가노이드가 살아 있다고 말할 수 있었다.

2015년 말에 무오트리와 트루히요는 처음으로 오가노이드를 이용해 뇌에 관한 사실을 배울 기회를 얻었다. 브라질에서는 의사들이 수천 명 아기의 뇌가 완전히 기형이 되는 이유를 밝히기 위해 분투하고 있었다. 이 아기들은 사실상 대뇌겉질이 사라지고 없었다. 결국 산모들이 모기가 옮기는 지카Zika 바이러스에 감염되었던 것으로 밝혀졌다. 이 바이러스는 아메리카 대륙에서는 한 번도 발견된 적이 없었다. 무오트리와 트루히요는 지카 바이러스를 공급받아 뇌 오가노이드를 감염시켜 보았다. 과연 변화가 있을지 궁금했다.

무오트리가 내게 말했다. "정말 밤낮없이 일했습니다."

지카 바이러스는 어린 오가노이드의 전구세포들을 즉각적으로 파괴했다. 이 세포들이 없으니 오가노이드가 케이블의 싹을 틔워 겉질을 구축할 수도 없었다. 이 실험을 통해 지카 바이러스가 대뇌겉질을 죽이는 것이 아니라 애초에 겉질의 성장을 막아 버린다는 것이 밝혀졌다. 일단 과학자들이 지카 바이러스가 어떻게 말썽을 일으키는지 알아내자 그것을 차단할 약을 찾을 수 있었다. 그리고 이 약이 뇌 손상을 막는 데 도움이 되는지 확인하기 위해 동물을 대상으로 실험에 들어갔다.

무오트리가 뇌 모방체brain mimics를 수천 개씩 키우고 있다는 말이 돌았고, 대학원생과 박사후 과정 연구자들도 그 연구에 끼고 싶어 했다. 이들이 연구실에 합류하자 처음에는 트루히요와 함께 몇 달에 걸쳐 훈련을 받으며 오가노이드를 만드는 기술을 익혀야 했다. 나는 세드릭 스네틀라게Cedric Snethlage라는 대학원생에게 그의 교육이 어땠는지 물어보았다. 그는 뇌 오가노이드를 만드는 일은 그저 프로토콜에 따라 온도와 pH 수치만 판독하면 끝나는 일이 아니라고 설명했다. 스네틀라게는 각 단계를 수행하는 법을 직관적으로 배워야 했다. 예를 들면 오가노이드가 바닥에 달라붙지 않게 하려면 우물을 얼마나 기울여야 하는지도 감으로 익혀야 했다. 나는 스네틀라게에게 마치 요리학원을 다녔다는 얘기처럼 들린다고 말했다.

"그럼 칠리chili(다진 소고기에 홍고추와 향신료를 넣고 끓인 매콤한 스튜—옮긴이)보다는 수플레soufflé(달걀 흰자위, 우유, 밀가루를 섞어 거품을 내고 치즈, 과일 등을 넣어 구운 요리—옮긴이) 만들기에 더 가깝겠네요." 그가 말했다.

스네틀라게는 오가노이드 기르는 법을 배워 신경장애를 연구하고 싶어 했다. 어떤 대학원생들은 무오트리의 연구실에 와서 오가노이드를 뇌와 더 비슷하게 만드는 법을 알고 싶어했다. 뇌세포는 영양분과 풍부한 산소가 있어야 살 수 있기 때문에 오가노이드 중심부에 있는 뇌세포는 굶어 죽을 수 있다. 그래서 무오트리의 학생 중 일부는 동맥 비슷한 관으로 발달할 수 있는 새로운 세포들을 오가노이드에 추가하고 있었다. 어떤 학생들은 면역세포를 추가해서 이 세포들이 뉴런의 가지들을 더 자연스러운 형태로 만들 수 있는지 확인해 보려 했다.

한편 클레버 트루히요의 아내 프리실라 네그라에스Priscilla Negraes는 오가노이드 세포들 사이에 오가는 대화에 귀를 기울였다.

뇌 오가노이드의 나이가 몇 주 정도 되면 그 뉴런들이 충분히 성숙해서 전압 스파이크를 만들 수 있게 된다. 이 스파이크가 축삭돌기를 따라 이동해서 인접한 뉴런들에 흥분을 촉발할 수 있다. 네그라에스와 동료들은 이것을 엿들을 수 있는 도청장치를 만들었다. 이들은 미니 우물 바닥에 8×8의 격자 전극을 설치하고, 우물을 육수로 채운 다음 오가노이드를 각 격자 위에 올려놓았다.

네그라에스의 컴퓨터 위로 전극에서 나온 판독치가 64개의 원으로 구성된 격자를 이루었다. 전극 중 하나가 뉴런의 흥분을 감지할 때마다 그 원이 부풀어 오르면서 노란색에서 빨간색으로 바뀌었다. 일주일씩 지날 때마다 원들은 붉어지고 부풀어 오르기를 더 자주 했지만, 네그라에스의 눈에 패턴이 보이지는 않았다. 오가노이드의 세포들이 가끔 자발적으로 흥분하면서 신경학적 잡음을 만들 뿐이었다.

하지만 오가노이드가 더 성숙해지면서 어떤 질서가 등장하는 것 같았다. 가끔 몇몇 원이 난데없이 함께 빨갛게 부풀어 올랐다. 그리고 결국에는 64개의 전극 모두에서 동시에 신호가 기록됐다. 그러고 난 후에 이들이 파동처럼 켜지고 꺼지는 모습이 보였다.

네그라에스가 본 것은 실제로 오가노이드에서 뇌파가 발달하는 모습이었을까? 그녀는 우물에서 보이는 패턴을 사람 태아의 발달 중인 뇌와 비교해 보고 싶었다. 하지만 과학자들은 아직 자궁 속에서 전기 활성을 감지할 방법을 찾지 못했다. 그나마 가장 가까운 방법은 조기출산 신생아의 오렌지 크기쯤 되는 머리에 소형 뇌전도 모자를 씌워 살펴보는 것이었다.

네그라에스와 동료들은 캘리포니아대학교 샌디에이고 캠퍼스의 신경과학자 브래들리 보이텍Bradley Voytek과 그의 대학원생인 리처드 가오Richard Gao를 끌어들여 오가노이드와 조기출산한 아기를 비교해 보게 했다. 조산 시기가 가장 빨라 뇌 발달이 가장 덜 된 아기들은 두서없는 흥분이 오랫동안 이어지다가 사이사이에 가끔 폭발적인 뇌파 활동이 나타났다. 임신 기간을 거의 다 채우고 태어난 아기들은 그런 소강상태가 더 짧게 나타났고, 뇌파 활성이 더 길고 조직적으로 일어났다. 오가노이드도 나이가 들면서 동일한 경향을 보여 주었다. 어린 오가노이드가 처음 파동을 만들 때는 소강 기간이 이어지다가 간헐적인 활동을 보였다. 하지만 몇 달에 걸쳐 발달하고 난 후에는 더 잘 조직된 형태로서 길게 활동이 이어졌고, 소강 기간은 점점 짧아졌다.

이것은 조금 심란한 발견이었다. 물론 이 발견이 곧 네그라에스와 동료들이 아기의 뇌를 창조했다는 의미는 아니다. 우선 사람 유아의 뇌는 가장 큰 오가노이드보다 수십만 배 크다. 그리고 이것은 뇌의 일부인 대뇌겉질만 흉내 낸 것이었다. 실제 사람의 뇌에는 소뇌, 시상, 흑색질가지substantia nigra 등 다른 많은 영역이 존재한다. 이 영역 중에는 후각을 담당하는 것도 있고, 시각을 담당하는 것도 있다. 그리고 서로 다른 종류의 입력을 이해하는 것도 있다. 어떤 영역은 기억을 부호화한다. 어떤 영역은 뇌를 두려움이나 기쁨으로 뒤흔든다.

과학자들은 동요했다. 연구를 더 진행하다 보면 뇌 오가노이드가 뇌와 점점 더 비슷해지리라 생각할 이유는 충분했다. 혈액을 공급해 주면 오가노이드가 더 크게 자랄 수 있을지도 모른다. 연구자들이 대뇌겉질 오가노이드를 빛을 감지하는 망막 오가노이드에 연결하게 될지도 모른다. 그리고 이것을 근육세포에 신호를 보낼 수 있는 운동 뉴런과 연결할 수 있을지도 모른다. 무오트리는 심지어 오가노이드를 로봇과 연결하는 아이디어에 잠시 손을 대기도 했다.

그럼 무슨 일이 일어날까? 무오트리가 오가노이드를 키우기 시작했을 때만 해도 이것이 의식을 가질 수 있으리라고는 생각도 해 보지 않았다. "지금은 확신을 못 하겠습니다." 그가 고백했다.

생명윤리학자와 철학자 들도 마찬가지였다. 그들은 모임을 열어 뇌 오가노이드에 대해, 그것에 대해 어떻게 생각할 것인지에 대해 이야기했다. 나는 그중 한 사람인 하버드대학교의 연구자 이안틴 룬쇼프Jeantine Lunshof에게 전화를 해서 의견을 구했다.

룬쇼프는 무오트리가 우연히 페트리 접시 위에서 의식이 있는 존재를 창조한 것을 크게 개의치 않았다. 뇌 오가노이드는 크기가 아주 작고 단순해서 역치 기준에는 여전히 한참 못 미친다고 생각하고 있었다. 그녀는 단순한 질문에 관심을 두고 있었다. '이것들의 정체가 대체 무엇일까?'

룬쇼프는 이렇게 설명했다. "그것을 가지고 뭘 해야 하는지 알려면 먼저 '이것이 대체 무엇이냐'는 질문에 답할 수 있어야 합니다. 우리는 지금 10년 전까지만 해도 존재하지 않던 것을 만들어 내고 있습니다. 이것은 철학자들의 존재 범주 목록에 포함되지 않던 것이에요."

라호야에서 트루히요가 가장 최근에 나온 오가노이드를 내게 보여 줄 때 룬쇼프의 그 질문이 생각났다.

그가 우물 중 하나를 가리키며 말했다. "이건 그냥 세포 덩어리에 불과합니다. 사람의 뇌와 비교할 수는 없죠. 하지만 우리는 더 복잡한 미니 뇌를 만들 수 있는 도구를 갖추고 있습니다."

"그럼 이것이 문제가 될 것이 없다고 생각하시는군요. 그것이 분명 사람의…… 뇌는 아니니까요." 나는 이렇게 말하다가 적절한 말이 바로 생각나지 않아 더듬거렸다.

"사람의 세포죠!" 트루히요가 분명하게 말했다.

"그럼 살아 있는 거죠." 내가 반은 대답처럼, 반은 질문처럼 말했다.

"그렇죠. 그리고 사람의 것이고요." 트루히요가 대답했다.

"하지만 사람은 아니잖아요?"

"그렇죠." 그가 말했다.

"하지만 어느 시점부터 이것을 사람이라는 관점에서 접근하실 건

1부. 태동

가요?" 내가 물었다. 트루히요는 내게 전극으로 연결된 오가노이드를 상상해 보게 했다. "어떤 패턴을 따라 전기충격을 줄 수 있습니다."

우리가 대화를 나누는 동안 트루히요는 현미경 앞에 앉아 있었다. 그가 손가락 두 개를 뻗어 계측기를 두드리며 말이 뛰는 듯한 박자를 만들었다.

따-닥, 따-닥, 따-닥.

그가 계측기 위에 손을 띄운 채 말했다. "그리고 이렇게 멈춥니다."

몇 초 후에 트루히요가 손을 다시 계측기 위에 올린다.

따-닥, 따-닥, 따-닥.

"그럼 이것들이 흥분을 합니다." 그가 말했다. 입력된 신호에 반응해서 오가노이드가 자신의 뉴런을 이용해 자체적으로 거기에 어울리는 신호를 만드는 것이다. "이것이 좀 신경 쓰이는 부분이죠. 무언가 학습하고 있거든요."

우리는 치직 거리는 이 작은 구체들을 이해할 준비가 되어 있지 않다. 한마디로 뇌 오가노이드는 기존에 없던 새로운 존재라는 게 문제다. 생일에 신제품 스마트폰을 선물로 받으면 잠금을 해제하는 법을 알아내는 데 시간이 좀 걸리긴 하지만 그것이 철학적 위기를 낳지는 않는다. 하지만 뇌 오가노이드는 골칫거리를 안겨 준다. 우리는 생명을 분명 쉽게 알아볼 수 있어야 한다고 확신하고 있기 때문이다. 하지만 이 뉴런 덩어리들은 그게 쉬운 일이 아님을 증명하고 있다.

뇌 오가노이드가 살아 있는지 아닌지 판단하려면 우리가 제일 잘 아는 생명과 비교해 보면 된다. 세상에 존재할 수 있는 모든 종류의 생명을 판단하는 기준, 바로 우리 자신이다. 누군가 나더러 살아 있는 것이 맞느냐고 물어보면 맥박을 재 보거나 내 세포가 탄수화물을 제대로 분해하고 있는지 증명할 필요 없이 그냥 그렇다고 대답할 수 있다. 그것이 그냥 직관적으로 체험하는 사실이기 때문이다.

생물학자 J. B. S. 홀데인J. B. S. Haldane은 1947년에 이렇게 말했다. "우리는 빨간색이나 고통이 어떤 것인지 아는 것처럼 살아 있다는 것이 어떤 것인지도 안다."[5] 이런 사실은 더할 나위 없이 당연해 보인다. 하지만 홀데인은 이렇게 말한다. "살아 있음은 그냥 살아 있음이지 그것을 다른 어떤 것을 빌려 설명할 수는 없다."

사람들은 실제로는 죽지 않았는데도 살아 있다는 느낌을 잃어버릴 수 있다. 이들은 오히려 자신이 죽었다고 고집부린다. 희귀한 경우이긴 하지만 그렇다고 이런 증상을 겪는 사람이 아주 없지는 않고 코타르 증후군Cotard's syndrome[6]이라는 이름도 붙었다.

1874년에 프랑스 의사 줄스 코타르Jules Cotard는 자살 충돌을 느낀 후 병원에 입원한 여성을 검사했다. 그는 노트에 이렇게 적었다. "이 여성은 자기에게는 뇌도 신경도 가슴도 위도 내장도 없으며, 썩어 가는 몸뚱이에 피부와 뼈만 있다고 단언한다."[7] 자기가 죽었다는 확신을 완전한 문장으로 표현한다는 사실만 놓고 봐도 그것이 사실일 수 없다고 설득해 보았지만, 그 여성의 확신을 흔들 수 없었다.

그 후로 세대를 거치면서 더 많은 코타르 증후군 사례가 등장했다. 벨기에의 한 여성은 자신의 몸 전체가 투명한 껍질이라 확신했다. 자기 몸이 녹아서 배수관으로 흘러 내려가 버릴까 두려워 목욕을 거부했다.[8] 독일의 한 남성은 의사에게 자기가 1년 전에 호수에서 물에 빠져 죽었다고 말했다. 그리고 자신의 상황을 이렇게 설명할 수 있는 이유는 휴대폰에서 나오는 방사선이 자기를 좀비로 만들었기 때문이라고 했다.[9]

코타르 증후군은 대단히 희귀하므로 신경과학자들이 이 증후군을 겪는 사람의 뇌를 연구해 볼 기회가 몇 번 없었다. 2015년에는 인도의 의사들이 한 여성의 사례를 보고했다.[10] 이 여성은 가족들에게 암이 자기 뇌를 좀먹어 목숨을 앗아갔다고 말했다. MRI를 촬영해 보니 여성의 머리뼈 속에서 뇌가 온전히 작동하고 있었다. 하지만 의사들은 그 여성의 눈 몇 센티미터 뒤쪽 뇌 영역에서 손상을 발견했다.

뇌섬엽겉질insular cortex이라고 하는 이 영역은 몸 전체에서 신호를 수신한 다음 우리의 내부 감각에 대한 의식적 자각을 생성한다. 뇌섬엽겉질은 우리가 갈증을 느끼거나, 오르가슴을 경험하거나, 방광이 불편할 정도로 차올랐을 때 활성화된다.

살아 있음을 직감하는 데는 뇌섬엽겉질로 유입되는 신호가 결정적 역할을 하는지도 모른다. 이 영역에 손상을 입으면 그런 직감이 갑자기 사라지면서 코타르 증후군이 생긴다. 우리 뇌는 자신이 받아들여 처리하는 신호에 맞추어 현실의 그림을 끊임없이 업데이트한다. 그런데 더 이상 자신의 내부 상태에 대한 정보가 입력되지 않으면 그런 변화를 이해하기 위해 현실을 그에 맞추어 다시 업데이트한다. 그럼 자기가 죽었다는 것 말고는 그것을 이해할 방법이 없다.

하지만 우리는 그냥 살아 있는 것이 어떤 기분인지만 아는 것이 아니다. 우리는 또한 자기 피부 너머에 존재하는 생명체도 알아볼 수 있다. 뇌의 입장에서 보면 다른 생명체를 알아보는 것이 더 큰 도전이다. 그 생명체의 몸은 우리 신경에 연결되어 있지 않기 때문이다. 우리는 받아들이는 신호들 사이의 간극을 감각뉴런을 통해, 즉 시각, 청각, 후각, 미각, 촉각을 통해 메워야 한다.

이렇게 생명체를 알아보는 속도를 높이기 위해 우리는 무의식적인 지름길을 사용한다.[11] 그래서 살아 있는 생명체가 자신의 목적에 따라 움직인다는 사실을 이용한다. 늑대들이 무스 사슴을 쫓아 언덕 사면을 내달릴 때는 나무를 피해 달리며 사냥감의 도주로를 차단할 방법을 찾는다. 반면 같은 언덕 사면을 굴러 내려오는 바윗덩어리는 수동적이고 예측 가능한 방식으로 떨어진다. 우리 뇌는 이런 차이를 알아볼 수 있게 미세 조정되어 있다. 그래서 대상이 생물학적인 움직임을 보이는지 물리학적인 움직임을 보이는지 한눈에 알아볼 수 있다.[12]

과학자들은 우리가 대단히 신속하게 생명체를 인식할 수 있는 이유가 아주 적은 양의 정보만으로도 뇌 속의 생물학 회로를 촉발할 수 있기 때문임을 알아냈다. 한 일련의 실험에서 심리학자들은 사람이 걷고 달리고 춤추는 모습을 동영상으로 담았고, 각각의 동영상 프레임에서 관절 부위를 열 개의 점으로 표시했다.[13] 그리고 이렇게 움직이는 점의 동영상을 각자 제각기 움직이는 열 개의 점 동영상과 섞어서 보여 주었더니, 사람들은 그 차이를 대번에 알아보았다.

우리 뇌가 생명체 알아보기에 맞춰 정교하게 조정된 특성은 지각 방식 말고도 또 있다. 기억도 그런 식으로 조정되어 있다. 우리는 대상에 대한 정보를 구축할 때 그것이 살아 있느냐 아니냐에 따라 정보를 정리한다. 뇌 손상으로 그런 정리 시스템이 자신의 존재를 드러내기도 한다.[14] 특정 뇌 영역에 손상을 입은 사람은 곤충이나 과일 같은 생명체의 이름을 말하는 것은 어려워하지만 장난감이나 도구 같은 것의 이름은 척척 말한다.

심리학자들은 우리가 이런 구분을 어느 정도까지 하는지, 그리고 자라면서 그런 구분 방식을 얼마나 학습하는지에 대해 오랫동안 궁금해했다. 당신은 이 문장에 들어 있는 단어들을 즉각적으로 알아보지만, 그렇다고 그 능력을 타고났다는 의미는 아니니까 말이다. 아동 대상 실험을 보면 생명에 대한 직관적 능력은 처음부터 존재하는 것으로 보인다. 유아들은 무작위 패턴으로 움직이는 점보다는 생물학적 패턴으로 움직이는 점을 더 오래 쳐다본다.[15] 그리고 수동적으로 움직이는 기하학 도형보다는 자체적으로 추동해서 움직이는 듯 보이는 도형을 더 오래 쳐다본다. 그리고 어린이들은 학습 방식에서도 생명에 대한 편향성을 갖고 있다. 아이들은 생명이 없는 물체보다 동물에 대해 더 빨리 학습하고, 학습한 내용도 더 오래 기억한다. 바꿔 말하면 자기가 무엇을 아는지 알기 훨씬 오래전부터 생명을 알아보는 능력이 등장하는 것이다.

심리학자 제임스 네르네James Naime와 동료들은 이렇게 적은 바 있다. "인간의 정신을 해체해 보면 살아 있는 것과 살아 있지 않은 것 사이의 구분을 따라 자연스럽게 나뉠 것이다."[16]

살아 있는 것에 대한 감각은 종 자체의 역사보다 훨씬 오래된 것이다. 동물을 대상으로 한 실험에서 동물도 우리처럼 살아 있는 것과 살아 있지 않은 것을 똑같이 구분할 수 있음이 드러났다.[17] 2006

년에 이탈리아의 두 심리학자 조르조 발로르티가라Giorgio Vallortigara와 루시아 레골린Lucia Regolin[18]도 자체적으로 점 동영상을 제작했는데 이 번에는 사람이 아니라 닭을 촬영한 것이었다. 그 동영상을 새로 태어난 병아리들에게 보여 주었다. 암탉 모양의 점들이 왼쪽을 바라보면 병아리들도 같이 그쪽으로 돌아보는 경향이 있었다. 그리고 암탉이 오른쪽을 바라보면 병아리들도 그쪽을 보는 경향이 있었다. 병아리에게 무작위로 움직이는 점의 동영상을 보여 주거나, 암탉 모양의 점 동영상을 뒤집어서 보여주면 그런 행동이 관찰되지 않았다.

이런 연구는 동물이 다른 살아 있는 것을 알아볼 때 오랫동안 시각적 지름길을 사용해 왔음을 암시한다.[19] 이런 전략을 사용하면 포식자는 사냥감을 신속히 찾아낼 수 있다. 이것은 사냥감에도 마찬가지로 도움이 됐다. 안전하게 도망가는 데 필요한 결정적인 단서를 제공해 주었으니까 말이다. 늑대를 피하는 것과 굴러떨어지는 바위를 피하는 것은 모두 신속한 반응을 필요로 한다. 하지만 이 두 반응은 서로 아주 다르다.

약 7000만 년 전 우리의 제일 초기 영장류 선조들은 생명을 알아보는 이런 고대의 본능을 물려받았다. 하지만 그 후로 일어난 진화에서 이들은 살아 있는 생명체를 알아보는 새로운 방법을 획득했다. 이들의 후손은 강력한 눈과 큰 뇌를 진화시켰고, 복잡한 뉴런망이 시각을 다른 감각들과 융합했다. 그 과정에서 일부 영장류 종은 사회성이 크게 발달해서 큰 집단을 이루어 사는 경우가 많아졌다. 사회에서 잘 살아가려면 다른 영장류의 얼굴에 예민하게 반응해서 표정을 읽고, 시선을 쫓을 줄 알아야 한다.

우리의 유인원 선조들은 약 3000만 년 전에 등장했다. 이들은 더 큰 뇌를 진화시키면서 그와 함께 동료 유인원들을 더 깊이 이해할 수 있게 됐다. 살아 있는 유인원 중 우리와 가장 가까운 친척인 침팬지와 보노보는 얼굴과 목소리에 드러나는 미묘한 단서를 이용해서 상대방이 무엇을 느끼고, 무엇을 알고 있는지 추론할 수 있다. 이들에게는 이런 추론을 말로 표현할 수 있는 언어가 없다. 침팬지에게 생명을 정의해 보라고 부탁하면 아무 대답이 없어 실망할 것이다. 그래도 유인원은 동료 유인원을 살아 있는 존재로 깊이 이해한다. 우리 선조들이 약 700만 년 전에 그 혈통에서 갈라져 나왔을 때 우리는 그와 같은 감각을 물려받았다.

인간의 혈통에 와서도 뇌는 계속 크기를 키워 나갔다. 우리 종은 동물계에서 몸집 대비 뇌의 크기가 가장 크다. 우리 선조들은 또한 언어 능력도 진화시켜 다른 인간의 머릿속을 들여다볼 수 있는 훨씬 막강한 능력을 갖게 됐다. 하지만 이런 특성들은 모두 앞선 영장류 선조들로부터 물려받은 토대 위에 세워진 것이다. 우리가 살아 있다는 것의 의미가 무엇인지 잘 알지도 못하면서 알고 있다고 우쭐대며 확신하는 이유 또한 이런 심오한 토대 때문이라 설명할 수 있을 것이다.

⌣

종의 새로운 구성원이 태어나면 선조들은 생물 감지 뇌 회로를 이용해 또 다른 살아 있는 인간이 태어났음을 알아볼 수 있었다. 하지만 새로운 인간이 어떻게 나타나는지 직관적으로 알 수 있는 능력은 전혀 진화시키지 못했다. 그래서 그 대신 인간은 그에 대한 설명을 내놓았다.

예를 들면 구약성경의 《전도서_Ecclesiastes_》에는 "아이를 가진 여성의 자궁에서 영혼이 뼈에 깃드는 방법"에 대한 글이 나온다.[20] 유대교 학자들은 나중에 40일이 되기 전까지는 배아가 한낱 물에 불과하다고 가르쳤다. 기독교 신학자들은 성경의 내용을 그리스 철학과 결합해서 다른 설명을 내놓았다. 13세기에 토마스 아퀴나스Thomas Aquinas는 '영혼 깃듬ensoulment' 과정에 대해 설명했다. 그는 인간의 배아에는 처음에는 식물과 동일한 성장 능력을 갖춘 생장의 영혼vegetative soul이 깃든다고 주장했다. 이 생장의 영혼이 나중에는 동물의 것과 같은 지각知覺의 영혼sentient soul으로 대체된다. 그리고 이 지각 영혼도 마침내는 이성의 영혼rational soul으로 대체된다.

다른 문화권도 나름의 설명을 내놓았다. 코트디부아르의 시골 마을에 사는 벵 족The Beng은 생명의 시작을 다른 세상으로부터 떠나온 여행이라 본다.[21] 아기들은 죽은 자들이 차지하고 있는 정착지인 우르그비wrugbe에서 온 영혼이다. 태어나고 며칠 지나서 남아 있던 탯줄이 떨어져 나온 후에야 새로 태어난 아기가 이 세상에 진정으로 속하게 된다. 아기가 그전에 죽으면 벵 족은 장례를 치르지 않는다. 장례를 치를 죽음 자체가 없기 때문이다.

생명이 어떻게 시작되는가에 대한 믿음에 따라 임신을 둘러싼 관습과 법이 탄생했다. 고대 로마에서는 사람의 목숨은 첫 번째 호흡에서 시작된다고 믿었다. 로마의 의사와 치유사들은 걸핏하면 약초를 주어 임신한 여성의 낙태를 유도했다. 하지만 산모는 낙태를 할지 여부에 대해 아무런 발언권이 없었다. 그 결정권은 전적으로 가장에게 있었다. 중세 유럽에서는 기독교 신학자들이 태아에게도 영혼이 있다고 주장했다. 따라서 낙태는 범죄로 취급 받았다. 하지만 그 규칙이 실제 임신에서는 정확히 어떤 의미를 갖는지를 두고 이들에게도 논란이 있었다. 아퀴나스의 추종자들은 임신 초기와 후기를 구분해야 한다고 주장했다. 1315년에 나폴리의 요한이라는 신학자가 의사들에게 임신이 여성의 생명을 위협하는 경우에 대한 지침을 내렸다. 태아에게 아직 영혼이 깃들지 않은 경우, 의사는 낙태를 해 주는 것이 옳았다. 요한은 이렇게 단언했다. "장래의 태아에게 영혼이 깃드는 것을 방해하게 되겠지만, 그 의사는 그 누구도 죽인 것이 아니다."[22]

반면 태아가 이미 이성의 영혼이 깃든 상태라면 의사는 낙태로 산모의 목숨을 구하려 해서는 안 된다. 요한은 이렇게 적었다. "다른 사람을 해치지 않고는 또 다른 누군가를 도울 수 없을 경우, 양쪽 모두 돕지 않는 것이 적절하다."

이런 지침에서 곤란한 점은 정확히 언제 태아에게 영혼이 깃드는지 아무도 알 수 없다는 것이다. 어떤 신학자는 의사들이 이런 불확실성에 대처하는 최고의 방법은 아예 낙태를 하지 않는 것이라 믿었다. 이 문제를 의사의 양심에 맡기는 신학자도 있었다. 16세기에 이탈리아의 판사들은 영혼이 깃드는 기준을 수정 후 40일로 잡았다. 그리고 1765년에 영국의 판사 윌리엄 블랙스톤William Blackstone은 새로운 기준을 제시했다. 태동quickening이었다.

블랙스톤은 이렇게 적었다. "생명은 신이 친히 내리는 선물이며,

모든 개인이 타고난 권리다. 그리고 법적으로 고려할 때 이 생명은 유아가 엄마의 자궁 안에서 몸을 움직일 수 있게 되는 순간에 시작된다."[23]

아메리카의 식민지들도 역시 태동을 생명 시작의 기준으로 받아들였다. 그리고 여러 세대에 걸쳐 낙태는 미국인의 삶에서 피할 수 없는 인생의 현실이었다. 낙태를 하는 임신 여성은 거의 아무런 처벌도 받지 않았다. 주부들은 정원에서 키운 낙태 유도 약초를 스스로 처방해서 먹기도 했다. 나중에 산업혁명기에 들어서는 여성들이 농장에서 도시로 대거 유입되었고, 이들은 신문에서 광고하는 '매달 먹는 여성용 약물female monthly pill'로 낙태를 유도하려 했다. 이 조잡한 낙태 유도 약물은 실패하는 경우가 많아서 여성들은 어쩔 수 없이 낙태 수술을 하는 의사를 찾아가 비밀리에 시술을 받아야 했다.

19세기가 지나는 동안에는 낙태에 대한 반대 움직임이 더 조직화됐다. 교황 피오스 9세Pope Pius IX는 태동 이전이라 하더라도 낙태는 대죄라 선언했다. 미국에서는 매춘을 반대하는 운동가들이 낙태가 가능하다는 것 때문에 여성들이 죄 많은 삶으로 빠져드는 유혹을 받는다고 경고했다. 미국의학협회American Medical Association도 여기에 동의했고, 저명한 의사들이 낙태가 태아와 산모 모두에게 가하는 위협에 대해 강연했다. 1882년에 매사추세츠의 찰스 A. 피바디Charles A. Peabody라는 의사는 낙태를 맹비난하며 동료 의사들에게 낙태를 해달라고 찾아오는 임부들의 청을 들어주면 안 된다고 호소했다.

피바디는 경고했다. "낙태는 신의 뜻을 거스르는 극악무도한 범죄입니다."[24]

임신을 두고 싸움이 벌어지는 환경은 19세기 말에 의학을 교육받은 피바디 같은 의사와 19세기 초의 의사들 사이에 큰 차이가 있었다. 중세 학자들은 자궁 안에서 어떤 일이 일어나는지 거의 알지 못했다. 그들은 주로 성경, 아리스토텔레스, 배 속 태아의 발길질 같은 것에 의존해야 했다. 반면 피바디는 과학자들이 정자, 난자, 수정을 연구하던 시대에 살았다. 그들은 태아의 발달 과정을 추적했다. 1800년대 말에는 많은 과학자가 여전히 생명을 신비로운 생기vital force라는 면에서 생각했고, 유전자와 염색체의 근본적 역할을 발견한 것은 그 후로 수십 년이 지난 일이었다. 그들은 수정되는 순간에 그런 생기가 풀려 나온다고 생각했다.

피바디는 이렇게 물었다. "생명은 언제 시작될까요? 과학은 오직 한 가지 대답만을 내놓았습니다. 다른 대답은 불가능합니다. 생명은 그 출발점에서 시작됩니다. 생명의 원리vital principle가 처음 움직이는 순간, 그 힘이 처음으로 조화되는 순간에 시작되죠."

이런 논리를 따르면 법에서 태동을 합법적 낙태의 근거로 삼기가 불가능해진다. 피바디가 우레와 같은 소리로 말했다. "낙태는 안 됩니다. 생명은 그 출발점에서 시작됩니다. 그리고 자신의 타고난 여정 속에서 인간은 생명권을 갖고 있습니다."

1882년에 피바디가 이런 맹비난을 가할 즈음 미국의 여러 주에서 이미 낙태를 엄격히 금지하는 법안을 통과시킨 상태였다. 하지만 그 안에 구멍이 있었고 의사들은 자기가 보기에 적절하다 싶으면 낙태 시술을 계속 이어갈 수 있었다. 때로는 산모의 건강을 위해 낙태 시술을 하기도 했다. 우울증, 자살 충동, 지독한 가난도 충분한 이유가 되었다. 많은 의사가 강간 피해자에게 기꺼이 낙태 시술을 해 주었다. 이런 낙태가 조명을 받는 경우는 드물었다. 그로 인해 의사가 체포되는 경우는 더욱 드물었다.

겉으로 드러나지 않는 합법도 불법도 아닌 이런 관습이 미국에서 수십 년간 이어지다가 1940년대에는 낙태를 반대하는 새로운 압박이 가해지면서 임신 여성이 취할 수 있던 더 안전한 여러 가지 방법이 갑자기 사라졌다. 그래서 자가로 낙태 시술을 하다가 실패한 여성들이 꾸역꾸역 병원에 나타났고, 그렇게 매년 수백 명이 죽었다.

개혁가들이 법 개정을 촉구하고 나섰다. 1960년대 초에 홍역이 대량 발발하면서 대대적인 선천적 결손증이 생겨났고, 그에 따라 여성이 안전하게 낙태할 수 있게 해 달라는 요구가 들끓었다. 주들은 특정 상황에서만 낙태를 합법화하는 방식으로 대응했다. 1973년 로대 웨이드 재판Roe v. Wade에서 대법원은 낙태 불법화는 여성의 사생활 권리를 침해한다는 판결을 내렸다. 그래서 주 정부는 임신 초기를 지나 태아가 자궁 밖에서도 살아남을 수 있게 된 후에만 낙태를 금지할 수 있었다.

판결을 내리면서 법정은 생명의 출발점에 대해 언급했지만, 그 부분을 다룰 필요가 없다는 말만 했다. "의학, 철학, 신학 각 학문 분야에서 훈련 받은 사람들조차 그 어떤 합의에도 도달하지 못하는 상황임을 고려하면, 현재 인간의 지식 수준에서 사법부가 그 답을 추측할 만한 위치에 있지 않다."

낙태에 반대하는 집단들은 법원의 이런 판결에 대응해서 그 판결과 충돌하지 않으면서 낙태를 차단할 방법을 찾아 나섰다. 그들은 낙태용 약을 연구하는 회사들을 보이콧했다. 그리고 낙태 클리닉이 일을 하기 어렵게 만드는 법안을 로비했다. 그리고 유권자들을 자기 편으로 끌어들이기 위해 새로운 과학 연구들을 입맛에 따라 선별적으로 들먹였다.

그들은 태아에 대한 연구를 통해 태아가 고통을 느끼기 시작하는 시간이 앞당겨졌다고 주장했다. 일부 낙태 반대 의원들은 '태아 심장박동' 법안을 도입하기도 했다. 이들은 심장세포는 아직 심장이 만들어지지 않은 상황에서도 수축을 시작한다는 사실을 무시했다. 이 법안은 실제 심장박동은 전혀 고려하지 않았다. 오로지 6주 이후로는 대부분의 낙태를 사실상 금지하는 것이 그들의 목적이었기 때문이다.

많은 낙태 반대 집단에서는 이런 미봉책을 넘어 로 대 웨이드 재판 결과 자체를 완전히 뒤집고 싶어 했다. 그 방법은 딱 하나, 생명이 언제 시작하느냐는 질문을 건드는 것밖에 없었다. 법적으로 풀면 이 질문은 배아가 언제 인간의 모든 기본권을 갖춘 인격체personhood가 되는지를 판단하는 문제였다.[25] 소위 인격체 운동personhood movement 이 등장해서 인간의 기본권은 수정된 난자로 거슬러 올라간다고 주장했다. 그것이 사실이라면 기본 인권에 따라 그 어떤 낙태도 불법이 될 것이다.

인격체 운동의 일부 지도자들은 특정 형태의 피임 또한 금지해야 한다고 주장했다. 그런 피임법은 새로 만들어진 배아가 자궁에 착상하지 못하게 막아 임신을 차단하기 때문이다. 이런 법적 주장을 정당화하기 위해 그들은 찰스 피바디가 한 세기 앞서 했던 것과 아주 비슷한 방법으로 과학을 끌어들였다.

보수 성향의 정치 평론가 벤 샤피로Ben Shapiro는 2017년에 이렇게 주장했다. "생명은 수정과 함께 시작된다. 이것은 종교적 신념이 아니라 과학이다."[26]

샤피로는 과학자가 아니라는 점을 지적해야겠다. 그가 가진 것은 법학 학위와 팟캐스트였다. 그리고 그는 이런 주장을 하면서 뒷받침할 과학적 증거를 제시하지 않았다. 반면 과학자들은 생명의 분자적 기반이 명확하게 밝혀진 후로는 생명의 출발점을 이렇게 칼로 자르듯 나누려는 주장과 거리를 두었다. 로 대 웨이드 재판 전에 낙태를 두고 논쟁이 벌어지고 있던 1967년에 노벨상을 수상한 생물학자 조슈아 레더버그Joshua Lederberg는 〈워싱턴포스트〉에 기고한 '생명의 법적 출발점The Legal Start of Life'이라는 글에서 이 논란에 대해 언급했다.

그는 이렇게 적었다. "'생명이 언제 시작되느냐'라는 질문에 하나의 간단한 정답은 존재하지 않는다. 현재의 경험으로 보면 생명에는 결코 시작이 없다."[27]

레더버그는 수정된 난자는 살아 있지만 세포로서 살아 있는 것이지, 사람으로서 살아 있는 것은 아니라고 설명했다. 세균 같은 일부 생명체는 단세포로 평생을 살면서 바다나 흙 속에서 행복하게 잘 살지만 우리 몸을 구성하는 세포들은 그렇게 강인하지 못하다. 손가락을 뾰족한 것으로 찔러서 탁자 위에 피를 한 방울 떨어뜨려도 그 안에 들어 있는 세포가 거기서 나와 어떻게든 살길을 찾아 나서는 일은 없다. 그냥 그 자리에서 말라서 죽을 것이다. 세포에게 죽음이란 그 안에 들어 있는 단백질이 제대로 기능하지 못하고, 내부의 화학적 균형이 망가지고, 세포질이 찢어져 열리는 것을 의미한다. 몸 안에서는 세포가 잘 살아갈 수 있다. 밀려오는 영양분을 먹고 살면서 자신의 단백질을 잘 작동하는 상태로 유지하고, 폐기물을 제거할 수 있다. 그리고 적절한 신호를 받으면 성장하고 분열할 수도 있다. 모세포 하나가 자신의 분자 유산을 한 쌍의 새로운 딸세포에게 나눠 주어 두 개의 세포가 된다. 세포분열이 일어나는 동안에는 어느 시점에서도 모세포가 죽거나, 딸세포가 새로이 생명을 얻는 순간은 존재하지 않는다. 생명이 모세포에서 딸세포로 흐를 뿐이다.

일부 유형의 세포는 이 영화를 거꾸로 돌릴 수도 있다. 분열하는 대신 한데 합쳐지는 것이다. 예를 들어 우리가 운동을 하면 근육세포들이 자극을 받아 증식한 다음 다시 합쳐져 새로운 근섬유를 만들어 낸다. 뼈에서는 면역세포들이 융합해서 뼈파괴세포osteoclast(파골세포)라는 거대한 덩어리를 만들어 낸다. 이 뼈파괴세포는 오래된 뼈를 조금씩 갈아먹어 새로운 뼈 조직으로 대체할 수 있게 해 준다. 각각의 근육세포와 뼈파괴세포 안에는 많은 세포핵이 들어 있을 수 있다. 이 각각의 세포핵은 자체적인 DNA 꾸러미를 갖고 있다. 이렇게 한데 융합하는 독립 세포들은 죽는 것이 아니다. 그저 자신의 분자들을 뒤섞어 새로운 형태의 생명을 만드는 것뿐이다.[28]

수정란도 이런 세포의 우주 안에서 존재한다. 분명 살아 있는 것은 맞지만, 생명 없는 분자들이 조합되어 어느 날 짠하고 생명을 얻는 것이 아니다. 수정란은 두 개의 살아 있는 세포의 융합으로 등장한다. 하지만 엄마의 난자와 아빠의 정자 역시 어느 날 갑자기 세상에 튀어나온 것이 아니다. 난자는 엄마가 아직 배아였을 때 분열한 세포에서 나온다. 남자는 하루에 수백만 개의 정자를 만들지만, 결국 이 정자들도 모두 아빠의 몸 전체를 만든 수정란에서 나온 것들이다. 생명의 흐름은 기존의 선조로부터 세대와 세대를 거쳐 끊이지 않고 이어져 내려왔다. 이 흐름의 기원에 도달하려면 수십 억 년에 걸쳐 흘러온 생명의 강을 거슬러 올라가야 한다.

"생명은 수정과 함께 시작된다." 이것은 기억하기도 편하고, 구호로 외치기도 편한 아주 단순한 슬로건이다. 하지만 말 그대로만 따지면 틀린 말이다. 인격체 운동에서도 항상 이 슬로건을 그냥 말 그대로 받아들여서는 안 된다는 점을 분명히 얘기해 왔다. 그들이 수정과 함께 시작된다고 한 생명은 그냥 생명이 아니다. 아르마딜로의 생명이나 피투니아꽃의 생명이 아니라 인간의 생명을 말하는 것이다. 생명권을 비롯해서 인간으로서 마땅히 누려야 할 법적 권리와 보호를 받는 인간 말이다.

낙태 반대자 패트릭 리Patrick Lee와 로버트 조지Robert George는 2001년에 이렇게 적었다. "정자에 의해 난자가 수정되는 순간 다른 존재와 구분되는 살아 있는 인간이 탄생한다."[29] 이들은 수정란을 다른 존재와 구분되게 만드는 것은 두 부모로부터 물려받아 결합돼 앞으로의 발달 과정을 지휘할 고유의 DNA 집합을 가졌기 때문이라 주장했다. 리와 조지는 맨눈에는 보이지 않지만 수정란은 이성을 비롯해 인간을 인간답게 만드는 다른 모든 능력에 대한 잠재력을 이미 갖추고 있다고 주장했다.

하지만 사람의 실제 발달 과정을 보면 어느 한순간을 두고 새로운 개인이 기원한 시점이라 꼬집어 말하기가 불가능하다.[30] 정자가 난자와 융합하는 순간은 분명 아니다. 세포는 보통 46개의 염색체를 갖고 있다. 그중 23개는 엄마로부터, 23개는 아빠로부터 온 것이다. 하지만 수정되는 순간 아빠의 DNA와 엄마의 DNA의 조합이 만들어 내는 염색체는 사실 69개다. 수정되지 않은 난자는 여성의 다른 체세포들과 마찬가지로 46개의 염색체가 23개의 쌍을 이루고 있기 때문이다.

염색체가 69개인 세포는 절대 건강한 인간으로 자랄 수 없다. 유전자의 균형이 심하게 깨져 있기 때문이다. 이런 재앙을 피하기 위해 난자는 정자가 도착하면 그에 대한 반응으로 작은 거품을 떼어낸다. 난자는 그 거품 안에 자신의 염색체 23개를 몰래 실어서 내보낸다. 그럼 이제 난자에는 나머지 23개 염색체가 남는다. 이것이 아빠의 DNA와 완벽한 짝을 이루게 된다.

하지만 이 시점에서도 수정란은 새로운 단일 유전체라 부를 수 있는 것을 갖고 있지 못하다. 엄마의 염색체와 아빠의 염색체가 자신의 막에 갇혀서 서로 분리되어 있고, 그 막 안에서 각자 별개의 변화 과정을 거치고 있다. 초기 수정란은 남성의 유전체와 여성의 유전체가 각자 자기 일에 바쁜 공동 작업 공간이라 생각하는 것이 맞다.

그러다 수정란이 두 개의 세포로 분열한다. 이 각각의 세포는 아빠와 엄마 양쪽의 염색체를 모두 물려받는다. 이 지점까지 오는 데 수정 후 하루 정도가 걸린다. 이제야 비로소 염색체들은 각자 몸담고 있던 껍질을 벗어던진다. 이렇듯 2세포 배아가 된 후에야 두 세트의 DNA가 결합된다.

하지만 이 시점까지 와서도 새로운 배아는 아직 분자적 독립성을 갖추지 못한다. 이 세포에 들어 있는 사실상 모든 단백질은 엄마의 유전자로 부호화되고, 엄마에서 만들어져 내려온 것이다. 이렇게 중요한 면에서 보면 배아는 여전히 엄마 세포의 군집처럼 행동하고 있는 셈이다. 다른 존재와 구분되는 개성을 갖춘 인간이 아직 자신의 운명을 장악하지 못하고 있다. 아빠의 염색체가 깨어나고 새로운 유전체가 운명을 담당하기까지는 아직 갈 길이 멀다. 난자 안에는 엄마의 유전자로부터 만들어진 특별한 암살 단백질 세트가 들어 있다. 이 단백질이 배아의 세포를 돌아다니며 다른 단백질들을 몰살시킨다. 그리고 또 다른 단백질 세트는 아빠와 엄마의 염색체 모두를 장악해서 이들이 새로운 임무를 맡을 수 있게 준비시킨다. 그럼 이제 세포가 남아 있는 엄마 분자의 잔해를 이용해서 단백질을 새로 구축한다.[31]

내부에서 이런 변화가 일어나고 있는 동안 배아는 엄마의 난관을 벗어나 자궁으로 빠져나온다. 그리고 그 과정에서 배아가 둘로 나뉘는 경우가 있다. 그럼 이 두 무리의 세포가 분열을 계속해서 각자 평범한 배아로 자라난다. 궁극에 가서는 이 두 세트의 세포가 일란성쌍둥이로 발달할 수 있다. 만약 정자와 난자가 수정해서 그 자리에서 바로 사람이 되는 것이라면, 그 한 사람이 두 사람으로 바뀔 때 원래의 사람은 어디로 가는 것인지 의문이 생긴다.[32]

이란성쌍둥이는 다른 방식으로 발달한다. 엄마가 동시에 난자 2개를 배란해서 각각의 난자가 다른 정자세포와 수정되는 경우다. 가끔 이 쌍둥이가 아직 아주 작은 세포 덩어리에 불과할 때 서로 만나 합쳐지는 경우가 있다. 이 세포들은 유연성이 크기 때문에 스스로 단일 배아로 재조직되어 정상적인 발달 과정을 이어 간다. 하지만 어떤 세포는 이쪽 유전체를 갖고 있고, 어떤 세포는 저쪽 유전체를 가진 상태가 된다.

과학자들을 이렇게 합체하는 것을 키메라chimera라고 부른다.[33] 키메라는 건강한 성인으로 자랄 수 있으며 평생 각자 별개의 유전체를 가진 두 집단의 세포로 이루어지게 된다. 만약 모든 수정란이 한 사람에게 부여되는 권리를 모두 가진 단일 인간이라면, 키메라에게는 2장의 투표권을 주어야 하는가?

우리가 배아의 발달을 뒤돌아볼 때는 시계처럼 정확한 화학 과정을 통해 1개의 세포가 37조 개의 세포로 이루어진 몸으로 변환되는 것이라 생각하고 싶어진다. 교과서를 보면 모든 단계가 그 어떤 결함도 없이 매끈하게 진행되는 것처럼 나와 있다. 하지만 발달 과정이 실패로 돌아가 임신이 도중에 종결될 때는 많다.[34] 배아의 생존에 가장 큰 위험은 23쌍의 염색체로 끝나지 않는 경우다. 가끔은 염색체의 3번째 복사본을 갖게 되는 경우가 있다. 그럼 각 유전자가 2개가 아니라 3개가 되기 때문에 배아가 너무 많은 단백질을 생산해서 그 단백질이 독으로 작용할 수 있다. 염색체 복사본을 1개만 갖는 경우도 있다. 그럼 모든 단백질이 생존에 필요한 만큼 생산되지 않는다.

때로는 난자 안에서 불균형이 생겨난다. 난자가 잉여 염색체를 거품에 싸서 내보낼 때 그중 하나가 사고로 남아 있을 수 있다. 수정 후에 배아가 분열을 시작할 때 문제가 생길 때도 있다. 세포가 분열할 때 딸세포 사이에 염색체가 균일하게 나뉘지 못하는 것이다. 그래서 한쪽 세포는 염색체가 너무 많아지고, 한쪽 세포는 염색체가 부족해진다. 분열하는 동안 이 세포들은 자신의 불균형을 후손 세포들에게 고스란히 물려주게 된다.

생물학자들은 이런 불균형을 염색체 이수성aneuploidy이라고 부른다. 이것이 곧 파멸로 이어지는 것은 아니다. 배아 안에 균형이 잡힌 세포와 균형이 깨진 세포가 함께 들어 있는 경우 균형이 깨진 것은 성장을 멈추는 반면, 균형이 잡힌 것은 성장을 이어 가서 신체의 대부분을 구성할 수 있다. 배아 전체가 이수성 세포로 이루어졌다고 해도 생존 가능성은 여전히 남아 있다. 이것은 불균형의 종류에 좌우된다. 21번 염색체의 잉여 복사본을 가진 배아는 다운증후군Down syndrome이 있는 아동으로 태어날 수 있다. 하지만 대부분의 경우 이수성 배아는 발달에 실패한다. 어떤 경우는 그냥 성장이 멈출 수도 있고, 어떤 경우는 자궁벽에 착상하지 못해 씻겨 나오기도 한다.

유산의 이유는 이수성 말고도 많다. 어떤 여성은 자궁이 새로운 배아를 받아들일 수 있게 준비하는 데 필요한 호르몬을 충분히 생산하지 못한다. 하필 어떤 시기에 감염이 돼서 여성의 면역계를 과도하게 활성화시키는 바람에 몸이 배아와 태반을 공격해야 할 외부의 적으로 취급하는 경우도 있다.

과학자들이 자연 유산되는 임신이 얼마나 되는지 추정해 보았는데 그 수치가 엄청났다. 2016년에 발표된 연구에서는 10에서 40퍼센트 사이의 배아가 자궁에 착상하기 전에 소실된다고 결론 내렸다.[35] 수정에서 출산에 이르기까지의 모든 부분을 감안하면 그 수치는 40에서 60퍼센트 정도로 올라간다. 만약 인간의 생명이 수정에서 시작되며 수정란이 모든 사람이 마땅히 누려야 할 법적 권리를 갖고 있다고 선언하는 나라가 있다면, 그 나라는 이런 유산을 의학적 재앙으로 취급해야 할 것이다. 그리고 유산을 모두 사망으로 취급하면 전 세계적으로 매년 사망 건수가 1억 건 이상 많아지게 된다. 그럼 심장질환, 암, 그리고 다른 주요 질병으로 인한 사망 건수는 시시해 보일 것이다.

하지만 낙태 반대자들이 이런 위기를 긴급한 위기로 대한 적은 없다. 오히려 그 반대다. 일부는 이런 추정치에 의문을 제기하며 유산 건수가 그보다 적을 거라 주장하기도 했다. 마치 수억 건의 사망 대신 수천만 건의 사망이면 그래도 감수할 만하다는 듯이 말이다. 어떤 사람은 이수성 같은 유산의 원인을 막을 수는 없기 때문에 이들의 목숨은 어쨌든 구할 수 없었던 것이라 주장한다.[36] 하지만 그것은 사실이 아니다. 유산을 줄이기 위해 많은 연구가 이루어져 왔다. 이는 연구자들이 생명이 수정과 함께 시작된다는 개념을 받아들였기 때문이 아니라 아이를 갖기 위해 갖은 노력을 하는 부부들을 돕고 싶어서였다. 재발성으로 유산을 경험하는 여성은 호르몬 주사로 성공적인 출산 가능성을 높일 수 있다.[37] 어떤 연구자들은 산모의 면역계 관리에서 태아 세포의 DNA 편집에 이르기까지 배아를 구할 수 있는 새로운 가능성을 탐색 중이다.

낙태 반대자들은 비논리적인 예외를 설정해서 자신의 포괄적 주장의 근거를 스스로 약화시키고 있다. 2019년에 앨라배마 주의 입법자들은 낙태 시술을 한 의사를 중범죄로 고발하는 법안을 도입했다. 그래서 낙태 시술을 한 의사는 최고 99년의 징역형을 받을 수 있다. 하지만 이 법안을 작성한 사람은 임신으로 심각한 건강상의 위험에 직면한 여성은 예외로 두었다. 이 법안을 두고 논란이 일어났을 때

앨라배마 주의 상원사법위원회에서는 강간과 근친상간의 경우를 추가 예외로 도입했다.

법안의 후원자 중 한 명인 주 상원의원 클라이드 챔블리스Clyde Chambliss는 여기에 반대하며 기자들에게 말했다. "강간이나 근친상간의 경우에는 참혹한 행동에 뒤이어 오는 아주 아주 어려운 상황입니다. 하지만 제가 믿는 것처럼 우리도 사람의 생명이 수정에서 시작된다고 믿는다면, 그것은 생명의 손실입니다."[38]

하지만 챔블리스의 규칙은 자신의 논리에 어긋난다. 부부가 시험관아기 시술을 이용해 임신할 때 난임 치료 의사는 일반적으로 배아를 하나가 아니라 여러 개 만든다. 그리고 배아의 생존 가능성이 얼마나 될지 확인하기 위해 배아에서 세포를 하나 뽑아서 그 DNA를 꼼꼼히 검사한다. 초기 배아의 모든 세포들은 그 자체로 배아가 될 수 있는 잠재력을 가지기 때문에, 챔블리스의 논리에 따르면 이 검사는 생명의 손실을 야기하는 것이다. 난임 치료 의사는 착상 성공 가능성이 제일 높은 배아를 고르고 나면 나머지는 얼려 두거나 폐기한다. 배아도 사람이기 때문에 낙태가 정당화될 수 없다면, 시험관 시술에서 남은 배아를 죽게 놔두는 것도 정당화될 수 없다. 능동적으로 죽이는지, 수동적으로 죽게 놔두는지는 중요하지 않다.

하지만 앨라배마 주 법안을 두고 토론을 벌일 때 챔블리스는 자신의 금지 법안이 시험관아기 시술까지 금지하는 것은 아니라고 주장했다. 한 동료 입법자가 이런 모순에 대해 지적하자 그는 납득하기 어려운 반응을 보였다.

"실험실에 있는 난자에는 해당하지 않습니다. 그 난자는 여성의 몸속에 있지 않아요. 그건 임신이 아닙니다."

앨라배마 주 입법부는 강간과 근친상간의 사례에서 낙태를 허용하는 수정안을 부결시켰고, 주지사는 그에 서명했다.

〰️

그렇지 않아도 시험관아기 시술 때문에 생명의 출발점에 대한 의문이 복잡해졌는데, 이제는 세포 재프로그래밍cell reprogramming[39] 때문에 더 복잡해지게 생겼다. 화학물질을 적절히 조합해 주면 재프로그래밍된 세포가 배아로 발달할 수 있다. 과학자들은 성체 생쥐의 피부세포를 생쥐 배아로 바꾸었고, 그 배아가 새끼 생쥐로 자라났다. 얼마 지나지 않아 사람을 대상으로도 같은 일이 가능해질지 모른다. 그것이 현실이 되면 우리 각자의 몸속에 들어 있는 수조 개의 세포 모두가 저마다 한 명의 인간으로 자랄 수 있는 잠재력을 얻게 된다. 그럼 인격체 운동의 논리에 따라 우리 몸의 세포 하나 하나가 모두 인간으로서의 권리를 얻게 된다. 집에 나뒹구는 먼지 중 상당 부분은 우리 몸에서 매일 떨어져 나오는 수백만 개의 죽은 피부세포로 이루어져 있다. 그럼 이 죽은 세포 하나 하나가 모두 잠재적인 생명의 손실이란 말인가?

이렇게 문제가 복잡해졌다고 해서 우리가 같은 인간에 대한 도덕적 의무를 저버릴 수 있다는 이야기는 아니다. 다만 그 도덕적 의무가 무엇인지 쉽게 판단할 수 없게 되었다는 의미일 뿐이다. 오가노이드가 점점 복잡해짐에 따라 그들에 대한 우리의 도덕적 의무가 무엇인지 판단 내리기가 특히나 어려워질 것이다. 오늘날의 뇌 오가노이드는 살아 있는 것이 맞다. 그리고 인간의 것이기도 하다. 하지만 이들은 인간이 경험하는 삶을 경험하지 않는다. 이 생명체는 홀데인이 말한 살아 있다는 느낌과 일맥상통한다. 뇌 오가노이드가 더 크고 복잡해지면 정교한 뇌파를 만들고, 심지어 학습도 할 수 있게 될지도 모른다. 어쩌면 초보적인 생명의 감각을 획득할지도 모를 일이다.

뇌 오가노이드가 그런 감각을 획득했는지 여부를 어떻게 알 수 있을까? 시애틀 앨런 뇌과학연구소Allen Institute for Brain Science 소장 크리스토프 코흐Christof Koch가 한 가지 아이디어를 내놓았다. 그는 과학자가 오가노이드의 신호를 도청하면 그 오가노이드의 경험이 얼마나 복잡한지 측정할 수 있다고 생각한다. 코흐의 제안은 그가 다른 과학자들과 의식의 본질에 대해 진행했던 연구에서 나왔다. 그들은 의식이란 뇌 전체에서 일어나는 정보의 통합이라 주장한다.[40] 우리가 의식이 있을 때는 정보가 뇌 전체를 가로질러 흐르며 우리에게 실재에 대해 일관된 느낌을 부여한다. 반면 잠들거나 혼수상태에 빠졌을 때는 그 흐름이 줄어든다. 뇌의 여러 영역이 활성화되어 있지만 더 이상 그 정보가 합쳐져 통합된 단일 경험을 만들지 못한다.

코흐와 동료들은 연못에 돌을 던져서 생기는 잔물결을 바라보는 것처럼, 통합을 흩뜨려 보면 이런 통합의 정도를 측정할 수 있다고 믿는다. 이들은 실험 참가자의 머리에 자석을 씌워 무해한 펄스를 가해 보았다. 이 펄스가 잠깐 참가자의 뇌파를 흩뜨려 놓았다. 깨어 있는 사람의 경우는 이 펄스가 뇌를 관통하는 복잡한 경로를 따라 이동하는 정보의 흐름을 만들었다. 사람이 꿈을 꿀 때도 동일한 패턴이 나타났다. 하지만 마취에 들어간 경우에는 이 펄스가 단순한 반응만 촉발했다. 마치 파이프오르간으로 연주하는 푸가 곡 대신 단순한 종소리가 울리는 것처럼 말이다.

코흐는 과학자들이 그와 동일한 자기 펄스를 뇌 오가노이드에 적용해 반응을 관찰할 수 있다고 제안했다. 이 제안이 특히 흥미로운 이유는 코흐와 동료들이 뇌의 통합 수준을 단일 수치로 측정할 수 있는 방법을 발명했기 때문이다. 이것은 의식을 측정하는 온도계와 같다. 그럼 뇌 오가노이드가 특정 수치 위로는 절대 올라가서는 안 된다고 합의를 볼 수도 있다. 그리고 어떤 오가노이드가 모르는 사이에 그 역치를 넘어섰음이 확인되면 우리는 그 오가노이드의 생명을 어떻게 돌보아야 하는지 판단할 때가 되었음을 알 것이다.[41]

코흐는 2019년 강연의 말미에 이렇게 물었다. "이것이 대뇌 오가노이드에게는 무슨 의미일까요? 답하기 쉬운 문제는 아닙니다."[42]

오가노이드를 꿈꾸지도 않던 오래전 1967년이었음에도 조슈아 레더버그는 앞으로 찾아올 골치 아픈 문제를 내다보았다.

레더버그는 말했다. "그럼 법을 만들 때 생물학자들은 별로 도움이 되지 않을 것이다. 생명이 언제 시작되느냐는 질문에 대한 답은 무슨 목적으로 그 질문을 던졌느냐에 따라 달라질 것이기 때문이다."

# 생명은 죽음에
# 저항한다

DEATH IS RESISTED

1765년에 제임스 포브스James Forbes[1]라는 열다섯 살 소년이 영국에서 배에 승선해 뭄바이로 항해를 떠났다. 소년은 그곳에 도착해서 동인도회사East India Company에 들어갔고, 19년 동안 일 때문에 인도 아대륙을 여기저기 돌아다닌다. 그 과정에서 포브스는 동식물연구자 겸 화가가 되어 직박구리새bulbul bird와 파르시인Parsee(인도에 거주하며 조로아스터교를 믿는 이란계 민족—옮긴이) 가족의 초상화 그림을 그렸다. 포브스가 인도를 떠나 유럽으로 돌아갈 즈음 그가 그때까지 적은 글과 그림은 52,000쪽에 달했다.

고향으로 돌아온 그는 자신의 작품을 꼼꼼히 검토해 1813년에 《동양 회고록Oriental Memoirs》이라는 4권짜리 책을 출판했다. 이 책은 영국 독자들이 난롯가에 앉아 호화로운 인도 여행을 할 수 있게 해주었다. 〈먼슬리 매거진The Monthly Magazine〉에서는 이 책을 두고 "진정 훌륭한 작품이 우리 앞에 왔다"라며 칭송했다.[2] 이 책의 편집자들은 포브스가 백과사전처럼 광범위하고 꼼꼼하게 인도를 소개하고 있어서 이제는 인도에 찾아가 보는 것이 무의미해졌다고 믿었다. "포브스 덕분에 훗날 인도를 여행하는 사람들이 새로이 발견할 것이 거의 남지 않았다."

포브스는 여행을 하다가 나르마다 강Narmada River 강둑에 있는 거대한 바냔나무banyan tree에 잠시 들렀었다. 이 나무는 수백 개의 굵은 가지를 하늘로 뻗고 있어서 7000명의 병사들이 쉴 수 있을 정도로 큰 나무 지붕을 만들고 있었다. 그 동네 족장은 가끔 그 나무를 찾아와 큰 파티를 열기도 했다. 족장은 식당, 응접실, 술집, 부엌, 욕실 역할을 해 줄 호화로운 텐트를 차렸다. 그러고도 공간이 남아서 낙타, 말, 마차, 경비병, 시중 드는 사람들을 위한 공간과 자신의 친구와 그 친구들이 몰고 온 소 떼를 위한 공간도 꾸릴 수 있었다.

나르마다 강의 바냔나무는 새, 뱀, 랑구르 원숭이langur monkey의 집이기도 했다. 포브스는 원숭이들이 새끼들에게 나무에서 나무로 뛰어다니는 법과 위험한 뱀을 죽이는 법을 가르치는 것도 관찰했다. 포브스는 말했다. "독사가 완전히 죽었다는 확신이 들면 원숭이들은 그 파충류를 어린 새끼가 가지고 놀게 던져 주며 공동의 적을 파괴했다는 사실에 크게 기뻐하는 듯 보였다."[3]

한번은 포브스의 친구가 사냥하러 나르마다 강의 바냔나무를 찾아왔었다. 그 친구는 엽총으로 암컷 원숭이를 쏘아 그 시체를 텐트로 가지고 왔다. 그런데 텐트 밖에서 불협화음으로 꽥꽥거리는 소리가 나서 내다보니 수십 마리의 원숭이가 몰려와 있었다. "그 원숭이들은 큰 소음을 내고 위협적인 자세를 취하며 사체를 향해 나아갔다." 포브스는 말했다.

포브스의 친구는 엽총을 휘둘렀다. 그러자 수컷 한 마리만 빼고 원숭이들이 물러났다. 그 수컷이 무리의 대장으로 보였다. 그 원숭이가 공격적인 소리를 내며 친구에게 다가왔다. 하지만 결국 그 원숭이의 소리는 포브스의 말로는 '한스러운 신음'으로 바뀌었다.

친구가 보기에 그 원숭이는 죽은 암컷의 사체를 돌려달라고 애원하는 듯 보였다. 그래서 사체를 돌려주었다.

포브스는 적었다. "수컷은 슬픈 모습으로 사체를 들어 올리더니 부부 같은 애정을 담아 사체를 끌어안았다. 그리고 승리했다는 일종의 환희와 함께 사체를 데리고 자기를 기다리는 동료에게로 돌아갔다." 원숭이들이 사라지고 사냥을 온 사람들은 큰 충격을 받았다. "그들은 두 번 다시 이 원숭이들에게 총을 겨누지 않겠노라고 다짐했다."[4]

한스러운 신음을 내던 원숭이의 이야기는 너무 놀라워서 수십 년간 영국 사람들의 입에 오르내렸다. 이것은 빅토리아시대 사람들이 동물의 뇌에 대해 생각하던 것과 정면으로 위배되어 보였다. 인간은 합리적 이성 덕분에 생명을 이해할 수 있다. 그리고 생명에 대한 이해를 통해 죽음이 그 생명의 경계라는 것도 이해할 수 있다. 그런데 사람처럼 동료의 죽음을 애도하면서 동료의 생명이 사라지고 없음을 아는 듯 보이는 짐승의 이야기가 나온 것이다. 그렇다면 원숭이가 우리가 생각한 것보다 더 복잡한 정신을 가졌다고 결론 내릴 수도 있을 것이다. 어쩌면 우리가 오직 인간만이 생명과 죽음을 이해한다며 지나치게 자화자찬하고 있었는지도 모른다.

포브스의 애도하는 원숭이 이야기에 비통함을 느낄 줄 아는 다른 영장류들의 이야기가 보태졌고, 그런 이야기에 찰스 다윈만큼 깊이 매료된 사람은 없었다. 20대 후반에 진화론을 생각해 낸 다윈은 이어서 그 진화론으로 다른 종뿐 아니라 인간의 기원도 설명할 수 있음을 깨달았다. 그는 침팬지나 다른 유인원과 놀라울 정도로 유사한 인간의 해부학에서 진화가 남긴 유산을 보았다. 그는 런던 동물원에 있는 오랑우탄을 찾아가 사람과 비슷한 오랑우탄의 표정에서 진화의 유산을 확인할 수 있었다. 그리고 한때 인간만의 것이라 여겨졌던 감정을 표현하는 영장류의 이야기에서도 그 유산을 확인했다. 그리고 그 중에는 비탄에 대한 이야기도 있었다. 다윈은 1871년에 출간한 자신의 책《인간의 유래*The Descent of Man*》에서 이렇게 적었다. "암컷 원숭이는 어린 새끼를 잃은 것에 대한 비탄이 너무도 강해서, 그것이 예외 없이 어떤 종류의 죽음을 초래했다."[5]

과학자들이 정기적으로 원숭이와 유인원의 야생 서식지를 찾아 그들의 행동을 자세히 관찰하게 된 것은 거의 한 세기가 지난 후의 일이다. 하지만 일단 그곳에 도착한 후로는 영장류가 죽음에 반응하는 방식에 대해 직접 체험한 과학자들의 이야기가 쌓이기 시작했다. 연구자들은 이 이야기들을 그 자체로 하나의 과학적 의문으로 바라보게 됐다. 이런 의문을 영장류 사망학*primate thanatology*이라 불렀다. 죽음에 직면한 영장류에 관한 최초의 현대적 기록은 1960년대에 제인 구달*Jane Goodall*[6]로부터 나왔다. 영국의 젊은 동식물학자 제인 구달은 탄자니아로 가서 침팬지들과 함께 살았다. 어느 날 구달은 올리Olly라고 이름 붙인 암컷 침팬지를 관찰하는 데 초점을 맞췄다. 올리는 새끼를 낳은 지 얼마 안 되었었는데 그 새끼의 건강이 좋지 않다는 것을 구달도 느낄 수 있었다. 그녀는 훗날 이렇게 회상했다. "새끼의 팔다리가 모두 축 처져 있었어요. 그리고 어미가 한 걸음 내디딜 때마다 비명을 질렀죠."

새끼가 너무 약해서 올리의 털을 붙잡고 있을 힘이 없었고 올리는 새끼를 아주 조심스럽게 안고 다녀야 했다. 올리는 새끼를 나무 위로 데려가 나뭇가지에 앉아 새끼를 무릎 위에 조심스럽게 올려놓았다. 그리고 비바람이 몰아쳐서 침팬지와 영장류학자 구달 모두 30분 정도 흠뻑 비를 맞았다. 날씨가 맑아지자 구달은 올리가 다시 땅 위로 내려오는 것을 보았다. 이번에는 새끼가 아무런 소리도 내지 않았다. 새끼의 머리가 팔다리처럼 생기 없이 아래로 축 처져 있었다. 그리고 구달은 올리가 새끼를 다르게 대하는 것을 눈치챘다.

구달은 말했다. "마치 올리는 새끼가 죽었다는 사실을 알고 있는 것 같았어요."

올리는 새끼를 조심스럽게 안고 다니는 대신 이제는 팔이나 다리를 잡고 있었다. 때로는 새끼의 사체를 목 위에 매달고 다니기도 했다. 올리는 멍해 보이는 상태에서 이틀 동안 새끼를 들고 다녔다. 다른 침팬지들은 얼이 빠진 듯 올리와 올리의 죽은 새끼를 바라보았지만, 올리는 그저 허공을 응시할 뿐이었다. 결국 올리가 빽빽한 덤불 속으로 사라지면서 구달도 올리의 행방을 놓치고 말았다. 그리고 그다음 날이 되어서야 올리를 볼 수 있었다. 새끼는 이제 사라지고 없었다.

그 후로 수십 년간 다른 영장류학자들은 다른 어미들도 새끼를 잃었을 때 올리처럼 반응하는 것을 관찰했다. 그들은 어린 고릴라들이 죽은 어미의 곁을 지키고 앉아 있는 모습을 보았다. 코트디부아르의 숲에서 연구하던 크리스토프 보슈Christophe Boesch가 한번은 땅 위에 놓여 있는 침팬지의 사체를 우연히 만난 적이 있었다. 그 침팬지는 방금 나무에서 떨어져 죽은 것처럼 보였다. 그런데 그 순간 다른 침팬지 다섯 마리도 그곳에 도착해 그 사체를 발견했다. 침팬지들은 신속히 주변 나무 꼭대기로 올라가 그곳에서 몇 시간 동안 소리를 내고 비명을 질렀다.

살아 있다는 것의 의미에 대한 우리의 감각은 부분적으로는 우리 자신의 생명에 대한 자각으로부터, 또 부분적으로는 생명이 없는 물체와 생명이 있는 존재를 직관적으로 구분할 수 있는 능력으로부터 비롯된다. 하지만 삶과 죽음의 차이에 대한 이해로부터 비롯되는 측면도 있다. 바꿔 말하면 살아 있다는 것은 죽지 않은 것이다. 인간은 논리와 추론을 통해 이런 깨달음을 얻은 것이 아니다. 죽음에 대한 우리의 이해는 다윈의 진화론이나 톰슨의 전자 발견 같은 것이 아니다. 그것은 고대의 직관에 그 기원을 두고 있다.

아마도 동물은 살아 있는 것과 죽은 것에 대해 다르게 행동하도록 수억 년 전에 처음 진화했을 것이다. 오늘날에는 포유류, 조류, 심지어는 어류도 썩어 가는 사체의 냄새를 맡으면 그것을 멀리한다.[7] 죽어서 나오는 역겨운 냄새는 공기 중에 떠다니는 카다베린cadaverine과 푸트레신putrescine이라는 이름의 분자 때문에 난다.[8] 하지만 이런 분자들은 죽음이 만들어 내는 것이 아니라 그 죽음을 먹고 사는 생명이 만드는 것이다. 동물이 죽고 나면 그 세포들이 스스로를 파괴해서 몸에 살던 세균들의 먹이가 된다. 이 세균들은 내장 벽을 파먹고 들어가 몸 전체로 퍼져 나간다. 이 세균들이 대사의 부산물로 카다베린과 푸트레신을 방출하는 것이다. 사실 이 분자들은 우리에게 위험하지 않다. 사린sarin(화학무기로 사용되는 독가스의 일종—옮긴이)이나 청산가리 냄새처럼 사람을 죽일 일이 없다. 하지만 우리 선조들은 이런 분자에 대해 예민한 감각을 진화시키고, 그와 함께 그 냄새가 조금만 나도 흠칫 놀라는 본능적인 반응을 진화시켰다. 냄새는 그 자체로는 위험하지 않지만 죽음의 위험이 주변에 도사리고 있다는 믿을 만한 신호였다.

이제는 영장류 사망학9 덕분에 원숭이와 비슷했던 7000만 년 전 우리 선조들이 동료의 시체가 부패할 때까지 기다리지 않아도 그 동료에게 무언가 중요한 일이 일어났음을 깨달을 수 있었음을 알게 됐다. 어떤 과학자들은 죽음에 대한 예민한 감각이 생명에 대한 예민한 감각에서 비롯되었다고 주장한다. 한 영장류가 죽어도 그 주변의 살아 있는 영장류들은 생명 감지 회로를 자극하는 눈이나 입 같은 특성들을 여전히 볼 수 있다. 하지만 생물학적 움직임의 감지를 담당하는 회로는 아무런 입력을 받지 못한다. 눈 한 번 깜짝이지 않으니까 말이다. 영장류들이 죽은 동료를 곁에 앉아 지키는 경우가 많은 것은 이런 상호모순되는 신호 때문일 수 있다. 이런 인지적 충돌을 이해하고 수년간 함께 살았던 한 영장류를 생명이 없는 존재라는 범주로 이동시키는 데 시간이 필요한 것인지도 모른다.

대략 3000만 년 전에 오랑우탄, 고릴라, 침팬지, 인간을 만들어
낸 진화 가지인 유인원 혈통이 다른 영장류로부터 갈라져 나왔다.
침팬지에 대한 연구를 보면 우리의 공통 유인원 선조는 죽음에 대해
더 심오한 감각을 진화시킨 것으로 보인다. 이는 어쩌면 더 크고 강
력한 뇌가 진화한 결과일지도 모른다. 침팬지는 동료가 죽으면 다른
반응을 보일 뿐만 아니라, 삶과 죽음의 원인과 결과를 인식한다는
조짐도 보인다. 이들의 행동을 보면 나무에서 떨어지거나 표범의 공
격을 받으면 유인원의 생명이 끝장날 수 있음을 이해하고 있는 것으
로 보인다.

인류의 혈통은 대략 700만 년 전에 침팬지로부터 갈라져 나왔다.
초기 호미닌hominin(현생인류와 현생인류의 근연종을 통틀어 부르는 호칭—옮긴
이)은 삼림지대에서 직립보행을 하도록 점진적으로 진화했다. 그것
을 빼면 이 초기 호미닌은 다른 유인원과 별로 달라 보이지 않았다.
그리고 이들이 죽음을 다른 유인원들과 다르게 취급했다는 화석 기
록도 없다. 수십만 년 전에 들어서야 죽음의 현대적 개념이 발생했다
는 힌트가 처음 등장했다.[10] 그리고 당연한 얘기지만 제일 오래된 힌
트가 가장 애매모호하다.

아프리카와 유럽의 몇몇 동굴에서 고인류학자들이 초기 인류의
골격이 숨겨져 있던 장소를 발견했다. 이 인류는 우리와 같은 사람속
genus Homo에 속했지만 종은 다른 두 종에 속했다. 호모 하이델베르겐
시스Homo beidelbergensis와 호모 날레디Homo naledi였다. 이 초기 인류의 골

격은 사람이 장례의식이라는 차원에서 이곳으로 데려와 암반의 틈으로 떨어트렸을 가능성이 있다. 하지만 현재로서는 증거가 너무 파편적이라 확신하기 힘들다. 포식자가 이 초기 인류를 동굴로 끌고 들어왔을 수도 있고, 홍수로 차오른 물에 시신이 떠밀려 들어왔을 가능성도 배제할 수 없다.

새로운 죽음의 개념이 등장했다는 가장 오래되고 반박 불가능한 증거는 약 10만 년 전에 등장했다. 우리 종인 호모 사피엔스*Homo sapiens*의 구성원들이 장례의식을 치르기 시작한 것이다. 이스라엘의 동굴에서 고고학자들이 찾아낸 골격을 보면 시신을 조심스럽게 눕힌 후 그 주변에 사슴뿔, 오커_ochre_(그림물감의 원료로 쓰이는 황토—옮긴이) 덩어리, 먼 해안에서 가져온 조개껍질 등을 둘러놓았다. 호주 원주민들은 약 4만 년 전에 죽은 자를 묻을 무덤을 팠다. 이런 의식을 보면 당시 이런 관습을 갖고 있던 사람들의 마음을 엿볼 수 있다. 이들은 다른 영장류들과 다른 방식으로 죽음을 이해하고 있었다. 즉 질병이나 부상이 죽음의 원인이며, 한 번 죽으면 되돌아갈 수 없음을 이해했던 것이다. 이들은 시신을 조심스럽게 매장함으로써 죽은 자를 기억하고 추모했다.

사람들이 이런 최초의 장례식을 치를 즈음에는 언어 능력이 만개해 있었다. 하지만 이들이 불렀던 노래의 메아리나 이들이 말했던 이야기의 흔적은 사라진 지 오래다. 죽음에 대한 개념의 기원을 추적하려면 전 세계 사람들로부터 기록해 둔 글이나 구어로 만족해야 한다. 인류가 죽음에 대해 여러 가지 설명을 내놓았다는 것은 분명하지만, 그 속에는 공통점이 있다. 사람들은 죽음을 그저 물리적인 변화라 생각하지 않았다. 이들은 죽음을 사회적 변화로도 보았다. 어떤 문화권에서는 죽음을 죽은 자가 다른 세상으로 떠나는 이별이라 여겼다. 어떤 문화권에서는 죽음을 조상들이 항상 자신들과 함께 머물 수 있게 해 주는 변화라 보았다. 한편 불교에서는 죽음을 풀잎에 맺힌 이슬이 떠오르는 햇살에 증발해 사라지는 것처럼 자아가 사라지는 것이라고 생각했다.[11]

서구 과학은 죽음에 관한 구체적인 설명을 만드는 데 느렸다. 이일은 대부분 의사에게 넘겨졌는데, 의사들은 사람의 목숨을 구하는 데 너무 바빠서 죽음을 뒤로 늦추려고 애쓰면서도 정작 그것의 실체를 설명할 시간이 없었다. 역사가 어윈 아커크네히트Erwin Ackerknecht는 이렇게 적었다. "의사들은 죽음의 본질에 대해 이야기하는 경우가 드물었다. 그에 대한 설명은 철학자나 신학자에게 떠넘겼다."[12]

죽음의 본질에 대해 과학적으로 조사한 최초의 의사는 프랑스의 사비에르 비샤Xavier Bichat[13]라 할 수 있다. 1700년대 말에 그는 사람과 동물이 죽은 후의 순간을 연구했다. 죄인들이 단두대에서 사형을 당하면 비샤는 잘린 머리와 머리 없는 몸통을 조사했다. 그리고 살아 있는 개의 가슴을 열어 숨통windpipe을 밸브로 막아 보기도 했다. 밸브를 돌리면 개의 폐로 들어가는 공기의 흐름을 막을 수 있었다. 그리고 개의 피가 붉은색에서 검은색으로 변하면 죽음이 가깝다는 것을 발견했다.

이런 소름 끼치는 연구를 통해 비샤는 심장, 폐, 뇌 사이의 긴밀한 상관관계를 확인했다. 그리하여 이 세 장기는 '생명의 삼각대vital tripod'로 불리게 됐다. 폐가 기능을 못하면 검은 피가 뇌가 작동을 유지하는 데 필요한 생명 유지 형태인 붉은 피로 바뀌지 못했다. 심장이 기능을 못 하면 나머지 두 기관으로 피를 실어 나를 수 없었다. 그리고 비샤는 동물의 뇌를 손상시키면 심장과 폐 사이의 중요한 연결이 소실되어 동물이 죽는다는 것을 발견했다. 신체의 어느 부위도 생명에 독점적인 힘을 발휘할 수 없음을 비샤는 확인할 수 있었다. 이 힘은 서로 연결된 시스템 안에서 몸 곳곳에 분산되어 있었다.

비샤는 다음과 같이 결론 내렸다. "생명은 기능의 합으로 구성되어 있고, 이 기능을 통해 죽음에 저항한다."[14]

비샤는 삶과 죽음을 나누는 선명한 선을 보았지만, 그것은 그가 연구한 생명의 종류에 따르는 결과였다. 목이 잘린 죄인과 출혈로 죽은 개는 그들이 그 선의 어느 쪽에 있는지 분명하게 알 수 있었다. 하지만 비샤가 다른 동물을 연구했다면 모호한 경계와 만났을 것이다.[15]

1600년대 말에 안톤 판 레이우엔훅Antonie van Leeuwenhoek이라는 네덜란드 무역상이 미시의 세계를 열어젖히기에 부족함이 없는 막강한 현미경을 처음 만들었다. 연못에서 떠 온 물 한 방울도 그 안에 온갖 이상한 모양이 무리 지어 있었다. 이것들은 거시세계에 있는 그 무엇과도 닮지 않았지만 움직였다. 그리고 이 움직임이 어떤 것이 살아 있는 생명체냐는 판 레이우엔훅의 직관을 자극했다. 그는 그것들을 작은 동물이라 생각했다. 그의 보고서가 〈왕립 학회 철학 회보Philosophical Transactions of the Royal Society〉에 올랐을 때 그의 영어 번역가는 '극미동물animacule'이라는 단어를 사용했다. 그는 이렇게 보고했다. "물속에 들어 있는 이 극미동물들의 움직임은 아주 빠르고 다양해서,

위로 아래로 주위로 활발하게 움직이는 모습을 보고 있자니 참으로 놀라웠다."

이어서 판 레이우엔훅은 적혈구, 정자세포, 세균, 원생동물, 그리고 일군의 미세 동물 종들을 발견했다. 그러다 1701년 어느 여름날 그는 집 앞에 달려 있는 납 배수로에 붉은 기운이 도는 물이 가득 고인 것을 알아차렸다. 그는 그 물을 조금 떠다가 현미경 위에 한 방울 떨어트렸다. 그러자 새로운 종류의 극미동물이 보였다. 이 생명체는 조롱박처럼 생기고, 그 머리 위에 바퀴가 두 개 달린 것처럼 보였다 (지금은 이것을 담륜충rotifer이라고 부른다. 라틴어로 '바퀴를 지닌 자'라는 의미다).

판 레이우엔훅은 배수로 물 중 일부가 증발하게 놔두어 보았다. 그는 전에도 다른 극미동물을 대상으로 이런 실험을 해 본 적이 있는데 그럼 보통 마르면서 터져 버렸다. 하지만 이번에는 이상한 차이점이 있었다. 담륜충은 마르면 더 작은 버전으로 수축해서 움직임이 사라졌다. 판 레이우엔훅은 이렇게 관찰했다. "그 극미동물은 타원형과 원형의 형태를 온전히 보존했다."

여름 날씨가 무덥고 건조해지자 판 레이우엔훅의 배수로에 담겨 있던 붉은 물이 먼지로 변했다. 그는 그 먼지 속에서 담륜충을 찾아보기로 마음먹고, 그 먼지를 물에 적셔서 물방울을 현미경으로 관찰했다. 그는 크기가 쪼그라든 담륜충이 마치 죽은 듯이 움직이지 않고 덩어리째 놓여 있는 것을 발견했다. 하지만 잠시 물에 담가 놓았더니 팽창해서 다시 움직이기 시작했다.

그는 나중에 이렇게 적었다. "몸이 팽창하고 얼마 안 지나서 적어도 30분 만에 수백 마리가 유리판 여기저기를 헤엄치고 있었다."

판 레이우엔훅은 나머지 배수로 먼지를 따로 보관해 두었다. 그리고 몇 달 후에 다시 꺼내서 물과 섞어 보았다. 그러자 그렇게 오랜 시간이 흘렀어도 담륜충들은 접혀 있던 몸을 다시 펴서 되살아났다.

그는 말했다. "솔직히 이렇게 바짝 마른 물질 속에 생명체가 살아 있을 줄은 꿈에도 생각해 보지 않았다."

40년 후인 1743년에 영국의 동식물연구자 존 니덤John Needham이 부활 능력이 있는 또 다른 생명체를 발견했다. 니덤은 이어코클병 earcockle disease에 걸린 밀의 줄기를 연구하고 있었다. 이어코클병에 걸린 곡물은 부풀어 오르며 검은색으로 변한다. 농부들은 이렇게 병에 걸린 곡물을 페퍼콘peppercorn이라 불렀다. 니덤이 페퍼콘을 잘라서 열어 보니 그 안에 마른 하얀색 섬유 덩어리가 들어 있었다. 그는 섬유를 떼어내기가 더 쉬워질까 하여 거기에 물을 한 방울 떨어트렸다.

〈왕립 학회 철학 회보〉에서는 그다음에 일어난 일을 다음과 같이 기술하고 있다. "놀랍게도 이 가상의 섬유질은 즉시 서로에게서 떨어져 나와 생명을 얻어 불규칙적으로 움직였다. 점진적으로 나가는 움직임이 아니라 비비 꼬는 움직임이었다. 이 움직임은 니덤이 그것을 버릴 때까지 9에서 10시간 정도 계속 이어졌다."

니덤은 오늘날 안구이나 트리티시Anguina tritici라고 부르는 선충 nematode worm의 유충을 발견한 것이었다. 하지만 당시에는 많은 동식물연구자가 그의 말을 믿지 않으려 했다. 왕립 학회에서는 니덤의 밀을 헨리 베이커Henry Baker라는 다른 동식물연구가에게 주며 판단해 보라고 했다. 베이커는 니덤이 말해 준 대로 시도해 선충에게 생명을 불어넣는 데 성공했다. 호기심이 발동한 베이커는 이제 자체적으로 더 많은 실험을 진행해 보았다. 한 연구에서 그는 일부 페퍼콘을 4년 동안 저장해 놓았다. 그렇게 오랜 시간이 흘렀는데도 선충은 그대로 살아 있었다. 그 하얀색 섬유에 물을 부었더니 꿈틀거리는 생명체가 더 많이 보였다.

베이커는 1753년에 그의 책 《현미경의 사용Employment for the Microscope》에서 이렇게 알렸다. "우리는 여기서 생명이 유보되고 파괴된 것처럼 보일 수 있는 경우를 찾아냈다."[16] 이 벌레들이 어떻게 그런 '생명력living power'을 유지할 수 있는지는 베이커 자신도 감히 추측하려 하지 않았다. "생명의 실체는 우리의 이해력으로 생각하고 정의하기에는 너무 미묘해서 우리의 감각으로 알아차리거나 조사할 수 없을 것으로 보인다."

머지않아 선충과 담륜충의 뒤를 이어 살지도 죽지도 않은 세 번째 동물이 발견된다. 완보동물tardigrades이다. 이 동물은 머리는 없고 다리만 8개 달린 곰처럼 생겼고, 크기는 이 문장 끝에 나오는 마침표 정도밖에 안 한다. 동식물연구자들은 처음에는 바닥에 깔린 이끼 위를 기어 다니는 완보동물을 발견했지만, 나중에는 축축한 흙, 호수, 심지어 바다에 숨어 있는 것들도 찾아냈다. 연구자들이 완보동물을 말리면 이 동물은 다리를 안으로 움츠려 깨알 같은 모습으로 변했다. 하지만 몇 분 정도만 물에 담가 놓으면 다시 다리를 밖으로 뻗었다.

생명이 이렇게 바싹 마른 상태에서 기약 없이 기다리다가 다시 살아날 수 있다는 것을 많은 동식물연구자들은 믿지 않으려 했다. 그들은 분명 더 단순한 일이 벌어지고 있다고 믿었다. 어쩌면 그 바싹 마른 동물은 이미 죽어 있었고, 과학자가 물을 부었을 때는 숨어 있던 알이 부화해서 깨어났을지도 모른다. 이 논쟁은 수십 년간 이어졌고, 양쪽 진영은 각각 부활론자resurrectionist와 반부활론자anti-resurrectionist로 불리게 됐다. 논쟁이 어찌나 심각했던지 프랑스의 선도적인 생물학자 단체였던 생물학회la Société de Biologie에서는 1859년에 이 논쟁을 결판내기 위해 특별 위원회를 임명했다. 1년 정도를 실험으로 보낸후 위원회의 과학자들은 140쪽 보고서를 발표해서 부활론자들의 손을 들어 주었다. 하지만 반부활론자들은 수십 년 동안 이 결론에 반박하며 계속 싸움을 이어 갔다.

지금은 모든 생물학자들이 부활론자다. 이제 완보동물, 선충, 담륜충 모두 말랐다가 다시 살아날 수 있다는 것을 의심하는 사람이 없다. 연구자들이 이 동물들을 연구할수록 이들은 기약 없는 상황에서 더 오래 살아남았다가 생명의 세계로 돌아올 수 있는 것으로 보였다. 과학자들이 이 동물을 추운 저장고에 30년간 두었다가 따듯하게 녹여 물을 주니 언제 그랬냐는 듯 건강한 모습으로 돌아왔다. 페퍼콘을 차지하던 선충들은 그보다 더 긴 32년이 지나서도 생명력 없어 보이는 섬유의 모습에서 살아 돌아왔다.

근래 수십 년 동안 과학자들은 파리, 곰팡이, 세균, 기타 종들을 부활 가능한 생물의 목록에 추가해 왔다. 남극에서는 빙하가 후퇴하면서 적어도 600년 동안 건조된 상태로 얼어 있던 이끼가 드러났다. 이 이끼를 조심스럽게 관리해 주었더니 거기서 새로 초록색 싹이 돋아났다. 시베리아에서는 과학자들이 약 3만 년 전 빙하기에 다람쥐들이 파놓은 굴을 우연히 찾았다. 이 굴에는 가는동자꽃narrow-leafed campion이라는 말라붙은 꽃이 들어 있었다. 과학자들이 이 조각

을 보살폈더니 건강한 식물로 새로 자라나 자체적으로 씨앗도 생산했다.[17]

오늘날의 부활론자들은 이런 생명체들이 어떻게 이런 변환에서 살아남을 수 있는지 아직 알아내지 못했다. 일반적인 생물 종에서는 물이 반드시 있어야 모든 세포에서 매 순간 일어나는 온갖 화학반응이 일어날 수 있다. 물은 또한 세포막을 적절히 기름 섞인 농도로 유지하는 데도 도움을 주고, 단백질을 감싸서 단백질의 팔 구조와 판 구조가 적절한 배열로 유지될 수 있게 해 준다. 세포가 물을 잃으면 화학반응이 갑자기 멈춰 버린다. 그 안에 들어 있던 단백질들이 서로 달라붙으면서 독성의 덩어리를 형성하고, 세포막은 끈적한 젤리처럼 변한다. 우리 몸은 약간의 수분을 일시적으로 잃어버리는 것은 견딜 수 있다. 콩팥에서는 소변을 덜 만들고, 심장은 더 빨리 뛰어 세포로 산소 공급을 늘린다. 하지만 일단 체중의 몇 퍼센트 정도 되는 수분을 잃으면 기관이 기능 부전을 일으키기 시작해 곧 죽음에 이른다.

반면 완보동물에 속하는 동물들은 물을 모두 잃어버려도 괜찮다. 그럼 생명 활동에 필요한 화학반응을 수행할 수 없으니까 더 이상 살아 있는 것이 아니라 주장할 수도 있다. 하지만 그렇다고 죽은 것도 아니다. 방금 죽은 사람에게 물을 부어 준다고 그 사람이 벌떡 일어나 앉지는 않는다. 그냥 물에 젖은 시신이 남을 뿐이다. 하지만 말라붙은 완보동물에게 물을 부어 주면 몇 분 만에 살아나 움직이고, 먹이를 먹고, 번식을 한다. 이 존재의 회색지대를 휴면상태cryptobiosis라고 부른다. 한 과학 연구진은 이것을 '삶과 죽음 사이의 제3의 상태'라 묘사했다.[18]

휴면상태종cryptobiotic species은 건조해지기 시작하면 휴면상태로 빠져들기 쉬운 상태로 들어간다. 어떤 종은 탈수에 반응해서 트레할로오스trehalose라는 당분을 만들어 낸다. 트레할로오스의 화학 구조는 단백질을 물속에 있을 때와 비슷하게 제대로 된 형태로 유지하는 데 도움을 준다. 하지만 물과 달리 이 당분은 건조한 조건에서도 증발하지 않는다. 이런 가짜 수분을 공급해 주는 덕분에 건조해지고 있는 생명체는 오랜 기간의 휴면상태로 돌입하는 데 필요한 준비 시간을 벌 수 있다. 서로 연결되어 일종의 생물학적 유리를 형성하는 단백질을 새로 만드는 종이 많다. 이 생물학적 유리는 세포의 DNA와 다른 분자들을 3차원 형태 그대로 보존하기 때문에 수분이 돌아왔을 때 되살아날 준비가 되어 있다.

이 제3의 상태는 지속능력이 워낙 뛰어나기 때문에 생명체에게 그저 탈수에 저항할 수 있는 힘을 부여하는 데서 그치지 않는다. 우주 공간에서도 살아남을 수 있다.

2007년에 한 과학자 연구진이 독일과 스웨덴에서 완보동물을 채집해서 말린 후에 용기 안에 담았다. 그리고 이 용기를 지구 둘레 궤도로 진입하는 러시아 로켓에 실었다. 그리고 열흘 동안 이 완보동물들은 우주의 진공에 직접 노출되었다. 그리고 다시 지구로 돌아왔을 때 물을 뿌려 주었더니 그 완보동물들은 되살아났다.

2019년에는 인류가 완보동물을 더 깊숙한 우주로 데리고 나갔다. 아치 미션 재단Arch Mission Foundation이라는 기관에서 그 창립자가 〈와이어드Wired〉에서 '행성 지구를 하드 백업하기'라 묘사한 것을 만들기 시작했다.[19] 이들은 소형 '달 도서관lunar library'을 만들어 그 안에 3000

만 쪽의 정보, 그리고 그와 함께 사람 DNA 표본과 수천 개의 건조된 완보동물을 저장했다. 이스라엘의 민간 항공우주회사에서 그 도서관을 베레시트Beresheet 달 착륙선에 실어 달로 쏘아 올렸다.

하지만 착륙 직전에 엔진이 고장을 일으키는 바람에 이스라엘 공학자들은 탐사선의 위치를 놓치고 말았다. 분명 달에 추락했을 것이다. 그 도서관이 손상을 입지 않고 온전하게 추락 위치에 놓여 있을 가능성도 있다. 그럼 달의 지평선 너머로 지구가 뜨고 지는 동안 세포가 삶과 죽음 사이의 유리 무덤에 갇혀 있는 완보동물은 절대 찾아올 일 없는 물만 하염없이 기다리고 있을 것이다.

~

판 레이우엔훅이 작은 동물들을 죽음과 비슷한 상태로 내몰고 있는 동안 유럽 전역의 사람들은 혹시나 자기에게도 그런 상황이 닥칠지 모른다는 걱정에 빠져 있었다. 사람들은 끔찍한 이야기로 가득한 팸플릿을 읽었다. 발작으로 쓰러져 호흡도 심장박동도 사라진 것을 보고 사람들이 죽은 것으로 착각해 무덤에 묻었는데, 뒤늦게 관 속에서 눈을 떴고 너무 늦어 버려 땅속에 그대로 갇힌 사람들의 이야기였다.[20]

18세기 내내 이런 끔찍한 상황에 대한 두려움이 점점 힘을 얻더니 19세기에 들어서는 더 강력해졌다. 에드거 앨런 포Edgar Allan Poe는 이 악몽을 1844년에 발표한 그의 소설 〈생매장The Premature Burial〉에 담았다. 포는 이렇게 적었다. "삶과 죽음을 가르는 경계는 기껏해야 어둑하게 보이는 정도다. 하나가 어디서 끝나고, 또 다른 하나가 어디서 시작되는지 대체 그 누가 알 수 있단 말인가?"

이런 이야기에 겁을 집어먹은 가족들은 줄과 종이 설치된 관을 구입해서 아직 완전히 죽지 않은 가족이 행여 관 속에서 깨었을 때 종을 울릴 수 있게 했다. 1800년대에는 독일의 많은 도시에서 화려하게 장식된 '대기 영안실waiting mortuary'을 지었다. 그래서 겉으로는 죽은 것으로 보이는 시신을 부패가 시작될 때까지 이곳에 보관했다. 마크 트웨인Mark Twain은 1880년대 초에 뮌헨으로 여행을 왔다가 이런 시설 중 한 곳을 가 보았다.

그는 나중에 이렇게 적었다. "소름 끼치는 곳이었다. 방의 옆면을 따라 돌출 창처럼 깊숙이 파인 벽감들이 있었다. 그리고 벽감마다 대리석 같은 얼굴을 한 아기들이 몇 명씩 누워 있었고, 아기들은 얼굴과 포개 놓은 손만 드러난 채 모두 신선한 꽃에 파묻혀 있었다. 움직임이 없는 이 50구의 크고 작은 형체는 저마다 손가락에 반지를 하나씩 끼고 있었다. 그 반지에서 철사가 천장으로 그리고 천장에서 다시 관찰실의 종으로 연결되어 있었다."[21]

이것은 모두 괜한 시간 낭비에 불과했다. 생매장에 대한 공포는 증거도 없이 그저 소문이 불을 지핀 것이었다. 하지만 신속하게 사망을 결정할 확실한 방법이 없으니 의사들은 사랑하는 이의 죽음을 확신하지 못하는 가족들을 진정시킬 수 없었다. 한 의사는 환자에게 담배 연기 관장灌腸을 권했다. 그렇게 해도 반응이 없으면 확실하게 죽었다고 선언할 수 있었다. 1800년대에는 다수의 의사가 새로 발명된 청진기를 사용했다. 심장박동 소리가 아주 희미하게라도 들리면 그 환자는 아직 살아 있다는 의미였다. 그래서 그 소리가 오랫동안 사라지고서야 정말 세상을 떠났음을 확신할 수 있었다.

비샤는 심장의 멈춤이 죽음을 말해 주는 좋은 신호인 이유를 알아차렸다. 심장은 뇌 및 폐와 함께 생명의 삼각대에 속한다. 심장이 기능을 멈추면 나머지 두 장기도 기능을 멈춘다. 20세기에 들어 과학자들은 이런 기능 정지에 대해 세포 수준에서 자세한 지도를 작성했다. 폐가 손상을 입거나 액체로 차서 폐로부터 충분한 산소를 공급받지 못하면 심장이 기능을 멈춘다. 심장의 세포들은 산소와 당이 있어야 연료를 만들 수 있고, 연료가 없으면 수축할 수 없다. 심장 세포가 수축하지 못하면 심장은 뇌로 피를 보낼 수 없다. 뇌 세포들은 심장 세포보다 산소에 더 굶주려 있기 때문에 산소 공급이 차단되면 몇 분 안에 죽기 시작한다.

머리에 타격을 받으면 심장이 멈출 수 있다. 충격으로 뇌가 머리뼈 안쪽에 충돌하면 미세한 혈관들이 찢어진다. 거기서 피가 쏟아져 나오면 뇌가 부풀면서 머리 뒤쪽으로, 그다음으로는 머리뼈 밑면에 있는 구멍으로 밀려 나온다. 이 압력이 뇌에 퍼져 있는 혈관들을 압박해서 막아 버리면 광범위한 뇌 조직에 산소 공급이 차단된다. 심장이 박동하고 폐가 호흡하는 데 필요한 신호를 보내는 뇌 영역인 뇌줄기brain stem가 제일 먼저 죽는 경우가 많다.

비샤는 의사는 죽음을 이해함으로써 생명을 더 잘 지킬 수 있다고 믿었다. 옳은 생각이었다. 의사들은 혈액 손실을 수혈로 치료하는 방법을 배웠다. 그리고 독소를 차단하고 병원체와 싸우는 방법도 배웠다. 1900년대 초반에 미국의 의사들은 소아마비 대유행에 직면했다. 이로 인해 수천 명의 아동이 마비되면서 서서히 질식으로 사망했다. 그러자 공학자들은 어린 환자들이 호흡을 하게 해 줄 '철의폐iron lung'를 개발했다.[22] 철의폐는 펌프를 이용해서 아이의 몸 주변으로 음압을 만들고 폐로 공기를 끌어들이는 방식으로 작동했다. 사실상 아이가 바이러스와 싸워 이겨 스스로 호흡할 수 있는 능력을 되찾을 때까지 생명의 삼각대를 떠받쳐 주는 것이다.

1950년대 즈음에는 철의폐가 물러가고 환자의 기도로 직접 공기를 밀어 넣을 수 있는 산소호흡기가 그 자리를 차지했다. 소아마비 백신이 등장하면서 소아마비 전염병은 옛날 일이 되었지만 의사들은 다른 환자들에게 계속 산소호흡기를 사용했다. 약물 과다복용자, 얼어붙은 호수에 빠진 사람, 조산아 등 건강을 회복하는 동안 호흡을 도와줄 필요가 있는 사람은 누구에게나 사용했다.

프랑스의 신경학자 피에르 몰라레Pierre Mollaret와 모리스 굴롱Maurice Goulon은 산소호흡기가 은총이자 저주라는 것을 깨달았다.[23] 이 장치는 수많은 목숨을 살려 주었지만, 어차피 죽을 사람의 죽음을 그저 질질 끄는 역할도 했다. 뇌가 크게 손상된 사람은 산소호흡기로 심장과 폐의 기능을 유지해 줄 수 있었지만, 뇌는 절대 회복하지 못했다. 몰라레와 굴롱은 이런 환자들의 치료 결과를 세심하게 기록했고, 산소호흡기의 도움을 받아도 이들이 두 번 다시 깨어나지 못한다는 것을 알게 됐다. 이런 사람은 보통 몇 시간이나 며칠 안에 사망했다. 산소호흡기가 하는 일이라고는 가족들의 고통을 질질 끄는 것밖에 없어 보였다.

굴롱은 이런 부질없는 상황을 두고 "기존에는 묘사된 적 없는 새로운 상태"라 말했다.[24] 1959년의 학회에서 그와 몰라레는 여기에 '혼수상태 너머'라는 의미의 '뇌사_coma dépassé_'라는 이름을 붙였다.[25]

탄생에 대한 우리의 사고방식을 바꾼 현대의학은 이제 우리가 익숙하게 알고 있는 죽음의 경계에 대해서도 의문을 던지고 있다. 한때 생명의 출발점은 우리의 통제를 벗어난 영역이었다. 줄기세포 생물학자들이 일반 피부세포를 배아로 바꾸는 법을 알아내기 전까지만 해도 그랬다. 배아는 사람 혹은 뇌 오가노이드 같은 새로운 존재가 될 수 있는 잠재력을 가졌다. 비샤의 생명의 삼각대의 세 개 다리 중 하나를 잃으면 필연적으로 죽음이 찾아온다고 생각하던 때가 있었다. 하지만 이제는 산소호흡기가 비샤의 법칙의 근거를 약화시키면서 새로운 종류의 생명을 탄생시키고 있다.

다른 의사들도 뇌사에 대한 몰라레와 굴롱의 우려에 동감했다.[26] 하버드대학교의 마취과 의사 헨리 비처_Henry Beecher_는 1967년에 말했다. "소생치료_resuscitative therapy_와 지지치료_supportive therapy_의 발달로 지푸라기라도 잡는 심정으로 죽어 가는 환자의 목숨을 구해 보려는 시도가 수없이 이루어지고 있다. 그렇게 해서 결국 대뇌 기능이 정지된 상태로 살아남는 경우도 있다. 이런 사람의 수가 늘고 있으며, 그로 인해 우리가 직면할 문제들이 생기고 있다."[27]

뇌사의 타이밍에는 암울한 아이러니가 존재한다. 산소호흡기가 헛되이 환자를 붙잡고 있었기 때문에 장기이식 외과 의사들이 장기를 기증자로부터 수혜자에게 옮겨 생명을 구하는 방법을 알아낼 수 있었다. 1954년에 보스턴의 외과 의사 조지프 머리_Joseph Murray_가 한 남성의 손상된 콩팥을 쌍둥이 형제의 콩팥으로 바꾸는 데 성공했다.

하지만 기꺼이 자신의 콩팥을 기증하겠다는 사람을 찾기는 어려우며, 기증자의 장기가 환자와 맞지 않을 수도 있다. 심장이나 췌장 같은 경우라면 나누어 줄 여유분이 아예 없다.

머리와 다른 의사들은 더 많은 장기를 확보하기 위해 시신으로 눈을 돌렸지만 이 방법은 그 자체로 문제가 있었다. 장기이식 외과 의사는 죽어 가는 환자가 아직 산 동안에 장기 기증을 약속 받아야 한다. 그리고 환자의 심장이 멈추고 의사가 사망을 공식적으로 확인할 때까지 기다린 다음에야 서둘러 수술에 들어갈 수 있다. 사망과 장기이식 사이에 흘러가는 시간이 길수록 기관의 상태가 나빠지고 이식 받은 환자의 예후도 나빠진다.

한편 장기이식 외과 의사의 입장에서는 장기들이 온전한 상태에서 죽음만 기다리는 뇌사 환자에게 눈이 더 갈 수밖에 없다. 머리는 불평했다. "환자들이 죽은 채로 응급실로 실려 오기 때문에 잠재적으로 유용한 콩팥들이 그대로 폐기되고 있습니다."[28]

어떤 의사는 자기가 직접 조용히 문제를 해결했다. 이들은 이식 장기를 받을 환자를 준비시키고 뇌사 상태에 빠진 환자를 데려온다. 그리고 산소호흡기를 떼고 심장이 멈추어 확실한 사망 신호가 나올 때까지 기다린다. 그다음에 기증자에게서 장기를 바로 떼어내어 살아 있는 환자에게 이식한다. 그러면 장기이식을 수행하는 데 필요한 시간을 줄일 수 있다. 하지만 그 짧은 동안에도 장기의 상태가 안 좋아질 수 있다.

벨기에에서는 가이 알렉상드르Guy Alexandre라는 외과 의사가 더 이상 그렇게 오래 기다리지 않겠다고 마음먹었다. 알렉상드르는 콩팥

이식을 준비하면서 심각한 뇌 손상을 입어 뇌 활성 징후가 전혀 보이지 않는 환자를 골랐다. 그리고 산소호흡기를 끄지 않은 상태에서 콩팥을 적출해 곧바로 이식했다. 기증자는 곧 사망했지만 이식된 콩팥은 바로 일을 시작했다.[29] 그렇게 콩팥이 3개월간 계속 일을 하다가 알렉상드르의 환자는 패혈증으로 사망했다.

1966년에 알렉상드르는 외과학회에서 자신이 한 일을 설명했다. 청중에 앉아 있던 의사들이 그의 연설에 끼어들었다. 영국의 외과 의사 로이 칸Roy Calne은 이렇게 말했다. "제 생각에 환자의 심장이 박동하고 있었다면 시신이라 볼 수 없을 것 같군요."

이 학회의 의장은 알렉상드르가 내린 생명과 죽음의 정의에 동감하고 그의 사례를 따르겠다는 사람은 손을 들어 보라고 했다. 딱 한 사람만 손을 들었다. 알렉상드르 자신이었다.

1967년에 비처는 이런 미스터리한 새로운 상태를 어떻게 정의할지 알아내기 위해 하버드대학교에서 위원회를 조직했다. 변호사 한 명과 신학자 한 명을 비롯해 머리와 다른 의사들도 참여했다. 이들은 몇 달에 걸쳐 치열히 논쟁했고 결국 합의에 도달해서 1968년 〈미국 의학 협회지Journal of the American Medical Association〉에 보고서를 발표했다. 이 보고서는 환자의 사망을 선고하는 새로운 기준으로 뇌의 사망을 제시했다[30]

위원회는 이제 쓸모없어진 삶과 죽음의 개념에서 자유로워져야 한다고 주장했다. 심장박동의 중지가 한때는 사망을 판단할 믿을 만한 방법이었다. 심장박동의 중지가 폐와 뇌의 기능 중지로 이어졌기 때문이다. 하지만 이제 의사들에게는 뇌가 절망적으로 손상을 입은 상태에서도 심장박동을 유지할 수 있는 수단이 생겼다. 위원회는 이렇게 적었다. "이런 개선된 활동으로 인해 이제는 호흡과 심장박동의 지속이라는 고대의 기준으로 '생명'에 해당하는 것을 복구할 수 있게 됐다."

비처와 위원회는 그냥 생명이라 하지 않고 굳이 따옴표를 붙여 '생명'이라 표현했다. 위원회에서는 막대한 뇌 손상으로 환자가 의식을 회복할 가능성이 눈곱만큼도 남지 않는 경우가 많다고 단언했다. 의사가 판단하기에 환자가 위원회에서 말하는 '뇌사증후군brain death syndrome'을 갖고 있다면 그 환자의 사망을 선고할 때가 온 것이다.

위원회에서는 의사들이 사망을 선언하기 전에 일련의 검사를 수행할 것을 권장했다. 환자의 뇌전도 그래프가 평탄해져야 하고, 동공은 확장되어 고정되어 있어야 한다. 그리고 산소호흡기를 몇 분 정도 꺼서 환자가 장치 없이는 스스로 호흡할 수 없음을 정확히 확인해야 한다. 위원회에서 몇몇 사람은 의사가 연속으로 3일에 걸쳐 이런 검사들을 반복해 보아야 한다고 생각했다. 하지만 장기이식 외과 의사들은 이식을 절실히 기다리는 환자들에게 이런 지연 시간이 너무 길다고 생각했다. 그래서 동료들을 설득해서 하루만 검사하는 것으로 권장기간을 줄였다. 그러고 나면 의사는 환자의 사망을 선고하고 산소호흡기를 끌 수 있었다. 위원회는 의사들에게 이 순서를 절대로 뒤집지 말 것을 권고하며 경고했다. "그러지 않으면 현재의 엄격한 법 아래서는 아직 살아 있는 사람의 산소호흡기를 끄는 꼴이 된다."

위원회의 보고서에는 유용한 지침이 가득 들어 있었지만 논거는 심각히 결여되어 있었다.[31] 비처와 동료들은 그냥 뇌사증후군이 있는 환자에게는 사망을 선고해야 한다고 주장했을 뿐 뒷받침할 논거는 제시하지 않았다. 이들은 큰 의문을 제기했으나 그 답은 미답 상태로 내버려 두었다. 예를 들면 위원회에서는 뇌사증후군이 있는 사람은 의식을 회복할 희망이 전혀 없다고 주장했는데, 그렇다면 의식이 생명의 본질이라는 말인가?

보고서가 나왔을 때는 이런 간극이 간과되고 있었다. 〈뉴욕타임스〉는 다음과 같은 헤드라인으로 1면에서 기사를 다루었다. "하버드대학교 패널에서 뇌를 바탕으로 사망을 정의할 것을 요구하다."[32] 미국과 다른 국가의 의사들은 신속히 이 규정을 따르기 시작했다. 10년 후에 하버드대학교 외과 의사 윌리엄 스위트William Sweet는 1967년 회의를 돌아보며 이것이 의문의 여지 없는 큰 성공이라 판단했다. 그는 이렇게 적었다. "뇌의 사망이 곧 그 사람의 죽음이라는 불가피한 논리가 이제는 널리 용인되게 됐다."[33] 그런 용인이 차츰 법으로 자리를 잡았다. 주마다 '전체 뇌 기준whole-brain standard'[34]이라는 것을 채용하기 시작했고, 법의 표현에 따르면 "뇌줄기를 포함해서 뇌 전체의 모든 기능이 비가역적으로 중단된 사람"은 사망한 것으로 규정했다.

～〰～

2013년 12월 9일, 자히 맥매스Jahi McMath라는 소녀가 코골이 치료를 위해 작은 수술을 받으려고 캘리포니아 오클랜드 아동병원에 입원했다. 외과 의사가 소녀의 편도선과 입천장 일부를 제거했고, 몇 시간 후 소녀는 마취에서 깨어나 아이스바를 먹었다. 하지만 한 시간 후에 자히는 피를 토했다. 그리고 그 후 다섯 시간도 안 돼서 심장이 멈췄다.

자히의 담당 의료진이 급하게 응급조치를 했고 심장은 다시 뛰었지만 산소호흡기를 달아 줘야 했다. 다음 날 아침에 의사들이 검사해 보니 자히는 심각한 산소 결핍을 겪었던 것으로 판단됐다. 뇌전도에서 아무런 뇌파도 나타나지 않았고, 동공은 빛에 반응하지 않았다. 비처의 위원회가 뇌사의 개념을 정의한 지 45년 지난 후였고, 자히의 담당의들은 이제 이 소녀가 분명 그 기준을 충족한다고 판단했다. 그리하여 그 재앙 같은 수술이 있고 3일이 지난 후 자히 맥매스는 사망 선고를 받았다.

산소호흡기 덕분에 자히의 폐는 여전히 공기가 채워지며 부풀어 올랐고, 심장도 여전히 박동했다. 한 사회복지가사 충격에 빠진 자히의 가족들을 만나 산소호흡기를 끄는 문제에 대해 이야기했다. 하지만 의료진과의 일 때문에 가족들은 마음에 원한이 사무쳐 있었다. 자히가 피를 토하기 시작했을 때 가족들이 간절히 도와달라고 했지만 의료진이 너무 느리게 반응했기 때문이다. 나중에 확인해 보니 담당 의사가 자히의 경동맥이 편도선과 굉장히 가까이 있다고 적어 놓았는데 의료진이 그 부분을 간과한 것으로 드러났다. 이제는 사회복지사 때문에 자히의 가족은 마치 종합병원이 가족들을 이용해 자히를 죽이려 드는 것처럼 느끼게 됐다. 가족들은 산소호흡기를 끄기를 거부하고 계속 작동시킬 것을 요구했다. 그리고 영양보급관feeding tube을 삽입해서 자히가 굶어 죽지 않게 할 것을 함께 요구했다.

병원 측은 사망선고를 받은 사람에게 의료를 제공하기를 거부했다. 그래서 가족은 이런 요구사항을 가지고 법원으로 갔다. 가족의 변호사 크리스토퍼 돌란Christopher Dolan은 판사에게 말했다. "원고는 심장이 뛰는 한 자히는 살아 있다는 확고한 종교적 신념을 가진 기독교도입니다."[35]

판사는 중립적인 신경과 전문의를 통해 이 사건의 검토를 명령했다. 그리고 그 의사도 병원 측 의사들과 동일한 결론에 도달했다. 자히는 사망한 것이었다. 심장이 박동하는 것은 중요하지 않았다. 중요한 것은 뇌의 상태였다. 좀 더 협상이 진행된 후에 가족과 병원 측은 합의에 도달했다. 검시관이 사망진단서를 발부한 후 병원이 자히를 여전히 산소호흡기를 장착한 상태로 가족에게 내어주기로 한 것이다.

자히의 엄마 네일라 윙크필드Nailah Winkfield는 온라인에서 모금된 돈을 이용해 자히를 비행기에 태워 대륙을 가로질러 갔다. 이들은 뉴저지에 내렸다. 뉴저지는 가족이 종교를 이유로 뇌사를 거부하는 것을 허용하는 주다.

대부분의 의사와 생명윤리학자는 자히의 사례에 크게 좌절했다. 뇌사는 곧 죽음을 의미했다. 일부 전문가는 자히의 시신을 뉴저지로 옮긴 것은 변호사 돌란이 법정 소송에서 병원으로부터 더 많은 돈을 뜯어내기 위해 세운 술책에 불과하다는 암시를 내비쳤다. 생명윤리학자 아서 캐플란Arthur Caplan은 〈USA 투데이〉에서 말했다. "자히의 몸은 부패가 시작될 것입니다."[36]

자히가 새로운 병원에 자리를 잡았을 즈음, 그녀는 3주 동안 아무것도 먹지 않은 상태였다. 의사가 영양공급관을 설치해 음식을 제공하자 상태는 호전되기 시작했다. 뇌사를 판정 받은 환자들은 대부분 몇 시간이나 며칠 안으로 사망하지만 자히는 몇 주가 지나도록, 몇 달이 지나도록 살아 있었다. 그리고 십대였던 몸이 성장하고 있었다. 생리도 시작했다.

2014년에 네일라는 자히를 병원에서 빼내 아파트로 옮겼다. 간호사들이 교대하며 24시간 자히를 돌보았고, 네일라도 간호사들을 도와 4시간마다 자히의 몸을 돌려 주며 욕창을 방지했다.

한편 자히의 가족은 오클랜드 아동병원을 상대로 의료과실 소송을 개시했다. 한 비영리재단에서 돈을 대서 의사로 하여금 자히에게 일련의 신경학적 검사를 진행하게 했다. 변호사 돌란이 나중에 발표한 바에 따르면 자히의 일부 뇌 영역에 혈류가 돌면서 아직 온전히 작동하고 있음이 검사를 통해 밝혀졌다고 했다. 그는 캘리포니아 법원에 자히가 살아 있다고 선고해 줄 것을 요청했다. 하지만 법원에서는 다시 기각했다.

3년 후 〈뉴요커〉 전속 작가 레이철 아비브Rachel Aviv가 그 아파트를 찾아갔다. 네일라는 아비브에게 휴대폰으로 촬영한 동영상들을 보여 주었다. 그 동영상에서 자히는 손가락이나 발가락을 움직였다. 가족이나 간호사의 말에 반응한 동작으로 보였다. 네일라가 자히에게 손가락을 움직여 보라고 하자 손가락이 움직이는 것이 아비브의 눈에 보였다. 순간이지만 주체적 행위가 이루어진 것처럼 보였다.

아비브는 나중에 이렇게 적었다. "너무 미묘해서 구분하기 힘든 동작에 내가 지나친 의미를 부여하는 것일 수도 있다."

자히 맥매스의 사례는 뇌사의 의미에 대한 논쟁을 불러일으켰다.

논쟁이 펼쳐질수록 낙태 논쟁과 아주 비슷하게 흘러가고 있음이 분명해졌다. 이것은 결국 살아 있다는 것의 의미, 특히 사람이 살아 있다는 의미를 무엇이라 생각하는지에 관한 문제로 귀결됐다.

1967년 하버드대학교 위원회 소집 이후로 일부 비평가들은 뇌사의 논리에 의문을 제기해 왔다. 그리고 자히의 사례를 통해 이런 의문은 사람들의 이목을 끌었다. 어떻게 뇌사 진단을 받은 사람이 몇 년에 걸쳐 계속 심장이 박동할 수 있을까? 어떻게 자히가 뇌사 상태에서 사춘기에 접어들고, 심지어 명령에도 반응할 수 있을까? 맥매스의 가족은 캘리포니아의 신경학자이자 뇌사 진단을 오랫동안 비판해 온 앨런 슈몬Alan Shewmon을 초대해서 동영상과 검사 결과를 검토해 달라고 했다. 슈몬은 나중에 이렇게 선언했다. "나는 자히 맥매스가 2014년 초부터 '최소 의식 상태minimally conscious state'에 있었다고 확신합니다."[37]

슈몬은 자히가 호흡을 멈추었을 때 뇌줄기는 심각한 손상을 입었지만 대뇌겉질 일부는 온전히 남았다고 추측했다. 이것은 자히가 검사에서는 뇌사를 판단하는 전체 뇌 기준을 충족하는 것으로 나왔겠지만 실제로는 그렇지 않았다는 의미다. 슈몬은 자히를 검사했던 의사들이 그녀가 바깥세상에 반응할 수 있었던 짧은 순간들을 놓쳤다고 추측했다.

하버드대학교 소아과 집중치료실 의사 로버트 트루어그Robert Truog는 또 다른 가능성에 무게를 두었다. 트루어그는 2014년 수술 이후에는 자히가 실제로 뇌사 판정 기준을 충족했지만, 더 이상은 그렇지 않다고 주장했다.

2018년에 트루어그는 이렇게 적었다. "어쩌면 맥매스는 이유야 어쨌든 실제로 증상이 개선돼서 뇌 손상의 스펙트럼상에서 차도가 있었는지도 모른다. 이 자체로는 그리 놀랄 일이 아니다. 하지만 이것이 개념적으로 중요한 이유는 그 과정에서 자히가 우리가 삶과 죽음 사이에 그려 놓은 법적 경계를 넘었다는 점이다."[38]

어떤 의사들은 그보다 회의적이었다. 이들은 휴대폰 동영상으로 전해 들은 설명에 그다지 깊은 인상을 받지 않았다. 하지만 자히가 사춘기로 접어들었다는 사실은 누구도 부정하지 않았다. 이런 전환은 뇌의 시상하부hypothalamus가 담당한다. 시상하부는 여러 가지 일을 담당하지만 그중에서도 아이의 몸이 성숙한 몸으로 바뀌도록 촉발하는 호르몬의 분비를 담당한다. 사춘기를 경험했다는 것은 적어도 이 작은 뇌 영역만큼은 여전히 온전히 기능하고 있음을 의미했다.

시상하부는 특이한 해부학적 특징 때문에 뇌의 나머지 영역보다 회복력이 더 강할지 모른다. 뇌의 밑면에 자리 잡고 있는데, 이 부위에는 영양을 공급하는 혈관들이 집중적으로 뻗어 있다. 뇌사로 진단받은 사람 중에 시상하부가 멀쩡했던 사람이 몇 명이나 될지는 아무도 알 수 없다. 하지만 그런 사람이 많았을 거라는 암시는 존재한다.

여러 가지 임무를 담당하는 시상하부는 체내 염분의 균형도 관리한다. 그리고 염분 균형은 바소프레신vasopressin이라는 호르몬을 혈류로 분비해서 유지한다. 이 호르몬은 굉장히 약하므로 분비되고 난 후에 간신히 몇 분만 유지된다. 몸의 염분 수준을 안정적으로 유지하려면 시상하부가 바소프레신 수준을 감시하면서 안정적으로 공급해 주어야 한다. 뇌졸중이나 암으로 시상하부가 파괴되면 염분 균형이 망가지면서 요붕증diabetes insipidus으로 이어질 수 있다. 이것이 콩팥에 손상을 입힌다.

2016년에 한 연구진이 뇌사로 진단 받은 환자 1800명의 의학 정보를 검토했다.[39] 그중 일부는 요붕증을 앓았다. 이는 그들의 시상하부가 더 이상 작동하지 않음을 암시한다. 하지만 일부에게는 요붕증이 없었다. 연구자들은 환자 중 대략 절반에서 여전히 시상에 의해 염분이 조절되고 있다는 신호가 보였다고 결론 내렸다.

연구 논문의 저자 중 한 명은 플로리다 주립대학교 생명윤리학자 마이클 네어-콜린스Michael Nair-Collins[40]이다. 그는 뇌사의 전체 뇌 기준을 공격하는 일련의 글을 발표했다. 뇌의 일부(이 경우는 시상하부)라도 여전히 작동 중이라면 그 환자의 전체 뇌가 기능을 멈추었다고 할 수 없다고 주장했다. 네어-콜린스는 만약 이런 환자를 검사한 후 의사가 뇌사라는 결론에 도달했다면 문제는 환자의 뇌에 있는 것이 아니라 검사방법 혹은 의사들이 가진 삶과 죽음의 개념에 있다고 말했다.

시상하부는 몸의 균형을 유지하는 데 필수인 여러 신체 부위 중하나다. 염분의 적절한 균형도 중요하지만 적절한 혈압도 중요하다. 혈압은 콩팥에서 분비하는 호르몬에 의해 조절된다. 그리고 몸에는 안정적인 적혈구 공급도 필요하다. 골수에서 새로운 적혈구를 생산하는 것과 동시에 지라spleen에서 늙은 적혈구를 파괴해야 한다. 면역계는 한편으로 병원체와 싸워 물리치면서 몸속에 살고 있는 수조 마리의 세균과의 평화로운 관계도 중개해야 한다. 입을 통해서 들어온 것이든 영양공급관을 통해 들어온 것이든 우리 몸에 들어온 음식은 당분과 다른 영양분으로 전환되어야 한다. 간과 다른 장기들은 잉여 당분을 저장해 두었다가 방출해서 혈중의 당분 농도를 일정하게 유지해야 한다.

사실 산소호흡기가 작동할 수 있는 이유는 딱 한 가지, 자신의 내적 균형을 능동적으로 유지하고 있는 신체에 산소를 공급해 주기 때문이다. 펌프를 이용해서 폐로 공급한 공기는 폐의 섬세한 가지 끝부위까지 도달해야 한다. 그래야 혈류로 산소가 흡수될 수 있다. 이 가지 끝에 있는 세포들은 기도의 가지 끝부분을 코팅해 주는 기름기 있는 막을 만들어 폐를 열린 상태로 유지한다.

네어-콜린스는 말했다. "산소호흡기가 공기를 불어 넣고 빼줄 수 있는 것은 딱 기관지 가지bronchial tree까지입니다. 나머지는 몸이 알아서 해야 합니다."

그는 이런 사실이 자히 맥매스에게만 해당되는 것이 아니라 뇌사로 진단 받고도 여전히 산소호흡기로 호흡할 수 있는 모든 환자에게 해당한다고 주장한다. 모든 사례에서 환자의 몸은 근본적 의미에서 살아 있는 것이다. "뇌사에서 이것이 함축하는 의미는 분명합니다. 뇌사 판정 기준을 충족하고, 기계를 통해 인공호흡을 하는 환자는 분명 생물학적으로 살아 있다는 것이죠." 네어-콜린스의 말이다.

네어-콜린스는 뇌사의 개념을 버려야 한다고 주장하지만, 옹호자들은 뇌사의 개념을 지키기 위해 싸우고 있다. 다트머스 의과대학교 신경학자 제임스 버넷James Bernat은 1981년에 뇌사를 옹호하는 첫 번째 글을 발표했다.[41] 그로부터 33년 후에 자히 맥매스의 사례가 전국적 관심을 끌었을 때도 버넷은 그것을 뇌사의 개념을 포기해야 할 이유로 여기지 않았다. 문제는 개념이 아니라 검사방법에 있었다. 2019년에 버넷은 말했다. "자히의 진단은 거짓양성 뇌사 판정이 나온 것일 수도 있다."[42]

버넷은 거짓양성 판정이 한 번 나왔다고 뇌사라는 개념 전체가 틀렸다는 의미는 아니라고 주장했다. 우리 몸의 세포들은 살아 있지만 인간의 목숨을 그 부분만으로 정의할 수는 없다. 인간의 목숨에서는 그것을 구성하는 부분들이 어떻게 통합되어 새로운 수준의 복잡성을 만들고 있는지가 중요하다. 인간의 뇌는 몸 전체에서 올라오는 신호를 통합해서 그것을 관리할 명령을 내려 보낸다. 그런 통합 과정으로부터 우리의 이성, 자의식, 그리고 우리가 인간의 정신이라 부르는 온갖 것들이 등장한다.

버넷은 말한다. "죽음은 모든 생명체가 공유하는 생물학적이고 비가역적인 사건이다."[43] 모든 생명체에게 죽음은 자신의 총체성wholesness을 상실하는 것이다. 미생물은 단세포 내부의 통합을 상실하면 죽는다. 버넷은 인간은 더 많은 것을 상실해야 죽는다고 주장한다. "살아 있는 세균 세포와 사람 모두 결국에는 죽지만, 죽음이라는 사건에서는 현저한 차이를 보입니다." 인간의 경우 하나의 전체whole로서 생명체의 본질적 기능이 뇌에 의해 수행된다. 따라서 그런 기능을 영구적으로 상실하는 뇌사야말로 우리 종의 죽음을 판단하는 기준이다.

이런 논쟁이 펼쳐지는 동안 자히의 몸 상태가 불안정해졌다.[44] 건강하게 3년을 보내다가 간이 기능 부전을 일으켜 내출혈이 생겼다. 상태를 알아보기 위해 예비수술을 해 보았지만 문제의 원인을 발견하지 못했고 계속 악화됐다. 자히의 담당의는 다른 수술을 제안했지만 네일라 윙크필드는 그만하면 자히도 고생할 만큼 고생했다고 판단했다.

그녀는 나중에 이렇게 얘기했다. "아이에게 이렇게 말해 줬어요. '네가 알아주었으면 좋겠어. 나를 위해 여기 머물러 있을 필요는 없다는 걸 말이야. 가고 싶으면 이제 그만 가도 돼.'"[45]

자히는 2018년 6월 22일에 만 17세의 나이로 사망했다. 자히의 어머니는 마침내 그녀를 캘리포니아의 집으로 데려와 장례를 치렀다. 그때까지 자히를 살아 있다고 판단했던 뉴저지 주에서도 또 다른 사망진단서를 발급했다. 눈뜬장님 같은 법 때문에 자히 맥매스는 두 번 죽음을 맞이했다.

# 2부

## 생명의 전형적 특징

THE HALLMARKS

# 만찬

DINNER

어느 오후였다. 나는 앨라배마 주 터스컬루사에서 하이데Haydee라는 비단뱀을 만났다. 이제 만 3세가 된 하이데는 이미 180센티미터가 넘는 길이로 자라 있었고, 근육질의 몸통은 보디빌더의 이두박근보다 두터웠다. 하이데는 유리섬유 상자 안에 똬리를 틀고 앉아 있었다. 비늘이 조명 아래서 검은 다이아몬드 소매처럼 반짝거렸다.

내가 하이데를 경탄하며 지켜보는 동안 주인인 데이비드 넬슨David Nelson이라는 남성이 하이데에게 살아 있는 쥐를 먹이로 던져 주었다. 하지만 하이데는 쥐 대신 넬슨을 바라보았다. 마지막 식사를 한 지 2주가 지났기 때문에 어쩌면 오늘 메뉴에 쥐가 몇 마리나 올라와 있는지 알고 싶었는지도 모른다.[1]

넬슨은 다른 뱀들을 돌봐 주러 갔고, 잠시 후 하이데가 느긋하게 자신을 찾아온 방문객을 향해 고개를 돌렸다. 그리고 끝이 갈라진 혀를 날름거렸다. 그러다 눈 깜짝할 사이에 하이데가 돌진했다. 나른해

2부. 생명의 전형적 특징

보였던 몸통이 미사일로 변했다.

입천장에는 길게 휘어진 한 쌍의 이빨이 나 있었다. 하이데는 쥐에게 달려들어 그 이빨을 먹잇감의 몸통에 박았다. 그리고 쥐의 몸통 주변으로 자기 몸을 두 바퀴 칭칭 감았다. 그렇게 감긴 몸통 위로 분홍색 다리와 털 없는 꼬리가 허공으로 솟구쳐 올라온 것이 보였다. 그 사이로 쥐의 하얀 몸통이 아직 숨을 헐떡이는 것이 보였다.

마치 하이데가 쥐를 질식시켜 죽이려는 것처럼 보이지만, 과학자들은 비단뱀이 그런 식으로 먹잇감을 죽이지는 않는다고 생각한다. 먹잇감이 너무 빨리 죽기 때문이다. 뇌로 피를 쏠리게 해서 죽이는 것일 수도 있다. 블랙아웃blackout 대신 레드아웃redout(급격한 감속으로 항공기 조종사나 우주비행사의 머리에 피가 몰려서 두통과 함께 시야가 붉게 흐려지는 현상—옮긴이)으로 의식을 잃는 것이다.[2] 쥐는 1분도 안 돼서 잠잠해졌다.

하이데는 몸을 풀고 마치 자기가 감고 있던 죽은 먹잇감을 잊은 것처럼 미끄러지듯 물러났다. 그리고 나중에 느릿하게 다시 돌아왔다. 죽은 쥐와 얼굴을 마주한 하이데는 다시 입을 벌렸다. 이번에는 입 옆에 나 있는 작은 치아로 쥐의 머리를 붙잡았다. 그리고 쥐를 삼키는 것이 아니라 자기 머리로 쥐를 서서히 덮쳤다. 입속 침샘에서 흘러나온 타액이 쥐의 몸통을 윤활해서 쥐의 어깨와 앞발이 더 매끄럽게 넘어갈 수 있게 해 주었다. 하이데의 턱이 양쪽으로 벌어지며 먹이를 삼킬 통로를 넓혀 주었다. 하이데는 몸을 옆으로 구부리며 쥐를 식도로 밀어 넣었다. 이렇게 몸을 뒤틀며 몇 분이 지난 후 하이데가 몸을 둥글게 말면서 위쪽 상자의 유리문을 다시 바라보았다. 자기를 구경하는 인간에게 쥐에게 마지막 인사를 할 기회를 주는 것 같았다. 그리고 쥐의 뒷다리와 꼬리가 시야에서 사라졌다.

⌒

코타르 증후군의 경우를 제외하면 우리는 모두 자기가 살아 있음을 알고 있다. 사회적으로 조정된 뇌를 가진 덕분에 우리는 동료 인간의 생명에 대해 신속하게 직관적으로 파악할 수 있다. 다른 종의 생명을 알아보기는 그보다 힘들다. 말을 걸어 볼 수도 없고, 얼굴에 스쳐 지나가는 미소를 해석할 수도 없기 때문이다. 하지만 유아기부터 우리는 예를 들어 내면에서 만들어지는 움직임을 알아차리는 식으로 인지적 지름길mental shortcut을 이용해 타인의 생명을 감지한다. 어린 나이에도 아이들은 동물이 사람처럼 살아 있다는 것을 알아차린다. 하지만 식물도 살아 있다는 것을 배우는 데는 더 오랜 시간이 걸린다. 아이는 자라면서 이런 직관적 능력을 잃지 않지만 그런 직관을 말 속에 숨기는 능력을 발달시킨다. 아이들에게 뱀이나 고사리가 살아 있음을 어떻게 아느냐고 물어보면 생명의 전형적 특징 중 하나를 지적할 것이다. 모든 생명체가 공유하는 것으로 보이는 특징 말이다. 바꿔 말하면 아이들은 철이 안 든 생물학자이고, 생물학자는 웃자란 아이인 셈이다.

나는 생명의 전형적 특징을 탐구하는 웃자란 아이들을 만나기 위해 떠난 일련의 여행에서 하이데를 만났다. 물어보면 생물학자마다 서로 다른 전형적 특징에 대해 얘기할 것이다. 하지만 대사metabolism,

정보수집, 항상성homeostasis, 번식, 진화 같은 계속 반복적으로 등장하는 주제도 있을 것이다. 종에 따라 각각의 전형적 특징이 상상하기 힘들 정도로 다양한 형태를 취할 수 있다. 하지만 제아무리 극단적인 변동 속에서도 유지되는 통일성이 존재한다.

예를 들면 나는 하이데처럼 쥐 한 마리를 통째로 삼킬 수 없지만 무언가를 먹어야 살 수 있다는 점은 같다. 벌새는 꿀을 마셔야 하고, 기린은 나무 꼭대기의 이파리를 뜯어 먹어야 한다. 세쿼이아나무는 다른 살아 있는 생명체를 먹지 않지만 그래도 뭔가 먹기는 먹어야 한다. 이 나무의 식사는 약간의 공기와 햇살이다.

이렇게 먹은 먹이가 일련의 변화를 거쳐 일과 살로 바뀐다. 하이데는 자기가 먹은 설치류 먹이의 상당 부분을 근육, 내장, 뇌, 뼈로 바꾸었다. 세쿼이아나무는 자기가 먹은 식사를 목재와 나무껍질로 바꾼다. 이런 변화 과정을 대사라고 한다. 대사를 의미하는 영단어 'metabolism'은 변화를 의미하는 그리스어 'metabolē'에서 왔다.

나에게 하이데를 소개한 사람은 비단뱀의 대사에 대해 그 누구보다 잘 이해하고 있는 사람인 앨라배마대학교의 생물학자 스티븐 세코Stephen Secor였다. 나는 세코의 연구실에서 그를 찾아냈고, 우리는 차를 몰고 캠퍼스를 나와 시온 호프 침례교회Zion Hope Baptist Church와 문 윙크스 로지Moon Winx Lodge를 지나 도시의 동쪽으로 갔다. 그리고 데이비드 넬슨과 그의 아내 앰버Amber의 집에 도착했다. 세코가 차를 몰고 넬슨의 집 진입로로 들어서는데 마침 데이비드가 파란색 아이스박스를 들고 개조한 지하실로 향하고 있었다. 그는 머리가 벗겨지고 키가 큰 남자였다. 초록색 티셔츠 소매 밖으로 복잡한 줄무늬로 얽힌 문신이 드러나 있었다. 아이스박스에는 죽은 쥐가 가득 들어 있었다.

세코와 나는 넬슨을 따라 안으로 들어갔다. 지하실의 콘크리트바닥은 검은색 정사각형 스펀지로 덮여 있었다. 지하실 공간의 절반은 헬스 장비용으로 할애되어 있었고, 'U.S.M.C.(미해병대)', '토니 스튜어트(미식축구 선수—옮긴이) 팬 전용' 같은 딱지들이 붙어 있었다. 지하실 공간의 나머지 절반은 냉장고를 옆으로 뉘어 놓은 것처럼 보이는 유리섬유 상자들이 빼곡히 층층이 쌓여 있었다. 각 상자 앞면은 유리문으로 되어 있어 그곳을 통해 거대한 뱀들을 볼 수 있었다.

넬슨과 세코가 상자에서 뱀들을 꺼내 자신의 팔과 목으로 미끄러지듯 움직이게 두었다. "우리 아기 잘 지냈어요? 몬티는 착한 뱀이죠. 안 그래요?" 세코가 몬티라는 이름의 비단뱀에게 말을 걸었다.

"착한 놈이죠." 넬슨이 상냥하게 말했다. 마치 위층의 장난감 같은 포메라니안 강아지에 대해 얘기하는 것처럼 말했다. 하지만 넬슨은 자기 뱀들 주변에서는 절대로 경계를 늦추지 않았다. 그는 뱀들이 그의 눈썹 사이에서 혀를 날름거리게 내버려 두고 있으면서도 그들의 행동에는 항상 신경 쓰고 있었다. "그냥 놔두면 이 중 어느 한 녀석이 당신을 죽일 수 있습니다." 넬슨이 말했다. 어쩐지 즐거운 듯한 목소리였다.

세코는 넬슨보다 키가 좀 작은 편이지만 그래도 힘센 동물을 다룰 줄 알았다. 그는 어린 시절에 자기가 수의사가 되리라 생각하며 말 농장에서 일하면서 컸다. 대학을 다닐 때 그가 하던 일 중 하나는 수술을 받은 말의 회복을 돕는 일이었다.

말들은 마취 기운이 완전히 사라지기 전에 뛰다가 발을 헛디디거나 다리를 부러뜨리는 나쁜 버릇이 있다. 세코는 말이 뛸 준비가 되기 전에는 일어나지 못하게 막고 있어야 했다. 그는 다리로 말의 목을 감싸고 팔로 말의 머리를 꼼짝 못 하게 붙잡고 있었다. 그럼 처음에는 말이 몸을 제대로 가눌 수 없어 세코의 힘에 저항하지 못한다. 그러다가 마침내 충분히 힘이 붙으면 그를 떼어내고 움직일 수 있다.

"말이 나를 떨쳐낼 수 있을 정도가 되면 일어설 수 있을 만큼 힘이 충분히 붙은 겁니다." 세코가 설명해 주었다. 세코가 수의사가 되려던 계획을 접고 대신 대학원에 들어가 뱀을 연구하기로 결심한 것이 이렇게 말과 씨름하던 시기였다.

넬슨은 근무시간에는 지역 자동차 부품 공장에서 프로덕트 매니저로 일했다. 그리고 나머지 시간에 뱀을 사육했다. 그는 앨라배마의 숲속에서 뱀을 잡으며 자랐고, 일단 자기 집을 산 후로는 뱀들을 실내에서 키우기 시작했다. 그는 비단뱀을 목욕시키는 법을 배웠다. 그리고 식초를 베이킹소다와 섞어 아이스박스를 이산화탄소로 가득 채워 쥐들을 고통 없이 신속히 죽이는 방법도 완벽하게 터득했다. 그리고 허물을 벗는 뱀을 잘 손질해서 그 허물이 손상 없이 매끈하게 떨어져 나오게 하는 법도 익혔다. 그는 인스타그램에 비단뱀과 보아뱀Boa constrictor 사진을 올리고, 자기가 다니는 교회의 성경공부학교에 뱀을 데려와 아이들에게 뱀을 미워하지 않도록 가르쳤다. "이게 제가 밤에 하는 일입니다." 그가 자신의 뱀 왕국을 둘러보며 말했다.

두 사람을 함께 알던 친구가 넬슨을 세코에게 소개해 주었다. 당시 세코에게는 연구에 사용하기는 너무 커 버린 뱀이 몇 마리 있어서 그 뱀에게 좋은 집을 찾아 주고 싶었다. 넬슨은 지하에 새로 상자들을 쌓아 올렸고, 앰버는 세코가 붙여 준 AL1과 AQ6 같은 영혼 없는 이름을 하이데와 삼손<sub>Samson</sub>이라는 이름으로 바꿔 주었다.

앰버는 세코의 뱀들을 모두 좋아했지만 딱 한 마리는 예외였다. 그녀는 그 뱀에게 루시퍼<sub>Lucifer</sub>라는 이름을 붙였다. "분명 들어본 이름일 거예요." 그녀가 말했다.

세코와 넬슨은 뱀들을 목에 두르고 각 뱀의 성격을 평가했다. 몬티는 아이들과 착하게 잘 지냈다. 어떤 뱀은 어두운 구석에 있기를 좋아했다. 어떤 뱀은 상자 문을 여는 방법을 알아내서 천장 선풍기로 기어 올라가기를 좋아했다. 알비노 비단뱀인 데릴라<sub>Delilah</sub>는 몇 달째 아무것도 먹지 않았다. "매년 가끔 이럴 때가 있어요. 저러다 어느 날 갑자기 먹이에 달려들죠." 넬슨이 말했다.

넬슨은 다시 뱀에게 먹이를 주었다. 오늘의 메뉴는 쥐였다. 하지만 토끼를 주는 날도 있다. 넬슨이 말했다. "시간 관리 면에서는 토끼가 더 편하죠. 토끼 한 마리만 주면 그걸로 끝이니까요." 가끔 제일 큰 뱀을 위해 젖을 뗀 새끼 돼지를 구해 오기도 한다. 야생의 비단뱀은 자기 체중의 절반 정도 되는 먹잇감도 어렵지 않게 먹는다. 비단뱀이 사슴이나 악어를 잡아먹었다는 보고도 있다.

비단뱀은 그렇게 삼킨 사슴과 악어에서 연료를 뽑아낸다. 이것은 우리가 만드는 연료, 안데스 산맥 꼭대기에서 자라는 이끼와 태평양 바다 밑을 기어 다니는 게에게 동력을 공급하는 연료와 동일하다. 탄소, 수소, 산소, 질소, 인을 성분으로 만들어진 ATP라는 분자로 이루어져 있다. 뱀과 다른 동물은 먹이에 들어 있는 당분 그리고 호흡을 통해 받아들인 산소를 이용해 세포 내부에서 ATP를 만든다. 식물은 광합성을 통해 당분을 만들고, 다시 이 당분을 이용해서 ATP를 만든다. 어떤 세균은 햇살 좋은 날에 해수면 위에 둥둥 떠서 따뜻한 햇살을 이용해 ATP를 만든다. 지하 깊숙한 곳에서는 다른 종류의 세균이 철 원자에 저장되어 있던 에너지를 이용해 ATP를 만든다.

일단 생명체가 ATP를 충분히 비축하고 나면 연료로 사용할 수 있다. 화학 결합을 깨뜨려 그 안에 들어 있는 에너지를 방출하는 것이다. 하이데는 상자 속을 미끄러지듯 움직일 때 그 ATP를 사용해서 근섬유의 수축에 필요한 동력을 제공했다. 그리고 ATP 분자를 깨뜨려 거기서 나온 에너지로 심장박동에 동력을 공급했다. 하이데의 콩팥이 피에서 독소들을 제거하는 데도 ATP가 필요하다. 연료비 예산에서 가장 액수가 큰 항목은 세포들을 그냥 온전히 유지하는 데 들어가는 ATP다.

세포는 수많은 필수 반응을 실행에 옮기기 위해 전하를 띤 칼륨 원자를 풍부하게 보유해야 한다. 하지만 세포 안에 너무 많은 칼륨이 들어와 있으면 그 원자들을 주변 환경으로 밀어내려는 강력한 힘이 발생한다. 만약 칼륨이 밖으로 새어 나오게 내버려 둔다면 세포는 죽고 만다. 대신 세포는 자기 표면에 총총히 박혀 있는 분자 펌프를 이용한다. 서로 맞물려 있는 세 개의 단백질로 이루어진 이 펌프는 더 많은 칼륨을 다시 세포 안으로 끌어들인다. 펌프는 칼륨 원자 두 개를 안으로 들일 때마다 ATP 분자 한 개를 사용한다. 펌프는 밤이고 낮이고 계속 작동해야 하고 그 과정에서 막대한 양의 ATP를 소비한다.

하이데의 칼륨 펌프는 다른 생명체의 펌프들과 마찬가지로 며칠이 지나면 낡기 시작한다. 펌프에 결함이 생기면 세포들은 고장 난펌프를 떼어내고 새로운 펌프를 만들어 그 자리를 대신 채워야 한다. 여기에 훨씬 더 많은 ATP가 이용된다.

새로운 펌프를 만드는 데 필요한 지시 사항은 하이데의 DNA 안에 부호화되어 있다. DNA의 이름을 제대로 부르면 디옥시리보핵산deoxyribonucleic acid이라고 하는데 이것은 서로를 빙빙 돌며 휘감고 있는두 개의 긴 가닥으로 이루어져 있다. 이것은 수십억 개의 발판이 붙어 있는 소형 나선 계단처럼 생겼다. 비단뱀의 DNA에는 이런 발판이 14억 개 들어 있고, 우리는 30억 개를 갖고 있다. (혹시 이것이 우리가비단뱀보다 유전적으로 우월하다는 의미라고 생각한다면 양파는 160억 개나 된다는점을 명심하자.) 각 발판은 각 가닥으로부터 뻗어 나온 두 부분으로 이루어져 있다. 염기base라고 하는 이 부분은 분자에게 전하는 지시 사항을 아데닌adenine(A), 시토신cytosine(C), 구아닌guanine(G), 티민thymine(T)이라는 4글자의 알파벳으로 표시한다.

칼륨 펌프를 구성하는 세 가지 단백질은 제각기 자체적인 DNA구간, 즉 유전자gene에 부호화되어 있다. 새로운 칼륨채널potassium channel을 만들려면 뱀의 세포는 칼륨채널 유전자의 시작 부위에 효소와 분자를 데리고 와서 한 번에 염기 하나씩 읽어 나간다. 이렇게 하면 전령RNAmessenger RNA, mRNA라는 짧은 한 가닥의 분자가 나온다. 그럼 떠다니던 세포 공장에서 신속하게 이 분자를 빨아들여 그 염기를판독하고 그 정보에 해당하는 단백질을 만든다. 이러한 창조 과정마다 세포는 반드시 더 많은 ATP를 사용해야 한다.

하이데가 그저 낡은 단백질을 대체할 새로운 단백질을 만드는 일만 하고 있던 것은 아니다. 그녀의 몸은 성장도 하고 있었다. 3년 전에 알을 깨고 나온 후로 하이데의 몸은 벌써 세 배 커졌고, 계속 2주마다 먹이를 먹는다면 평생 성장을 이어 나갈 것이다. 그럼 사용할 연료도 더 많이 필요해진다. DNA의 새로운 복사본 하나만 만들려고 해도 세포는 수십억 개의 ATP 분자를 깨트려야 한다. 하이데는 심지어 연료를 얻기 위해서도 연료를 태워야 한다. 쥐에게 달려들어 칭칭 감아 죽이는 데도 ATP를 사용한다. 소화효소를 만드는 데도 더 많은 ATP가 필요하고, 이 효소들도 쥐 속에 들어 있는 분자들을 깨뜨리기 위해 자체적인 ATP가 필요하다. 모든 생명체는 이와 동일한 진퇴양난의 상황에 직면한다. 대사를 계속 이어 가기 위해서는 대사로 그 비용을 치러야 하는 것이다. 하지만 하이데 같은 뱀들은 이런 진퇴양난의 상황을 아주 극단적으로 끌고 간다. 비단뱀, 보아뱀, 방울뱀, 그리고 몇몇 다른 뱀 종은 기근 속에 살다 가끔 포식을 즐긴다. 몇 주 동안 아무것도 먹지 않다가 동물을 통째로 삼키고 며칠에 걸쳐 먹이에서 최대한 많은 ATP를 뽑아낸다.

스티븐 세코는 1990년대 초반에 이 살아 있는 연금술사에 매료되었다. 당시의 과학자들은 뱀이 먹잇감을 소화하는 방법에 대해 거의 아는 바가 없었다. 그 과정에서 뱀이 얼마나 많은 에너지를 사용하는지 측정해 본 과학자조차 없었다. 세코는 그것을 알아내야겠다고 마음먹고 모하비 사막에서 잡은 사이드와인더 방울뱀sidewinder rattlesnake 들을 가지고 실험을 시작했다. 그는 뱀들을 캘리포니아대학교 로스앤젤레스 캠퍼스로 데리고 와 한 박사후 과정 연구자와 함께 연구했다. 그는 방울뱀에게 쥐를 먹인 다음 상자 안에 담아 놓았다.

이 상자는 뱀의 대사율metabolic rate, 즉 매시간 사용하는 에너지의 양을 측정할 수 있게 설계되었다. 세코는 뱀이 ATP를 사용할 때마다 ATP를 좀 더 많이 만들어야 한다는 사실을 이용했다. 그리고 동물은 ATP를 만들려면 산소가 필요하다. 세코의 상자 안에 들어 있는 뱀이 숨을 들이마실 때마다 그 주변의 산소 수치는 떨어진다. 세코는 가끔 상자 옆에 달린 마개stopcock를 열고 주사기를 집어넣어 공기를 조금씩 빼냈다. 그 주사기 속에 들어 있는 산소 수치를 측정하면 뱀이 사용하고 있는 ATP의 양을 알 수 있었다.

"이틀이 지났는데 말이 안 되는 수치가 나왔어요." 그가 내게 말했다.

우리는 밥을 먹고 나면 음식을 소화하는 동안에 대사율이 무려 50퍼센트나 올라간다. 대부분의 다른 포유류도 마찬가지다. 하지만 세코의 방울뱀은 무려 7배나 뛰었다. 이 관찰로 세코는 소화하는 동물의 대사율 신기록을 갈아치웠다. 하지만 방울뱀을 비단뱀으로 교체하자 그 기록이 순식간에 깨졌다. 비단뱀에게 체중의 1/4에 해당하는 쥐를 먹이로 주었더니 대사율이 10배로 치솟았다. 세코는 비단뱀들이 자기 체중에 해당하는 양의 쥐를 먹을 때까지 계속 먹여 보았다. 그러자 대사율이 45배로 증가했다. 이것을 말과 비교해 보자. 정지해 있던 말이 전속력으로 달리면 대사가 35배 정도 증가한다. 하지만 말은 전속력으로는 오래 달리지 못하고 바로 지친다. 반면 비단뱀이 먹이를 소화할 때는 무려 2주 동안이나 경주마처럼 연료를 태울 수 있다.

이제 세코 앞에는 훨씬 큰 미스터리가 놓여 있었다. 이 뱀들은 어떻게 자신의 대사율을 그렇게 극적으로 끌어올릴까? 그리고 그 에너지를 가지고 대체 무엇을 하고 있었던 것일까? 그 해답은 위에서 시작한다. 위는 염산을 만들어 음식을 분해한다. 우리 몸은 규칙적인 식사에 적응되어 있고 사람의 위는 하루에 몇 번 염산을 뿜어낸다. 하지만 비단뱀은 굶는 중에는 염산을 전혀 분비하지 않는다. 그래서 위 속의 액체가 물처럼 중성이다. 내가 방문한 날 하이데가 첫 번째 쥐를 삼키자마자 그 위는 염산을 새로 양껏 만들라는 신호를 받았다. 쥐의 머리가 하이데의 식도 끝에 도달할 무렵, 위는 쥐를 녹일 준비가 되어 있었다.

이러한 염산의 쇄도는 하이데가 쥐를 잡은 후 일어났던 여러 변화 중 하나일 뿐이다. 하이데의 몸 곳곳에 있는 장기들이 갑자기 몰려드는 먹이를 감당하기 위해 성장을 시작했다. 세코는 비단뱀의 소장이 하룻밤 사이에 두 배 커지고, 세포 위에 나 있는 손가락 같은 돌기의 길이가 여섯 배 길어진 것을 발견했다. 부분적으로 소화된 쥐가 일단 장에 도착하면 장은 포도당, 아미노산, 그리고 다른 영양분을 곧바로 흡수해서 혈류로 실어 나를 준비가 되어 있다. 간과 콩팥도 영양분을 저장하고 폐기물을 배출하는 일을 하기에 앞서 무게가 두 배로 늘어난다. 심장도 추가로 들어오는 당분과 다른 영양분을 몸 곳곳으로 뿜어내기 위해 40퍼센트 정도 자란다.

하지만 이것을 발견하고도 세코는 더 당혹스러울 수밖에 없었다. 뱀이 어떻게 자기 몸을 이렇게 바꾸는지 설명할 길이 없었기 때문이다. 뱀은 다른 척추동물과 기본적으로 동일한 해부학과 생화학 특징을 갖고 있다. 이들의 간, 위, 심장도 우리의 것과 거의 비슷한 일을 한다. 뱀의 세포도 뉴런세포에서 병원체를 죽이는 면역세포에 이르기까지 우리 몸에 있는 것과 많은 부분 동일한 유형의 세포로서 존재한다. 뱀이 가진 유전자도 우리의 것과 거의 동일해서 동일한 호르몬, 신경전달물질, 효소를 부호화한다. 세코는 뱀이 자신을 이렇게 극단적으로 변화시킬 수 있는 이유가 특이한 유전자를 갖고 있어서가 아니라, 자신의 유전자를 특이한 방식으로 사용하기 때문일 것이라 생각했다. 이들의 유전자 오케스트라는 우리와 동일한 악기를 사용하지만, 연주하는 악보가 다른 것이다.

바이러스와 싸우든 뼈를 만들든 어떤 일을 해야 할 때가 되면 세포는 어떤 유전자를 읽어서 그 염기서열을 바탕으로 단백질을 만들기 시작한다. 이 유전자 중에는 마스터 스위치처럼 작동해 단백질을 부호화하는 것이 있다. 이 단백질은 다른 유전자에 달라붙어 스위치를 켜는 역할을 한다. 이 유전자들 중에는 더 많은 마스터스위치를 부호화하는 것도 있다. 한 개의 조절단백질regulating protein이 궁극에는 수백 개의 유전자를 작동시킬 수 있고, 이 유전자들이 만드는 단백질 무리가 힘을 모아 복잡한 과제를 수행한다. 하지만 이 가설을 검증하려면 세코는 자기네 뱀의 유전자 활성을 추적해야 했다. 2000년대 초반에 세코는 주변에 도와줄 사람을 찾으러 다녔지만 유전학자들에게 괜한 헛고생하지 말라는 소리만 들었다.

세코가 그때를 떠올렸다. "제가 말했죠. '이거를 추적하려면 얼마나 걸릴까요?' 그러니까 이렇게 말하더군요. '못 해요. 몇 년이 걸릴지 모릅니다. 일일이 하나씩 다 찾아낸 다음, 그게 무엇인지 다 알아내야 하니까요.'"

세코는 2010년에야 마침내 그 일을 해 볼 만 하다고 말하는 사람을 찾았다. 토드 카스토Todd Castoe라는 유전학자였다. 당시 카스토는 콜로라도 의과 대학교에서 파충류의 작은 DNA 덩어리의 염기서열을 분석하고 있었다. 세코와 카스토는 과학연구 파트너가 되어 버마비단뱀Burmese python의 전체 유전체 염기서열을 분석할 연구진을 모았다. 일단 이 일을 마무리하고 나니 연구 방향을 안내해 줄 카탈로그와 지도를 모두 확보하게 됐고, 비단뱀이 소화를 위해 몸을 변화시키는 동안의 유전자 활성을 추적할 수 있게 됐다.

카스토와 세코는 비단뱀으로부터 근육과 다른 조직을 채취해서 그 세포에서 만들고 있던 mRNA를 빼내기 시작했다. 그리고 카탈로그를 보면서 그 mRNA를 비단뱀 유전체 속의 유전자들과 맞추어 보았다. 세코와 그의 학생들은 뱀이 먹기 전과 후의 유전자 활성을 비교하며 대사에 의해 생긴 변화들을 살펴보았다. 연구자들은 20에서 30개 정도의 유전자의 스위치가 켜지리라 예상했다. 하지만 뱀은 훨씬 큰 변화를 실행에 옮겼다.

과학자들이 찾아낸 바에 따르면 비단뱀은 쥐를 삼키고 12시간 후에 자기 몸 여기저기 장기에서 수천 개의 유전자를 켰다. 이 유전자들 중 상당수가 고대의 경로를 따라 함께 작동했다. 다른 동물에서 발견되는 것과 같은 경로다. 뱀이 먹이를 먹었을 때 활성화되는 경로 중 일부는 많은 동물에서 자신의 몸을 성장시킬 때 사용하는 것이다. 어떤 경로는 스트레스에 반응하게 만든다. 또 어떤 경로는 손상된 DNA를 고칠 때 필요한 단백질들을 만든다.

성장 경로 유전자들이 뱀으로 하여금 대량의 먹이를 대사할 준비를 할 수 있게 기관을 부풀려 주는지도 모른다. 하지만 몇 시간 만에 수십억 개의 세포를 새로 만들면 뱀에게도 해를 끼칠 수 있다. 이런 세포들은 성장이 너무 빨라서 기형 단백질을 만들 수 있고, 이 단백질이 스트레스를 일으킨다. 전하를 띤 분자가 세포 주변을 돌아다니며 DNA를 손상시킬 수도 있다. 뱀은 이런 손상을 복구해야 하는데 이 때문에 소화에 따르는 대사 비용이 훨씬 높아진다.

하이데는 오늘 먹은 먹이를 소화 시키는 데 일이 주 정도 걸릴 것이다. 통틀어 따져 보면 하이데는 쥐를 소화 시키는 데만 쥐에 들어 있던 에너지의 1/3 정도를 태우게 된다. 엄청난 양의 연료를 엄청난 속도로 태우기 때문에 체온이 상승한다. 적외선으로 보면 하이데는 마치 쥐 같은 온혈동물처럼 보인다. 하지만 이것이 낭비는 아니다. 이렇게 막대한 에너지를 대사에 소비해도 여전히 2/3는 온전히 자신을 위해 쓸 수 있다. 하이데의 피는 사람을 죽일 수 있을 정도의 고농도 지방산을 담고 흐를 것이다. 그리고 온 구석구석에서 세포들은 하이데가 먹이로부터 수확한 칼슘, 아미노산, 당분을 빨아들일 것이다. 하이데는 근육에 살이 더 붙고, 골격에 뼈도 보태고, 새로 지방도 축적한다.

그리고 데이비드 넬슨이 다시 쥐를 먹이로 줄 때까지 살아남기 위해 하이데는 먹이를 소화하느라 급하게 만든 신체 장비들을 모두 원래대로 돌릴 것이다. 빌려 왔던 이상한 유전자 네트워크는 작동을 멈춘다. 기관들은 원래 크기로 줄어든다. 장에 들어 있던 세포들도 뻗었던 돌기를 움츠린다. 그리고 다시 한 번 긴 단식에 들어가면서 쥐에서 소화되고 남은 털 뭉치를 모두 배설한다. 이런 극단적 사이클은 논리 자체는 간단하지만 우리의 경험과 워낙 동떨어져 있다 보니 훈련 받은 과학자의 눈으로 봐도 기이할 수 있다. 세코는 가끔 단식 중인 뱀의 창자 사진을 병리학자에게 보여 준다. 그는 장 세포의 돌기가 수축되는 것을 가리키며 병리학자들에게 이 뱀에게 무슨 일이 일어나고 있는 것 같냐고 물어본다.

병리학자들은 이렇게 말한다. "뱀이 아프네요. 죽어 가고 있어요. 기생충이 뱀의 창자를 파괴하고 있습니다."

그럼 세코는 말한다. "아니에요. 뱀은 건강합니다."

세코는 병리학자들에게 그저 다른 종류의 대사를 보고 있는 것이라고 설득해 보려 했지만 한 번도 성공하지 못했다. "병리학자들은 그냥 고개를 저으면서 그냥 하던 일이나 하라고 하더군요."

세코와 내가 넬슨의 집을 떠날 준비를 할 즈음 하이데는 느슨하게 똬리를 틀고 잠잠해 있었다. 목구멍으로 들어가 소화관을 통과하고 있을 쥐가 어디쯤 지나가고 있을지 알아보기가 어려웠다. 대사적으로 보면 지금 하이데가 달리는 경주마와 동등한 수준으로 대사를 하고 있다는 사실을 믿기 어려웠다. 며칠 후에 영양분 흡수를 마무리하면 하이데의 대사율은 다시 내려갈 것이다. 그래도 심장박동을 유지하고, 전하를 띤 원자들을 세포 안팎으로 펌프질하고, 조금 더 성장도 하려면 약간의 연료를 태워야 할 것이다. 기초대사율이 절대 0으로 떨어지지는 않는다. 하지만 0에 놀라울 정도로 가까워질 것이다.

# 결정하는
# 물질

DECISIVE MATTER

수바시 레이Subash Ray가 서랍을 열어 얼룩이 번진 종이를 한 장 꺼냈다. 마치 그가 포스트잇 종이에 커피를 쏟고는 며칠을 무시하고 있다가 쓰레기통 대신 서랍 속에 던져 두었던 것처럼 보이는 종이였다. 하지만 이제 레이는 그 종이 위에 마술을 부리려는 참이다.

"이제 이 종이에 생명의 봄을 불어넣을 겁니다." 그가 말했다.

레이는 둥글둥글한 얼굴에 사각형 안경을 쓰고 있었다. 청바지에 작은 검은색 독수리 장식이 있는 폴로티셔츠를 입고 있었다. 그는 나긋나긋하게 얘기했다. 너무 나긋해서 가끔은 그가 하는 일을 설명할 때 다시 말해 달라고 부탁을 해야 했다. 나는 그와 그의 동료들을 만나러 뉴어크 시에 왔다. 이곳에서 그는 이 종이 얼룩, 그리고 이 얼룩이 무엇이 될 수 있는지 연구하면서 뉴저지 공과 대학교New Jersey Institute of Technology에서 박사 과정을 밟고 있었다.

레이가 높은 선반으로 손을 뻗어 한천agar이라는 말린 조류 추출물이 든 단지를 붙잡았다. 그가 그것을 실험실 의자 좌석에 올려놓았다. 마치 지금 슈퍼마켓에 와 있고 그 의자는 쇼핑카트인 것처럼 말이다. 거기에 얼룩진 종이를 추가했다. 그는 그 종이를 안전하게 보관하기 위해 유리함 속에 보관했다. 그가 한 쌍의 비커와 요리용 거품기를 찾아냈다.

의자가 가득 차자 레이가 실험실의 다른 방으로 의자를 밀고 갔다. 나는 레이의 지도교수인 생물학자 시몬 가르니에Simon Garnier와 함께 그를 따라갔다. 가르니에는 붉은 수염을 기른 프랑스인으로 후드 티를 입고 있었고, 핸드볼을 했다. "땅 위에서 하는 수구 비슷한 운동입니다." 그가 설명했지만 혼란스러워하는 미국인에게 그 종목을 설명하려는 시도는 실패로 돌아갔다.

레이가 싱크대로 가서 전기포트에 물을 채우고 스위치를 켰다. 그리고 물이 뜨거워진 후에 비커를 싱크대 위에 올리고 그 물을 채웠다. 한천을 넣고 거품기로 저었다. 그렇게 섞은 혼합물을 빈 페트리 접시에 부었다.

일단 한천이 식어서 찐득하게 굳고 나니 레이가 유리함에서 핀셋으로 얼룩진 종이를 끄집어내서 페트리 접시로 옮겼다. 종이를 한천 위에 살짝 눌러 담은 후 그 위에 스프레이로 물을 뿌렸다.

이제 레이가 싱크대 옆에 있던 의자를 창이 없는 방으로 밀고 갔다. 고온다습해서 끈적거리는 방이다. 고온다습은 다양한 생명체가 잘 자라는 환경이다. 탁자 위에 크고 하얀 상자들이 벽에 붙어 놓여 있었다. 레이가 한 상자의 앞에 튀어나온 손잡이를 돌려서 문처럼 위로 젖혀 열었다. 안에 한 쌍의 금속 레일이 보였고, 그 위로 플래시까지 완전히 장착된 카메라 세 대가 아래를 보며 놓여 있었다. 레이가 한 카메라 아래로 얼룩진 종이와 한천이 담긴 페트리 접시를 밀어 넣었다.

가르니에가 컴퓨터 앞에 앉아 명령을 입력했다. 잠시 후 상자에 하얗게 불이 들어오더니 카메라 플래시가 터졌다. 상자가 다시 어두워지자 카메라가 5분마다 페트리 접시의 사진을 촬영하도록 설정한 후 우리는 그 방을 나왔다.

그날 저녁 가르니에가 동료 생물학자 몇 명과 나를 데리고 저녁 식사를 하러 갔다. 우리는 사람, 그리고 사람이 만든 구조물들로 가득한 레이먼드 대로Raymond Boulevard를 따라 걸었다. 그 거리에는 작은 네일살롱과 거대한 창고, 임대를 놓아 텅 빈 아르 데코Art Deco 건물, 버스를 기다리는 승객으로 붐비는 버스 승차장이 있었다. 우리는 분위기 좋은 식당에 들어가 나무 탁자 주변에 둘러앉아 식사하면서 생물학자들이 저마다 연구 대상으로 삼고 있는 생명체에 대해 열띤 대화를 나누었다. 이들은 마침표 크기 벌레의 신경계에 대해, 제브라피시의 투명한 몸에 대해 이야기했다. 그리고 그동안 가르니에의 실험실에 있는 카메라는 밤새도록 플래시를 번쩍이며 촬영하고 있었다.

다음 날 아침 나는 다시 센트럴 킹 빌딩Central King Building에 있는 실험실을 찾아갔고, 우리는 다습한 촬영실로 다시 들어갔다. 페트리 접시를 보니 얼룩은 사라지고 그 자리에 레몬 색깔의 방울이 만들어져 있었다. 그 방울이 종이 가장자리를 넘어 접시로 퍼져 나가면서 1달러 은화 크기로 자라 있었다. 가르니에가 그 변화를 바라보며 미소 지었다.

2부. 생명의 전형적 특징

"살아 있네요. 많이 움직이지는 않았지만 그래도 살아 있어요."
그가 말했다.

방울을 자세히 들여다보니 그것이 사실은 접시 중앙부에서 뻗어나오며 거듭 가지를 친 촉수들이 복잡하게 얽힌 것임을 알 수 있었다. 내가 내려다보는 동안에도 계속 가지를 치고 있었지만 속도가 너무 느려서 주의력이 짧은 나의 뇌가 인지하기는 어려웠다.

레이가 생명을 불어넣은 그 생명체는 황색망사점균*Physarum polycephalum*이었다. 다른 이름으로는 다두점균류multiheaded slime mold라고 부른다. 뉴어크의 거리에서 점균류를 발견할 일은 없지만 도시의 경계를 넘어 삼림보존지대인 이글 락 보호구역Eagle Rock Reservation이나 그레이트 스웝Great Swamp으로 몇 킬로미터만 가면 적당히 덥고 축축한 여름날이면 그 황금색 그물망이 썩어 가는 통나무나 버섯 머리 위로 퍼져 있는 것을 볼 수 있다. 숲이 자라고 있는 곳이면 지구 어느 곳이든 점균속*Physarum*, 혹은 다른 수백 종의 점균류 중 하나를 만나 볼 수 있다. 점균류를 보면 그 기이한 모습 때문에 늑대의 젖, 개의 토사물 같은 속이 메스꺼워지는 이름이 떠오른다.[1]

여름 한철을 이용해 자라고 나면 점균류는 포자spore를 만들어 겨울나기를 준비한다. 포자는 겨울을 버틸 수 있지만 점균류의 나머지 부분은 죽어서 검은 딱지로 변한다. 그리고 봄이 되면 다시 자라기 시작한다. 하지만 가뭄이 오거나 나무가 쓰러져 숲의 바닥이 가혹한 햇빛에 노출되는 재앙이 닥치면 이 주기가 중단될 수 있다. 그럼 점균류는 비상조치를 취한다. 몸 전체가 말라붙으면서 생기 없이 잘 부서지는 균핵sclerotium이라는 형태로 바뀌는 것이다. 이 균핵이 조각 조각 얇게 벗겨져서 바람에 날려간다. 조각 중 하나가 축축한 땅 위에 내려앉으면 거기서 되살아난다. 점균류 연구자들은 그냥 살아 있는 점균류를 조금 여과지에 올려놓고 바싹 마르기를 기다리면 균핵을 만들 수 있다. 이것을 몇 주나 몇 달 저장해 둘 수 있다. 그리고 이 균핵을 한천이 든 접시에 올려놓으면 다시 그 생명에 봄을 불어넣을 수 있다.

카메라는 밤새 플래시를 터트리면서 레이의 점균류의 순간정지 동영상을 촬영했다. 사람이 알아볼 수 있는 속도로 촬영된 이 영상을 보면 얼룩무늬가 황금색으로 변하면서 종이 가장자리 너머로 풍선처럼 부풀어 올라 한천을 가로지르며 퍼지는 것이 드러난다. 그날 밤 늦게 종이 반대 면에 있는 촉수들도 퍼져 나갔다. 이제 점균류는 번져 나가는 원반 형태가 됐다.

점균류의 움직임은 수동적인 물질에 중력이 작용해서 생긴 결과가 아니었다. 점균류는 무생물인 물방울처럼 번져 나가지 않고 생명의 전형적 특징을 분명하게 보여 주었다. 모든 살아 있는 생명체에서 발견되는 조합인 자신의 연료 저장분, 자신의 단백질, 자신의 유전자에 부호화된 논리를 이용해서 다음에 무엇을 할지 결정을 내리고 있었다. 점균류는 주체성을 갖고 있었다. 그리고 사냥을 하고 있었다.

가르니에와 함께 일하는 대학원생과 박사후 과정 연구자들은 아주 다방면의 사람들이었다. 일부는 나미비아로 가서 개코원숭이에 목걸이를 달고 그들의 이동을 추적하고 울음소리를 녹음했다. 이들은 개코원숭이가 어떻게 자신의 위치에 대한 정보를 교환하면서 하나의 무리를 유지하는지 연구했다. 파나마에서는 또 다른 학생이 수

**127**

백만 마리의 군대개미army ant가 어떻게 여왕이 사는 방을 비롯해 살아 있는 둥지를 자신의 몸을 이용해서 만드는지 연구했다. 의사결정 decision-making이라는 개념을 생각하면 사람의 뇌가 떠오른다. 단어를 엮어 미래에 대한 생각들을 만드는 구불구불하고 통통한 기관 말이다. 우리의 뇌는 개미의 뇌보다 수만 배 크다. 하지만 이런 개미도 자신의 몸을 이용해서 함께 집을 만들 수 있다. 아예 뇌가 없는 존재인 점균류는 생명의 의사결정이란 개념을 농축해서 더더욱 정교한 본질만 남긴다. "정말 제 맘에 드는 부분은 점균류가 지능의 기원과 닿아 있다는 점입니다." 가르니에가 말했다.

숲에서 점균류는 세균과 곰팡이 포자를 찾아다닌다. 점균류는 먹잇감을 찾을 때까지 자신의 촉수를 통나무나 흙을 가로질러 뻗는다. 그러다 먹잇감 위로 기어 올라가면 세포를 죽이는 효소를 뱉어 내서 그 잔해를 마신다. "살아 움직이는 위인 셈이죠." 가르니에가 말했다.

레이가 내게 보여 주려고 되살린 점균류는 먹이를 찾아 나섰지만 그때 레이는 점균류에게 먹이를 전혀 제공하지 않았었다. 점균류가 어떻게 다음 먹이를 찾는지 보여 주기 위해 레이는 새로운 실험을 준비했다. 그가 익힌 회색의 귀리 덩어리 세 개를 한천의 삼각형 꼭짓점에 올려놓았다.

"귀리죽만 끓이면 점균류를 키울 수 있습니다." 레이가 말했다. 고개를 들어 보니 실험실 선반 위에 퀘이커 오트밀Quaker Oat 귀리 통이 줄지어 세워져 있었다. 그 귀리 통들이 유쾌하게 미소를 지으며 과학자들을 내려다보고 있었다.

"이 녀석들이 구식을 좋아합니다." 가르니에가 말했다. 여기서 '이 녀석들'이란 점균류를 말하는 것이다. 더 정확히 말하자면 점균류는 그 구식 오트밀 위에서 자라는 세균을 좋아하는 것이다. 점균류는 살균된 식사는 하지 않는다.

레이가 살아 있는 점균류 덩어리를 접시 가운데 떨어뜨렸다. 점균류가 귀리죽 덩어리를 볼 수는 없다. 하지만 음식에서 확산돼 나와 한천 전체로 퍼지는 당분과 다른 분자의 맛은 느낀다. 점균류의 촉수가 중심부에서 뻗어 나오면서 그 표면에 있는 단백질들이 이들 신호를 포착한다. 그럼 단순한 규칙을 이용해서 먹이를 찾는다.

각각의 촉수는 움직일 때마다 지나는 경로 중 서로 다른 지점에서 분자의 농도를 비교해 본다. 만약 농도가 떨어지면 점균류는 그 방향으로 촉수 뻗는 것을 멈춘다. 만약 농도가 올라가면 계속해서 촉수로 탐험을 이어 간다. 레이가 접시 가운데 점균류를 떨어뜨린 지 몇 시간 후 이 점균류의 촉수가 꼭짓점 세 곳의 귀리 덩어리에 모두 도달했다. 점균류가 귀리 속으로 침투하면서 귀리의 색깔이 회색에서 황금색으로 바뀌었다.

점균류는 명령을 내리는 뇌가 없고, 과학자들은 생명의 의사결정 능력이 어떻게 생화학만으로 가능한지 관찰할 기회를 점균류에서 얻는다. 과학자들은 점균류가 잘 먹고 잘 살기 위해 사용하는 우아한 규칙이 담긴 각본 전체를 발견했다. 내게 점균류의 더 인상적인 재주를 보여 주기 위해 레이는 2012년에 가르니에의 또 다른 예전 학생이 처음으로 수행했던 실험을 재현했다. 그는 점균류에게 막다른 골목을 만들어 주었다.

막다른 골목을 만들기는 간단했다. 레이는 가위로 아세테이트지

sheet of acetate를 잘라 모서리가 뾰족한 도형을 만들었다. ⊔. 그리고 이 아세테이트지를 접시 안에 놓았다. 점균류는 축축한 표면 위로만 기어오를 수 있다. 그래서 이 마른 아세테이트지가 점균류에게는 넘을 수 없는 넓은 담벼락 역할을 한다.

그리고 레이가 점균류를 한 숟갈 떠서 이 막다른 골목의 열린 끝 근처에 올려놓았다. 접시의 반대쪽에는 설탕을 떨어트렸다. 점균류와 설탕 사이에는 아세테이트지 벽으로 된 막다른 골목이 막고 있지만 설탕은 한천을 통해 확산돼 아세테이트지 벽 아래로 넘어갈 수 있다. 이 설탕 냄새가 점균류를 막다른 골목으로 유혹해서 함정에 빠뜨릴 것이다.

다음 날에 다시 와서 점균류를 살펴보니 막다른 골목에서 탈출해 있었다. 밤새 촬영해 놓은 영화를 보고 있으니 마치 탈옥 과정을 재검토하는 간수가 된 기분이었다. 점균류는 설탕의 자취를 쫓아 막다른 골목으로 들어갔다가 아세테이트지 벽에 부딪쳤다. 하지만 거기서 수색을 포기하지 않았다. 점균류는 양쪽으로 촉수를 뻗었고, 그 왼쪽 가지가 마침내 벽 구석에 닿은 다음, 뒤로 돌아 나와 함정을 탈출했다. 그리고 난 다음에는 반대쪽으로 방향을 틀어서 벽의 바깥 면을 따라 설탕을 향해 길을 찾아갔다.

점균류는 뇌를 동원하지 않는 기억 능력을 이용해서 이 탈출을 진행했다. 이들은 지속적으로 탐색용 촉수를 뻗고, 먹이 신호의 증가를 감지하지 못한 촉수는 뒤로 물러난다. 이렇게 물러나는 과정에서 촉수들은 그 뒤로 끈적한 점액질을 남긴다. 이것으로 점균류는 자신이 지나간 자리를 감지할 수 있고 새로 뻗는 촉수는 그것을 피해 움직인다. 이런 외부기억 덕분에 점균류는 설탕에 대한 당장의 유혹을 이기고 움직일 수 있다. 여럿 달린 머리를 아세테이트지 벽에 대고 찧는 대신 막다른 골목을 빠져나와 새로운 경로로 먹이를 찾는 것이다. 우리는 뇌가 있어서 무언가를 기억할 수 있지만, 점균류는 뇌 같은 기관이 없다. 대신 점균류는 자신의 경험을 바깥세상에 기록해서 저장한다.

점균류는 훨씬 복잡한 문제도 풀어냈다. 예를 들어 나카가키 토시유키라는 과학자는 점균류가 미로를 빠져나가는 최단 경로를 찾을 수 있다는 것을 알아냈다. 그는 플라스틱판을 잘라 미로를 만들어 한천 배지 위에 올려놓았다. 나카가키와 동료들은 점균류로 덮인 귀리 조각을 미로의 한쪽 입구에 갖다 놓고, 반대쪽 출구에는 더 많은 귀리를 갖다 놓았다. 점균류는 미로로 새로운 촉수를 뻗으며 가능한 모든 경로를 탐색했다. 일단 미로 반대쪽 출구에 있는 귀리를 발견하자 점균류는 양쪽 공급원 모두에서 먹이를 동시에 섭취하면서 막다른 경로에 뻗어 있는 가지들을 철수시켰다. 그래서 결국 미로를 통과하는 경로를 그리는 매끈하게 잘 빠진 단일 촉수로 남았다. 나카가키는 점균류가 먹이까지 네 가지 가능한 경로를 취할 수 있도록 미로를 설계했다. 그리고 점균류가 항상 가장 짧은 경로를 추적해 낸다는 것을 알게 됐다.

어떤 과학자들은 숲 바닥에서 생활하는 것과 더 관련이 깊은 퍼즐을 점균류에게 풀게 했다. 자연에서는 점균류가 미로의 양쪽 끝에서 먹이를 찾을 일이 없다. 그 대신 통나무 여기저기에 흩어져 있는 먹이 조각들을 만날 수는 있다. 만약 이 모든 먹이를 동시에 섭취할 수 있다면 더 빠른 속도로 성장할 것이다. 하지만 모든 음식에 닿으려면 촉수를 구축하는 데 대사적 비용이 들어갈 수밖에 없다. 그 비용이 과도해지면 먹이에서 얻는 것보다 더 많은 에너지가 들어간다.

결국 점균류는 이런 문제에 대한 효율적 해법을 찾는 데 대단히 능숙한 것으로 밝혀졌다. 그래서 몇 조각의 음식에 동시에 도달하는 가장 짧은 경로를 찾을 수 있다. 나카가키와 다른 점균류 전문가들은 점균류가 어떻게 이런 복잡한 선택을 내리는지 확인하는 실험을 진행했다. 그들은 접시 위에 귀리를 점점이 뿌리고 점균류가 해법을 찾는 과정을 지켜보았다. 점균류는 지그재그로 하나의 튜브를 형성하는 대신, 가능한 최단 거리에 가깝게 귀리들을 연결하는 네트워크를 구축했다. 한 실험에서는 과학자들이 귀리가 가장 큰 도시들을 상징하게 해서 그것으로 미국의 지도를 만들어 보았다. 그랬더니 점균류가 미국의 주들을 잇는 고속도로 시스템과 놀라울 정도로 비슷한 형태를 만들어 냈다. 점균류는 도쿄의 지하철과 캐나다의 수송 네트워크도 흉내 냈다. 수학자들의 입장에서는 점균류가 이런 종류의 문제를 며칠 만에 풀어냈다는 사실에 영 마음이 불편할 것이다. 그들이 이 문제를 푸는 데 몇 세기가 걸렸기 때문이다.

여러 세대의 수학자들을 바쁘게 만들었던 또 다른 퍼즐이 있다. 배낭 채우기 문제knapsack problem다. 하이킹 준비를 위해 배낭에 무엇을 담을지 결정해야 한다고 해 보자. 여행에 도움이 될 수많은 물품 중에서 선택할 수 있다. 하지만 물품의 무게도 염두에 두어야 한다. 가방에 무한히 많은 물품을 담을 수는 없는 노릇이니까. 카드를 한 벌 배낭에 챙겨 두었다가 아침에 산에 비가 와서 하이킹을 못 하면

포커나 하면서 시간을 보내야겠다고 생각할 수도 있다. 하지만 그저 심심할 때를 대비하겠다고 배낭에 돌을 깎아서 만든 20킬로그램짜리 체스판을 넣고 가려는 사람은 없을 것이다. 수학자들은 이런 선택을 순수하게 추상적인 형태로 뽑아냈다. 당신은 여러 가지 물품을 갖고 있고, 각 물품은 가치와 무게를 갖고 있다. 이제 당신은 어떤 무게를 넘지 않는 선에서 가장 큰 가치를 갖는 물품의 조합을 찾아내야 한다.

많은 사업체가 배낭 채우기 문제의 실용 버전과 마주하게 된다. 항공회사들은 최소의 연료로 가장 가치가 많이 나가는 화물을 실어 나를 수 있게 비행기에 화물을 싣는 방법을 알고 싶어 한다. 금융회사에서는 잠재적 이득이 다른 다양한 투자 분야에 최고의 수익이 발생하도록 자신의 자금을 나누어 투자할 방법을 찾고 싶어 한다. 하지만 배낭 채우기 문제를 풀 수 있는 간단한 방정식은 존재하지 않는다. 연구자들은 최적의 해에 가까운 답을 찾는 온갖 전략으로 책들을 가득 채웠다.

점균류가 책을 쓸 수야 없지만 배낭 채우기 문제를 풀 수는 있다. 프랑스 툴루즈 폴사바티에 대학교의 과학자 오드리 두슈투어Audrey Dussutour와 동료들은 이 문제를 점균류에게 중요한 먹이의 문제로 재해석해 그들의 재주를 세상에 드러냈다. 점균류가 최대로 빨리 성장하기 위해서는 단백질과 탄수화물이 모두 필요하다. 두 성분의 최적 조합은 단백질 대 탄수화물의 비율이 2:1인 것으로 밝혀졌다.

두슈투어는 점균류에게 두 먹이 덩어리 중 하나를 선택하게 했다. 양쪽 모두 이상적인 먹이와는 거리가 멀었다. 단백질 대 탄수화

2부. 생명의 전형적 특징

물의 비가 하나는 9:1이고, 다른 하나는 1:3이었다. 점균류가 첫 번째 덩어리에만 도달해서 그것만 먹으면 탄수화물 섭취가 충분하지 않을 것이다. 그렇다고 두 번째 덩어리만 먹으면 단백질이 부족해진다.

점균류는 두슈투어가 제시한 두 가지 나쁜 선택을 하나의 좋은 선택으로 바꾸는 데 성공했다. 촉수를 뻗어 양쪽을 모두 찾아낸 것이다. 결국에는 촉수의 네트워크가 붕괴하면서 두 먹이 공급원을 연결하는 하나의 고속도로만 남았다. 단순히 두 가지 먹이를 섞는 것만으로는 점균류에게 이상적인 식단이 될 수 없다. 그래서 점균류는 탄수화물이 풍부한 먹이보다 단백질이 풍부한 먹이에서 더 많은 먹이를 섭취해서 먹이 섭취를 이상적인 2:1 비율에 가깝게 균형을 잡았다. 다른 실험에서 두슈투어는 더 많은 조합을 시도해 보았는데 점균류는 그 사이에서 균형을 찾는 법을 항상 찾아냈다. 바꿔 말하면 배낭에 적절한 조합으로 보급품을 채우는 법을 학습했다는 의미다.

점균류 연구자들을 이런 실험을 더 다양하게 진행하면서 점균류의 그물망이 숲에서 어떻게 길을 찾아 나가는지 더 잘 이해하게 됐다. 점균류는 접촉하는 모든 것에 대해 정보를 습득하고, 세균과 포자가 풍부한 장소를 만나면 그쪽으로 먹이를 전환할 수 있다. 그리고 햇볕이 쬐는 곳으로 기어 나오면 다시 그늘로 후퇴할 수 있다. 점균류는 수학자처럼 정확히 최소의 비용으로 최대의 먹이를 포식할 수 있도록 매일 네트워크를 조정할 수 있다. 이들의 전략은 인상적일 정도로 잘 작동한다. 적절한 조건 아래서는 점균류가 작은 융단 크기만큼 커질 수 있다.

가르니에에게 점균류가 대체 어떻게 이런 문제를 푸는 것이냐고 물었더니 그도 어깨만 으쓱하며 말했다. "아름다운 점균류의 세계로 오신 것을 환영합니다. 이 세계를 잘 아는 사람은 아직 없죠."

하지만 그의 대학원생 중 한 명인 아비드 하크Abid Haque는 자신과 가르니에가 해답을 일부 찾을 수 있다고 예상한 곳을 흔쾌히 보여 주었다. 점균류의 황금색 촉수 내부였다.

뉴어크로 오기 전 하크는 기계공학자가 되기 위해 인도 구와하티 기술대학Indian Institute of Technology Guwahati에서 공부를 했다. 그런데 여름에 진행했던 한 연구 프로젝트가 그를 점균류의 왕국으로 유혹했고, 그래서 지금은 가르니에의 연구실에서 박사 학위 과정을 밟고 있다. 우리가 만난 날 그는 선 세공으로 장식한 포자 우리, 올챙이처럼 생긴 성세포, 탄력 있는 나무처럼 보이는 점균류 그물망 등 빅토리아식 판화로 새긴 점균류 그림이 그려진 검정 티셔츠를 입고 있었다.

하크가 2.5센티미터 정도의 점균류 촉수를 조심스럽게 잘라서 어두운 현미경실로 가지고 갔다. 그가 조용히 현미경에 달린 손잡이를 몇 초 빙빙 돌렸다. "이야, 이거 정말 멋지네요." 그가 말했다.

나도 현미경으로 슬라이드를 내려다보았는데 지금 내가 보는 것이 무엇인지 눈과 머리로 파악하는 데 시간이 좀 걸렸다. 그리고 순간적으로 초록색 강이 눈에 들어왔다. 그 물살이 알갱이들을 실어 가고 있었다. 어떤 알갱이는 어둡고, 어떤 알갱이는 밝았다. 지켜보고 있으니 강물의 속도가 느려지다가, 움직이던 알갱이들이 멈췄다. 그리고 잠시 그렇게 가만히 있더니 강이 흐름의 방향을 바꾸어 알갱이를 반대 방향으로 다시 밀어냈다.

밝은색의 알갱이에는 점균류가 먹이를 분해할 때 사용하는 효소가 들어 있었다. 어두운색의 알갱이는 세포핵이었다. 세포핵은 유전자를 담아 두는 아주 작은 주머니다. 우리 세포에도 세포핵이 들어 있지만 보통 세포 하나에 세포핵이 하나씩만 들어 있다. 세포가 두 개로 분열할 때는 새로 세포핵을 하나 더 만들어서 새로 생기는 각각의 세포에게 DNA 세트를 하나씩 물려준다. 점균류 역시 새로운 세포핵을 만들 수 있지만, 굳이 세포까지 둘로 분열하지는 않는다. 대신 페트리 접시나 숲속 바닥에 넓게 퍼져 있는 점균류는 모두 하나의 거대세포다.

"그 큰 것이 그냥 세포 하나라니 정말 입이 떡 벌어지죠." 가르니에가 말했다.

점균류라는 의미의 'Physarum'은 '작은 풀무'라는 의미의 그리스에서 온 말이다. 아마도 동식물연구자들이 점균류의 황금색 그물망에서 맨눈으로도 확인할 수 있는 맥동을 보고 영감을 받아 지은 이름일 것이다. 점균류를 연구하던 초기 세대 과학자들은 무엇이 점균류를 맥동하게 만드는지 알 길이 없었다. 1900년대에 가서야 생물학자들은 점균류를 이루는 분자들이 무엇인지 처음으로 알 수 있었다.

각각의 촉수 안에는 미세한 와이어 같은 골격이 그물처럼 얽혀 있다. 하지만 이것은 에펠탑의 골격처럼 경직된 구조물이 아니다. 점균류는 계속해서 한쪽에서는 골격의 새로운 부분을 만들고, 한쪽에서는 골격을 허물고 있다. 점균류는 와이어를 촘촘한 그물망처럼 조립해서 촉수를 죄어 그 안에 들어 있는 액체를 밀어낼 수도 있다. 그리고 와이어들이 서로에게서 미끄러져 멀어지면 촉수의 벽이 느슨해지면서 액체가 다시 안으로 흘러들어 올 수 있다.

점균류는 이렇게 쥐어짰다 풀었다 하면서 그물 모양의 심장처럼 박동한다. 이 맥동이 알갱이들을 파도처럼 밀어내고, 이 파동이 그물망 전체를 잔물결처럼 가로지를 수 있다. 그리고 파동이 서로 충돌하면서 더 복잡한 무늬를 만들기도 한다.

하크와 가르니에는 이 파동들이 단세포 점균류에서 일종의 정보중계 역할을 해서 주변 환경을 학습할 수 있게 하고, 그 발견 내용들을 종합해서 거대한 파동 기반의 계산 기능으로 통합하는 것이 아닐까 궁금했다. 그럼 점균류는 다음에 무엇을 할지 결정을 내릴 수 있을 것이다.

이 파동의 언어를 해독하기 위해 하크는 단순한 실험부터 시작해 보았다. 그는 2.5센티미터 정도의 점균류 촉수를 접시 위에 올려놓았다. 각각의 촉수 안에서 파동이 앞뒤로 움직였다. 하크는 작은 먹이 덩어리를 각 촉수 끝에서 살짝 벗어난 곳에 놓았다. 하나는 귀리가 풍부한 먹이였고, 나머지 하나는 귀리가 덜 들어 있어서 덜 바람직한 먹이였다. 점균류가 먹이를 감지하고 양쪽으로 촉수를 뻗었다. 그리고 하크는 촉수가 두 먹이 덩어리를 조사하는 동안 파동이 변화하는 것을 발견했다.

하크와 동료들은 파동이 나쁜 먹이보다는 좋은 먹이 쪽으로 더 자주 움직이는 것을 알아냈다. 그리고 파동이 변하면서 점균류 자체도 변했다. 좋은 먹이를 먹는 쪽 끝에 있는 골격 와이어는 서서히 줄어들면서 점균류가 부풀어 올랐다. 반면 일부 연구자들이 세운 이론에 따르면 나쁜 음식을 먹는 쪽 끝은 벽이 뻣뻣해진다. 그 결과 점균류가 나쁜 먹이로부터 멀어지면서 좋은 먹이를 에워싸게 된다.

"좋은 장소에 가면 근육이 나른하게 풀리는 것과 비슷합니다. 그래도 괜찮죠. 좋은 곳에 와 있으니까요." 가르니에가 말했다.

일단 좋은 장소에 도착하면 근육의 힘이 풀리는 것은 일종의 지능이라고 가르니에는 주장했다. 그에게 지능이란 IQ 검사에서 나오는 점수도, 네덜란드어를 배우는 능력도 아니다. 지능은 생명의 전형적 특징이다. 환경의 변화에 생명체가 목숨을 유지하는 데 도움이 되는 방식으로 반응하는 능력이 곧 지능이다.

가르니에는 말했다. "어떤 생명체를 비교해 봐도 그냥 무작위로 하는 것보다는 더 똑똑한 행동을 보입니다." 우리는 뇌가 있어야 무작위보다 나은 행동을 할 수 있지만, 촉수의 네트워크를 가로지르며 퍼지는 세포 파동만으로도 충분할지 모른다.

가르니에가 말했다. "점균류는 이런 원리를 최대한으로 밀어붙인 존재죠."

# 생명의 조건을
# 일정하게 보존하기

PRESERVING CONSTANT THE CONDITIONS OF LIFE

애디론댁Adirondacks의 어느 눈 내리는 아침, 나는 버려진 흑연 광산으로 산비탈을 따라 하이킹을 했다. 두 생물학자 칼 헤르조그Carl Herzog와 케이틀린 리츠코Katelyn Ritzko의 뒤를 따라갔다. 두 사람은 차가운 개울과 나란히 있는 광산 입구에서 멈췄다.

헤르조그와 리츠코가 광산 안으로 들어가기 위해 장비를 갈아입었고, 나도 최선을 다해 두 사람을 따라 했다. 한 번에 하나씩 하이킹용 신발을 벗고 넘어지지 않으려고 애쓰며 가슴까지 올라오는 바지장화 속에 양말 신은 발을 넣었다. 그리고 헤드램프가 달린 헬멧을 썼다. 플란넬과 플리스 옷감의 겉옷은 벗었다. 이제 눈과 겨울바람을 막아 주던 의복과 장비를 차가운 물과 날카로운 바위를 막아 주는 것으로 바꿀 시간이었다. 헤르조그가 광산 내부에서 마주할 수 있는 위험들을 설명했다. "발을 헛디뎌 아래로 떨어지는 것이 제일 큰 위험입니다. 천장은 절대 만지지 마세요."

헤르조그가 설명하는 동안 리츠코가 바지장화 주머니에 연필과 공책을 담고, 장치들의 배터리 잔량을 확인했다.

"갈 준비 됐어요?" 헤르조그가 그녀에게 물었다.

"네." 그녀가 대답했다. 우리는 차가운 개울로 걸어 들어가 물을 헤치며 광산으로 들어갔다.

첨벙거리며 앞으로 나가니 반사되어 눈에 들어오던 빛이 희미해졌다. 벽은 경사지고 들쭉날쭉했다. 밤새도록 세찬 비가 내리고 아침에 눈까지 와서 돌출된 산비탈로부터 물이 쏟아져 들어왔다. 그 물이 광산으로 흘러 들어오면서 고드름이 종유석과 석순처럼 얼어붙었다. 더 안쪽으로 들어가자 동굴이 점점 어두워졌고, 개울물 위로는 유리창처럼 맑고 두터운 얼음뚜껑이 생겼다.

리츠코는 개울에서 기어 나와 오른쪽 벽을 따라 좁게 흩어져 있는 바위를 타고 걸었다. 하지만 헤르조그는 동굴의 왼쪽 면을 더 자세히 들여다보고 싶어 했다. 그는 투명한 얼음 위에 올라서서 한 번에 한 걸음씩 불안한 발걸음을 옮겼다. "얼음이 깨진다 해도 바지장화가 가슴 높이까지 올라오니까 사실 걱정할 것은 없죠. 그런데도 이렇게 불안해지는 것이 참 의외네요." 그가 말했다.

헤르조그가 벽을 전등으로 비추며 훑어보았지만 아무것도 보이지 않았다. 그가 조심스럽게 다시 얼음을 가로질러 우리 쪽으로 합류했고, 우리는 다시 어둠 속으로 움직여 들어갔다.

내가 지금 천연동굴이 아니라 인간이 만든 거대한 구멍 속에 들어와 있다는 점을 상기해야 했다. 1800년대 중반에 조지호Lake George 주변의 벌목꾼들은 통나무 침목에서 검은색 광물의 광맥을 발견했다. 이것은 흑연의 침전물로 밝혀졌다. 광부로 변신한 벌목꾼들은 산비탈의 땅을 파고 들어가 연필과 도가니를 만드는 데 사용할 흑연을 파냈다. 우리가 지금 들어가는 광산은 조지호 제방의 헤이그 타운 town of Hague 근처에 있는 것으로 몇 년이 지나는 동안 거친 벽의 터널, 좁은 통로, 옆으로 패여 들어간 공간이 복잡하게 뒤얽혀 그물망처럼 자랐다. 광부들이 바위를 수레에 실어 밖으로 가지고 나오면서 가끔 천장을 받쳐 줄 큰 통나무를 갖고 다시 들어가 지하에 죽은 것도 산 것도 아닌 나무들의 숲을 만들어놓았다.

뉴욕의 흑연 산업이 몇 십 년 정도 호황을 누리다가 마다가스카르와 다른 국가에서 더 크고, 저렴한 광산이 문을 열었다. 1900년대 초에 뉴욕의 광부들은 헤이그 광산에서 통나무를 일부 꺼내서 목재로 팔고, 그 후로는 광산을 완전히 포기했다. 백 년이 넘게 지난 지금은 그 존재의 흔적만 몇 개 보일 뿐이다. 주변 숲에는 광산에서 캐낸 바위를 쌓아 놓은 작은 언덕들이 흩어져 있다. 깊은 터널을 따라 줄이 하나 이어져 있다. 아마도 어둠 속에서 길을 잃은 사람이 다시 길을 찾아 나올 수 있게 해 주는 안내줄이 아니었나 싶다.

광산이 버려진 후에는 자연의 환경이 그곳을 서서히 복구했다. 파헤쳐진 벽은 물 때문에 반짝이는 유석flowstone으로 덮였다. 이 유석이 케이브베이컨cave bacon(철분을 포함한 물이 만들어 내는 일종의 종유석으로 무늬가 꼭 베이컨처럼 생겼다―옮긴이)이라는 줄무늬 리본으로 천장을 장식해 놓았다. 광부들이 꺼내지 않아 남아 있던 일부 목재는 그 후로 개울물로 주저앉았다. 헤르조그가 천장과 벽이 무너지면서 새로운 바위가 쏟아져 내려 통로를 막아 버린 곳을 가리켰다.

2부. 생명의 전형적 특징

"우리가 여기 있는 동안에 설마 저런 일이 일어나리라고는 생각하지 않습니다." 헤르조그는 이렇게 말하면서도 그 목재들을 만지지 말라고 경고했다. "잘못 건드리면 위치에서 벗어날 수 있습니다."

헤르조그와 리츠코의 손전등 불빛이 우묵 파인 틈새 깊숙한 곳까지 동굴 벽과 천장을 휙휙 훑으며 지나갔다. 이 추운 바위투성이 미로는 생명이라곤 거의 존재하지 않을 장소로 보였다. 하지만 한 시간 정도 동굴탐험을 이어 가다가 리츠코의 전등이 한자리에서 멈추었다. 나는 쌓여 있는 바위를 넘어 그녀가 선 자리로 가서 그녀의 시선을 좇아갔다. 눈높이 정도에서 털이 덥수룩한 서양배처럼 보이는 물체가 돌에 매달려 있는 것이 보였다.

"북부긴귀박쥐northern long-eared bat예요." 리츠코가 속삭였다.

박쥐는 얼굴을 차가운 광산벽에 처박고 있었다. 쐐기 모양의 귀가 머리에서 솟아 있고, 작은 두 발을 닻처럼 벌리고 있었다.

"어떻게 저렇게 매달려 있는 거죠?" 내가 속삭였다.

"발목에 잠금장치가 되어 있어서 저렇게 매달려 있어도 에너지가 거의 들지 않아요." 리츠코가 말했다.

"숨을 쉬기는 합니까?" 궁금해서 물었다.

"숨은 쉬죠. 하지만 모든 것이 훨씬 느려요." 리츠코가 속삭였다.

우리가 본 그 박쥐는 4, 5개월 전에 이 동굴로 날아 들어온 것이었다. 돌벽에서 매달릴 곳을 찾아낸 후에, 먹이를 입에도 대지 않고 그렇게 매달려서 겨울을 살아남았다. 이제 몇 주 후면 박쥐는 다시 밖으로 나가 몇 달간 화창한 봄과 후덥지근한 여름을 맘껏 누리며 살 것이다. 제일 뜨거운 날에도 박쥐는 더위에 익어 버리지 않고 살아남을 것이다. 세균에 감염되었어도 용케 잘 막아 낼 때도 있을 것이다. 그리고 야간 사냥에 실패했어도 어떻게든 굶어 죽지 않고 살아남을 것이다. 먹잇감을 추적할 때는 심장이 쿵쾅거리긴 하지만 머리로 너무 많은 피를 밀어 내어 뇌가 터져 버리는 일은 없을 것이다. 그리고 다시 가을이면 이와 비슷한 동굴로 돌아와 또 한 번의 겨울을 보낼 것이다. 리츠코와 함께 우리 눈앞에 있는 북부긴귀박쥐를 살펴보며 나는 이 동물이 예측할 수 없이 급격히 일어나는 위기에도 18년 넘게 버티며 살 수 있다는 사실에 경이를 느꼈다. 박쥐와 동면하러 들어온 이 동굴은 달라도 너무 달랐다. 생명이 없는 광산은 차츰 무너지고 있었다. 계절의 침식 작용으로 몇 십 년 안에 동굴은 완전히 사라질지 모른다. 하지만 이 무너져 가는 광산 안에 들어와 살고 있는 이 작은 박쥐는 놀라울 정도로 안정적인 상태를 유지하고 있다.[1]

프랑스의 생물학자 클로드 베르나르Claude Bernard는 1865년에 이렇게 적었다. "생명을 유지하는 모든 메커니즘은 아무리 다양하다 할지라도 그 목적은 오직 하나, 내부 환경 속에서 생명의 조건을 일정하게 보존하는 것이다." 베르나르는 우리 내부 환경이 대부분 물로 이루어져 있다고 했다. 몸의 물 공급이 줄면 갈증을 느껴 물을 보충하게 된다. 1926년에 하버드대학교의 생리학자 월터 캐넌Walter B. Cannon은 베르나르의 개념을 업데이트해서 거기에 항상성homeostasis이라는 현대적 이름을 붙였다.

항상성은 무게를 재거나 찔러 볼 수 있는 물리적 실체가 아니다. DNA나 단백질 같은 분자를 형성하는 원자들의 특정한 조합도 아니다. 그보다는 생명의 세계 전반에서 찾아볼 수 있고, 여러 단계에서 동시에 작용하는 원리다. 박쥐에서는 세포에도 기관에도 심지어 그 비행에도 항상성이 존재한다.

동굴 안에서 동면하는 박쥐를 본 사람은 거의 없겠지만, 따뜻한 저녁에 날아다니는 박쥐는 많이들 보았을 것이다. 박쥐들은 해가 지는 어수룩한 어둠 속에서 파리나 모기를 쫓아 쏜살같이 날아다닌다. 하늘이 완전히 어두워져 보이지 않을 때도 박쥐는 하룻밤에 수백 킬로미터씩 계속 날아다닌다. 박쥐가 하늘 높이 머무를 수 있는 이유는 공중 버전의 항상성 덕분이다.

날기 위해 박쥐는 막으로 이루어진 거대한 손을 퍼덕거린다. 이 손을 아래로 내릴 때는 주변 공기가 날개 주변을 돌면서 회오리친다. 그리고 위로 올릴 때는 그 공기 중 일부를 빙글빙글 도는 도넛 모양의 공기로 뒤로 떨구게 된다. 이런 소용돌이의 물리학은 너무 복잡해서 과학자들도 그 내용을 거의 이해하지 못하지만, 그 결과물은 명확하다. 날개 위쪽의 압력은 낮아지고, 아래쪽 압력은 올라가서 상승력이 만들어지는 것이다.

날갯짓의 타이밍을 조정하고, 날개보 모양의 긴 손가락을 펴거나 닫고, 일부 근육을 수축 또는 이완하고, 뒤로 따라오는 공기에 보이지 않는 도넛 모양을 조각하면서 박쥐는 중력을 정교하게 상쇄할 수 있다. 그럼 제자리에 떠 있게 된다.

그렇게 떠 있던 박쥐가 날개를 기울이면 상승력 중 일부를 추진력으로 전환할 수 있다. 그럼 앞으로 쏜살같이 나가게 된다. 북부긴귀박쥐와 곤충을 잡아먹는 다른 박쥐 종들은 소리를 발생시킨 후 그 소리가 부딪쳐 반사되는 소리를 듣고 먹잇감을 추적한다. 박쥐의 사냥 대상인 종 중에는 박쥐의 반향정위echolocation 소리를 들을 수 있는 능력을 진화시킨 것이 많다. 이런 종들은 이 소리를 들으면 갑자기 방향을 틀고 달아나려 한다. 그럼 박쥐도 똑같이 한쪽 손을 접어 급선회하면서 먹잇감을 따라간다.

박쥐가 나는 동안에는 공기 회오리가 몸에서 벗겨지면서 돌멩이처럼 추락할 위험이 계속 따라다닌다. 하지만 공기의 항상성이 박쥐를 띄워 준다. 이런 안정성을 유지할 수 있는 한 가지 비밀은 박쥐의 날개 위에 흩어져 있는 작은 털이다. 박쥐의 날개에는 이것 말고는 원래 털이 없다. 이 털은 자기 주변으로 공기 흐름이 바뀌면 함께 흔들린다. 그리고 이런 흔들림이 전기신호로 전환되어 박쥐의 뇌로 전달된다. 그럼 박쥐는 공기 소용돌이가 벗겨져 나가려 한다는 경고를 감지하고 날개의 모양과 곡률을 조정해서 공기 소용돌이가 계속 자신의 몸을 감싸게 만든다.

박쥐는 툭하면 예상치 못하게 불어오는 돌풍과 마주친다. 매일 저녁 박쥐 떼가 동굴 밖으로 날아오를 때면 서로 충돌하는 경우가 많다. 박쥐는 너무 작아서(북부긴귀박쥐의 경우 무게가 빈 봉투 정도밖에 안 된다) 이런 작은 교란만으로도 쉽게 균형을 잃는다. 그래서 속도를 잃고 충돌할 수 있다.

생물학자 샤론 슈워츠Sharon Swartz는 박쥐가 하늘에서 떨어지지 않는 이유가 궁금했다. 브라운대학교에 있는 자신의 연구실에서 그녀는 자신의 학생들과 함께 날아다니는 박쥐들을 초당 백 장의 속도로 촬영해 보았다. 박쥐가 돌풍을 어떻게 처리하는지 연구하기 위해 이들은 박쥐가 지나갈 때 바람을 훅하고 내보낼 수 있는 장치를 장착했다. 이 바람이 날개 중 하나를 때리면 몸이 1/4바퀴 정도 흔들린다.

슈워츠가 알아낸 바에 따르면 1/10초도 안 돼서 박쥐는 자세를 바로잡았다. 촬영된 영상을 자세히 관찰해 보니 그 비법이 드러났다. 돌풍에 몸이 왼쪽으로 돌아가면 박쥐는 오른쪽 날개를 뻗어서 몸이 원래대로 돌아가게 만든다. 이렇게 박쥐가 안정된 상태에 접근하면 양쪽 날개의 회전력이 완벽하게 서로 상쇄하게 된다. 그리고 몸의 균형이 회복된다.

공학자들에게는 익숙한 전략이다. 이것은 정속주행 시스템 같은 것에 적용하는 것과 동일한 전략이다. 운전자가 차를 정속주행 모드로 놓으면 자동차는 그냥 엔진의 초당 회전수만 일정하게 유지하면 되는 것이 아니다. 차는 자신의 가속도를 감지해서 엔진 회전수를 계속 조정한다. 차가 경사면을 내려갈 때는 센서가 그것을 감지해서 엔진 회전수를 늦춘다. 그리고 자동차가 원하는 속도 아래로 떨어지면 다시 부드럽게 가속을 시작한다. 공학자들은 이런 설계를 네거티브 피드백 루프negative feedback loop라고 부른다. 이는 교란이 일어날 때마다 그 값을 정해진 값으로 되돌려 줌으로써 시스템을 안정적으로 유지한다.

박쥐는 비행을 유지하는 것 말고도 자기 몸의 화학적 균형을 유지하는 데도 네거티브 피드백 루프를 사용한다. 박쥐의 혈당은 곤충을 잡아먹고, 날면서 연료를 태우고, 자면서 단식을 하는 동안에도 대단히 안정적으로 유지된다. 박쥐는 혈중 당분의 농도가 올라가는 것을 감지하면 인슐린을 확 분비해서 세포가 추가 공급된 당분을 다시 저장하게 만든다. 혈중 당분의 농도가 살짝 떨어지면 세포는 당분을 방출해서 혈당이 과도하게 올라가는 일 없이 원래의 수치로 회복되게 만든다.

박쥐는 염분, 칼륨, 산도 같은 부분에서도 네거티브 피드백 루프를 이용한다. 사람을 비롯한 다른 척추동물과 마찬가지로 박쥐는 심장을 박동해서 순환계에 동력을 제공한다. 심장이 제대로 일하기 위해서는 일정한 압력이 필요하다. 그 압력을 정해진 수준으로 유지하기 위해 박쥐는 네거티브 피드백 루프를 이용해 혈관을 이완하거나 조인다. 박쥐는 또한 체온도 일정한 온도로 유지한다. 체온이 과도하게 올라가면 피를 피부 쪽으로 더 밀어서 과도한 열이 공기 중으로 흩어지게 만든다. 추워지면 지방을 태워서 대사에 에너지를 공급한다.

박쥐는 약 6000만 년 전에 진화해 나왔다. 그때는 지구가 아주 따듯해서 남극에서도 숲이 자라던 시절이다. 오늘날 살아 있는 약 1300종의 박쥐는 대부분 열대지방에 국한돼 살고 있다. 하지만 우리가 헤이그 광산에서 관찰했던 것같이 일부 박쥐는 극지방에 가까운 생활에 적응해서 산다. 그런 곳에서는 잡아먹을 곤충, 빨아먹을 꿀, 갉아먹을 과일도 없이 긴 겨울을 지내야 한다. 설상가상으로 겨울의 추운 기온 때문에 몸을 따듯하게 유지하려면 추가적인 에너지가 필요하다.

박쥐는 이런 가혹한 환경에서 번성할 수 있는 특별한 전략을 진화시켰다. 흑곰black bear이나 얼룩다람쥐ground squirrel도 생각해 낸 동면이라는 전략이다. 동면을 바꿔 말하면 새로운 값으로 항상성을 다시 설정하는 것이다.

사냥하며 바쁜 여름을 보낸 후에 북부긴귀박쥐는 새로운 동굴이

나 광산에 들어가 짝을 찾는다. 그리고 매일 밤 다시 어둠 속으로 날아올라 겨울을 버티는 데 필요한 에너지를 저장하기 위해 더 많은 먹이를 찾아 나선다. 체중이 6그램인 북부긴귀박쥐는 여기에 추가로 2그램의 지방을 더 저장할 수 있다. 버터 반 스푼을 가지고 5개월의 기근을 살아남아야 한다고 생각해 보라. 박쥐들은 마지막으로 선택한 동굴이나 광산을 동면 장소로 삼아 겨울을 보내게 된다. 이들은 발을 벽에 단단히 고정시켜 거꾸로 매달린 후에 호흡 속도를 늦춘다. 그리고 한 시간 후면 체온이 급격히 내려가 주변 동굴 속 공기 온도만큼 차가워진다.

리츠코와 내가 북부긴귀박쥐를 관찰하는 동안 그녀는 메모를 했다. 메모를 마치자 그녀가 광산 더 깊숙한 곳으로 전등을 비추었고, 더 많은 박쥐가 보였다. 나는 그녀를 보내고 헤르조그 쪽으로 기어갔다. 그도 자신만의 박쥐들을 찾고 있었다. 이 광산은 북부긴귀박쥐만이 아니라, 작은갈색박쥐little brown bat, 큰갈색박쥐big brown bat, 작은발박쥐smallfooted bat, 심지어는 희귀한 삼색박쥐tricolored bat의 집이기도 했다.

내 눈에는 다 비슷비슷해 보였지만 헤르조그가 귀의 모양, 발가락과 발로 돌을 붙잡는 방식 등 미묘한 차이점을 설명해 주었다. 몇 라운드를 돌고 나서 그가 내게 박쥐의 종류를 맞춰 보라고 했다. 나는 어깨를 으쓱하며 추측해 보았지만 틀리고 말았다.

헤르조그는 나를 용서해 주었다. 그도 한동안 박쥐를 구경 못 한 경우에는 헷갈린다고 했다. "박쥐 감별은 한눈팔고 있다 보면 사라져 버리는 기술이죠."

다수의 박쥐를 발견하고 나니 어떤 패턴이 눈에 들어왔다. 이 광산 안에는 여러 가지 서로 다른 설정값이 공존했다. 어떤 종은 광산 입구에 가까워서 바깥 공기로 더 차갑고 건조해진 동면 장소를 선호했다. 동굴 깊숙한 곳으로 들어가면 공기가 정체되고, 차갑고, 안경에 김이 서릴 정도로 습했다. 우리는 이 설정값을 선택한 작은갈색박쥐 한 마리를 발견했다. 갈색의 털이 그 위에 응결된 물방울 때문에 은색으로 바뀌어 있었다.

이 박쥐들은 몇 달 전 동면의 시작과 함께 무기력 상태로 돌입하면서 온혈상태를 유지하는 고된 일로부터 자유로워졌다. 높은 체온을 유지하기보다는 주변 공기의 온도에 자신의 체온을 맞춘 것이다. 만약 이들이 바깥 나무에 매달려 있었다면 이런 전략은 자살 행위가 되었을 것이다. 살을 에는 차가운 겨울 추위에 온몸이 얼어붙으면서 세포가 파괴된다. 하지만 바위와 흙으로 단열된 동굴 내부에서는 쌀쌀하기는 해도 일정한 온도를 누릴 수 있다. 사실상 박쥐들은 동굴 자체의 항상성을 빌려 쓰는 셈이다.

박쥐들은 하늘을 날기 위한 연료도 필요 없었다. 봄까지는 사냥할 일도 없기 때문이다. 가을에 짝짓기를 한 암컷들도 아직 임신 중이 아니었다. 봄에 동면에서 깨어날 때까지는 정자를 따로 보관 중이었다. 봄이 되면 그제야 그 정자로 난자를 수정시킬 것이다. 그럼 신선한 먹이로 배고픈 배아에게 영양을 공급할 수 있다.

하지만 그럼에도 이곳에서 동면하는 박쥐들은 분명 살아 있었다. ATP 분자를 태우기 위해 계속 산소를 들이마시고 있었고, 혈액이 너무 산성으로 되는 것을 막기 위해 이산화탄소를 내뱉어야 했다. 호흡할 때마다 수분도 조금씩 빠져나가고 있었다. 날개에서 증발하는 물은 더 많았다. 하루 정도 이렇게 수분을 잃는다고 해서 위험해지는 것은 아니다. 하지만 2, 3주 후에는 항상성이 위험해지는 것을 느낀다.

수분이 위험할 정도로 줄고 있음을 감지하면 박쥐는 잠시 동면에서 풀려난다. 그리고 체온을 올려 몇 분 안에 여름 시절의 체온으로 돌아온다. 이렇게 몸에 다시 온기가 돌면 동면 장소에서 돌아다니며 물을 홀짝일 수 있다. 이렇게 물을 보충하고 나면 다시 천장으로 돌아가 몇 주 동안 다시 동면에 들어갈 수 있다.

깨어날 때마다 박쥐는 그렇지 않아도 쪼들리는 연료를 조금씩 더 태웠다. 하지만 봄까지 별문제 없이 잘 버티기만 하면 동면을 끝내고 밖으로 나갈 때 항상성 장부를 확인해 보면 여전히 흑자를 기록하고 있을 것이다. 하지만 이렇게 동굴 안에 쭈그리고 앉아 있으니 과연 이 박쥐들이 다시 생생하게 되살아날지 잘 상상이 가지 않았다. 이들은 혼자서, 짝을 이뤄서, 혹은 열한 마리 정도가 무리 지어서 꼼짝도 않고 천장에 매달려 있었다.

우리가 샌 박쥐의 숫자가 많아질수록 내 눈에는 광산이 동물로 붐비는 동물원처럼 보였다. 하지만 사실 이 광산은 예전과 비교하면 유령 도시나 마찬가지였다. 더 일찍 이곳을 찾아왔더라면 더 많은 박쥐를 만났을 것이다. 16년 전인 2004년에 생물학자들이 이곳을 조사했을 때 찾아낸 작은갈색박쥐는 1102마리였다. 그런데 2년 후에는 상황이 변했다. 올버니 근처의 동면 장소에서 생물학자들은 죽은 박쥐의 사체가 입구 주변에 흩어져 있는 것을 발견했다. 일부 사체는 미국너구리가 먹어 치웠고, 일부는 눈더미에 날아가 처박혀 있었다. 일부는 코에 곰팡이꽃이 피어 있었다. 머지않아 뉴욕 주변의 다른 박쥐 개체군도 개체수가 급감했고, 다른 주들도 뒤따라서 가파른 개체수 감소를 보였다. 죽은 박쥐들은 모두 유럽에서 온 '슈도짐노아스쿠스 데스트럭탄스*Pseudogymnoascus destructans*'라는 곰팡이에 감염된 것으로 밝혀졌다. 코에 피는 치명적인 곰팡이꽃 때문에 이 병에는 '박쥐 흰코증후군white-nose syndrome'이라는 이름이 붙었다.

이 새로운 병이 헤르조그의 생활을 완전히 집어삼켜 버렸다. "당장에 이 병이 제 최우선순위에 올라가면서 나머지 일은 다 뒤로 밀렸습니다." 그가 말했다. 헤르조그는 일부 박쥐 종이 한두 해 만에 90퍼센트 급감하는 것을 지켜보았었다. 99퍼센트가 급감한 종도 있었다. 그와 생물학자들이 뉴욕의 박쥐에 대해 수십 년 동안 기록을 해 둔 덕분에 박쥐흰코증후군이 끼친 피해를 생생하게 파악할 수 있었다. "이 병이 다른 곳에서 발생했다면 그때처럼 신속하게 파악하지 못했을 것입니다." 헤르조그가 말했다. 하지만 자랑스러움이 아니라 애석함으로 하는 말이었다. "이것을 과연 행운이라 말할 수 있을지 모르겠네요."

유럽에서는 이 곰팡이가 박쥐에게 해를 끼치지 않았었다. 그저 가벼운 감염만 일으켰기 때문에 박쥐가 자신의 면역계로 손쉽게 제압할 수 있었다. 그런데 어쩐 일인지 그 곰팡이가 유럽에서 북미대륙으로 옮겨왔다. 아마도 올버니에서 멀지 않은 동굴이나 광산으로 들어왔을 것이다. 이 곰팡이가 새로 자리 잡은 집에서는 박쥐에게 치명적으로 작용했다.

북미산 박쥐가 곰팡이 때문에 죽은 이유를 처음에는 도통 알 수 없었다. 병리학자들이 죽은 박쥐들을 살펴보았지만 치명적인 곰팡이 감염에서 보통 일어나는 감당 못 할 손상 같은 것은 보이지 않았다. "그 병리학자들은 흐린 렌즈로 그 상황을 보고 있었던 것이죠." 헤르조그가 말했다.

박쥐흰코증후군은 항상성의 질병이라는 것이 차츰 분명해졌다. 지난여름과 가을에 박쥐들은 동굴과 광산을 찾았다가 곰팡이 포자가 몸에 묻었다. 냉기를 좋아하는 이 곰팡이는 박쥐가 동면을 시작해서 체온이 내려갈 때까지 박쥐의 몸에 묻어서 잠복기에 들어가 있었다. 일단 박쥐의 체온이 섭씨 20도 아래로 내려가자 포자가 열리면서 곰팡이가 피부와 근육으로 균사를 내밀기 시작했다.

헤르조그와 동료 과학자들은 병에 걸린 박쥐가 건강한 박쥐보다 동면에서 더 자주 깨어나는 것을 알게 됐다. 날개에 생긴 상처 때문에 수분을 더 잃어버려서 그런 것일 수도 있다. 항상성을 유지하려면 수분을 더 많이 섭취할 수밖에 없었다. 아니면 박쥐가 곰팡이와 싸우기 위해 체온을 더 자주 올렸기 때문일 수도 있다. 체온이 올라가야 면역계가 깨어나 적들과 짧지만 격렬한 전투를 벌일 수 있기 때문이다.

감염된 박쥐 중 일부는 봄까지 간신히 항상성을 온전히 유지하며 버틴 후 다시 체온을 올려 곰팡이의 공격을 막아 낼 수 있었다. 하지만 어떤 박쥐들은 항상성 유지에 실패해서 겨울 이야기에서 중도하차하고 말았다. 어떤 박쥐는 먹이를 찾기 위해 필사적으로 눈이 내린 낮에 동면 장소를 벗어나 먹이를 찾았지만 소용없는 일이었다. 많은 박쥐가 매의 표적이 되고 말았다.

우리는 엉덩이 높이로 차오른 물을 헤치고 나가며 더 많은 박쥐를 셌다. 그리고 바위와 자갈이 쌓인 무더기를 기어올라 빛이 새어 들어오는 곳으로 향했다. 밝은 태양 아래로 기어 나와 보니 눈보라가 동쪽으로 물러나고 없었다. 리츠코와 헤르조그가 자기가 샌 박쥐 숫자를 비교해 보았다. 올버니 사무실로 돌아가면 이 숫자를 공식 기록으로 남길 것이다.

큰갈색박쥐가 총 54마리로 제일 많았다. 지난 30년 동안 이 수치에는 변화가 없었다. 심지어 박쥐흰코증후군이 도착한 후에도 변화가 없었다. 큰갈색박쥐는 뉴욕에서 슈도짐노아스쿠스의 피해를 보지 않은 것으로 보이는 몇 안 되는 종 중 하나다. 아마도 이 박쥐가 선호하는 동굴 지역이 너무 추워서 곰팡이가 성장하기에 적합하지 않았기 때문일 것이다. 반면 작은갈색박쥐는 더 따뜻한 구간을 선호했다. "그 박쥐들은 최악의 미세기후를 찾아간 거죠." 헤르조그가 말했다. 그 결과 작은갈색박쥐는 가장 큰 타격을 받은 박쥐 종 중 하나가 됐다. 우리가 진행한 2020년 조사에서 헤르조그와 리츠코가 발견한 작은갈색박쥐는 6마리에 불과했다.

작은갈색박쥐들의 수가 그렇게 급감했는데도 아직 완전히 사라지지 않고 있는 이유가 수수께끼였다. 헤르조그와 동료들은 살아남은 소수의 작은갈색박쥐가 보호 유전자를 갖고 있을 가능성을 조사했다. 어쩌면 이들은 더 차가운 구간을 선호하게 만드는 등, 겨울에 다른 행동을 보이게 만드는 DNA 돌연변이를 갖고 있어서 곰팡이를 견뎌 낼 수 있게 되었는지도 모른다.

지금 당장은 헤르조그와 리츠코가 할 수 있는 일이 이 현장을 목격하고 기록을 남기는 증인 역할 말고는 없었다. 몇몇 광산을 골라 곰팡이를 깨끗하게 닦아서 제거하고 보호구역으로 전환해서 박쥐를 구하면 어떨까 싶기도 했지만, 불가능한 시도였다. 박쥐들이 다른 곳을 찾아갔다가 그곳에서 곰팡이를 묻혀 와 그 보호구역을 오염시킬 것이기 때문이다. 과학자들이 할 수 있는 일이라고는 박쥐의 항상성이 실패를 거듭하는지, 아니면 안전한 설정값으로 새로 바뀌는지 관찰하는 것밖에 없었다.

　　헤르조그는 숲 밖으로 차를 몰고 나오면서 솔직히 인정했다. "우리가 할 수 있는 일을 생각해 보려 했지만 없었습니다. 박쥐들이 스스로 방법을 찾아내는 수밖에요."

# 복사하기/
# 붙여넣기

COPY/PASTE

어느 이른 봄날 아침, 나는 나무가 더 많은 나무를 만들 준비를 하는 것을 지켜보려고 코네티컷 뉴런던으로 차를 몰았다. 도시 북쪽 끝에서 윌리엄스 스트리트Williams Street에 있는 문을 하나 통과해서 영국의 토종 나무와 관목이 8만 제곱미터의 땅에 심겨 있는 곳으로 들어갔다. 이곳의 공식 이름은 코네티컷대학교수목원Connecticut College Arboretum이었지만 그곳에 사는 사람들은 모두 그곳을 아보Arbo라고 불렀다. 아보 정문에서 레이철 스파이서Rachel Spicer라는 식물학자가 배낭에 천공기borer를 매단 채 나를 기다리고 있었다. 그는 나무들 사이에서 시간을 보낼 때는 혹시 구멍을 뚫어보고 싶은 나무를 만날까 봐 이 기계를 갖고 다닌다. "세상에서 내가 제일 좋아하는 일이에요." 그녀가 말했다.

우리는 검사 준비를 위해 애쓰고 있는 나무의사를 지나 로렐 산책로Laurel Walk를 따라 이리저리 돌아다녔다. 그 나무의사는 워싱턴 산

　　　　　　　　　　　　　　2부. 생명의 전형적 특징

사나무Washington hawthorn의 위쪽을 바라보며 스마트폰에 깔린 종 동정 species identification 앱을 확인하더니 우리를 보며 절망 속에 고개를 저었다. 우리는 미국너도밤나무American beech와 캐나다채진목eastern shadbush을 지나 나무 부스러기가 깔린 오솔길을 따라 더 깊숙이 들어갔다.

"가끔은 제가 나무를 연구하기 위해 태어난 사람 같다는 기분이 들어요." 스파이서가 말했다. 그녀가 어렸을 때 아버지가 매사추세츠 주 숲의 서로 다른 식물종을 알아보는 방법을 가르쳐 주었고, 그는 식물학 전공으로 대학원에 들어가 뉴잉글랜드의 홍단풍red maple tree과 오리건의 미송Douglas fir을 연구했다. 2010년에 코네티컷대학교의 조교수가 된 후로는 나무를 아주 가까이서 연구할 수 있는 연구실을 차려서 포플러나무 조각을 페트리 접시에서 키우며 그 세포에서 켜지고 꺼지는 유전자들을 조사했다. 이 연구도 매력적이었지만 스파이서는 가끔 연구실에만 있기가 답답했다. 내가 그녀에게 전화해서 만날 수 있겠느냐고 물었더니 그녀는 천공기를 들고 윌리엄스 스트리트를 건너가 나무로 가득한 곳에서 오후를 보낼 수 있는 핑곗거리가 생겨 반가운 마음에 당장 만나자고 했다.

우리는 경사진 정원을 따라 더 깊이 들어가 늪이 펼쳐진 저지대로 들어섰다. 그곳에서 홍단풍 앞에 멈추었다. 그 나무는 빛을 차지하기 위해 이웃 나무들과 수십 년간 경쟁을 벌인 덕분에 나무 덮개canopy가 높고 좁아서 구부러진 전신주처럼 서 있었다. 어쩌다 단풍나무의 몸통 아래쪽에서 잘못 나온 가지 몇 개가 몸을 비비 꼬면서 땅바닥을 향하고 있었다. 가지들이 여섯 달째 나뭇잎 없이 헐벗고 있어서 지금은 이 나무가 살아 있는지 여부도 말하기 어려웠다. 나는 지난여름의 기억을 되살리며 잎 속의 초록 엽록소로 빛을 붙잡아 분자 기계에 동력을 공급하고, 연료를 만들던 생기발랄했던 단풍의 모습을 그려 보려고 했다. 그리고 내 마음속에서 달력을 가을로 넘겨 잎 속에 들어 있는 엽록소가 분해되면서 초록 잎이 빨간 잎으로 바뀌던 모습을 상상해 보았다.[1]

"그저 늙고 추워져서 망가지는 것이 아닙니다. 소중한 것을 지키려고 일부러 망가지고 있는 거예요." 스파이서가 말했다.

스파이서의 설명에 따르면 모든 엽록소 분자에는 4개의 질소 원자가 들어 있다고 한다. 아보에 있는 단풍나무들이 자기 잎들을 가을에 그냥 떨어뜨려 버리면 봄에 뿌리에서 가지까지 질소를 새로 빨아들이기 위해 아주 많이 고생해야 한다. 그래서 단풍나무는 그 대신 가을 동안 자신의 엽록소를 분자들로 조심스럽게 해체해서 잎에서 가지로 이어지는 작은 터널을 통해 이동시킨다. 그리고 겨울 동안은 그곳에서 안전하게 보관했다가 봄이 되면 새로 돋아난 잎으로 신속히 옮겨서 새로운 엽록소로 재조립한다.

똑똑한 전략이지만 까다로운 부분이 있다. 여름에는 단풍나무 잎에 들어 있는 두터운 층의 엽록소가 두 가지 역할을 한다. 먹이를 생산하는 역할과 햇빛 가림막 역할이다. 엽록소는 고에너지 광자에 의한 손상으로부터 단백질과 유전자를 보호해 준다. 일단 가을이 와서 잎에서 엽록소를 해체하기 시작하면 잎이 빛의 공격에 노출된다.

단풍나무는 가장 아름다운 방법으로 자신을 보호한다. 잎에서 안토시아닌anthocyanin이라는 붉은 색소를 생산하는 것이다. 이 가을 색소는 엽록소를 겨울 저장소로 이동하는 데 필요한 몇 주 동안 잎을 태양의 손상으로부터 보호해 준다. 그리고 엽록소 이동이 마무리되면 그제야 단풍나무는 잎을 땅으로 떨군다.

이른 봄인 지금은 가지들이 마치 죽어 있는 것처럼 보인다. 하지만 그 내면에서는 이 나무의 미래가 펼쳐지고 있었다. 스파이서가 낮게 깔린 가지 하나를 휘어서 내가 가까이서 볼 수 있게 했다.

그녀가 나뭇가지를 따라 부풀어 오른 불그스름한 눈을 가리켰다. 가을에 이파리가 떨어진 다음에 가지는 이 눈껍질bud scale을 만들어 냈다. 각각의 눈껍질은 겨울 햇살을 막는 보호막인 안토시아닌으로 채워진 거친 외벽에 덮여 있다. 눈껍질은 그 안에 들어 있는 어린 새 세포들을 보호하기 위해 이런 방어막을 구축했다. 이 세포들은 잠재력으로 가득 차 있다. 이것은 봄에 나무에서 만드는 구조물은 무엇이든 될 수 있다. 스파이서가 손톱으로 눈껍질 하나를 열었다. 그 안에서 휘어진 작은 선들이 보였다. 그중 일부는 궁극적으로 이 단풍나무에게 불멸의 가능성을 부여할 것이다.

"안에 꽃이 만들어져 있네요." 스파이서가 말했다.

아보를 떠나 집으로 차를 몰면서 나는 고속도로 양옆으로 줄지어 심어진 단풍나무들을 바라보았다. 작년 3월에는 이 나무들에 별로 신경 쓰지 않았었다. 하지만 지금은 나무 꼭대기가 안개처럼 희미하게 붉은색으로 피어나는 모습이 확연히 눈에 들어온다. 꽃을 그 안에 숨기고 있는 수천 개의 눈껍질이 태어나고 있었다. 나무 덮개에 마치 붉은 안개가 피어오른 것 같았다. 이 나무들 모두 수십 년 전 또 다른 나무에서 피워 올린 또 다른 붉은 안개에서 태어난 것들이다. 이들도 지구상의 다른 모든 생명체처럼 선조를 갖고 있다.

생명의 전형적 특징인 번식은 아이가 태어날 때의 울음소리만큼이나 명확하다. 사람에서 사람이 나오고, 단풍나무에서 단풍나무가 나오고, 개에서 개가 나온다. 모든 종에서 번식의 핵심 원리는 동일하다. 새로운 세대의 유기체가 자기 선구자의 유전자 복사본을 갖고 태어나는 것이다. 사람의 구체적인 번식 방법, 즉 세포들이 분열하면서 DNA를 어떻게 복사하는지, 난자와 정자가 어떻게 절반의 DNA 세트만 갖게 되는지, 수정에서 정자와 난자의 DNA가 어떻게 결합하는지, 자궁 속에서 배아가 어떻게 발달하는지 등등은 우리에게 가장 익숙한 버전의 번식이다. 하지만 우리 종의 번식 방법을 너무 폭넓게 일반화하면 오류가 생긴다.

사람의 번식에 해당하는 내용은 북부긴귀박쥐 같은 다른 포유류에서도 대체로 해당된다. 양쪽 종 모두 자궁을 가졌고, 젖을 먹는 어린 개체를 낳는다. 하지만 우리에게 해당되는 내용이 알에서 부화하는 비단뱀에게는 해당되지 않고, 황색망사점균 같은 점균류에게는 더더욱 해당되지 않는다.[2]

점균류의 한 가지 번식 방법은 포자를 만드는 것이다. 이 포자는 바람이나 물을 타고 멀리 실려 갈 수 있다. 황색망사점균의 포자가 적합한 장소에 착륙하면 세포들이 껍질을 뚫고 밖으로 기어 나온다. 점균류 전문가들은 이런 세포들을 아메바amoebae라고 부른다. 사람의 난자나 정자처럼 이 각각의 아메바들도 염색체 세트를 절반만 갖고 있다. 하지만 이렇게 염색체가 부족해도 이들은 혼자서 살아갈 수 있다. 숲의 바닥을 여기저기 기어 다니며 마주치는 세균을 잡아먹는다. 그러다 우연히 다른 황색망사점균 세포와 만나면 지하 버전의 수정을 통해 둘이 합쳐지면서 점균류 버전의 배아가 만들어진다.

점균류 아메바는 암컷 세포나 수컷 세포는 아니지만 자기만의 이상한 버전의 성별을 갖고 있다. 두 아메바가 만나면 서로의 표면에 붙어 있는 단백질을 확인한다. 점균류가 유전 받은 이 단백질의 버전에 따라 이 세포들은 수백 가지 서로 다른 교배형mating type 중 하나에 속하게 된다. 두 아메바가 동일한 교배형에 속하지만 않으면 합쳐질 수 있다. 이들의 염색체가 한데 합쳐져 완전한 세트를 이루고, 그래서 단일 융합세포가 일종의 점균류 배아가 된다. 이제 이 배아가 촉수를 뻗기 시작하면서 새로운 염색체 복사본을 만들고, 이 복사본들이 단일 거대 세포 안에서 살아가게 된다.

하지만 황색망사점균은 훨씬 이상한 번식 방법도 갖고 있다. 예를 들어 성별은 건너뛰고 그냥 균핵으로 말라붙을 수 있다. 만약 이 조각이 바람에 날려가 다른 곳에서 자라기 시작하면 그 단일 네트워크가 수많은 새로운 네트워크로 바뀔 수 있다. 새로운 점균류를 유전적으로 동일한 후손이라 생각할 수 있을 것이다. 아니면 그냥 하나의 거대한 네트워크의 내부가 큼직한 간극들로 벌어져 있다고 생각할수도 있다. 점균류는 이런 이름 붙이기에는 관심이 없다. 그저 계속먹이를 찾아다닐 뿐이다.

점균류의 이런 생소한 성생활은 대체로 우리의 시야를 벗어난 곳에서 일어난다. 오직 이런 것을 연구하는 데 평생을 바친 과학자들만이 그 비밀을 해독할 수 있다. 반면 단풍나무는 하늘을 가로지르며 짝짓기를 한다. 아보로 스파이서를 만나러 다녀온 후에 나는 몇 주 동안 생활 속에서 단풍나무들을 가까이 관찰하며 보냈다. 홍단풍 한 그루가 우리 뒤뜰 먼 쪽 구석에 흐릿하게 보인다. 그리고 노르웨이 단풍Norway maple과 은단풍silver maple도 여기저기 흩어져 있다. 우리 동네 가장자리를 따라 있는 염습지에도, 길가 가장자리를 따라서도, 언덕 사면에도, 빈 공터에도, 어디에서나 새로운 단풍나무들이 끝없이 스스로 생겨나고 있다. 나는 봄이 지나는 동안 단풍나무들이 종의 순서대로 눈을 틔워 서로 다른 버전의 꽃망울을 내미는 것을 지켜보았다. 어떤 꽃은 창백한 초록색이고, 어떤 꽃은 진홍색이었다. 단풍나무는 잎을 내밀기 전에 꽃부터 피운다. 지난해 가을에 가지에 저장해 두었던 성분만을 이용해 꽃을 만들어 내는 것이다.

다른 많은 식물들처럼 단풍나무도 식물학자들이 수꽃, 암꽃이라 부르는 꽃을 피운다. 하지만 식물의 번식은 우리와 차이가 있고 나무에서는 이런 구분이 엄격하지 않다. 한 단풍나무가 한 해에는 수꽃을 피웠다가, 다음 해에는 암꽃을 피웠다가, 그다음 해에는 수꽃과 암꽃을 모두 피울 수도 있다. 식물학자들이 단풍나무의 꽃을 암컷과 수컷으로 부르는 이유는 각 종류에서 난자와 정자의 규칙을 동일하게 따르는 성세포를 생산하기 때문이다. 인간에서 남자가 작은 정자를 생산하는 것처럼 수꽃도 작은 꽃가루를 만들어 낸다. 그리고 여성이 큰 난자를 만드는 것처럼 암꽃은 큰 밑씨를 만든다. 이 밑씨가 꽃가루받이pollination 후에 씨앗으로 자라난다.

성세포들을 합치려면 인간의 경우 두 사람이 만나서 섹스를 하면 되지만 단풍나무는 바람이 필요하다. 이들은 허리케인의 바람도 견딜 수 있지만 아주 살짝 불어오는 미풍만으로도 꽃가루를 날릴 수 있다. 대부분의 꽃가루는 땅바닥에 떨어지거나 엉뚱한 나무에 떨어진다. 꽃가루가 다른 단풍나무를 찾아갔더라도 나무껍질이나 가지에 착륙할 가능성이 높다. 극소량의 꽃가루만 운 좋게 암꽃에 도달할 수 있다.

꽃은 끈적이는 털로 꽃가루를 낚아챈다. 그리고 꽃의 표면에서 속심까지 터널이 형성된다. 꽃가루는 그 터널을 타고 들어가 암꽃의 밑씨에 도달한다. 이 둘이 합쳐지면 꽃가루와 밑씨가 새로운 유전체를 형성하고, 이 유전체가 새로 만들어지는 씨앗에 저장된다.

나는 눈에 보이지 않는 이 수정 과정을 목격할 수는 없었지만 그 결과는 볼 수 있었다. 단풍나무 암꽃이 떨어지면서 그 뒤로 임팔라의 뿔 한 쌍처럼 생긴 통통한 빨간 구조물이 남은 것이다. 익과翼果, samara 라고 하는 이 성장체는 그 밑에 씨앗 한 쌍을 품고 있다. 이 뿔이 길게 자란 후에 다시 납작하게 자란다. 그렇게 해서 결국 휘어진 칼날 모양을 취하고, 그 표면은 빳빳한 종이와 비슷해진다. 이 익과가 결국 줄기에서 떨어져 나오면 그대로 바닥에 떨어지지 않고 공중에 날려 다닌다.

익과의 칼날은 날개와 전체적으로 동일한 기하학을 가졌고, 그 목적도 날개와 동일하다. 주변 공기를 조종해서 하늘을 나는 것이다. 하지만 박쥐는 먹잇감을 잡고 동면할 장소를 찾기 위해 날개를 키우는 반면, 단풍나무는 씨앗을 퍼뜨리기 위해 날개를 키운다. 익과 아래쪽에 들어 있는 씨앗은 꽤 무거워서 빠른 속도로 떨어질 수 있다. 그리고 이것이 종이 같은 칼날을 따라 위로 흘러가는 공기의 흐름을 만들어 낸다. 그럼 익과가 헬리콥터처럼 빙글빙글 돌면서 상승력을 만든다. 그 결과로 이 씨앗은 아주 길게 활공하면서 부모 나무로부터 몇 백 미터 떨어진 곳까지 날아가 땅에 떨어진다.

단풍나무 한 그루가 자신의 익과를 모두 떨어트리는 데는 며칠 밖에 걸리지 않았다. 조건이 좋은 해에는 나무 한 그루에서 거의 수십만 개의 익과가 비처럼 쏟아지기도 한다. 4000제곱미터 땅에 무려 800만 개의 익과가 쏟아질 수 있다. 정말 놀라운 번식의 한마당이다. 이것은 또한 놀라운 낭비의 한마당이기도 하다. 단풍나무의 익과 중 무려 절반 정도가 씨앗 없이 비어 있다. 나머지 익과 중에서도 상당수가 자살을 한다. 이런 죽은 익과와 텅 빈 익과 뒤에 깔린 진화의 논리를 과학자들도 아직 이해하지 못하고 있다. 어쩌면 나무들이 속이 빈 익과를 유인용 미끼로 사용하고 있는지도 모른다. 다람쥐와 새들이 시간을 낭비하게 만들어 진짜 씨앗이 싹을 틔울 수 있는 확률을 높여 주는 것이다. 씨앗이 자살하는 이유는 우연히 나쁜 조합의 유전자를 갖게 되어 건강한 나무로 자랄 가능성이 낮아졌기 때문인지도 모르겠다.

결국 비처럼 쏟아져 내리는 씨앗 중 소수의 익과만 간신히 싹을 틔운다. 하지만 이렇게 씨앗이 대량으로 죽고 난 후에도 살아남은 후손의 수는 여전히 터무니없을 정도로 많다. 때로는 나무 아래로 1제곱야드(0.83제곱미터)마다 생존 가능한 씨앗이 수십 개씩 남기도 한다. 이들은 햇빛도 거의 들지 않고 흙도 별로 없어도 뿌리와 새싹을 틔울 수 있다.

봄이 깊어지면서 익과가 풀밭을 융단처럼 덮었다. 나는 풀밭으로 덮인 2000제곱미터 넓이의 담홍색 화강암 위에 집을 짓고 살고 있다. 덕분에 고대의 화산암이 땅 위로 얼굴을 내밀고 있어 식물이 자라지 못하는 곳이 많다. 자생 단풍나무들이 손톱만 한 크기의 이파리를 펼쳤다. 나는 사다리를 타고 올라가 홈통에서 익과들을 몇 움큼 치워냈다. 심지어 마치 하늘에 숲이라도 만들겠다는 듯 그곳에서 자라고 있는 씨앗도 있었다.

여름이면 아내와 나는 하이킹을 하려고 우리 도시를 둘러싸고 있는 숲으로 차를 몰고 나갔다. 어느 날 우리는 단풍나무 부지를 통과했는데 30센티미터쯤 되는 어린나무들이 마치 거대한 초록색의 얕은 호수처럼 땅을 덮고 있었다. 그 위로 머리를 내민 막대기 크기 단계의 단풍나무들은 몇 그루 되지 않았다. 빛을 향해 자라고 있는 성숙한 단풍나무는 더 적었다. 그 위로 탑처럼 솟아올라 가지를 뻗쳐 나무 덮개를 형성한 오래된 나무의 수는 훨씬 적었다.

이곳에서 우리는 우리 눈앞에 펼쳐진 단풍나무의 암울한 생존 확률을 확인할 수 있었다. 생명의 전형적 특징인 번식은 다른 특징들처럼 단순하지 않다. 모든 생명체는 먹이를 대사하고, 적응에 유리한 결정을 내리고, 자신의 항상성을 유지한다. 그것을 못 하면 죽음이 기다린다. 모든 생명체는 번식의 결과물이지만 번식을 보장받지는 못한다. 단풍나무의 수명은 종에 따라 100년짜리도 있고 300년짜리도 있다. 단풍나무가 자신의 수명을 온전히 살고 죽는다면 하늘을 날아다니는 수백만 개의 씨앗을 비처럼 내릴 수도 있다. 하지만 그중 부모와 어깨를 나란히 할 만큼 자라는 데 성공하는 것은 몇 개 되지 않을 것이다. 세대에서 세대로 무의식적인 경쟁이 계속 이어진다. 단풍나무가 자신의 유전자를 몇몇 후손에게 전달하는 데 성공할지라도 결국 뿌리썩음병root rot으로 모두 죽을 수 있다.

오늘 우리에게 익과를 비처럼 쏟아내고 있는 단풍나무는 아주 오래된 족보를 갖고 있다. 단풍나무는 소행성이 지구와 충돌해 거대한 공룡들을 쓸어버린 지 오래지 않은 약 6000만 년 전에 등장했다. 단풍나무는 동아시아에서 기원했다. 그곳에서는 일본단풍Nippon maple과 라임잎단풍lime-leaved maple 같은 단풍나무가 아직도 자라고 있다. 그리고 약 3000만 년 전 즈음에 단풍나무는 자신의 익과를 북아메리카 대륙으로 퍼뜨렸다. 그리고 거기서 새로운 형태로 계속 다양화했다. 요즘 뒤뜰에서 나란히 자라고 있는 홍단풍과 은단풍은 약 1000만 년 전에 공통 선조로부터 갈라져 나온 먼 사촌지간이다. 이 나무들은 거대한 번식 실패의 장에서 간신히 살아남은 가느다란 성공 족보가 만든 산물이다.

사실 계절의 흐름을 읽는 능력, 햇빛으로부터 자신을 보호하는 능력, 헬리콥터처럼 날아다니는 능력 같은 인상적인 적응이 이루어진 것은 바로 실패와 성공이 복잡하게 뒤엉켜 있는 단풍나무의 번식 덕분이다. 총 152종에 이르는 단풍나무의 다양성도 거기서 비롯됐다. 생명이 자신의 복사본을 만들며 실패와 성공을 거듭하는 과정에서 가장 인상적인 생명의 전형적 특징, 즉 진화가 등장한 것이다.

# 다윈의
# 폐

DARWIN'S LUNG

페트리 접시들이 실험실 기념비처럼 높이 쌓여 있었다. 꼭대기 접시는 짙은 청색으로 코팅되어 있었다. 꼭 해가 막 지고 난 다음의 하늘 색깔 같았다. 그 아래 있는 접시들도 마찬가지로 파란색이었지만 밑으로 내려갈수록 색이 창백해졌다. 이 탑의 바닥층까지 훑고 내려오니 색이 투명해져 있었다.

내가 이 플라스틱 기념비를 만난 곳은 예일대학교에 성처럼 세워진 건물인 오스본 기념 연구실Osborn Memorial Laboratories이었다. 이 페트리 접시들을 쌓아 놓은 사람은 이사벨 오트Isabel Ott라는 연구자였다. 그녀는 짧은 단발을 하고 있었다. 귀걸이는 모든 위상의 달로 장식해 놓은 컵받침 크기의 원반이었다. 오트는 그 전해에 조지아대학교를 졸업했다. 그곳에서 그녀는 사람과 동물에서 생기는 온갖 질병을 공부했다. 그리고 폴 터너Paul Turner라는 진화생물학자 밑에서 연구하기 위해 뉴헤이븐으로 왔다. 오트에게 페트리 접시 쌓기는 실험실 버전의 젠가가 아니었다. 이것은 결국 누군가의 생명을 구할지도 모를 오늘 하는 연구의 시작이었다.

오트의 설명에 따르면 접시가 파란색 기운을 띠는 것은 그 위에서 자라는 세균 때문이라고 한다. 이 세균들은 희망을 잃고 있는 절망적인 환자의 폐에서 채취한 것들이었다. 실험참가자 중에는 오트에게 채취한 표본과 함께 쪽지를 보내 자신이 처한 곤경을 얘기하고 도움을 갈구한 사람들도 있다. 오트는 말했다. "제 또래의 사람들이에요. 그럼 저는 이렇게 말하죠. '죄송합니다. 저도 할 수 있는 것은 모두 시도하고 있어요.'"

터너와 오트에게 이 세균을 제공한 사람들은 모두 고장 난 유전자를 갖고 있다. 정상 유전자를 가진 사람들은 폐세포가 이 유전자를 이용해서 CFTR이라는 단백질을 만든다. 이 단백질은 기도를 깨끗이 유지하는 데 도움을 준다. 하지만 CFTR 유전자에 돌연변이가 생기면 이 단백질이 기능을 못 한다. 이 돌연변이를 유전 받은 사람의 폐는 끈적하고 두꺼운 점액층으로 막힌다.

이 병은 낭포성섬유증cystic fibrosis이라고 한다. 이 질병에 따라오는 가장 치명적인 결과 중 하나는 폐가 특정 세균의 배양기 역할을 하게 되는 것이다. 녹농균Pseudomonas aeruginosa(슈도모나스 에루지노사)[1]이라는 종이 가장 위험하다. 보통 이 균은 식물의 이파리나 흙무더기 안에 산다. 건강한 사람은 어쩌다 녹농균을 흡입해도 면역계가 신속하게 소탕할 수 있다. 하지만 낭포성섬유증 때문에 기도가 점액으로 막혀 피난처 역할을 하면 이 세균이 장악해 들어올 수 있다. 낭포성섬유증이 있는 사람 중 절반은 만 3세 정도에 녹농균에 감염되어 대량으로

2부. 생명의 전형적 특징

서식하게 되고, 성인 중 70퍼센트는 만성 감염으로 발전한다. 항생제로 이 세균이 박멸되는 경우도 있지만 실패할 때가 많다. 시간이 흐르면서 세균이 염증을 일으키고, 거기서 남은 흉터 때문에 숨을 쉬기가 어려워진다.

오트는 이 세균에 대한 새로운 공격 방법을 제공해 줄지도 모를 실험을 돕고 있다. 그녀와 동료들은 낭포성섬유증 환자 참가자들에게 자신의 아이디어를 시험해 보고 있다. 이 공격 방법이 얼마나 효과적인지 확인하기 위해 참가자들은 기침을 해서 시험관에 점액을 담아 과학자들에게 주기적으로 보낸다. 이 점액에 담긴 세균들이 지금 오트의 페트리 접시 안에서 자라고 있었다.

만약 이 아이디어가 옳은 것으로 밝혀진다면 과학자들이 잠재적 살인자인 이 세균을 성가시기는 하지만 무해한 존재로 바꾸어 놓을 수 있을 것이다. 이를 성공시키기 위해 이들은 생명의 끝 모를 진화 능력을 이용하고 있다.

지구 위의 모든 생명체는 40억 년간 펼쳐진 진화라는 과정의 산물이다. 처음 진화되어 나온 혈통은 세균과 다른 미생물 들이었다. 그리고 약 20억 년 전에 새로운 형태의 생명체가 합류했다. 아메바처럼 생긴 단세포 생명체가 미생물들을 사냥하기 시작한 것이다. 이들의 세포는 크기가 훨씬 컸고, DNA를 세포핵이라는 작은 주머니 안에 담고 다녔다. 이 새로운 형태의 생명체를 진핵세포eukaryote라고 한다.

오늘날까지도 점균류와 다른 많은 진핵세포 종이 단일 세포로 잘 살아가고 있다. 하지만 진핵세포 중 일부 혈통에서 다세포 생명체가 진화되어 나왔다. 녹조류green algae는 약 5억 년 전에 물가로 진출해서 이끼와 고사리가 되었고, 꽃을 피우는 현화식물flowering plant은 그 뒤로 수백만 년 후에 등장했다. 동물은 약 7억 년 전에 바다에서 단세포 진핵세포로부터 진화해 나왔고, 그 후손 중 일부가 나중에 뭍에 올랐다. 그래서 처음에는 노래기와 원시적인 전갈 및 다른 무척추동물이 등장하고, 이어서 다리가 네 개 달린 도롱뇽 비슷한 생명체가 등장했다. 이 사족 보행 동물 중 일부가 다리를 버리고 뱀이 됐다. 일부는 다리를 변형시켜 하늘을 날기 시작해 새와 박쥐가 됐다. 영장류의 한 혈통은 약 700만 년 전에 두 다리로 섰고, 결국 아프리카 사바나에서 지구 전체로 퍼져 나갔다. 그리고 시간을 뒤돌아보며 진화의 깊은 역사를 대략적인 윤곽으로나마 처음 알아차리는 존재가 됐다.

생명은 오늘날에도 진화를 이어 가고 있다. 물이 축축함을 벗어날 수 없듯, 생명도 진화를 벗어날 수 없다. 단풍나무는 비 내리듯 땅을 뒤덮는 익과로 자신의 유전자 복사본을 퍼뜨린다. 하지만 거기서 나오는 새로운 싹들은 부모를 완벽하게 복제한 존재가 아니다. 자손들은 부모의 염색체를 뒤섞어서 물려받는다. 그리고 그 유전자에는 새로운 변이가 들어 있다. 전하를 띤 원자와 고에너지 광자가 유전자에 와 부딪치며 그 염기 순서를 바꾸어 놓는다. 효소들이 새로운 DNA 복사본을 만들 때 C가 들어가야 할 자리에 실수로 G를 집어넣기도 한다. 그리고 가끔은 사고로 수천 개의 염기를 연이어 복제하기도 한다.

세포에는 이런 오류를 교정하는 특별한 효소가 들어 있지만, 일부 오류는 그런 교정 과정에서도 살아남는다. 당신을 만들어 낸 난자와 정자에는 양쪽 부모 모두 갖고 태어나지 않은 돌연변이가 들어 있다. 새로운 돌연변이들은 오래된 것들과 함께 세대에서 세대로 전해지며 수 세기에 걸쳐 유전적 다양성을 구축한다.

아무런 영향이 없는 돌연변이가 많다. 어떤 돌연변이는 파괴적으로 작용해서 치명적인 장애나 기형을 만들기도 한다. 어떤 것은 이롭게 작용해서 생명체가 살아남아 번식하는 데 도움을 준다. 돌연변이가 후대에 전해지는 과정에서 어떤 것은 더 흔해지고, 어떤 것은 점점 줄어든다. 우연에 따라 운명이 뒤바뀌기도 하지만, 생명체가 남기는 자손의 숫자에 큰 영향을 미치는 돌연변이라면 훨씬 빨리 최후를 맞이할 수도 있다. 이로운 돌연변이는 혈통 속에 축적되어 새로운 적응을 불러올 수 있다.

진화의 뒤에 자리 잡은 기본 논리는 아주 단순하다. 어찌나 단순한지 찰스 다윈은 과학자들이 유전자가 무엇으로 이루어졌는지 알아내기는 고사하고, 유전자의 존재 자체를 알아내기 수십 년 전이었던 1800년대 중반에 그 논리를 파악했다. 다윈의 입장에서는 동물과 식물이 각 세대마다 변이가 생기고, 이 변이 중 일부가 유전될 수 있음을 확인하는 것으로 충분했다. 그는 생명체가 살아남아 자손을 남기는 데 도움이 되는 변이가 자연선택natural selection이라는 과정에 의해 선별된다는 가설을 세웠다.

다윈은 진화의 결과를 현존하는 종에서 확인할 수 있었다. 하지만 그는 생명의 진화가 산이 자라는 것처럼 인간이 인지할 수 없는 몇 백만 년의 시간 단위로 이루어진다고 믿었다.

그는 단언했다. "이런 변화는 진행이 너무 느려서 우리 눈으로 볼 수 없다. 시간의 손길이 기나긴 시간 경과를 흔적으로 남겨야 비로소 느낄 뿐이다. 그리고 설사 그 흔적이 남았다고 해도 지나간 오랜 지질학적 시대를 보는 우리의 관점이 너무도 불완전해서 지금의 생명 형태가 기존과 다르다는 사실만 이해할 수 있을 뿐이다."[2]

다윈의 생각은 틀렸다. 하지만 그럴 만했다. 그에게는 미생물이 몇 주 만에 실시간으로 진화를 선보일 수 있음을 알 방법이 없었기 때문이다. 이 미생물들은 1988년 2월 15일 아침에 캘리포니아 어바인에서 자신의 비밀을 드러내기 시작했다. 리처드 렌스키Richard Lenski 라는 미생물학자가 세균을 가지고 실험을 시작했는데, 이 실험은 몇십 년간 계속 이어지게 된다.

세균은 불과 20분 만에 분열할 수 있다. 그럼 미생물 한 마리가 하룻밤 사이에 수십억 마리에 이르는 개체군을 만들 수 있다는 의미다. 후손 중 일부는 새로운 돌연변이를 가질 것이다. 그 돌연변이가 미생물이 성장하고 번식하는 속도에 영향을 미친다. 새가 십억 마리 있으려면 대륙 하나가 필요하다. 하지만 미생물 십억 마리는 플라스크 하나면 족하다.

렌스키는 측정 가능한 진화적 변화가 생기기를 기대하며 실험을 하나 고안했다. 그는 대장균Escherichia coli 한 마리로 실험을 시작했다. 대장균은 미생물학 실험실의 필수 실험재료가 된 장내세균의 한 종이다. 그는 이 창립자 대장균 한 마리로부터 대장균 균락을 키운 후 그 후손들을 플라스크 12개에 나누어 담았다. 각각의 플라스크에는 이 대장균들이 몇 시간을 버틸 수 있을 정도의 당분밖에 들어 있지 않았다. 당분 공급이 떨어진 후에는 다음 날 아침까지 어떻게든 살아

남아야 했다. 그리고 아침이 되면 렌스키와 그의 학생들이 각 플라스크에서 액체를 조금씩 뽑아서 새로 준비한 플라스크에 짜 넣었다. 그럼 그때까지 간신히 살아남은 대장균들은 새로 공급되는 설탕을 실컷 먹고 다시 번식할 수 있었다.

이 대장균의 역사를 추적하기 위해 렌스키는 냉동 화석 기록frozen fossil record이라는 것을 만들었다. 500세대마다 연구진이 각각의 플라스크에서 액체를 조금 뽑아서 냉동실에 보관한 것이다. 그럼 나중에 다시 되살려서 그 후손과 비교해 볼 수 있다. 렌스키가 1991년에 자신의 플라스크와 냉장고를 들고 미시간 주립대학교에 새로 얻은 직장으로 이사 갈 즈음에는 그의 12개 균락이 수천 세대를 거친 상태였고, 그들은 분명 진화해 있었다.

12개 플라스크 모두 그 후손들이 새로운 환경에서 번성할 수 있는 돌연변이를 획득한 상태였다. 이들은 신속하게 먹이를 먹어 치운 후에 매일 찾아오는 단식 기간을 살아남을 수 있게 됐다. 이들이 둘로 나누어지는 데 충분한 크기에 도달하는 시간은 짧아졌다. 그리고 이로운 돌연변이를 더 많이 획득함에 따라 선조보다 성장 속도가 75퍼센트 빨라질 때까지 계속 개선이 이루어졌다. 그 과정에서 대장균의 몸집도 커져 선조보다 2배 큰 크기로 진화했다. 그 이유는 렌스키와 그의 학생들도 아직 알아내지 못했다. 몇 년 후 이들은 12개의 각 혈통에서 생긴 상당수의 돌연변이를 확인했다. 그 변화들 중 일부는 서로 다른 돌연변이에 의한 것이었다. 하지만 자연선택은 12개 혈통 모두 동일한 보편적 방향으로 진화시켰다.

그 기간 동안 수십 명의 대학원생이 렌스키의 연구실을 거쳐 갔다.[3] 그들은 렌스키의 세균을 돌보았고, 자신도 진화생물학자가 되어 미국 곳곳에 연구실을 차렸다. 폴 터너도 그중 한 명이다. 본 쿠퍼 Vaughn Cooper도 그런 사람 중 한 명이다. 나는 2019년에 뉴햄프셔에서 열린 과학학회에서 호리호리하고 열정적인 쿠퍼가 고등학생들도 진화를 실시간으로 관찰할 수 있는 방법에 대해 강연하는 것을 지켜보았다. 그와 피츠버그대학교의 동료들은 십대들이 일주일짜리 실험을 진행할 수 있는 키트를 제작했다.[4] 쿠퍼의 말로는 수천 명의 학생이 이미 결과를 이끌어 냈다고 했다. 그렇다면 50대의 작가인 나도 못 할 것이 없겠다는 생각이 들었다.

쿠퍼는 내게 키트를 하나 보내 주기로 했고, 어느 날 우리 집 정문에 골판지 상자 하나가 나타났다. 나는 상자를 열어 그 안의 내용물을 확인했다. 페트리 접시, 봉인된 시험관, 맑은 액체가 들어 있는 병들, 검정 구슬과 하얀 구슬이 들어 있는 봉투가 있었다. 접시에는 유령 같은 줄무늬와 긁힌 자국이 잔뜩 묻어 있었다. 거기서 불쾌하게 달콤한 냄새가 났다. 마치 소풍 탁자에 올려 두고 며칠 동안 잊고 있던 사이다에서 나는 냄새 같았다. 이 접시에는 슈도모나스의 또 다른 종인 슈도모나스 플루오레센스*Pseudomonas fluorescens*[5]가 심겨 있었다. 이 종도 마찬가지로 식물이나 흙에서 자라는 종이고, 낭포성섬유증이 있는 사람의 폐를 공격하지 않는다. 그래서 고등학생들이 안전하게 다룰 수 있을 정도로 무해하다.

나는 부디 세균 냄새가 주변 음식에 스며들지 않기를 바라면서 박스를 닫고 다시 테이프로 포장해서 냉장고에 담아 두었다. 나는 여전히 선생님 역할을 해 줄 사람이 필요했다. 나는 예일대학교에서 작문을 가르치고 있고 그 근처에 살고 있었다. 그리고 터너와 오트는 친절하게도 내 실험을 도와주겠다고 했다.

어느 날 나는 내 상자를 들고 터너의 천장 높은 실험실을 찾아갔다. 그곳에서 일군의 대학원생들이 시험관을 원심분리하고, 미생물을 접시 위에 펴 바르고, 뚜껑에 라벨을 붙이고 있었다. 나는 오트가 자기 옆에 치워 놓은 공간 위에 상자를 내려놓았다. 그녀가 내게 회색 장갑과 하얀색 실험복을 입게 했다. 접시들을 내 상자에서 꺼내자 그 냄새가 다시 튀어나왔다.

"슈도모나스." 오트가 오랜 천적이라도 만난 것처럼 낮게 깔리는 목소리로 말했다. "이것으로 작업하다가 여차하면 편두통이 생길 지경까지 가요. 그럼 몇 분 정도 의자에 앉아서 차라도 한 잔 마셔야 두뇌가 다시 협조할 것입니다."

실험실로 오기 전에 나는 눈 세척하기, 쏟은 것 청소하기 등 실험실 기본 안전 수칙에 대한 온라인 강의를 들었다. 하지만 지금은 오트와 같이 작업을 하고 있으니 마치 의무병 신병 훈련소에 와 있는 것처럼 느껴졌다. 그녀는 내게 알코올로 실험실 작업대 닦는 법을 가르친 다음 내 분젠버너에 불을 붙였다. 그녀가 마치 동그란 구체를 들고 있는 것처럼 두 손을 불꽃 주변으로 가져갔다.

"이만큼이 무균 구역이에요." 그녀가 말했다.

내 무균 구역 안에서 작업하는 한 나는 내 실험을 망칠 수 있는 모든 보이지 않는 생명체로부터 안전할 것이다. 공기 중을 떠다니는 세균과 곰팡이 포자는 내 시험관이나 접시에 떨어져 내 슈도모나스와 경쟁하기 전에 불에 그을어 타 죽을 것이다.

나는 글자와 숫자를 써서 플라스틱 시험관에 라벨을 붙였다. 피펫을 들어서 슈도모나스가 성장하는 데 필요한 영양분이 첨가된 시험관에 액체를 짜 넣었다. 내가 실수로 피펫 끝부분으로 계측기를 건들자, 오트가 중단시킨 다음 피펫을 새것으로 바꿔 주었다. 그 계측기 역시 소독된 것이지만 그 후로 공중을 떠다니다가 표면에 내려앉은 미생물이 피펫에 묻었을지 모르고, 그럼 그 미생물이 시험관 안에서 날뛸 수 있기 때문이다.

"편집증도 정도가 다양해서 스펙트럼을 이루는데 저는 그 한쪽 끝자리를 차지하고 있죠." 오트가 말했다.

내가 시험관을 모두 채우자 오트가 겸자를 알코올에 적신 후 분젠버너 불꽃에 집어넣으라고 했다. 알코올이 파랗게 타오르더니 이내 사라졌다. 나는 소독한 겸자를 구슬 주머니에 넣어 한 번에 하나씩 구슬을 꺼내 시험관 안에 떨어트렸다.

이제 시험관에 세균을 추가할 시간이 됐다. 오트가 접종루프 inoculation loop를 건네주었다. 끝에 간신히 눈에 보이는 원이 달린 길고 뻣뻣한 철사였다. 나는 그것을 불꽃에 지진 후에 접시 하나의 뚜껑을 열어 핀 머리 크기만큼 퍼 올렸다. 이제 이 루프의 끝에는 슈도모나스 플루오레센스라는 균주와 유전적으로 동일한 개체 수백만 마리가 들어 있다. 이 균주는 SBW25라는 것으로 원래 과학자들이 영국 한 농장의 사탕무에서 분리한 것이다.

나는 세균을 시험관에 적시고, 루프를 다시 불로 지진 다음 다른 시험관에 다시 세균을 접종했다. 모든 시험관에 세균을 채우고 나자 오트가 시험관 모두를 트레이에 집어넣었다. 그런 다음 냉장고 크기의 배양기에 들어 있는 단 위에 올렸다. 그녀가 스위치를 켜자 단이 회전하면서 시험관 속의 액체가 철벅거렸다.

다음 날에 가 보니 맑았던 시험관이 뿌옇게 변했다. 밤사이에 성장한 수십억 마리의 새 박테리아 때문이었다. 구슬을 보고는 더 힘이 났다. 슈도모나스가 구슬을 뒤덮어 끈적끈적하게 코팅해 놓은 것이다.

미생물학자의 입장에서 보면 이 점액질은 하나의 경이로운 건축물이다. 슈도모나스가 표면에 착륙하면 그 세균의 막 위에 자리 잡고 있던 단백질이 그 사건을 알아차린다. 그럼 이 단백질에 형태 변화가 일어나고, 그런 변화가 미생물 안에서 헤엄쳐 다니던 단백질들에게도 변화를 촉발한다. 이렇게 단백질 분자들 사이에서 일련의 재주넘기가 일어나면서 결국 그 미생물에서 일군의 유전자가 켜진다. 미생물이 그 유전자들로부터 단백질을 만들어 내고, 이어서 그 단백질을 막으로 가져가 밖으로 짜낸다. 이 단백질들이 서로 얽혀 끈적거리는 기질을 만든다. 미생물은 이 기질에 착 달라붙어 자신을 물체 표면에 단단히 부착한다. 그럼 그 후로는 지나가는 단백질 조각을 먹고 살수 있다. 이 미생물이 자라서 분열하면 그 딸세포들도 자체적으로 끈적이는 기질을 방출하며 집단적으로 이 점액을 넓혀 나간다. 모든 슈도모나스 종은 생물막biofilm을 구축해서 나뭇잎, 흙 알갱이, 메뚜기의 내장, 낭포성섬유증이 있는 사람의 폐 등 물체의 표면에 균락을 형성한다.

나는 점액질이 붙은 구슬을 새로운 시험관으로 옮기고 거기에 새로 꺼낸 구슬을 넣었다. 그리고 그다음 날 가 보니 새 구슬도 세균에 의해 점액질로 덮였다. 이 세균들은 내가 새 시험관으로 옮겨 놓은 그 세균이다. 내가 구슬을 옮길 때마다 나는 자연선택의 역할을 하고 있었다.

슈도모나스는 분열할 때마다 천 분의 일의 확률로 오류를 일으켜 딸세포에게 돌연변이를 남기게 된다. 각각의 세포가 하루에 십억 마리의 후손을 생산할 수 있음을 고려하면 내 시험관들은 수백만 건의 돌연변이를 만들고 있는 셈이다. 그리고 한 시험관에서 다른 시험관으로 구슬을 옮김으로써 나는 구슬 표면에 생물막을 더 잘 형성하는 돌연변이를 선호하는 자연선택의 압력을 가하고 있었다. 구슬에 달라붙지 못하고 아직도 시험관 속 육수에서 떠다니며 살고 있는 세균은 오트와 내가 다 쓴 시험관을 소독할 때 파괴될 수밖에 없는 운명이다.

처음 방문하고 일주일 후에 나는 내 감시 아래 과연 생명체가 진화했는지 확인하기 위해 실험실로 왔다. 오트가 한 쌍의 페트리 접시를 들어 올렸다.

오트가 한쪽 접시를 앞으로 내밀며 말했다. "기본적으로 이쪽이 정상 세균이에요." 그리고 다른 접시를 내밀며 말했다. "그리고 이쪽이 선생님이 키운 세균이죠. 장갑을 끼시면 제가 선생님하고 선생님의 돌연변이 사진을 찍어 드릴게요."

나는 장갑을 긴 채 두 접시를 들고 스마트폰을 향해 환하게 미소를 지었다. 한 손에는 평범한 슈도모나스 플루오레센스가 들어 있는 페트리 접시를 들고 있었다. 거기에는 우리가 그냥 일반적인 조건 아래서 일주일 동안 성장할 수 있게 내버려 둔 세균이 들어 있었다. 오트가 이 세균을 페트리 접시에 펴 발랐을 때 이 세균들은 자기 선조들과 마찬가지로 작은 여드름 크기의 균락으로 자랐다.

반대쪽 손에는 내가 키운 세균이 든 페트리 접시가 있었다. 일주일 동안 시험관에서 시험관으로 점액질 덮인 구슬을 옮겨 준 후에 마지막 시험관을 진탕기shaker에 넣어 구슬에서 생물막을 떼어냈다. 그리고 그 세균을 새 페트리 접시에 펴 바르고 균락으로 자라게 두었다. 오트가 이상하게 생긴 균락을 찾아낸 후에 그것을 떠서 새 페트리 접시에 다시 접종했다. 그리고 그 접시에서 돌연변이 세균들이 가장자리가 모호하고 크기가 큰 수십 개의 방울로 자라났다. 마치 꽃 위에 귀신 같은 꽃잎이 달린 것처럼 보였다.

나중에 오트가 쿠퍼와 그 동료들이 직접 관찰할 수 있게 내 돌연변이 세균 중 일부를 피츠버그로 보냈다. 그들은 그 세균 중 일부를 열어 DNA를 판독하면서 그들이 이상한 성장을 보이게 만든 변화가 무엇인지 살펴보았다.

나중에 쿠퍼가 내게 말해 줬다. "우리도 처음 보는 새로운 돌연변이입니다." 슈도모나스 플루오레센스의 유전체에는 670만 개의 염기쌍이 들어 있다. 이것을 글자로 인쇄하면 《해리포터》 시리즈 전체만큼 길어질 것이다. 그 DNA 중에서 쿠퍼와 동료 과학자들은 내 세균에서 새로 생긴 두 가지 유전자 오자를 발견했다. 연구자들은 이 돌연변이(C가 T로 바뀜) 중 하나가 그 세균이 형성한 이상한 꽃 모양의 균락을 만들어 낸 것이 아닐까 의심했다. 이 유전자는 원래 각각의 미생물 주위로 솜사탕 비슷한 장막을 짜는 데 도움을 주는데 여기에 돌연변이가 생긴 것이다. 내 세균의 돌연변이가 이 장막을 더 두텁게 만들어 구슬에게 그리고 서로에게 더 잘 달라붙을 수 있게 해 주었을 가능성이 크다.

쿠퍼와 대학원생들은 내 실험을 고성능 버전으로 확대시켜서 점액으로 덮인 구슬을 시험관에서 시험관으로 한 달 동안 이동시켰다. 미생물들에게 진화가 더 오랜 시간 동안 작용하게 함으로써 그들은 인상적인 다양한 돌연변이들을 만들어 냈다. 어떤 돌연변이는 잉크 얼룩 같은 균락으로 자라났다. 어떤 것은 얇게 저민 귤 같은 모양으로 자랐다. 어떤 것은 오렌지색을 띠었고, 어떤 것은 피 색깔을 띠었다. 이런 색상과 형태는 아마도 세균이 생물막 속에서 더 잘 자랄 수 있게 해 준 돌연변이 때문에 생긴 부작용에 불과할 것이다. 쿠퍼의 연구진이 만들어 낸 다양한 색상과 형태는 생물막 내부의 삶이 정글처럼 복잡하다는 사실을 반영하는 것인지도 모른다. 생물막 내부에 서로 다른 여러 가지 생태적 지위niche가 존재한다면 진화가 서로 다른 여러 가지 돌연변이를 통해 그 지위를 채울 수 있으니 말이다.

내가 실험실에서 일주일을 보내는 동안 오트도 내 옆에서 자신의 실험을 진행하고 있었다. 그녀가 엄청나게 많은 시험관, 플라스크, 페트리 접시를 다루는 모습을 볼 수 있었다. 하지만 구슬이 튕겨 나가지 않게 조심하면서 집게로 점액질 묻은 구슬을 단단히 붙잡는 일에 너무 정신이 팔려 있어서 그녀의 실험에 대해 별로 물어보지 못했다. 하지만 일단 성공적으로 돌연변이를 길러 낸 후에 나는 오트에게 탑처럼 쌓아 올린 그 짙은 청색의 페트리 접시에 대해 설명해 달라고 부탁했다.

그녀의 실험은 녹농균이 폐에서 어떻게 진화하는지 이해하기 위한 프로젝트의 일부였다. 사람의 신체는 나뭇잎이나 연못과는 근본적으로 다른 환경이다. 따라서 세균이 처음 인간 숙주의 몸으로 침투했을 때는 새로운 환경이 몸에 잘 맞지 않는다. 그래서 이 세균들은 처음에는 분열 속도가 느리다. 그러다 돌연변이가 생기면 그중 일부가 세균이 사람의 폐 속에서 사는 데 유리하게 작용해 세균의 성장속도를 끌어올린다. 그런 식으로 돌연변이가 계속 축적된다. 이 세균들은 기도에 더 적합한 생물막을 만든다. 의사가 항생제로 이 세균들을 공격하면 그 공격을 막는 데 도움을 주는 새로운 돌연변이가 생길수 있다. 세균에게 있어 사람의 폐는 렌스키의 플라스크와 비슷한 상황이다.

오트는 이런 진화를 통제할 수 있는 방법을 찾는 연구를 진행하고 있었다. 세균을 죽이는 방법보다는 무해한 세균으로 바꾸는 방법을 원했다. 이들은 내가 방금 수행했던 버전의 실험을 통해 그 목표를 달성하려 한다. 세균의 환경을 바꾸어 주면서 자연선택을 새로운방향으로 유도하는 것이다.

오트의 페트리 접시에서 보이는 파란색은 세균이 생산하는 색소에서 나온 것이다. 파이오시아닌pyocyanin이라고 하는 이 색소는 녹농균 감염의 전형적 특징이다. 실제로 1800년대 말에 의사들이 환자로부터 이 세균을 처음 분리했을 때는 이 미생물을 "파란 농이 나오는세균"이라 불렀었다.[6]

그 후로 수십 년 후에야 과학자들은 파이오시아닌의 실제 역할을 알아내기 시작했다. 특히 그중에서도 그 세균을 공격할 면역세포들을 물리치는 역할을 했다. 하지만 이 성분은 염증을 촉발해서 낭포성섬유증 환자의 폐에 큰 손상을 입히는 역할도 했다. 만약 녹농균이 파이오시아닌 생산을 멈추기만 해도 위협이 훨씬 줄 것이다. 터너의 연구실에서 일하는 벤저민 챈Benjamin Chan이라는 연구자가 녹농균의 진화를 그쪽 방향으로 이끄는 도구가 될 후보를 찾았다. 바이러스였다.

세균을 감염시키는 바이러스를 박테리오파지bacteriophage 혹은 간단히 파지phage라고 한다. 각 파지 균주는 세균의 표면에 있는 특정 단백질에 달라붙을 수 있는 분자 고리를 가지고 있다. 일단 이 고리를 걸고 나면 미생물 속으로 침투해 그 안에서 새로운 파지를 만들 수 있다.

세균은 파지에 대항할 수 있는 여러 가지 방어법을 진화시켰고, 새로운 적을 만나면 새로운 방어법을 진화시킬 수 있다. 파지로부터 자신을 보호하는 가장 간단한 방법은 파지가 달라붙는 단백질을 잃는 것이다. 파지가 열쇠를 이용해서 세균으로 침투해 들어오는 문을 연다면, 세균 입장에서는 그 문을 없애 버리면 그만이다. 물론 세균이 자기 표면에 그런 단백질을 붙여 놓은 데는 이유가 있다. 그 단백질을 영양분을 끌어당기는 데 사용하기도 하고, 동료 세균에게 신호를 보내는 데 사용하기도 하고, 환경에 관한 정보를 알려줄 센서로 사용하기도 한다. 하지만 이런 단백질을 잃는 데 따르는 비용이 파지에 대한 방어능력으로 인해 생기는 혜택에 비하면 적을 수 있다.

새로운 종의 파지를 찾아 나선 챈은 녹농균을 감염시키는 파지 수십 종을 찾아냈다. 그와 동료들이 그 파지 중 한 종을 녹농균에게 풀어 놓았더니 파지가 세균 안으로 침입할 때 사용하는 단백질의 생산을 멈추는 돌연변이에게 우호적으로 자연선택이 작용했다. 하지만 이 돌연변이는 또 다른 효과도 있었다. 녹농균으로 하여금 파이오시아닌을 덜 생산하게 만든 것이다. 이 돌연변이가 표면 단백질과 파란색 색소 모두를 통제하는 DNA의 유전자 스위치를 껐을 가능성이 있다.

챈과 동료들은 새로 발견한 이 파지를 이용해서 낭포성섬유증 환자들을 도울 수 있는지 궁금했다. 환자가 파지를 흡입해도 해롭게 작용할 가능성은 높지 않다. 파지는 사람의 세포가 아니라 세균만 감염시키기 때문이다. 녹농균은 파지에 대한 저항 능력을 진화시킬 수 있지만, 그 과정에서 위험한 파란 색소를 만드는 능력을 희생할지도 모른다.

임상실험에서 의사들이 챈의 파지를 낭포성섬유증 환자의 기도에 뿌려 보았다. 파지가 녹농균 균락을 공격하기 시작하면 실험 참가자들에게 가끔 기침을 해서 시험관에 가래를 뱉게 했다. 시험관들은 오트에게 전달됐고, 오트는 거기서 녹농균을 분리해서 페트리 접시에 펴 발랐다. 그리고 세균이 잔디밭처럼 넓게 자라면 오트는 그 페트리 접시를 탑처럼 쌓아 올렸다. 제일 위에 올라간 파란 접시는 파지 치료를 하기 전 환자에게서 나온 것이다. 아래쪽 접시들은 치료를 시료施療하고 일주일이 지날 때마다 채취한 표본에서 나온 것이다. 탑의 아래로 갈수록 파란색이 옅어지는 것을 보며 오트와 동료들은 진화에 대한 예감이 옳았음을 확인할 수 있었다. 녹농균이 파이오시아닌을 꾸준히 포기하면서 사람 폐에 더 안전한 거주자로 변하고 있는 듯 보였다.

오트가 말했다. "파란색이 옅어졌다면, 염증도 줄어든 겁니다. 좋은 일이죠."

오트와 동료들은 세균을 더 긴밀히 관찰하면서 여러 번 더 실험을 진행해 보아야 할 것이다. 그래야 파지가 녹농균을 길들일 안전하고 효과적인 방법인지 판단할 수 있을 것이다. 과연 정부 규제 당국에서 아픈 사람의 몸에 바이러스를 주입하는 것에 대해 뭐라 얘기할지는 알 수 없다. 하지만 뚝심 있게 밀고 나간다면 조만간 이 살아 있는 약이 효과를 발휘할 수 있을 것이다. 진화를 보면 그 사실을 부정하기 힘들다.

⌒

생물학은 생명에 대한 시야를 넓혀 우리가 경험하지 못하는 살아 있음의 의미를 보여 주고, 수십억 년 생명의 역사를 돌아보게 하고, 세포 속의 미시세계를 들여다볼 수 있게 한다. 하지만 모든 생물학자는 그에 따르는 가혹한 타협을 받아들여야 한다. 어느 한 사람이 모든 분야를 총괄해서 알 수는 없다는 것이다. 단 한 종류의 생명체에 대해 전문가가 되려고 해도 평생을 바쳐야 한다. 내가 물어보았다면 오트는 질병을 유발하는 세균의 이야기를 실컷 늘어놓을 수 있다. 하지만 내가 비단뱀에 대해 물어본다면 아마 할 말이 별로 없을 것이다. 나는 스티븐 세코와 터스컬루사 최고의 수제 맥주를 맛보며 비단뱀에 대해 몇 시간이고 얘기를 나누었다. 하지만 내가 단풍나무의 번식 생물학에 대해 이해하고 싶다고 그를 찾아갈 일은 없다.

2부. 생명의 전형적 특징

단풍나무, 뱀, 슈도모나스, 점균류, 박쥐는 모두 전형적 특징을 통해 하나로 묶을 수 있다. 이들은 모두 번식하고 진화한다. 이 생명들은 모두 결정을 내리고, 먹이를 에너지로 전환하고, 내부의 균형을 유지한다. 생물학이 등장하기 전에도 사람들은 이런 전형적 특징에 대해 어느 정도 알고 있었다. 사람들은 나무가 씨앗을 만들어 더 많은 나무를 만들어 내는 것을 알고 있었다. 그리고 박쥐가 겨울 추위와 여름 무더위를 모두 용케 버티고 살아남을 수 있음을 알고 있었다. 이제 사람들은 그 이유에 대해 훨씬 많이 알게 됐다. 그리고 근본적인 의미에서 어느 한 종에 해당하는 내용은 다른 모든 종에도 해당된다는 것을 알아냈다. 가끔 연구자들은 이 서로 다른 가닥의 통일성이 한데 어우러져 무엇을 만들고 있는지 궁금해한다. 만약 모든 생명체가 어떤 전형적 특징을 공유한다면 생명이 무엇인지 알 수 있지 않을까? '생명이란 무엇인가'라는 질문은 생물학자가 제일 먼저 답을 내놓아야 할 질문으로 보인다. 하지만 아직 그에 대한 답은 나와 있지 않다. 어쩌면 궁극적으로 답이 불가능한 질문인지도 모르겠다.

# 3 부

## 일련의 어두운 질문들

A SERIES OF DARK QUESTIONS

# 놀라운
# 증식

THIS ASTONISHING MULTIPLICATION

파도가 치면서 매번 해변에 부딪힐 때마다 새로운 모래를 실어 나른다. 해변은 파도치듯 여러 줄 모래언덕으로 솟아올랐다. 파도 맞은편에서는 이 모래언덕들이 동물 모양으로 다듬은 정원, 도안을 따라 가지런히 가꾼 화단, 오렌지나무 온실 등 살아 있는 존재들로 이루어진 질서정연한 풍경에 굴복해서 잦아들었다. 여기저기 뻗어 있는 이 소르흐플리트Sorghvliet 사유지는 네덜란드 윌리엄 벤팅크William Bentinck 백작의 여름 별장이었다. 18세기만 해도 이 사유지는 유럽에서 가장 예쁜 정원 중 하나로 여겨졌다. 하지만 오늘날에는 소르흐플리트의 과거 영광 중 살아남은 것이 거의 없다. 미로로 둘러싸여 있던 거대한 인공정원은 사라지고 없다. 나뭇잎으로 만든 집처럼 보이게 만들려고 가지들을 문과 창문 모양으로 도려냈던 나무들도 사라지고 없다.

하지만 생물학자들에게 소르흐플리트는 여전히 신성한 장소로 남아 있다. 생물학자들의 입장에서 보면 이 장소가 영광스러운 이유는 한때 웅장했던 땅 위의 풍경이 아니라 연못과 수로에 숨어 사는 한 작은 동물 때문이다. 이 동물은 1740년 여름에 알려지게 됐다. 당시는 유럽 전역의 학자들이 살아 있음의 의미를 알아냈다고 단언할 때였다. 하지만 이 혼란스러운 생명체의 등장으로 그들이 생명에 대해 얼마나 무지했는지 드러났다.

그 동물은 에이브러햄 트렘블리Abraham Trembley[1]라는 정처 없는 한 젊은이에 의해 발견됐다. 트렘블리는 공식적으로는 백작의 두 어린 아들의 가정교사로 일하기 위해 소르흐플리트에 오게 됐지만, 머지 않아 두 소년의 대리 부모 노릇을 하게 됐다. 이 아이들의 엄마는 애인과 같이 살겠다고 독일로 가고 없었고, 아빠는 대부분의 시간을 헤이그에서 보내며 국사를 돌보거나 임박한 이혼 문제를 해결하는 데 여념이 없었다. 소르흐플리트의 이 두 소년도 고립된 상태였지만, 트렘블리는 더욱 그랬다. 그는 스위스에서 태어나 교회에 들어갈 준비를 하며 수학과 신학을 교육 받았지만 정치적 갈등 때문에 네덜란드로 떠밀려오게 됐다. 그는 몇 년 동안 개인교습을 하며 근근이 먹고 살다가 백작 덕분에 안정적인 일자리를 얻을 수 있었다.

독실하고 호기심 많은 교사였던 트렘블리는 두 아이가 자연의 창조물 속에서 신의 전지전능함을 볼 수 있게 가르치는 것이야말로 자신이 소르흐플리트에서 맡은 사명이라 여겼다. 트렘블리는 정식 교육이나 아리스토텔레스의 글을 끝없이 반복하는 데는 별로 시간을 투자하지 않았다. 그는 과학혁명이 낳은 아이였다. 과학혁명을 통해 생명에 대한 새로운 이론들이 도입되었고, 그 이론들로 자연 세계를 얼마나 잘 설명할 수 있는지 자신의 두 눈으로 확인하고 싶었다.

생명의 경계

그는 훗날 말했다. "자연은 우리 자신의 관점이 아니라 자연을 통해 설명되어야 한다."[2]

소르흐플리트에서는 자연이 기꺼이 그 설명을 도와주었다. 트렘블리와 두 소년은 마당을 돌아다니며 동물과 식물들을 관찰했다. 이들은 연못에 떠 있는 개구리밥을 건져 올리고, 배수로에서 곤충들을 퍼냈다. 그리고 이렇게 건진 것들을 트렘블리의 서재로 가져와 표본의 세밀한 해부학적 구조를 살펴보았다. 확대경을 사용할 때도 있었다. 그리고 백작이 제공해 준 주문 제작 현미경을 이용할 때도 있었다. 렌즈를 관절팔jointed arm 끝에 부착한 현미경이었다.

트렘블리는 자신과 두 소년이 이 미시의 세계에서 관찰한 것을 꼼꼼히 스케치했다. 이들이 그것을 최초로 관찰할 때도 아주 많았다. 트렘블리는 이상할 정도로 복잡하게 생긴 애벌레, 벌, 진딧물 등을 관찰한 내용을 유럽 전역의 다른 학자들에게 편지로 보냈다. 그리고 그와 서신을 교환하던 사람들은 네덜란드 해변에서 혼자 아이들을 가르치고 있는 이 교사를 머지않아 자신의 교사로 받아들였다.

소르흐플리트의 동물들은 거의 한 세기 동안 유럽을 뒤흔들던, 생명 그 자체의 본질에 대한 논쟁으로 트렘블리를 끌어들였다. 한쪽 진영은 17세기 철학자 르네 데카르트의 추종자들이었다.[3] 데카르트는 자연이 목적을 가졌다는 전통적 개념을 공격했다. 전통적 개념에서는 중력이 마치 지구의 중심이 어딘지 알고 있다는 듯이 지구 중심으로 물체를 가지고 가려는 목적을 갖고 있다고 설명했다. 데카르트는 이런 설명 대신 움직이는 물질matter in motion이라는 비전을 제시했다. 처음에는 그도 진자나 행성같이 생명이 없는 물체만으로 이 비전을 채웠다. 하지만 결국 데카르트는 생명체 역시 움직이는 물질로 보게 됐다. 생명체도 시계와 비슷하게 함께 작동하는 부품으로 이루어져 있다는 것이다. 시계의 부품들은 스프링과 추에 의해 움직인다. 데카르트는 동물의 몸을 구성하는 부품들도 그와 비슷하게 신경 내부에서 일어나는 작은 폭발에 의해 움직인다고 믿었다. 그는 땅으로 떨어지는 돌이나 지구 궤도를 도는 달을 물리학으로 설명할 수 있듯이 생명도 그런 식으로 설명할 수 있으리라 기대했다.

데카르트는 여러 세대의 추종자들에게 영감을 불어넣었고, 이들은 그의 기계중심적 관점을 동물에서 인간으로 확장시켰다. 그들은 이성적 영혼rational soul을 제외하면 우리 신체는 기계와 아주 비슷하다고 주장했다. 데카르트를 추종하는 의사들은 자신을 시계공과 동등한 존재로 여겼다. 독일의 의사 프리드리히 호프만Friedrich Hoffmann[4]은 1695년에 이렇게 선언했다. "자연의 모든 것과 마찬가지로 의학 역시 기계적이어야 한다."

하지만 데카르트는 반대자들에게도 여러 세대에 걸쳐 영감을 불어넣었다. 어떤 사람은 데카르트가 신이 없어도 세상을 설명할 수 있다고 보는 것 같아 충격을 받았다. 어떤 사람은 자신이 이해하는 자연을 데카르트의 비전과 도저히 양립시킬 수 없었다. 이 반데카르트주의자[5]들이 가까이서 관찰하면 할수록 생명은 해부학이나 행동의 양쪽 면에서 모두 더 복잡해졌다. 그리고 이런 복잡성은 생존과 번식이라는 더 큰 목적에 기여했다. 그 어떤 기계론적 철학으로도 이런 복잡성을 아우르거나 그 목적을 설명할 수 없었다. 반데카르트주의자들은 이런 목적이야말로 무기물질과 살아 있는 생명체를 가르는 결정적 차이를 만든다고 확신했다.

의사 게오르크 에른스트 슈탈Georg Ernst Stahl은 과학의 사명은 그 차이를 이해해서 생명을 무생물과 구분하는 것이 정확히 무엇인지, 그 근본을 파헤치는 것이라 단언했다. 슈탈은 1708년에 말했다. "결론적으로 이것은 다음과 같은 문제로 귀결된다. 바로 생명이 무엇인지 아는 것."[6]

슈탈은 자신이 던진 질문에 대한 답을 내놓았다. 그 후로 수세기 동안 많은 사람이 추종하게 될 생명의 정의였다. 그에게 생명은 "육신을 이루는 물질, 즉 해부학, 화학, 그리고 액체의 혼합물이 아니라 그것들의 상호의존성interdependence"에 있었다. 슈탈은 생명의 상호의존성이 생명체가 가혹한 세상의 공격을 견디고 부패의 힘에 저항하게 하는 목적에 부합한다고 믿었다. 그리고 생명의 상호의존성을 유지해 줄 내적인 힘이 반드시 있어야 했다. 슈탈은 그것을 영혼soul이라 불렀다.[7]

생명의 가장 확실한 전형적 특징 중 하나는 번식이었지만, 생명이 이런 과업을 달성하는 방식을 설명하는 데 있어서는 동식물학자들의 의견이 확연히 갈렸다. 어떤 학자는 난자나 정자 속에 생명체의 일부가 이미 존재한다고 주장했다. 이들은 싹을 틔워 나무로 자랄 수 있는 씨앗에는 그 미래의 나무가 가질 미래의 씨앗이 들어 있고, 그 미래의 씨앗 역시 자체적으로 씨앗을 그 안에 품고 있다고 믿었다. 일부 학자들은 생명이 상자 속에 무한히 많은 상자가 연이어 들어 있는 식으로 존재한다고 생각하는 것은 터무니없다 여겼다. 이들은 생명의 부분들은 생명 그 자체 이전에는 존재하지 않는다고 주장했다.

이들에게 동물과 식물의 복잡한 해부학은 분명 발달development이라는 수수께끼 같은 과정에서 점진적으로 펼쳐져 나오는 것이었다.

트렘블리가 1740년에 다른 동식물학자들과 서신을 교환하기 시작했을 때 그 학자들은 생명의 놀라운 번식 방법에 대해 그에게 알려주었다. 샤를 보네Charles Bonnet는 제네바에서 편지를 보내 암컷 진딧물이 짝짓기를 하지 않고도 새끼를 낳는 것을 보았다고 했다. 보네 그리고 그의 스승인 프랑스의 동식물학자 르네 레오뮈르René Antoine Ferchault de Réaumur 모두 이 놀라운 발견을 트렘블리에게 알렸고, 그는 이 수수께끼를 직접 살펴보기로 결심했다. 그와 두 소년은 소르흐플리트에서 암컷 진딧물을 키우고 있었다. 그리고 레오뮈르와 보네가 얘기했던 것처럼 이 진딧물들은 결국 알을 낳았다.

암컷 진딧물이 섹스 없이도 정상적인 새끼를 낳을 수 있다면 그 알에는 반드시 이미 만들어진 진딧물이 들어 있어야 했다. 이것이 가능하다는 것은 신의 힘으로 창조된 기계에게 기대할 수 있는 것보다 더 높은 자율성이 동물에게 있다는 암시였다. 트렘블리는 학자들이 주장하는 자연 법칙들이 실제로는 하나의 추정에 불과한 것이 아닐까 궁금해졌다. 이런 관찰을 통해 그는 자신의 연구에 대해 훨씬 더 겸손해졌다. 그는 신의 법칙을 발견했다고 주장하기보다는 패턴을 관찰하는 것에 만족했다.

이런 겸손 덕분에 트렘블리는 그동안 간과되었던 것을 알아차릴 수 있었다. 1740년 6월 어느 날 그는 배수로에서 채집한 개구리밥을 들여다보고 있었다. 그 옆으로 작은 초록색 몸통이 튀어나와 있는 것을 보았다. 거기에는 비단실처럼 생긴 이상한 왕관 모양 머리가 달려 있었다. 그가 더 많은 개구리밥을 들여다볼수록 그런 몸통이 더 많이 발견됐다.

트렘블리는 이것이 무엇인지 몰랐지만 다른 동식물학자들은 이 이상한 형태의 생명체를 40년 전에 이미 관찰했었다. 그들은 이것을 식물로 분류해 놓았다. 트렘블리도 식물이라 가정했고, 찾아온 방문객들에게 보여 주었더니 그들도 식물이라 생각했다. 어떤 사람은 그가 풀 조각이나 민들레씨 다발을 보았다고 생각했다.

하지만 트렘블리는 기이한 것을 알아차렸다. 그 왕관 모양 머리가 움직인 것이다. 단지 안에서 그냥 물의 흐름에 흔들린 것이 아니었다. 왕관에 달린 실들이 의도를 가지고 움직이는 듯 보였다.

트렘블리는 훗날 이렇게 회상했다. "하지만 이 팔들의 움직임을 지켜볼수록 그 움직임이 어떤 내적 원인internal cause에서 나온 것이 분명하다는 생각이 들었다."[8]

그는 이 이상한 존재가 들어 있는 단지를 하나 잡아서 살짝 쳐 보았다. 그러자 놀랍게도 그 실들이 갑자기 작은 초록색 몸통 안으로 움츠러들었다. 그가 단지를 가만히 놓아두자 실들이 뱀처럼 기어 나왔다. 트렘블리는 말했다. "이런 행동을 보고 내 머릿속에 동물의 이미지가 선명히 떠올랐다."[9]

어느 날 트렘블리는 왕관 머리를 한 이 동물이 그전과 달리 단지 옆면에 달라붙어 있는 것을 발견했다. 그는 이 동물이 개구리밥에서 떨어져 나와 물속에 사는 자벌레처럼 스스로 움직이고 있음을 깨달았다. 이 동물에게는 목적이 있었다. 시간이 지나면서 빛을 향해 움직였다. 트렘블리가 단지를 돌려서 이 동물이 그늘로 가게 만들면,

이들은 다시 빛이 드는 곳으로 기어 나왔다. 또한 이 생명체는 먹고 있었다. 트렘블리는 이들이 팔로 벌레들을 잡아서 왕관 모양 가운데 자리 잡은 입으로 가져가는 것을 지켜보았다. 그는 이것이 물벼룩, 심지어 작은 물고기를 잡아먹는 것도 관찰했다.

이 동물은 트렘블리가 보고 읽은 그 어떤 동물보다 이상했다. 그는 이해하기 위해 연이어 실험을 구상해 보았다. 그는 한 마리를 둘로 잘라 보았다. 그랬더니 죽기는커녕 잘린 조각들이 몸통, 머리, 촉수가 완전히 갖춰진 온전한 개체로 재생했다. 심지어 다시 걷기 시작했다. 트렘블리는 레오뮈르에게 고백했다. "대체 어떻게 생각해야 할지도 알 수 없었습니다."

레오뮈르도 마찬가지였다. 그 생명체에 관한 트렘블리의 편지는 점점 더 허황된 내용을 담았다. 그가 다른 사람들에게 트렘블리가 관찰한 내용을 들려주자 그들은 그런 것이 존재할 리 있느냐며 고개를 저었다. 레오뮈르는 자신이 직접 살펴보기 위해 그 동물을 좀 나누어 달라고 부탁했다.

트렘블리는 이 동물 50마리를 유리 시험관 안에 넣어 왁스로 입구를 막았다. 레오뮈르가 프랑스에서 그 시험관을 받았을 때는 동물들이 모두 죽어 있었다. 왁스 봉인 때문에 질식한 것이다. 그래서 트렘블리는 코르크 마개로 시도해 보았다. 그리고 1741년 3월 어느 날 드디어 레오뮈르는 살아 있는 동물을 받아 볼 수 있었다. 그가 이 동물을 두 조각으로 잘라 보니 트렘블리의 말대로 이 생명체가 재생됐다. 레오뮈르는 고백했다. "이것은 수백 번 보고 또 보아도 도저히 믿어지지 않는 사실입니다."

만약 트렘블리의 동물이 정교한 기계였다면 둘로 잘랐을 때 그 부품들이 작동을 멈추었어야 했다. 하지만 동물이 이미 완성된 씨앗으로부터 발달해 나온 것이었다면 완전히 새로운 생명체가 재생되어 나오는 것 역시 불가능했어야 했다. 만약 모든 동물이 불가분의 영혼을 부여받았다면 한 개체를 조각으로 자르는 행동이 신의 선견지명이나 계획 없이도 새로운 영혼의 탄생으로 이어질 수 있을까?

"영혼도 나눌 수 있다는 말인가?" 레오뮈르는 궁금했다.

레오뮈르는 트렘블리에게 이 동물에게 이름이 필요하다고 주장했다. 그는 문어를 의미하는 라틴어를 채용해서 '폴립polyp'이라 부를 것을 제안했다. (오늘날에는 이 동물을 히드라Hydra라고 하고, 유전자를 분석해 보니 해파리 및 산호와의 친척 관계가 드러났다.) 레오뮈르가 트렘블리의 폴립을 과학아카데미Academy of Sciences에서 선보이자 동료들은 레오뮈르가 처음 느꼈던 것과 같은 경외감을 느꼈다. 그의 시연에 대한 공식 보고서를 보면 과학논문이라기보다는 서커스 호객꾼의 말처럼 드린다. "재에서 부활한 불사조의 이야기가 제아무리 놀라울지언정 우리가 지금 얘기하려는 발견보다 경이로울 수는 없을 것이다."

레오뮈르의 지지 속에 폴립은 유럽 전역에서 인기를 끌었다. 동식물학자들은 트렘블리에게 자기도 관찰할 수 있게 그 동물을 좀 나누어 달라고 사정했다. 트렘블리는 이렇게 불평했다. "폴립을 여기저기 보내는 데 시간을 다 뺏기고 있습니다."[10] 그가 첫 폴립을 런던으로 보냈을 때는 200명의 사람이 왕립학회Royal Society에 모여 현미경으로 관찰했다. 헨리 베이커가 왕립학회로 온 폴립을 가져다가 관찰하며 그 동물이 곡예를 부리는 모습을 그림으로 그렸다. 그리고《폴립의 자연사를 이해하기 위한 시도*An Attempt Towards a Natural History of the Polype*》라는 책도 펴냈다. 트렘블리가 소르흐플리트에서 조용히 실험을 이어 가는 동안 베이커는 대중의 호기심을 충족해 주었다.

베이커는 설명했다. 폴립을 직접 보지 않고 간접적으로 전해 들으면 "너무 기이하고, 흔히 생각하는 자연의 과정이나 우리가 인식하는 동물의 생명에 대한 의견과 너무 어긋나기 때문에 사람들은 어쩌다 생긴 터무니없는 변덕 혹은 말도 안 되는 불가능한 일이라 여긴다." 베이커는 폴립이 어떻게 움직이고, 먹이를 잡아 집어삼키는지에 관해 자신이 직접 관찰한 내용을 서정적으로 표현해 놓았다. 하지만 폴립이 동물이라는 개념을 허황되었다고 비웃는 회의론자들이 있으리라는 것도 알았다. 이 동물은 "전반적인 생명의 가설에 적합하지 않은" 것으로 보였기 때문이다.

그리고 이들의 재생 능력이야말로 그중에서도 가장 적합하지 않은 부분이었다. 베이커는 물었다. "만약 동물의 영혼 또는 동물의 생명이 나뉠 수 없는 단일한 실체라면, 어떻게 이 생명체는 40번에서 50번이나 절단되고도 계속 존재를 이어 가며 번성할 수 있단 말인가?"

베이커가 폴립을 찬양하는 동안 트렘블리는 폴립에 관해 훨씬 더 기이한 것들을 발견했다. 이들의 몸체는 계란 흰자를 떠올리게 하는 부드럽고 끈적거리는 물질로 뭉쳐 있었는데, 그가 그것을 떼어 내려고 해도 떨어지지 않고 완강히 저항했다. 트렘블리는 자신이 생명의 물질[11], 동물을 한데 붙잡아 줄 뿐만 아니라 움직이는 힘도 부여해 주는 접착제를 다루고 있는 것이 아닐까 하는 생각이 들었다.

생명 부여 물질life-giving substance이란 개념을 처음으로 상상한 순간이었다. 한 세기 후에 과학자들은 이 물질을 원형질protoplasm이라 부르게 된다.

다른 실험에서 트렘블리는 폴립 한 마리를 수십 마리로 불렸다. 그는 폴립의 일부를 잘라 내고 기형의 괴물로 자라게 만들었다.[12] 그리고 폴립 두 마리를 한데 이어 붙였더니 한 마리의 동물로 문제없이 살아가는 것도 발견했다. 어느 날 그는 손바닥 위 물방울에 폴립 한 마리를 올려놓았다. 반대쪽 손으로 뻣뻣한 멧돼지 털을 폴립의 몸통에 집어넣었다가 꺼냈다. 그러자 장갑을 벗을 때 뒤집어지는 것처럼 폴립의 몸통이 뒤집어졌다. 이제 폴립의 안쪽이 바깥쪽이 되었는데도 살아남았다. 트렘블리가 보고하자 많은 동식물학자들이 불가능하다고 생각했다. 그래서 그는 저명한 전문가들을 소르흐플리트에 불러 모았고, 폴립의 안팎을 뒤집는 것을 보여 주고 그 사실을 증언하게 했다.

1744년에 트렘블리는 마침내 자신의 연구를 두 권의 논문으로 발표했다. 하지만 그는 동물학자로서 새로운 경력을 시작하기는커녕 그것으로 과학연구에 종지부를 찍어야 했다. 벤팅크 백작의 두 아들이 이제 다 자라서 그의 보살핌이 필요하지 않게 된 것이다. 트렘블리가 소르흐플리트에 있는 동안 백작은 자신의 막강한 인맥을 이용해 그를 지인들에게 소개해 주었고, 그들은 트렘블리의 예리한 지성을 알아보았다. 그는 오스트리아 왕위 계승 전쟁을 해결하기 위해 비밀 외교 사절단으로서 프랑스에 파견되었다. 그리고 그 일이 끝나고 나자 그는 한 젊은 영국 공작의 교육을 맡았고 그 학생과 함께 여러 해 동안 대륙을 여행했다. 이 두 가지 일을 맡으면서 트렘블리는 쏠쏠한 액수의 연금을 받게 됐고, 그는 이 돈을 이용해 제네바로 돌아가 저택을 구입하고, 자신의 다섯 자녀를 키우고, 교육에 관한 일련의 책을 썼다.

트렘블리에게 가장 중요한 학생은 자기 자신이었다. 그는 4년이라는 짧은 시간 만에 동물을 대상으로 엄격한 실험을 진행하는 방법을 독학으로 배웠다. 폴립으로부터 지식을 얻는 법을 배우는 과정에서 그는 실험동물학이라는 과학 분야를 발명했다. 그가 연구를 마치고 소르흐플리트를 떠난 지 오랜 시간이 지난 후에도 그가 발견한 내용들은 동식물연구자와 철학자들의 마음속에서 계속 맴돌았다. 곤충이라고 잘못 불리기도 했던 이 생명체는 생명이 기존의 어떤 생각과도 다르다는 것을 입증해 보였다.

동식물학자 질 바쟁Gilles Bazin은 이렇게 단언했다. "보잘것없는 곤충 하나가 세상에 모습을 나타내더니 지금까지 우리가 바뀔 수 없는 자연의 질서라 믿었던 것을 바꾸어 놓았다. 그리하여 철학자들은 두려움에 빠졌고, 시인들은 우리에게 죽음 자체가 흐릿해졌노라고 말했다."13

# 자극감수성

IRRITATIONS

트렘블리가 벤팅크 백작의 두 아들과 배수로에서 물을 튀기고 있는 동안 한 젊은 의사는 독일의 괴팅겐에서 더 전통적인 형태의 명성을 쌓고 있었다. 알브레히트 폰 할러Albrecht von Haller[1]는 1736년에 그곳으로 이사 왔다. 새로 대학을 건립하면서 그곳에서 교육을 담당할 유럽 최고의 해부학자가 필요했던 그 지역 남작의 유혹에 넘어간 것이었다. 만 28세밖에 안 되는 할러였지만 그는 단연 최고의 선택이었다. 남작이 할러를 어찌나 간절히 원했던지 할러를 위해 대저택과 식물원 그리고 예배를 볼 수 있는 칼뱅주의 교회도 지어 주었다. 하지만 남작이 할러에게 해 준 것이 그게 전부는 아니었다. 할러는 나중에 이렇게 적었다. "괴팅겐으로 불려 갔을 때 나에게 해부학 강당을 짓고 시신을 지속적으로 공급받는 것만큼 중요한 일은 없었다."[2]

트렘블리처럼 할러도 추방당한 스위스인이었다. 그는 스위스 베른 근처에서 신경질적이고 비밀스럽고 별난 것으로 유명한 가족에서 태어났다. 만 5세 나이에 어린 할러는 부엌 난로에 앉아 가족의 하인들에게 성경을 설교했다. 만 9세가 되었을 때는 그리스어를 유창하게 읽었고, 천 명이 넘는 유명 인물의 전기를 썼다. 그는 신체의 내부에 대한 궁금증이 커져 동물의 몸을 열어 보며 그 호기심을 충족시켰다. 그는 의대 진학을 위해 스위스를 떠나 처음에는 독일, 그다음에는 네덜란드로 갔는데, 그곳에서 사람의 시체를 열어 보기 시작했다.

할러의 동료 의대생들은 그가 짜증스러웠다. 그는 반대의견을 인신공격으로 받아들였다. 한 전기 작가는 이렇게 적었다. "그는 다른 사람의 잘못을 그냥 묵과하지 못했다." 한 유명한 교수가 새로운 침샘관salivary duct을 찾아냈다고 발표하자 십대였던 할러는 자기가 직접 확인해 보기 위해 실험에 나섰다. 할러는 교수가 평범한 혈관을 침샘관으로 착각했음을 입증해 보여 교수를 망신시켰다.

의대를 마친 후에 할러는 런던과 파리를 돌아다니며 학업을 이어 갔다. 방광을 고치기 위한 끔찍한 수술을 지켜본 후로 그는 자신은 산 사람을 대상으로는 수술하지 않겠노라고 결심한다. 이제 그는 시체와 보내는 시간이 더 많아졌고, 시체를 자세히 들여다볼수록 더 많은 것을 발견했다. 나중에 할러는 이렇게 말했다. "인체의 모든 영역을 빠짐없이 살펴보며 모든 것을 꿰뚫어 보는 것은 광대한 지역의 강과 계곡, 언덕들을 모두 다 완전히 설명하는 것만큼이나 어렵고 보기 드문 일이다."[3]

공부를 마친 후에 할러는 일반의로 일하기 위해 베른으로 돌아왔다. 일반의로 일한다는 것은 대부분 엄마와 아이들에게서 피를 뽑는 사혈치료를 한다는 의미였다. 임상의 업무가 무미건조하다 보니 여가 시간이 많이 남았고, 그는 그 시간의 대부분을 알프스산을 거니는 데 사용했다. 아직 20대 초반이었지만 할러는 벌써 알프스 지역 고산식물학으로 유명해졌다. 런던에 있을 때는 영시에도 취미를 붙였었고, 지금은 산에게 바치는 시가 된 '알프스Die Alpen'라는 긴 낭만시도 썼다. 이 시 덕분에 할러는 당대에 가장 많이 읽힌 독일 시인이 되었고, 알프스는 18세기에 관광객의 발길이 끊이지 않는 관광명소가 됐다.

그는 사혈치료를 하거나, 글을 쓰거나, 하이킹을 하지 않을 때는 해부를 했다. 대부분 범죄자나 가난한 사람의 시신을 사용했다. 그는 새로운 근육, 관절, 혈관을 찾아냈다. 1735년에 할러는 몸이 붙은 채로 태어난 쌍둥이conjoined twin 아기를 처음으로 자세히 해부해 보았다. 태어난 지 얼마 지나지 않아 죽은 이 아기들은 뇌는 분리되어 있었지만 심장은 하나를 공유하고 있었다. 할러는 영혼이 피를 타고 이동할 수는 없다고 결론 내렸다. 그랬다면 아기들의 두 영혼이 독립적이지 못하고 뒤섞일 수밖에 없다는 의미가 될 테니까. 두 아기의 해부학은 기형은커녕 더할 나위 없이 정교하게 융합되어 있었고, 할러는 이것은 신의 설계와 전능함을 말해 주는 추가 증거라 여겼다.

베른에서 쌓은 명성 덕분에 그는 괴팅겐에 새로 건립된 대학에 초대 받았고, 그곳에서 훨씬 가열 찬 연구를 시작했다. 그리고 몇 년 동안 두 명의 아내와 두 명의 아이를 잃고도 식물학과 해부학에 관한 책들을 발표했다. 해부학 강당에서 할러는 한 무리의 해부학자와 화가 들을 감독했다. 화가들은 해부학자들이 시체를 해부해서 보여 준 내용을 빠짐없이 스케치했다.

할러는 죽은 신체를 통해 살아 있는 신체를 이해할 수 있었다. 그

는 자신이 발전시켜 나가는 과학을 '작동 해부학anatomy in action'이라고
즐겨 불렀다. 할러는 강당 1층에서는 사람 시체로 실험을 진행하고,
2층에서는 훨씬 소름 끼치는 연구를 진행했다. 그곳에서 학생들과
살아 있는 개, 토끼, 기타 동물을 대상으로 연구했다. 할러는 죽은 사
람의 가슴에서 돔 모양의 횡격막이 갈비뼈에 어떻게 부착되어 있는
지 관찰하는 것만으로는 성이 차지 않았다. 그는 살아 있는 횡격막이
실제 작동하는 모습을 보고 싶었다.

트렘블리도 폴립을 가지고 섬뜩한 실험을 했지만, 그가 이 작은
생명체를 둘로 잘라도 사람들은 별 신경을 쓰지 않았다. 반면 할러
는 동물을 괴롭히는 것 때문에 괴팅겐 근처에서 악명을 떨쳤다. 할러
는 불평했다. "실험을 하려면 개와 토끼를 비축해 놓아야 하는데 작
은 도시에서는 쉽지 않다. 무슨 일을 할 때마다 사람들이 놀라서 입
을 딱 벌리고 쳐다보니까 말이다."4

할러가 동물에게 가하는 고통은 자신에게도 타격을 주었다. 그는
자신의 연구를 이렇게 묘사한 적이 있다. "나도 망설임을 느낄 수밖
에 없는 잔인한 연구다. 이런 망설임을 극복하려면 대단히 인간적인
사람이라도 아무런 양심의 가책 없이 매일 아무 잘못 없는 동물의 살
을 먹지 않느냐는 변명과 인류의 이득에 기여하고 싶다는 욕망이 필
요하다."5

처음에는 장기를 한 번에 하나씩 이해하는 실험을 설계했다. 하
지만 차츰 횡격막, 심장, 그리고 몸의 나머지 모든 부분을 거대한 시
스템의 일부로 보게 됐다. 할러의 마음은 생명에 대한 더 근본적인
질문으로 옮겨 갔다. 할러에게 생명이 어떻게 움직이느냐만큼 중요

한 질문은 없었다. 걸음을 걷거나 눈을 깜박일 때도 생명의 움직임을 볼 수 있다. 하지만 할러는 우리 신체가 그 내부에서도 항상 숨어서 움직이고 있음을 알았다. 심장은 쿵쾅거리고, 쓸개는 쓸개즙을 짜낸다. 그리고 창자는 파동을 일으킨다.

할러는 운동이 단 몇 가지 형태로만 발생한다고 믿었다. 일부 운동은 우리의 의지에서 나온다. 어떤 경우 우리는 감각에 자동적으로 반응한다. 할러는 이유는 알 수 없지만 분명 신경이 이런 운동을 유발한다고 추론했다. 당시 학자들이 신경에 대해 알아낸 내용을 바탕으로 할러는 분명 신경이 자신이 움직인 신체 부위에서 일어나는 일을 감각한다고 믿었다.

사실인지 확인하기 위해 할러와 학생들은 수백 마리의 살아 있는 동물의 내부를 칼, 열, 뜨거운 화학물질로 자극해 보았다. 동물의 비명과 몸부림을 통해 어느 신체 부위에 감각이 있는지 확인했다. 당연한 얘기지만 피부는 대단히 감각이 예민했다. 하지만 폐, 심장, 힘줄은 그렇지 않았다. 이런 장기는 아무리 자극해도 반응이 나타나지 않았다.

할러는 몸이 움직이는 데 항상 신경이 필요한 것은 아니란 것도 알게 됐다. 동물에서 심장을 적출하면, 신경계에서 잘라 낸 지 오래되었어도 심장이 계속 박동하는 경우가 있다. 그 심장이 조용해진 후에 할러가 칼로 건드리거나, 화학물질에 노출 시키면 심장이 다시 뛰었다.

18세기에는 자극감수성irritability이라고 불렀던 이 두 번째 종류의 운동이 할러에게 더욱 강한 흥미를 불러일으켰다. 그는 전신의 자극감수성을 지도로 작성하기 위해 또 다른 실험을 시작했다. 그와 학생들은 장기와 조직을 자극하고 거기에 반응해서 수축이 일어나는지 확인해 보았다. 어떤 것은 반응이 없었고, 어떤 것은 아주 약한 반응만 보였다. 하지만 근육은 모두 높은 자극감수성을 보였다. 그리고 할러는 "심장이 모든 장기 중 자극감수성이 제일 높다고"[6] 결론 내렸다.

할러는 감각력sensibility과 자극감수성을 촉발하는 것이 무엇인지 궁금했다. 1700년대에 의사들은 신경에 '동물 정기animal spirit'라는 신비의 물질이 들어 있다고 믿었다. 어떤 이의 설명으로는 이 정기가 화학적 폭발을 일으켜 근육을 움직인다고 했다. 하지만 자극감수성은 신경에 의존하지 않기 때문에 근육을 움직이는 힘은 분명 다른 곳에서 와야 했다. 할러는 그곳이 근섬유 자체의 내부라 판단했다. 그곳에서 영혼과는 독립적으로 힘이 만들어지는 것이었다.

할러가 생각하면 생각할수록 자극감수성은 더욱 심오해져 갔다. 그는 이것이 죽음에 대한 명쾌한 정의를 제공하는 생명의 전형적 특징이라 판단했다. 죽음이란 심장이 자극감수성을 잃는 순간인 것이다. 할러가 보기에 자극감수성은 하나의 힘으로서 중력만큼이나 심오하고, 신비로운 것이었다. 근육을 살짝 찌르기만 해도 굉장한 반응이 촉발되었고, 이는 표준 물리학으로는 설명이 불가능해 보였다.

1752년에 할러는 자신의 실험에 대해 일련의 강의를 진행하고, 그다음 해에 책으로 엮었다. 폴립에 관한 트렘블리의 연구에 바로 이어서 나온 할러의 연구도 그만큼이나 사람들을 크게 자극했다. 사람들은 폴립이 재생하는 모습을 자신의 눈으로 직접 확인하고 싶었는데, 이제는 유럽 전역에서 해부학자들이 할러의 실험을 직접 해 보고 싶어 했다. 1755년에 플로렌스를 찾아왔던 한 방문자는 이렇게 적었다. "어디를 보아도 절뚝거리는 개들이 보였다. 개들이 힘줄의 무감각성 실험의 대상이 되었던 것이다."[7]

실험 중 일부는 할러의 생각을 확인해 주었지만, 일부는 그러지 못했다. 할러가 신체의 많은 부분에서 영혼과 독립적인 자체적 힘을 만든다고 주장한 것에 대해 비평가들이 공격을 퍼부었다. 할러의 한 학생은 이렇게 말했다. "할러 선생님의 적은 어디에나 많았다."[8] 하지만 그런 비평가 중 누구도 할러가 이룩한 과학적 성과에 대적할 만한 사람이 없었다. 그가 한 연구의 양만 봐도 그를 반대하는 사람은 기가 죽을 수밖에 없었다. 한 프랑스 의사는 그냥 항복의 의미로 어깨를 들썩이며 물었다. "1200회에 이르는 실험을 무슨 수로 반박할 것인가?"[9]

할러는 자신의 발견 내용을 발표하고 오래지 않아 괴팅겐을 떠났다. 자신의 저택, 교회, 정원, 강당을 모두 버렸다. 이제 45세에 접어든 할러는 정치 권력을 얻기를 바라며 스위스로 돌아갔지만 기회를 잘못 판단했고 결국 소금공장을 운영하게 됐다. 그 덕에 시간적 여유가 많아져서 의학과 식물학에 대한 책을 쓰고, 9000건의 책 리뷰를 발표했다. 할러는 두 번 다시 시체를 해부하지 않았고, 토끼의 가죽을 벗기지도 않았다. 그나마 힐러가 한 일 중에 이런 연구에 제일 가까운 것이 있었다면 자신을 대상으로 한 실험이 하나 있었다.

스위스로 돌아왔을 즈음 할러는 젊은 시절처럼 산을 여기저기 돌아다닐 기력은 사라진 상태였다. 이제는 고열과 소화불량, 불면증, 통풍에 시달리는 신세였다. 감각력이 그에게 복수를 한 것이다. 할러는 자신의 내면에서 감각력을 관찰하기 시작했다. 그것도 아주 강력한 호기심으로. 통풍이 번지자 엄지발가락의 힘줄을 구부려 그 감각을 기록하기도 했다. 그는 한 번도 불편을 못 느꼈다. 적어도 발가락이 너무 구부려져 피부가 늘어나기 시작하기 전까지는 그랬다. 그는 나중에 이렇게 적었다. "어느 지점이 되자 통증이 참을 수 없을 만큼 커졌다."[10] 할러에게 이 참을 수 없는 고통은 피부에는 감각이 있지만 관절은 그렇지 않다는, 따라서 관절에는 분명 신경도 들어 있지 않다는 직접적인 증거였다.

60대가 되자 방광의 만성감염으로 고생을 했고 어쩔 수 없이 아편을 사용하게 됐다. 그는 아편에는 대단히 익숙했다. 괴팅겐에 있을 때 식물원에서 양귀비를 키우고 거기서 아편을 채취했다. 그리고 그것을 동물에게 주어 효과를 관찰했다. 할러는 아편을 투여하면 동물의 감각이 둔해지는 것을 보았다. 개는 아편에 심하게 취하면 촛불을 눈 가까이 가져가도 동공에 반응이 나타나지 않았다. 하지만 할러가 동물의 자극감수성을 확인해 보았더니 아편의 효과는 훨씬 약했다. 창자에서만 자극감수성이 좀 약해졌을 뿐, 심장은 정상적인 박동을 이어 갔다. 할러는 이 결과를 두고 감각력과 자극감수성이 서로 근본적으로 다르다는 추가 증거로 보았다.

할러가 자신이 발견한 내용을 발표한 후에 로버트 위트Robert Whytt 라는 스코틀랜드의 의사는 할러가 틀렸다고 했다. 위트는 자체적으로 실험을 진행해 본 후에 아편이 실험동물의 맥박을 느려지게 하는 것을 발견했다. 위트는 할러가 "진리에 대한 사랑으로 허심탄회하게"[11] 자신의 실수를 기꺼이 인정해야 할 것이라 말했다. 하지만 그것은 할러의 방식이 아니었다. 그는 위트의 연구를 저급한 과학이라며 거부했다.

할러의 통증은 심해졌다. 밤에 잠 못 드는 시간이 많아졌고, 관절도 관절염으로 아파 오기 시작했다. 그는 아편에 익숙했지만 자신이 직접 복용하는 것은 망설였다. 동방의 왕국에서 아편 사용이 걷잡을 수 없이 만연하면서 "정신이 끔찍할 정도로 약해졌다는"[12] 소문을 들었기 때문이다. 이성의 시대를 선도하는 인물 중 한 명이었던 그에게 이성을 잃는 것만큼 무서운 일은 없었다.

할러는 이런 걱정을 편지에 담아 오랜 친구인 영국의 의사 존 프링글John Pringle에게 보냈다. 영국을 선도하는 의사 중 한 명이던 프링글은(그는 나중에 국왕 조지 3세의 주치의가 됐다) 의학적 권위를 이용해서 할러의 걱정을 달랬다. 그는 1773년에 할러를 이렇게 안심시켰다. "용량을 방울이나 알갱이로 재서 복용하지 말고 밤에 통증이 사라지고 소변을 너무 자주 보지 않게 될 정도로만 복용하게."

아편은 할러의 통증을 즉각적으로 사라지게 해 주었다. 그는 "격정의 바다를 달래는 바람의 고요함으로"[13] 프링글에게 이 사실을 보고했다. 할러는 시를 남겼고 과학자로서의 경험도 기록으로 남겼다. 그는 맥박을 측정하고, 땀과 수면의 질도 기록했다. 그는 아편을 복용하기 전후로 맥박을 확인했다. 그리고 소변을 볼 때마다 기록으로 남겼다. 방귀도 기록했다. 몇 주가 흘러가면서 그는 아편에 중독되어 효과가 점점 떨어졌다. 할러는 복용량을 50방울로, 그다음에는 60, 70방울로, 결국에는 130방울까지 늘렸다. 이제 아편은 할러에게 더 없이 행복한 시간을 가져다주었다. 그는 이 시간이 '활동에 대한 열성이 최고조에 이르는 즐거운 시간'이라고 적었다. 그 뒤로는 항상 추락이 뒤따랐다.

그는 이렇게 적었다. "이미 육체의 힘이 전반적으로 약해져 있지만 아편의 효과가 떨어지고 나면 있던 힘마저 약해진다. 내 피부를 뚫고 아편의 역겨운 냄새가 발산되어 나오는 것이 느껴진다. 이 냄새에 들어 있는 무언가 탄 듯한 불쾌한 감각이 코에 느껴진다."

1777년에 할러는 집에만 묶여 있다 보니 비만해지고 부분적으로 앞도 볼 수 없게 됐다. 하지만 그는 여전히 자기 집을 꾸준히 찾아오는 손님들을 반겼다. 그중에는 로마황제 요제프 2세도 있었다. 그는 할러에게 아직 시를 쓰느냐고 물어봤다. 그는 이렇게 대답했다고 전해진다. "사실 이제는 쓰지 않습니다. 그것은 제 젊은 시절의 죄악이었죠."

하지만 아편이 꾸준히 공급된 덕분에 할러는 계속 글을 쓸 수 있었다. 그중에는 아편에 대한 자신의 경험을 보고한 내용도 포함되어 있다. 마지막까지 그는 자신이 옳고 위트는 틀렸다는 증거를 찾으려 했다. 할러는 심장의 박동수가 아편이 통증을 가라앉히면 올라갔다가, 아편의 효과가 떨어지면 떨어지는 것을 알아냈다. 할러는 자신의 아편 중독을 이용해서 자극감수성과 감각력의 본질을 파헤치려 했다.

할러의 아편 보고서에 대한 강연이 대중을 상대로 이루어졌다. 그리고 머지않아 그는 사망했다. 그를 다룬 많은 전기 작가가 있었고, 그들은 모두 그의 생명이 다한 마지막 순간의 이야기를 전하고 싶었다. 1915년에 나온 전기에서 따온 다음의 내용은 가짜가 분명하

생명의 경계

지만 그에게 정말 잘 어울리는 얘기다.

그가 한 손의 손가락을 반대쪽 손목 위에 올리고 희미해져 가는 맥박을 재고 있었다. 이윽고 그가 차분하게 말했다. "이제 안 뛰는군. 나는 죽네."[14]

3부. 일련의 어두운 질문들

## 학파

THE SECT

할러와 트렘블리가 모두 제일 중요하게 여겼던 것은 생명에 대한 관찰이었다. 이들에게는 자신이 관찰한 모든 것을 포괄적으로 설명해 보겠다는 욕망은 거의 없었다. 할러는 결코 자신이 자극감수성을 진정으로 이해하지는 못할 것이라 믿었다. 그의 말에 따르면 진정한 본성은 "매스와 현미경을 통한 연구 저 너머에 가려져 있기 때문"이다. 할러는 그 경계를 넘어서려 하지 않았다. 그는 이렇게 적었다. "내 짧은 소견으로 볼 때, 자신도 어둠 속에서 길이 보이지 않는데 다른 사람을 그 길로 인도하려 드는 자만심은 극도의 오만과 무지일 뿐이다."[1] 신은 지구와 달에 중력을 심어 주었듯이 불가사의하게도 근육에 자극감수성을 심어 놓았다.

하지만 다른 동식물학자들은 과감하게 자신이 직접 생명을 설명해 보려 했다. 당대의 선도적인 동식물학자였던 조르주루이 르클레르 드 뷔퐁Georges-Louis Leclerc, Comte de Buffon[2]은 생명은 그가 말하는 '유기

분자organic molecule'로 만들어져 있기 때문에 생명이 없는 물질과는 화학적으로 다르다고 주장했다. 뷔퐁은 유기분자 간의 구분은 고사하고, 분자가 무엇으로 이루어졌는지도 전혀 알지 못했다. 하지만 폴립이든 사람이든 모든 생명체는 동일한 방법으로 번식한다고 확신했다. 즉 유기분자를 조립해서 자신의 복사본을 만든다는 것이다.

폴립과 사람이 모두 살아 있는 이유는 이 유기분자로 만들어져 있고, 유기분자를 새로 조합해서 자신을 충실하게 번식할 수 있기 때문이었다. 폴립과 사람이 다른 건 모든 생물종이 뷔퐁의 표현에 따라 고유의 '내적 주형internal mold'을 가지기 때문이었다. 이 주형이 어떤 종류의 유기분자는 끌어들이고, 다른 유기분자는 끌어들이지 않기 때문에 종마다 별개의 신체가 만들어진다.

할러와 트렘블리는 다른 사람들이 자신의 연구를 이용해 그들의 이론을 만들어 내는 것이 마뜩잖았다. 트렘블리는 뷔퐁의 주장을 읽고 경악했다. 그는 벤팅크 백작에게 편지를 썼다. "솔직히 그의 시스템은 위험한 가설이라는 생각밖에 들지 않습니다. 그는 가설을 구축한 사실들을 가지고 너무 많은 것을 증명하려 합니다."[3]

할러도 마찬가지로 이론가들이 자극감수성에 대한 자신의 연구에 지나치게 포괄적인 주장을 내놓는 모습에 충격을 받았다. 그는 이렇게 불만을 털어놓았다. "자극감수성이 하나의 학파가 되고 있군. 그건 내 잘못이 아니야."[4]

이 학파는 생명이 일종의 생기vital force를 담고 있다고 믿는 철학자, 동식물학자, 의사로 이루어졌다. 소위 이 생기론자vitalist들은 데카르트주의에 맞서 싸움을 벌이고 있었다. 하지만 18세기는 데카르트의 기계론적 비전이 큰 승리를 구가하던 시기였다. 발명가들은 산업 혁명을 가능하게 해 줄 증기선, 공기압축기, 역직기power loom, 기타 장치들을 발명했다. 자연을 움직이는 물질로 취급했던 천문학자들은 자체적으로 천왕성 같은 새로운 것들을 발견하고 있었다. 하지만 생기론자들은 생명이 행성이나 증기선과는 근본적으로 다르다고 주장하며 반발했다. 이들은 생기가 물질에 자발적인 운동 능력과 복잡한 신체를 새로 만드는 힘을 부여한다고 주장했다. 생기론자들은 생명에 목적이 깃들어 있다고 보았다. 눈은 보기 위해 만들어졌고, 날개는 날기 위해, 몸은 번식을 위해 만들어졌다고 말이다. 이들에게 할러의 자극감수성과 트렘블리의 재생은 생기가 무엇을 할 수 있는지 보여 주는 강력한 사례이자, 자연에 대한 기계론적 관점으로는 결코 설명할 수 없는 사례였다.

할러가 죽은 후 생기론자들은 더 큰 영향력을 행사했다. 1781년에 독일의 동식물학자 요한 프리드리히 블루멘바흐Johann Friedrich Blumenbach는 이렇게 단언했다. "모든 생명체에는 타고난 특별하고 효과적인 추진력이 있다. 이 추진력은 평생 작동하며, 처음에는 자신에게 명확한 형태를 부여하고, 그다음에는 그 형태를 보존하고, 형태가 손상을 입었을 경우 가능하다면 그 형태를 재생한다."[5] 어떤 사람은 그 힘이 한 세대에서 다음 세대로 전해지면서 시간의 흐름 속에 변화하여 다른 형태를 만든다고 생각했다.

이래즈머스 다윈Erasmus Darwin이라는 영국의 의사는 이런 개인적 소견을 처음으로 대중과 공유한다(이것이 나중에 진화라는 개념으로 알려지게 된다). 오늘날 이래즈머스는 찰스 다윈의 할아버지로서 가장 유명하지만 18세기 후반에는 그 자신도 위대한 인물이었다. 그는 당시에 알려져 있던 모든 질병을 빠짐없이 분류한 두 권짜리 책을 썼다. 그리고 취미 삼아 했던 과학에서도 큰 도약을 이루어 식물이 햇빛과 공기를 이용해 성장한다는 개념을 최초로 내놓기도 했다.

이래즈머스 다윈은 자신의 모든 개념이 통합된 생명의 비전 속에서 논리적 일관성을 유지한다고 믿었다. 하지만 그는 대부분 사람이 두꺼운 논문을 읽을 리 없다는 점도 알았다. 그래서 과학시scientific poetry라는 자기만의 장르를 하나 만들었다. 다윈은 식물학의 세밀한 요점들을 긴 운문에 담았다. 워즈워스Wordsworth, 바이런Byron, 셸리Shelley 같은 시인들이 활약하던 시대였음에도 1790년대 영국에서 가장 유명한 시인은 다윈이었다. 새뮤얼 테일러 콜리지Samuel Taylor Coleridge는 그를 '가장 독창적인 사람'이라 불렀다.

1802년 사망하기 얼마 전에 이래즈머스 다윈은 '자연의 신전The Temple of Nature'이라는 시를 썼다. 이 시에서 그는 생명을 시작부터 현재까지 추적했다.

끝없는 파도 아래서 유기 생명체가 태어나
바다의 진주 동굴 안에서 보살핌을 받았네.
구체 유리로는 보이지 않는 미세한 최초 형태가
진흙 위를 움직이거나 물을 뚫고 움직였네.
연이어 세대들이 꽃을 피우면서
새로운 힘을 얻고, 더 큰 팔다리를 갖게 되었네.
거기서 수없이 많은 초목이 봄을 맞이하고

지느러미와 발과 날개의 왕국이 호흡을 했네.

이래즈머스 다윈이 사망하고 1년 후 이 시가 등장하자 독실한 독자들은 충격을 받았다. 다윈은 신이 생물종에 숨을 불어 넣어 현재의 형태로 존재하게 되었다는 믿음을 부정하고 있었다. '자연의 신전'에 맹렬한 비판이 쏟아졌다. 한 이름 모를 비평가는 "다윈의 철학은 도저히 이해할 수 없는 비현실적인 철학이다"라며 비웃었다. 어찌나 끔찍했는지 그는 사실상 깃펜을 내던져 버렸다. "너무 끔찍해서 더 이상 글을 쓸 생각이 없다."[6]

하지만 퍼시 셸리Percy Shelley 같은 낭만주의 작가에게는 다윈의 시가 문학에 불을 지필 불쏘시개였다. 1816년 여름에 셸리와 그의 18세 연인 메리 울스턴크래프트 고드윈Mary Wollstonecraft Godwin(곧 그의 아내 메리 셸리가 된다)은 스위스를 방문한다. 두 사람은 그 여름의 일부를 바이런 경과 함께 보냈다. 그해 여름은 춥고 비가 많이 와서 그들은 내리 며칠을 실내에 갇혀 있어야 했다. 시간을 때우기 위해 이들은 서로 귀신 이야기를 써서 보여 주기로 했다.

"'어떤 이야기로 할지 생각해 봤어요?' 매일 아침이면 이런 질문을 들었고, 나는 분한 마음으로 고개를 저어야 했다." 메리 셸리는 훗날 이렇게 적었다.

어느 날 밤 대화가 이어지다가 '생명 원리의 본질'에 관한 이야기로 흘러갔다고 한다. 그녀는 약혼자와 바이런이 단순한 생명 형태가 유기물질로부터 생겨났다는 이래즈머스 다윈의 주장에 대해 얘기하는 것을 들었다. 그들은 그렇다면 시체도 되살려 낼 수 있다는 의미인지 궁금해했다. "어쩌면 생명체의 구성 요소들을 만들고 한데 이어 붙여 생명의 온기를 불어넣을 수 있을지도 모르죠." 셸리는 말했다.

파티는 밤늦게 끝났다. 셸리가 잠에 들었을 때 머릿속에 이미지가 한가득 떠올랐다. 한 사내가 바느질로 이어 붙인 시체 옆에 무릎을 꿇고 앉아 있었다. 남자는 어떤 강력한 엔진을 사용해서 그 시체에 생명을 불어넣어 반은 살아 있고, 반은 죽어 있는 불안한 동작으로 휘청거리게 만들었다. 남자는 시체에서 보았던 약한 생명의 불꽃이 꺼지기를 바라며 잠자리에 들었다. 하지만 그 순간 남자는 잠에서 깼다. "그의 커튼을 열고 침대맡에 서서 노랗고, 물기 어린, 그렇지만 무언가를 헤아려 보는 듯한 눈으로 그를 내려다보고 있는 저 끔찍한 것을 보라." 셸리는 이렇게 적었다.

그녀는 자다 말고 눈을 떴다. "드디어 찾아냈다. 내가 무서워한 것이면 다른 사람들도 무서워하겠지!" 셸리는 결국 자기의 귀신 이야기를 소설로 완성했다. 그리고 1818년에 익명으로 출판했다. 그녀는 그 소설을 《프랑켄슈타인Frankenstein》이라 제목 붙였다.

소설에서 그녀의 영웅인 젊은 과학자 빅터 프랑켄슈타인Victor Frankenstein은 한 가지 질문에 점점 더 집착하게 된다. "나는 스스로에게 종종 물었다. 생명의 원리를 밝히는 일에 진척이 있는가?" 그는 생기론자의 언어를 따라 하면서 사비에르 비샤의 사례를 좇아 생명을 이해하고자 죽음을 연구했다. "해부실과 도축장이 나에게 많은 재료를 공급해 주었다." 그는 말했다.

머지않아 프랑켄슈타인은 수수께끼를 풀었다. "피곤을 무릅쓰고 밤낮으로 믿을 수 없을 만큼 열심히 연구한 결과 나는 생성과 생명의

3부. 일련의 어두운 질문들

원인을 발견하는 데 성공했다. 아니, 그 이상이다. 나는 스스로 생명 없는 물질에 활력을 불어넣을 수 있는 능력을 갖게 됐다." 그는 단언했다. 셸리는 그의 성공 비결을 수수께끼로 남겨 두었지만 전기가 관련되었다는 힌트는 남겼다. 1800년대 초반에는 전기가 생명과 어떤 관련이 있음이 분명했다. 전기 충격을 가하면 죽은 개구리의 다리를 움찔거리게 할 수 있었다. 하지만 생명의 비밀은 여전히 미스터리여서 과연 전기가 생기를 대신할 수 있는지는 불확실했다.

이래즈머스 다윈은 서정적인 시로 생기에 대한 글을 쓰고 그것을 우주 꽃의 개화처럼 묘사했다. 하지만 셸리는 생명에 집착하는 과학에서 기괴한 것을 보았다. 이 집착은 통제하고 착취하려는 욕망에 가까워 보였다. 프랑켄슈타인은 말한다. "이토록 놀라운 힘이 내 손에 들어왔음을 알았을 때 나는 그 힘을 어떻게 사용해야 하는지 오랜 시간 고민하며 망설였다." 그는 사람의 시체에서 나온 부품을 조립해서 생명체를 창조하기로 마음먹는다. "나는 내 발밑에 누워 있는 저 생명 없는 것에 존재의 불꽃을 불어넣기 위해 주변에서 생명의 도구들을 모았다." 그의 창조물은 생명은 생명이되 괴물 같은 생명으로 불리게 될 것이었다.

⌒‿⌒

프랑켄슈타인은 전기 실험과 함께 '화학적 도구'도 사용했다. 셸리는 프랑켄슈타인이 정확히 어떤 종류의 화학을 사용했는지 전혀 설명하지 않지만 그 과학을 언급했다는 것만으로도 책에 굉장히 현대적인 느낌을 불어넣을 수 있었다. 19세기의 여명기에는 화학자들이 연금술의 미스터리를 몰아내고 그 빈자리를 원소와 원자로 대체하고 있었다.

이런 변화가 얼마나 혁명적인 것이었는지 이해하기 위해 물을 생각해 보자. 1500년대에 연금술사들은 투명도나 물질을 용해하는 특성을 이용해 물을 정의하려 했다.[7] 그리고 결국에는 엉망이 되고 말았다. 이들은 연구를 통해 종류가 다른 물이라도 공통적 성질을 일부 공유한다는 것을 밝힐 수 있었지만, 공유하지 못하는 성질도 있었다. 평범한 물과 달리 강수strong water, aqua fortis는 대부분의 금속을 녹일 수 있었다. 하지만 금과 백금 같은 귀금속을 녹일 수 있는 것은 왕수noble water, aqua regia밖에 없었다.

18세기 말에 프랑스의 화학자 앙투안 라부아지에Antoine Lavoisier는 물에 수소 원자 2개와 산소 원자 1개로 이루어진 분자가 들어 있음을 입증했다. 강수는 물이 아니라 질소, 수소, 산소의 조합임이 밝혀졌다. 요즘은 이것을 질산nitric acid이라고 한다. 왕수도 물과 전적으로 달랐다. 왕수는 질산과 염산의 혼합물이다.

생명체도 원소로 해체할 수 있었다. 하지만 이런 원소들이 생명체 안에서 결합해 만들어 내는 분자들을 생명이 없는 물질에서는 찾기 어려웠다. 많은 화학자들이 유기물질과 무기물질 사이에서 생기론의 간극을 확인했다. 1827년에 나온 한 화학 교과서에서는 다음과 같이 말하고 있다. "원소들은 살아 있는 자연과 죽어 있는 자연에서 서로 완전히 다른 법칙을 따르는 것으로 보인다."[8]

프리드리히 뵐러Friedrich Wöhler라는 화학자는 곧 그 교과서가 틀렸음을 보여 주었다. 그는 자신의 오줌으로 입증했다. 뵐러는 사이아노젠cyanogen이라는 독성 있는 산을 암모니아와 섞어 실험했다. 결국 탄소, 질소, 수소, 산소로 이루어진 특이한 하얀 결정을 얻었다. 뵐러의 결정에 들어 있는 원소들의 비율은 요소urea라는 분자에 들어 있는 원소들의 비율과 동일했다. 그때까지만 해도 요소는 오줌에서만 발견되었다.

우리의 콩팥은 잉여 질소를 혈액에서 빼내어 몸 밖으로 배출하기 위해 요소를 만든다. 1700년대의 화학자들은 소변을 증발시키고 남은 결정에서 이 화합물을 처음 발견했다. 자신이 만든 인공 결정이 무엇인지 알기 위해 뵐러는 자신의 오줌에서 요소를 추출해 냈다. 그리고 그 천연의 요소 결정을 암모니아와 사이아노젠으로부터 만든 인공 결정과 비교해 보았다. 그랬더니 이 둘이 화학적으로 똑같은 행동을 보였다.

그는 선언했다. "나는 더 이상 내가 만든 화학적 오줌을 비밀로 할 수 없다. 나는 사람의 것이든 개의 것이든 콩팥 없이도 요소를 만들 수 있음을 밝히지 않을 수 없다."[9]

뵐러가 프랑켄슈타인의 괴물을 창조한 것은 아니지만, 생명의 생기에 기대지 않고도 유기분자를 만든 것이었다. 그가 1828년에 자신의 실험 결과를 발표하자 많은 화학자들이 뵐러가 이룩한 업적을 인정하지 않으려 했다. 그들은 요소를 아예 처음부터 새로 만들어 냈다는 사실은 그리 중요하지 않다고 주장했다. 요소는 어차피 생명의 폐기물 중 하나에 불과하기 때문이다. 그리고 이어서 오직 생기만이 생명의 유기분자를 만들 수 있다고 주장했다.

하지만 일부 연구자들이 자체적인 실험을 통해 뵐러의 연구를 이어 갔다. 독일의 화학자 헤르만 콜베Hermann Kolbe는 아세트산acetic acid을 연구했다. 당시 아세트산은 과일을 발효해서 얻은 식초에서만 발견됐다. 콜베는 실험실에서 이황화탄소를 가지고 아세트산을 만드는 법을 발견했다. 이황화탄소는 석탄에서 나오는 무기분자다. 1854년에 콜베는 뵐러의 실험을 뒤돌아보며 그를 과학의 선지자로 추앙했다. 콜베는 이렇게 단언했다. "유기화합물과 무기화합물을 나누고 있던 자연의 벽이 무너졌다."[10] 생명은 평범한 화학만을 가지고 놀라운 결과물을 내놓고 있었던 것이다.

# 이 진흙은 사실
# 살아 있다

THIS MUD WAS ACTUALLY ALIVE

1873년 8월 14일 밤 시간, 조지 그랜빌 캠벨George Granville Campbell 경은 자신의 배에서 불타는 바다를 바라보고 있었다.[1] 파도가 칠 때마다 바다가 빛으로 출렁였다. 캠벨이 챌린저호HMS Challenger의 선미로 가서 대서양을 가로지르는 용골을 내려다보니 은은한 빛을 내는 파란색과 초록색의 띠 뒤로 노란색 불꽃이 떠오르며 뒤쫓는 것이 보였다. 그가 뱃머리로 걸어가면서 보니 바다에서 올라오는 빛이 책을 읽을 수 있을 만큼 밝았다.

캠벨은 나중에 이렇게 말했다. "마치 은하수가 바다에 빠지고, 우리가 그 은하수를 가로질러 항해하는 것 같았다."[2] 하지만 이 은하는 별이 아니라 생명체로 이루어져 있었다.

영국해군 중위였던 캠벨은 3년 동안의 과학연구 항해를 위해 챌린저호에 타고 있었다. 원래 전함이었던 이 배는 연구를 위해 개조되어 있었다. 해군에서는 이 배에 수백 킬로미터의 로프, 저인망그물,

생명의 경계

**220**

준설그물, 음향 장치를 설치했다. 그리고 챌린저호의 대포를 빼고 그 자리를 연구실로 바꾸었다. 이 배에 탄 대원들의 임무는 전 세계 바다의 화학과 생물학을 연구하는 것이었다. 수천 년 동안 뱃사람들은 바다를 항해하면서 빛을 보았지만, 이제 챌린저호의 대원들은 그 현상을 과학적으로 연구하고 있었다. 이들이 처음 바다의 빛을 찾아낸 곳은 카보베르데 섬Cape Verde Islands 근처였다. 빛을 찾자마자 그들은 망이 촘촘한 그물을 던져 빛을 만드는 것의 정체를 확인하려 했다. 그물에는 온갖 종류의 해양 야행성 생물이 걸려 올라왔다. 대원들은 이 생명체들을 배의 연구실로 가져가 분석했다.

항해를 이어 가면서 배는 더 많은 빛과 마주쳤다. 주변의 물이 출렁거릴 때마다 스스로 빛을 내는 미세한 조류algae가 만든 빛도 있었다. 때로는 길이가 2미터 가까이 되는 젤리 같은 관해파리siphonophore의 거대한 군집이 만드는 빛도 있었다. 이 배에 탑승한 동식물학자 헨리 모즐리Henry Moseley는 양동이 안에 말려 있는 관해파리 표본 위에 자기 이름을 손가락으로 그려 보았다. "몇 초 만에 내 이름이 글자에 불이 붙은 것처럼 타올랐다."[3] 그는 말했다.

챌린저호는 살아 있는 불을 해수면만이 아니라 수천 미터 아래서도 발견했다. 그 배는 깊은 해양을 탐사할 수 있는 새로운 장치가 장착되어 있었다. 그때까지 세상에 거의 알려져 있지 않은 기술이었다. 대원들은 챌린저호의 엔진으로 바람에 맞서 배를 움직이지 않게 고정하고 바다 깊은 곳으로 줄이 달린 황동관을 주기적으로 내렸다. 관은 3킬로미터 깊이의 해저로 내려가 그곳에서 수온을 측정하고(빙점보다 간신히 따듯한 정도) 때때로 바닥의 진흙을 건져 올리기도 했다. 대원들은 가끔 해저면을 준설기로 긁어서 무엇이 올라오는지 확인해 보기도 했다. 준설기의 내용물을 갑판에 쏟으면 대원들은 해저 폐기물을 뒤져 보았다. 가끔 오래된 화산암이 나오기도 했다. 때로는 우주에서 떨어져 해저에 있던 운석의 부스러기를 발견하기도 했다. 또한 발광 어류, 산호, 불가사리처럼 빛을 내는 생명체도 보았다. 챌린저호의 대원들은 자신의 모험에 대해 긴 편지를 썼다. 이 편지가 영국에 닿기까지는 몇 달이 걸렸다. 하지만 편지들이 도착하자마자 그곳은 물론이고 해외 언론사에서도 그 내용을 신문으로 찍어 냈다. 빅토리아시대 독자들의 입장에서는 이 뉴스가 아폴로 탐사선에서 지구로 보낸 소식에 버금가는 것이었다.

챌린저호의 대원들이 가장 관심 있게 지켜본 준설에서 창백하기만 한 색깔의 진흙 덩어리가 갑판 위에 쏟아졌다. 대원들은 진흙을 씻어 내리는 대신 체로 꼼꼼히 걸러서 나온 내용물들을 병에 담아 봉인해서 보관했다. 그 진흙 속에서 대원들은 버티비우스*Bathybius*라는 원시 생명체를 찾고 있었다. 많은 생물학자들이 이 버티비우스가 전 세계 해저를 거의 전부 덮고 있을 것이라 확신했다. 이것은 동물이나 곰팡이가 아니라 원시적인 젤리, 우리 세포를 구성하는 것과 동일한 물질이었다. 앞선 탐사에서 일부 동식물 연구자들이 이 신비로운 형태의 생명체에 관한 힌트를 발견했지만, 마침내 챌린저호가 버티비우스를 세세한 부분까지 모두 연구할 수 있는 장비를 갖추게 됐다.

챌린저호가 버티비우스를 찾기를 토머스 헉슬리Thomas Huxley[4]처럼 고대한 사람도 없을 것이다. 그는 버티비우스라는 이름을 명명한 영국 과학자다.

챌린저호 탐사 시절에 헉슬리는 세계에서 가장 저명한 과학자 중 한 사람이 되어 있었다. 그는 오물을 뒤집어쓰고 밥을 굶어 가며 가난하게 살았던 어린 시절을 극복하고 그 경지에 오른 사람이다. 그런 역경에도 불구하고 헉슬리의 천재성은 여전히 빛을 발했다. 어린 시절에 독일어, 수학, 공학, 생물학을 독학했다. 그는 새로운 형태의 생명체를 발견하는 탐사에 합류하기를 꿈꾸었다. 장학금을 받은 덕분에 헉슬리는 의대에 진학할 수 있었고, 그곳에서 머지않아 자신이 해부학의 대가임을 입증해 보였다. 십대 시절에 머리카락을 면밀히 관찰하여 각 머리카락을 둘러싸고 있는 막 속에 숨어 있는 세포층을 발견했다. 이것을 오늘날에는 헉슬리층Huxley's layer이라고 한다.

어마어마한 빛 때문에 헉슬리는 만 21세 나이에 의대를 나와 보조 외과의사로 영국해군에 입대해야 했다. 기쁘게도 그는 래틀스네이크호HMS Rattlesnake에 배정되었다. 그 배는 낡은 소형구축함으로 호주와 뉴기니의 해안으로 가서 안전한 통로를 찾는 임무를 맡았다. 선장인 오웬 스탠리Owen Stanley는 항해를 하면서 마주칠 동물과 식물을 연구할 수 있는 전문성, 아니면 적어도 호기심을 가진 의사를 원했다. "내가 그 제안을 얼마나 기쁜 마음으로 받아들였는지 새삼 말할 필요도 없을 것이다." 헉슬리는 훗날 회상했다.

래틀스네이크호는 1846년 12월에 영국을 출발했다. 남대서양에서 헉슬리는 고깔해파리가 배 근처를 떠 가는 것을 발견했다. 해파리의 밝은 파란색 주머니가 돛처럼 작용해서 바람을 타고 떠내려가고 있었다. 해파리에 쏘이면 치명적이라는 것을 알던 헉슬리는 조심스럽게 고깔해파리를 건져 올려 배의 해도실로 가지고 왔다. 해파리를 탁자 위에 올려놓고 열대의 높은 온도에 파괴될 때까지 그 연약하고 독성 있는 몸체를 조심스럽게 조사했다. 그는 해파리의 해부 구조에 황홀감을 느꼈다. 인간 같은 척추동물과는 완전히 달랐다. 전에도 몇몇 동식물 연구자들이 고깔해파리를 연구한 적이 있지만 헉슬리는 그들이 해파리의 해부 구조를 엉뚱하게 파악했음을 깨달았다.

래틀스네이크호가 호주를 향해 나아가는 동안 그는 더 많은 고깔해파리 표본을 잡아 꼼꼼하게 조사해 보았다. 이제 그의 호기심은 물해파리moon jelly 등 젤리처럼 생긴 다른 생명체로 확장됐다. 그가 이들의 부드러운 몸체를 조사해 보고 그들 사이에서 나타나는 현저한 유사성을 확인했다. 예를 들면 이들은 무언가를 찌를 때 모두 동일한 미세 작살을 이용했다. 그가 할 수 있는 일이라고는 이 동물에 대해 최대한 정확하게 기술한 다음 그 내용을 런던의 친구들에게 보내어, 그들이 읽어 주기를 바라는 것밖에 없었다.

마침내 만 25세인 1850년에 영국으로 돌아왔을 때 그가 보냈던 편지들 때문에 그는 이미 큰 명성을 얻은 상태였다. 몇 년 만에 그는 왕립광업대학Royal School of Mines의 교수이자 과학 대중화의 가장 막강한 지지자 중 한 명이 됐다. 잡지에 글을 투고하고, '노동자'를 염두에 둔 강의도 했다. 헉슬리는 또한 시간을 내서 래틀스네이크호에 탔을 때 채집한 것들을 조사하며 생명에 대한 연구도 이어나갔다. 그가 직접 탐사에 나설 수 있었던 시절은 지나갔지만, 이젠 막강한 인맥 덕분에 영국의 해양 탐사 동식물학자 네트워크로부터 새로운 표본을 확보할 수 있는 힘이 있었다. 헉슬리는 해수면에서 건져 올린 이상한 형태의 생명체를 연구하며 과학 경력을 시작했지만 1850년대에 그의 관심은 깊은 바다의 심연으로 뻗어 내려가 있었다.

소함대가 영국과 유럽 그리고 이어서 영국과 미국을 연결해 줄 최초의 전신케이블 설치를 준비하기 위해 해저를 조사하기 시작했다. 다른 생물학자들과 마찬가지로 헉슬리도 그 깊은 곳에 무언가 생명체가 살고 있을지 알고 싶었다. 그는 측량사들에게 바닥에서 건져 올린 진흙을 그 안에 든 연조직이 도중에 부패하지 않도록 알코올과 함께 단지에 담아 밀봉해서 가져오게 했다.

헉슬리에게 진흙을 보내온 배 중 하나는 사이클롭스호HMS Cyclops 였다. 이 배는 1857년 6월에 아일랜드 발렌시아를 출발해서 뉴펀들랜드로 향했다. 그리고 도중에 텔레그래프 고원Telegraph Plateau이라는 거대하게 솟아오른 해저를 지나갔다. 배의 선장이었던 조지프 데이먼Joseph Dayman은 해저가 화강암일 것이라 예상했다. 하지만 선원들이 건져 올린 것을 보니 "부드럽고 퍼석퍼석한 물질이었다. 나는 더 나은 이름을 붙여 줘야겠다 생각해서 그것을 개흙ooze(갯바닥이나 늪 바닥, 진펄 같은 데 있는 거무스름하고 미끈미끈한 흙—옮긴이)이라 불렀다."[5]

런던에 도착한 개흙에서 헉슬리는 거기에 현미경으로 봐야 보이는 이상하게 생긴 단추가 있는 것을 발견했다. 각각의 단추는 가운데 구멍을 둘러싸고 있는 동심원의 층으로 이루어져 있었다. 헉슬리는 그것이 개흙 안에 살고 있는 동물에서 떨어져 나온 것인지, 아니면 바다의 더 얕은 곳에서 텔레그래프 고원의 해저로 떨어진 것인지 확실히 알 수 없었다. 어쨌든 이름이 필요했기 때문에 헉슬리는 그것에 코콜리드coccolith라는 이름을 붙여 주었다. 그는 그에 관한 짧은 보고서를 해군에 제출하고, 개흙은 선반 위에 올려 두었다. 이 개흙은 그 선반 위에서 10년 동안 놓여 있게 된다. 그 10년은 헉슬리가 새로운 생명 이론이 도입되는 것을 돕느라 바쁜 10년이 될 것이었다.

⌣

1850년에 래틀스네이크호 탐사에서 돌아온 헉슬리가 새로 사귄 가장 중요한 친구 중 한 명은 바로 찰스 다윈이었다. 당시 41세였던 다윈도 사람들 사이에서는 비글호HMS Beagle를 타고 세계를 탐사했던 것으로 가장 유명했다. 사람들이 아는 바로 그는 이후로 따개비와 바쁜 시간을 보내며 살고 있었다. 다윈과 헉슬리는 영국에서 서로 다른 대학을 나왔다. 그리고 헉슬리는 가난하게 자란 반면, 다윈은 부유한 집안 출신이라 생계를 위해 일해 본 적이 한 번도 없었다. 하지만 두 사람은 자기네가 공통적으로 온갖 다양한 생명에 집착하고 있으며, 그 모든 것을 이해하게 해 줄 원리를 간절히 찾고 있음을 즉각적으로 알아보았다.

1856년에 다윈은 헉슬리를 자기 시골집으로 일주일 동안 초대한다. 그리고 거기서 그는 헉슬리에게 커다란 비밀 하나를 털어놓는다. 자신의 할아버지인 이래즈머스 다윈과 마찬가지로 찰스 다윈도 생명이 진화했다고 확신한다는 것이다. 하지만 찰스 다윈은 그 개념을 시로 쓰지 않았다. 대신 구체적인 이론을 세웠고 그것을 헉슬리에게 설명했다. 자연선택이 오랜 종을 새로운 종, 새로운 형태의 생명체로 바꾸며, 모든 생물종은 그저 생명의 나무tree of life 위에 있는 가지 하나에 불과하다고 다윈은 주장했다.

그전까지 헉슬리는 진화에 대해 회의적이었다. 하지만 이제 그는 남들이 실패한 것을 다윈이 성공했음을 깨닫고 진화론에 열중하기 시작했다. 다윈은 자기 시골집에 숨어 지내다시피 한 반면, 헉슬리는 순회 강연과 잡지 투고를 통해 다윈의 이론을 옹호했다. 그는 동료 생물학자들에게 생명의 나무의 가지를 모두 하나로 잇는 다윈의 프로젝트에 동참할 것을 호소했다. 그는 진화의 나무를 더 잘 이해하면 나무의 제일 밑바닥, 생명이 최초로 등장하던 역사적 무대까지 내려갈 수 있다고 주장했다. "만약 진화 가설이 사실이라면, 생명의 물질은 분명 생명 없는 물질로부터 나왔을 것이다."[6] 헉슬리는 이렇게 단언했다.

헉슬리는 이런 전환의 증거를 탐색할 최고의 장소는 개흙이라 판단했다.

헉슬리의 이런 생각은 오랜 내력을 가졌다. 그 기원은 한 세기 전 에이브러햄 트렘블리의 폴립 연구로 거슬러 올라간다. 트렘블리는 동물 속에서 젤리 비슷한 물질을 발견했다. 그리고 그 물질이 생명에 생기를 불어넣어 주는 것으로 보았다. 알브레히트 폰 할러는 자신이 해부한 동물에서 이 물질을 알아차리고 그것이 자극감수성을 만든다고 추측했다. 트렘블리와 할러를 추종했던 생기론자들은 거기서 더 나아갔다. 이들은 이 찐득찐득한 기질이 모든 종에서 발견되는 생명의 물질이라 주장했다.

로렌츠 오켄Lorenz Oken이라는 독일의 생물학자는 이 젤리 같은 덩어리에 원시점액질Urschleim[7]이라는 이름까지 붙여 줬다. 오켄은 원시점액질이 초기 지구 위에서 자발적으로 형성되어 끊김 없이 널리 깔려 있던 물질이라 상상했다. 그러다 이 물질이 현미경적으로 작은 생명 물질 방울로 떨어져 나오면서 우리가 알고 있는 복잡한 생명체로 진화했다는 것이다. 하지만 오켄은 이 원시점액이 오늘까지도 모든 생명체 안에서 창조와 파괴의 주기를 계속 이어 가고 있다고 주장했다.

오켄은 실험적 증거도 없이 극도의 낭만주의적 추측을 바탕으로 원시점액질을 옹호했다. 그럼에도 훨씬 분별력 있는 생물학자들조차 차츰 생명이 보편적으로 존재하던 끈적이는 기질로부터 만들어졌다는 데 동의하게 됐다. 1830년대에 펠릭스 뒤자르댕Félix Dujardin이라는 프랑스의 동물학자는 단세포 미생물 내부에서 '살아 있는 젤리living jelly'를 발견했다. 식물과 동물 조직의 현미경 연구를 통해 더 많은 증거가 쏟아져 나왔다. 이런 증거를 통해 동물과 식물이 세포의 덩어리라는 것이 밝혀졌다. 19세기 생물학자들이 세포 안을 들여다보면 항상 그 안에는 똑같은 살아 있는 젤리가 들어 있었다.[8] 역사가 대니얼 리우Daniel Liu는 이렇게 적었다. "세포가 거품이 있는 점액질 덩어리를 중심으로 새로이 정의됐다."[9]

이 점액질은 움직이고, 흔들렸다. 그리고 세포를 안에서 밀어내기도 했다. 독일 생물학자 후고 폰 몰Hugo von Mohl은 1846년에 이렇게 단언했다. "나는 이 운동의 원인에 대해 감히 눈곱만큼의 의심도 표현하지 않으려 한다."[10] 몇 년 안으로 과학자들은 이 거품이 있는 신비의 점액질을 '원형질protoplasm'이라 부르기로 의견을 모았다. 그리고 곧이어 원형질이 그저 운동하는 생명력만 가진 것이 아니라는 의혹이 떠올랐다. 원형질이 유기분자를 생산하는 화학 과정 역시 진행할지 몰랐다. 그리고 세포 내부를 조직화하고 있는지도 몰랐다. 그리고 세포 하나를 두 개로 만든 다음 세포의 발달을 이끌어 복잡한 배아로 만드는지도 몰랐다. 원형질은 못 하는 것이 없어 보였다.

헉슬리 자신은 생물학자도 화학자도 아니었지만 원형질이 생명의 기반이라는 증거가 쌓이는 것을 눈여겨보고 있었다. 그는 만약 진화가 시간 속을 흘러가는 강물과 같다면 원형질이야말로 그 강물이라는 것을 깨달았다. 한 세대에서 다음 세대로 전해지면서 진화의 새로운 형태를 만들어 내는 것은 바로 원형질이었다. 헉슬리는 적었다. "만약 모든 생명체가 기존에 존재하던 생명의 형태로부터 진화해 나왔다면, 살아 있는 원형질 입자 하나가 지구 위에 한 번은 등장했어야 한다."

1860년대 초반에 캐나다의 연구자들은 원형질 화석처럼 보이는 것을 발견했다. 당시 과학자들에게 알려져 있던 가장 오래된 암석에서 이들은 작은 점 크기 정도의 껍질로 덮인 생명체를 찾아냈다. 현미경으로 그 유기체를 꼼꼼히 조사해 본 생물학자 윌리엄 카펜터 William Carpenter는 그것을 "외관상 균질해 보이는 작은 젤리 입자"라고 묘사했다.[11]

카펜터는 이 새로운 종을 여명의 동물이라는 의미로 에오존 Eozoön[12]이라 불렀다. 다윈은 이에 대한 글을 읽고서 《종의 기원》 1866년판을 개정할 때 진화의 추가 증거로 이 발견도 포함했다. 그는 말했다. "카펜터 박사가 이 놀라운 화석에 대해 묘사한 것을 읽고 나면 그것의 유기적 본질에 대해 그 어떤 의심도 불가능하다."

지질학자들은 캐나다와 그 너머에서 방대한 화석판을 발굴했고

3부. 일련의 어두운 질문들

더 많은 에오존을 찾아냈다. 그 화석을 찾아낸 층이 제각각인 것으로 보아 에오존은 오랜 시간 동안 버티며 살아냈던 것으로 보였다. 사실 카펜터는 런던에서 있었던 한 지질학 모임에서 말했다. "현재의 깊은 해저를 준설해서 에오존 같은 구조물이 발견된다고 해도 저는 놀라지 않을 것입니다."[13]

카펜터가 에오존에 관한 연구를 발표하고 얼마 지나지 않은 1868년에 헉슬리는 이상한 일을 한다. 사이클롭스호에서 채취해 온 개흙을 선반 위에 올려둔 지 10년이 지난 시점에서 다시 꺼내 새로 들여다본 것이다. 그가 10년의 봉인을 풀기로 마음먹은 정확한 이유는 아무도 모른다. 어쩌면 해저에 아직도 에오존이 살아 있을 거라 생각했는지도 모른다. 아니면 개흙 속에 오켄이 예측한 원시점액질이 들어 있을 거라 생각했을 수도 있다. 아니면 그저 구한 지 얼마 안 된 배율 좋은 새 현미경을 시험해 보고 싶어 들뜬 마음에 그랬을 수도 있다.

이유야 무엇이었든 헉슬리는 개흙을 들여다보았고, 그 개흙이 헉슬리를 놀라게 만들었다. 그는 그 안에서 예전에 보이지 않던 것을 보았다. "젤리처럼 생긴 투명한 물질의 덩어리"였다. 그 물질이 헉슬리의 시야 전체에서 방울 같은 네트워크를 이루고 있었고, 거기에 작은 코콜리드 단추들이 이상한 "알갱이 더미granule-heap"와 함께 흩어져 있었다.

헉슬리가 충분히 오랫동안 지켜보고 있으면 그 덩어리가 움직였다. 그는 이 젤리 같은 물질이 원형질이라 결론 내렸다. 그는 분명 "생명이 있는 단순한 존재"를 보고 있는 것이었다. 만약 사이클롭스호에서 채취한 개흙이 대서양에 보편적으로 깔려 있다면 바다 전체가 그가 말한 "심해 원시점액질deep-sea Urschleim"**14**로 덮여 있을지 모를 일이었다.

헉슬리는 이 점액질 안에서 자신이 기존의 그 어떤 생명체와도 닮지 않은 자체적인 종을 하나 발견한 것이라 결론 내렸다. 그리고 거기에 버티비우스 헤켈리Bathybius haeckelii라고 이름 붙였다. 버티비우스는 깊은 곳에 사는 생명을 의미했고, 헤켈리는 독일의 생물학자 에른스트 헤켈Ernst Haeckel을 예우하기 위해 붙인 것이었다. 헤켈은 모든 생명이 원형질로 채워진 단순한 선조로부터 진화해 나왔다고 앞장서서 주장한 사람이다. 헉슬리는 헤켈에게 이렇게 말했다. "부디 당신의 대자녀godchild를 부끄러워하지 않으셨으면 합니다."**15**

헉슬리는 1868년 8월 한 과학학회에서 버티비우스를 사람들 앞에 발표했다. 그곳에 있던 한 기자는 "대서양 바닥에 살아 있는 반죽"**16**이 존재한다는 개념에 경이로워했다. 헉슬리는 버티비우스를 생명의 본질과 그 전체 역사에 관한 포괄적 생명 이론의 증거로 제시했다. 그 후로 몇 달 동안 그는 영국을 돌아다니며 생명의 물리적 기반에 관해 일련의 강연을 했다.**17** 그는 도시에서 도시로 넘나들면서 강당과 교회를 채운 청중들에게 깊은 인상을 남겼다. 에든버러에서 강연을 취재한 기자는 이런 기사를 내보냈다. "청중 사이에서 거의 숨을 멈춘 듯 완벽한 정적이 흘렀다."**18**

헉슬리는 청중에게 물었다. "한 소녀가 머리에 꽂고 다니는 꽃과 그 소녀의 젊은 혈관 속을 흐르는 피를 이어 주는 숨은 끈은 과연 무엇일까요?" 그 정답은 원형질이었다. "모든 살아 있는 생명체의 행동은 근본적으로 하나라 말할 수 있습니다." 헉슬리는 말했다.

헉슬리는 원형질은 아직 그 기능을 이해할 수 없는 유기분자의 배열일 뿐이지만, 언젠가는 일반적인 물리학으로 충분히 설명할 수 있을 것이라 주장했다. 생명체에만 존재하는 신비로운 생기를 상상할 필요는 없었다. 이것은 물에는 '물기aquosity'가 있다는 말 정도의 의미에 불과했다.

목사는 예배에 온 사람들에게 모든 것은 먼지에서 와서 먼지로 돌아간다고 말할 수 있을 것이다. 하지만 원형질은 그와 다른 주기를 드러내 보여 주었다. 생명에서 와서 생명으로 돌아가는 것이다. 헉슬리는 말했다. "내가 바닷가재를 먹으면 그 갑각류를 이루던 생명의 물질이 동일한 놀라운 변화metamorphosis를 거쳐 인간이 될 것이다. 그리고 만약 내가 바다로 갔다가 조난을 당해 가라앉으면 그 갑각류는 내가 했던 일을 똑같이 앙갚음해서 내 원형질을 살아 있는 바닷가재로 바꿈으로써 우리가 가진 공통적인 본질을 드러내 보일 것이다."

헉슬리가 전한 스캔들과 과학 사이의 미묘한 균형은 대박을 터트렸다. 에든버러에서의 강연이 있고 3개월 후 그 강연을 정리한 글이 〈포트나이틀리 리뷰Fortnightly Review〉에 '생명의 물리적 기반에 대하여On the Physical Basis of Life'라는 제목으로 발표됐다. 그리하여 원형질은 이제 스코틀랜드 너머로 유명세를 떨치게 됐다. 그 글이 실린 〈포트나이틀리 리뷰〉는 수요가 폭발해서 7쇄까지 찍었고, 외국 신문들도 그 내용을 대대적으로 보도했다.

헉슬리가 영국 전역을 돌아다니며 바쁘게 강연을 이어 가는 동안 찰스 위빌 톰슨Charles Wyville Thomson이라는 과학자는 라이트닝호HMS Lightning라는 작은 증기선을 타고 스코틀랜드 북쪽을 항해하고 있었다. 1860년대에 톰슨 같은 과학자들은 바다를 그 자체로 연구하고 싶어 했다. 그는 심해에 얼마나 많은 생명이 존재할지 궁금했다. 심해는 바다 속 사막일까, 아니면 바다 속 정글일까? 해군성에서는 그에게 개조한 소형 포함인 라이트닝호를 내주어 시운전을 해 보게 했다. 톰슨과 그의 대원들은 해저를 조금씩 퍼 올렸는데 가끔 이상하게 끈적거리는 진흙 덩어리가 올라왔다. 새로 발견된 버티비우스에 대해 알던 그들은 현미경으로 진흙을 살펴보았다. 그리고 움직이는 것을 보았다. 이것은 원형질처럼 이상하게 흰자위 같은 모습을 하고 있었다.

"이 진흙은 사실 살아 있다."[19] 톰슨은 단언했다.

라이트닝호를 타고 6주 동안 항해를 한 후에 톰슨은 그 진흙을 헉슬리에게로 가져갔다. 그리고 헉슬리는 그것을 버티비우스의 두 번째 사례라 선언했다. 남대서양과 태평양에서 더 많은 버티비우스가 알려지게 됐다. 1872년 8월에 북극을 찾아 떠났던 미국의 탐험가들이 북극해에서 훨씬 더 원시적인 버전으로 보이는 버티비우스를 찾아냈다. 이들은 이것에 원형버티비우스Protobathybius라는 이름을 붙였다.

이 원시적인 생명체가 전 세계에서 등장하는 것을 보며 헉슬리는 이제 버티비우스를 지구를 덮고 있는 일종의 카펫으로 보게 됐다. 그는 말했다. "아마도 이것은 지구 표면 전체를 감싸고 있는 살아 있는 물질로 끊이지 않고 이어지는 하나의 더껑이를 이루고 있을 것이다."[20]

일부 과학자는 이 모든 증거를 거부하고 버티비우스의 존재를 부정했다. 라이오넬 스미스 비일Lionel Smith Beale이라는 생물학자는 이것을 "실제로 존재하지 않는 상상 속의 산물"[21]이라 불렀다. 하지만 비일이 사심 없이 회의적 관점에서 헉슬리를 공격한 것은 아니었다. 그는 생기론자였고, 버티비우스가 그에게는 생명과 다른 모든 것을 나누는 근본적 구분에 대한 위협으로 보였다. 비일은 이렇게 적었다. "생명은 특별하고 독특한 종류의 힘이자 속성으로서, 일시적으로 물질과 물질의 일반적 힘에 영향을 미치고는 있지만 그와는 완전히 다른 형태이며, 이런 것들과는 어떤 식으로도 관련되어 있지 않다."

하지만 대부분의 과학자는 전 세계에서 버티비우스가 발견되는 것이 그것이 실제로 존재한다는 증거라 보았다. 1876년에 한 동물학 교과서에서는 버티비우스와 원형질 융단을 첫 페이지에 담았다.[22] 독일에서는 헉슬리의 발견에 비평가들이 충격을 받을수록 헤켈은 즐거워했다. 그는 말했다. "헉슬리가 버티비우스를 발견함으로써 원시점액질은 완벽한 실재로 자리 잡게 됐다." 헤켈은 "벌거벗은 살아 있는 원형질의 거대한 덩어리가 드넓은 해저를 뒤덮고 있다"[23]라고 선언하며 지구에 관한 헉슬리의 새로운 비전을 함께 공유했다.

헤켈은 이 거대한 덩어리가 어디서 왔을지 궁금했다. "원형질이 자발적 생성을 통해 지속적으로 만들어져 나오고 있을까? 여기서 우리는 일련의 어두운 질문들 앞에 서 있다. 이 질문에 대한 답은 후속 연구에서 나오기를 바랄 수밖에 없을 것이다."

찰스 위빌 톰슨은 라이트닝호에서 거둔 성공을 바탕으로 전 세계 심해 탐사에 대한 지원을 이끌어 냈다. 챌린저호 탐사대가 합류하자 톰슨은 그 배의 과학 책임자로 임명된다. 배에 선장은 따로 있었지만 실제로 책임을 맡은 사람은 톰슨이었다. 그는 생물학, 지질학, 기상학에 관한 엄청난 양의 연구를 감독했다. 챌린저호의 대원들은 극락조, 해초, 사람의 유해 등을 수집했다. 그들은 버뮤다의 식물에 대해, 바다의 화학적 조성에 대해, 따개비에 관해 보고서를 작성했다. 결국 이들이 수집한 데이터는 50권의 책을 채웠다. 마지막 책이 나왔을 때는 이미 톰슨이 세상을 뜬 지 오래였다.

하지만 이 모든 선상 연구 활동 중에도 챌린저호 대원들은 항상 시간을 내어 버티비우스 연구를 진행했다. 이들에게는 버티비우스를 풍부하게 찾을 수 있으리라 기대할 이유가 있었고 긴 여정을 마치고 집으로 돌아갈 때까지 버티비우스를 그냥 저장해 놓기보다는 선상 실험실에서 신선한 상태의 표본을 연구하고 싶은 마음이 굴뚝같았다.

대원들이 대서양을 가로지르는 동안 해저의 진흙을 퍼내는 일에 능숙해지기까지는 몇 주가 걸렸다. 톰슨의 부사령관 존 머리John Murray는 진흙 표면에서 조심스럽게 수분을 걷어냈다. 그는 거기서 신선한 버티비우스를 발견할 가능성이 가장 높다고 믿었다. 표본을 고배율 현미경에 올려놓고 다른 많은 이들이 찾아냈던 원형질의 거품 네트워크를 찾으려 몇 시간 동안 들여다보았다.

하지만 아무것도 나오지 않았다.

머리와 동료들은 표본을 채취할 때마다, 집으로 돌아갔을 때 헉슬리나 다른 과학자들이 운 좋게 버티비우스를 찾지 않을까 싶어 진흙 일부를 단지 안에 알코올과 함께 보관했다. 그런데 어느 날 머리가 단지 속에서 일부 진흙의 꼭대기 부분에 투명한 층이 형성된 것을 보았다. 그는 단지를 열어 그 층을 조사했다. 층은 젤리 같은 점도를 보였다.

그 배에 타고 있던 존 뷰캐넌John Buchanan이라는 젊고 부유한 스코틀랜드 화학자가 머리의 발견에 흥미를 느꼈다. 어쩌면 기존의 과학자들이 버티비우스라고 생각했던 것이 해저의 개흙에 사는 생명의 한 형태가 아니라 단지 안에서 일어난 화학반응으로 생긴 젤리 비슷한 부산물일지도 모를 일이었다. 이런 가능성을 시험해 보기 위해 그는 해저 바닷물 표본이 증발하게 놔두었다. 그는 나중에 이렇게 적었다. "일부 저명한 동식물학자들이 해저 표본에서 관찰하고 버티비우스라고 이름 붙인 젤리 같은 생명체가 사람들이 믿은 것처럼 진짜로 해저를 온통 뒤덮은 유기물 덮개를 형성하였다면, 저층수bottom-water가 모두 증발해서 말라붙고 그 잔사가 가열되었을 때 분명 모습을 드러낼 것이다."[24]

하지만 드러나지 않았다. 일단 물이 모두 증발하고 나니 뷰캐넌은 그 어떤 유기물의 잔해도 찾을 수 없었다.

그는 머리가 단지 안에서 찾은 젤리로 관심을 돌렸다. 실험을 해보니 그 안에도 유기물질은 들어 있지 않았다. 대신 칼슘과 황산염, 바꿔 말하면 석고를 찾아냈다. 챌린저호가 홍콩에서 요코하마로 항해하는 동안 뷰캐넌은 더 많은 실험을 진행하였고, 그동안 무슨 일이 있었는지 깨달았다. 해저 진흙을 알코올에 담아 놓았고 그 때문에 칼슘과 황산염이 젤리 비슷한 덩어리를 형성한 것이었다.

몇 번에 걸친 선상 실험을 통해 뷰캐넌과 머리는 이 지구에서 가장 원시적이고 근본적인 형태의 생명체를 깨끗이 지워 버렸다. 두 사람은 냉담한 글로 버티비우스의 부고를 작성했다. "이것을 살아 있는 생명체로 분류한 것은 오류였다."[25]

톰슨이 이러한 연구진의 반란을 진압하러 나서지 않았을까 생각할 수도 있다. 7년 전에 지구 반대편에서 직접 버티비우스를 바닥에서 건져냈던 장본인이 그였기 때문이다. 그는 챌린저호의 항해에 몸을 싣기 전에 바다에 대해 쓴 베스트셀러 서적에서 버티비우스에 대해 극찬하는 글을 쓰기도 했었다. 하지만 톰슨은 자신의 신념을 고집하지 않았다. 뷰캐넌과 머리는 톰슨에게 자신의 과학에 문제가 없음을 설득했고, 결국 1875년 6월 9일에 톰슨은 이 안타까운 소식을 헉슬리에게 전하고자 편지를 썼다.

그는 헉슬리에게 말했다. "현재의 상황을 정확하게 알려야 할 것 같습니다. 신중에 신중을 기해 철저히 살펴보았지만 우리 중 누구도 버티비우스의 흔적을 확인할 수 없었습니다." 그리고 톰슨은 이렇게 적었다. "머리와 다른 연구진은 그것의 존재를 부정하고 있습니다."[26]

헉슬리는 편지를 받고 이 재앙과도 같은 메시지를 숨기려 하지 않았다. 오히려 그 내용을 학술지 〈네이처〉에 전달해서 발표하게 하고, 그 끝에 자신의 주석을 달았다. "이것이 오류가 맞는다면, 그 오류의 가장 큰 책임은 나에게 있다."[27]

챌린저호가 1876년 5월 24일에 영국으로 돌아왔을 즈음 버티비우스에 대한 열기는 이미 꺾여 있었다. 헤켈은 몇 명 남지 않은 버티비우스 옹호자 중 한 명이었다. 그는 헉슬리가 너무 쉽게 싸움을 포기한 것을 보고 경악했다. 그는 이렇게 말하기도 했다. "버티비우스의 생부가 자신의 아이를 희망이 없다고 포기하는 쪽으로 기우는 것을 보며 나는 그 아이의 대부로서 더더욱 그 아이의 권리를 보호해야 겠다는 의무감을 느낀다."[28] 하지만 헤켈에게는 챌린저호의 증거를 반박할 수 있는 것이 아무것도 없었다. 버티비우스는 곧 교과서에서 사라지고, 큰 볼거리를 안겨 준 오류에 불과한 것으로 무시당했다. 그 선구자 화석이었던 에오존도 같은 전철을 밟아 사람들의 기억에서 잊히게 됐다. 이것은 고대 원시 생명체의 흔적이 아니라 결정체에 불과하다는 것이 밝혀졌다.

사실 버티비우스에 대한 기억을 살리기 위해 제일 부단히 노력했던 사람은 헉슬리의 적들이었다. 19세기에 다윈주의를 앞장서서 반대했던 인물인 아가일Argyll 공작은 1887년에 헉슬리의 전체적 생명관에 의문을 제기하기 위해 그 민망했던 일을 되살렸다. 아가일 공작은 그 일을 두고 "이는 이론적 선입견의 직접적인 결과로 말미암아 터무니없는 오류를 터무니없이 쉽게 믿어 버렸던 사례다. 버티비우스가 사람들에게 받아들여졌던 이유는 그것이 다윈의 추측과 맞아떨어졌기 때문이다."[29]

자체적인 과학 연구는 전혀 하지 않는 아가일 공작을 별로 좋게 보지 않던 헉슬리는 자신이 오류를 저질렀음을 거리낌 없이 인정했다. 하지만 거기에 덧붙였다. "과학이든 어느 분야든 절대로 오류를 저지르지 않는 사람은 아무것도 하지 않는 사람밖에 없습니다."

역사가 필립 리히복Philip Rehbock이 훗날 지적했듯이 아가일 공작의 말에도 일리는 있었다. 리히복은 이렇게 적었다. "버티비우스는 대단히 기능적인 개념이었다. 이것은 19세기 중반의 생물학적, 지질학적 사고의 맥락 안에서는 의미가 통하는 설명 도구였다."[30]

살아 있는 것과 살아 있지 않은 것을 나누는 경계지대에서는 개념으로만 존재하는 신기루가 구체적 형태를 얻어 명성을 얻을 수 있는 틈새가 열려 있다. 하지만 이런 큰 실수에도 불구하고 헉슬리의 명성은 조금도 흠집 나지 않았다. 1895년에 그가 사망했을 때 〈영국 왕립학회보*Proceedings of the Royal Society of London*〉에서는 장장 20쪽에 달하는 부고 기사를 통해 그를 칭송했다.

이 학술지는 다음과 같이 단언했다. "원생동물, 폴립, 연체동물, 갑각류, 어류, 파충류, 가축, 인간에 이르기까지 살아 있는 생명체 중 그가 손을 대지 않은 것은 거의 없었고, 손을 댈 때마다 그는 거기에 빛을 드리우고 자신의 족적을 남겼다."[31] 하지만 20쪽에 달하는 글에서도 버티비우스에 대해 언급할 공간은 찾을 수 없었다.

그로부터 한 세기 후에 존 버틀러 버크가 자신의 라디오브가 거짓으로 판명 나자 그보다 더 가혹한 운명을 겪게 된다. 헉슬리는 신기루에 속기는 했지만 여전히 생명에 대한 큰 그림은 옳게 그리고 있었다. 진화는 실제로 존재하고, 원형질은 실제로 모든 생명을 하나로 묶고 있다. 하지만 이것은 헉슬리가 상상할 수 있었던 것보다 훨씬 복잡한 결속을 통해 이루어지고 있었다.

# 물의
# 놀이

A PLAY OF WATER

버티비우스는 죽었지만 원형질은 계속 살아남았다. 19세기가 저물 무렵 원형질의 내부 작동방식이 천천히 드러났다. 첫 번째 단서 중 일부는 해저가 아니라 맥주에서 나왔다.

역사를 되돌아보면 맥주 만들기는 일종의 연금술이었다.[1] 인류는 적어도 빙하가 뉴욕을 뒤덮고 있고, 털북숭이 매머드가 시베리아를 돌아다니던 13,000년 전부터 양조를 시작했다. 근동Near East 지역의 어딘가에서 살았던 최초의 양조인은 밀과 보리를 가져다 삶아서 그 것을 맥아즙wort이라는 당분 농축물로 바꾸었다. 그다음에는 맥아즙 이 발효해서 거품이 이는 양조맥주로 변하기를 기다렸다가 마셨다. 발효가 일어나는 동안 대체 무슨 일이 벌어지는지는 그저 추측할 따 름이었다.

19세기에는 화학자들과 미생물학자들이 서로 다른 대답을 내놓 았다. 프리드리히 뵐러의 전통에 따라 연구하던 화학자들은 발효를 분자들이 새로운 화합물로 변하는 과정이라고 생각했다. 이들의 입장에서 보면 식물의 당분이 화학반응을 일으켜 기체 이산화탄소의 거품과 함께 알코올과 다른 분자들을 생산하는 것으로 보였다.

한편 미생물학자들은 발효를 생명의 작용으로 보았다. 오랫동안 효모yeast로 알려져 있던, 맥아즙에 들어 있는 앙금은 살아 있는 단세포 생명체로 이루어진 것으로 밝혀졌다. 이것 없이는 발효가 일어나지 않았다. 수천 년간 양조업자들은 맥아즙을 공기에 노출시켜 놓는 과정에서 모르는 사이에 맥주에 균을 접종하고 있었던 것이다. 공중에 떠다니던 효모 포자가 자연적으로 거기에 정착해서 이후의 발효를 담당했다. 이 과정에서는 생명의 존재가 필수적이었다. 멸균한 맥아즙은 절대 맥주가 되지 못했다. 19세기 말에 미생물학자들은 양조를 일종의 산업 생물학으로 바꾸어 놓았다. 양조업자들은 원하는 균종을 골라 사용함으로써 자기가 만든 맥주에 예상했던 풍미를 부여할 수 있었다. 술집에서 사람들이 건배를 외치며 들이켜는 맥주 한 잔 한 잔이 생명의 생기를 말하는 증거인 듯 보였다. 당분이 살아 있는 물질과 접촉하면 생명 없이는 절대 일어날 수 없는 반응을 거쳐 알코올로 변했다.

화학자들은 이런 주장에 별로 감명 받지 않았다. 작은 효모 세포가 밀을 마구 들이켠 다음 마법처럼 알코올을 오줌으로 싼다는 개념은 터무니없는 생기론으로 보였다.

에두아르트 부흐너Eduard Buchner라는 젊은 독일의 화학자는 이 맥주 대논쟁의 양 진영 사이에서 정전을 중재해 노벨상을 수상했다. 1800년대 말에 과학자들은 살아 있는 생명체가 효소enzyme라는 특별한 부류의 단백질을 만든다는 것을 알고 있었다. 이 단백질은 다른 특정 분자를 분해하는 데 탁월한 능력을 가졌다. 어떤 연구자들은 효모에 당분을 분해할 수 있는 효소가 들어 있다고 제안했다. 발효에 효모라는 생명체가 필수적이지만, 그 안에 생기가 들어 있는 것은 아니라는 말이었다.

1890년대에 부흐너는 이 상상 속의 효소를 찾아 나섰다. 그는 효모 가루를 미세한 모래와 섞은 다음 막자사발에 넣고 갈아서 어두운 색깔의 축축한 반죽으로 만들었다. 그렇게 하면 효모 세포의 막이 찢어지면서 그 안에 있던 원형질이 밖으로 쏟아져 나왔다.

부흐너는 새로 얻은 이 혼합물을 납작한 표면에 펴 바른 후에 수압프레스로 짓눌렀다. 그러자 거기서 향긋한 냄새가 나는 효모 즙이 나왔다. 즙 속으로 몰래 들어온 세포들을 모두 죽이기 위해 부흐너는 비소와 다른 독을 첨가했다. 이제 이 즙 안에는 아무런 생명체도 남아 있지 않았다.

하지만 이 생명 없는 즙에 부흐너가 당분을 첨가하자 이산화탄소 거품이 일면서 알코올로 변했다. 발효가 살아 있는 세포 없이도 일어난다는 것을 부흐너가 실험을 통해 입증한 것이다. 살아 있는 원형질마저도 필요하지 않았다. 그냥 평범한 효소가 그 일을 담당하고 있음이 분명했다.[2]

처음에는 이 개념이 생물학자나 양조업자 모두에게 터무니없게 들렸다. 그들은 원형질의 정체가 각자 할당받은 반응을 수행하도록 특화된 분자들이 뒤섞여 있는 것이라고는 생각하지 못했다. 한 발효 전문가는 부흐너의 주장이 "오래가지 못할 것이라"[3] 예상했다.

하지만 머지않아 다른 과학자들도 부흐너의 실험을 재현하는 데 성공했고, 그 연구에서 한 발 더 나가 부흐너의 효소를 분리해서 거기에 치마아제_zymase_라는 이름을 붙여 주었다. 프랑스의 미생물학자 에밀 뒤클로_Émile Duclaux_는 부흐너가 새로운 세상을 열고 있다고 단언했다. 바로 살아 있는 생명체들이 온갖 활성 단백질로 채워져 있는 생화학_biochemistry_의 세상이었다.

부흐너는 노벨상을 수상하기 위해 1907년에 스톡홀름으로 가서 평화사절단 역할을 자임했다. 기계론자와 생기론자는 발효를 두고 싸움을 벌일 필요가 없었다. 발효에 효모가 필수라는 점에서는 생기론자의 주장이 옳았다. 효소는 그것을 만들 생명체 없이는 존재할 수 없었다. 하지만 효모는 맥주를 발효시키는 데 신비의 생기를 이용한 것이 아니었다. 효모는 치마아제를 만들었다. 치마아제는 평범한 화학 법칙을 따르는 평범한 분자다. 효소를 세포에서 떼어내면 생명은 없지만 그래도 동일한 화학반응을 수행할 수 있다.

그는 선포했다. "생기론적 관점과 효소 이론 사이의 차이가 드디어 화해하게 됐습니다. 결국 패자는 없습니다."[4]

만약 부흐너가 그 당시 벌써 2세기째 이어 오던 전쟁에서 자신이 정전 협정을 이끌어 낼 수 있다고 생각했었다면 분명 깊이 실망하고 말았을 것이다. 생명의 본질에 대한 논쟁은 그가 노벨상을 수상한 후로 더 격화되기만 했다. 생명에 대한 생화학적 비전이 나왔지만 그전에 있었던 기계론적 비전과 마찬가지로 여전히 많은 과학자들은 불만스러웠다. 당분을 분해하는 한 가지 효소를 찾고, 또 녹말을 분해하는 또 다른 효소를 찾는 것까지는 좋았다. 하지만 그 누구도 그런 몇 가지 반응들을 하나로 연결해서 생명에 필수적인 거대한 변환을 이끌어 낼 수는 없었다. 예를 들면 식물이 어떻게 햇빛을 뿌리와 꽃으로 변환하는지, 어떻게 세포 하나가 사람이 될 수 있는지는 설명할 수 없었다. 현미경의 배율이 점점 높아지면서 생물학자들은 원형질이 사실은 구획, 가는 실, 입자 알갱이 같은 것으로 가득 차 있는, 도시처럼 바쁜 존재임을 밝혀냈다. 하지만 이 비밀의 방에서 대체 무슨 일이 일어나는지, 그중 실제로 존재하는 것이 얼마나 되는지 누구도 알 수 없었다. 현미경으로 보면 어느 날 나타났다가 그다음 날에는 사라지는 것들도 있었다.

미국의 세포생물학자 에드먼드 윌슨Edmund Wilson은 1923년에 이렇게 물었다. "그것들 중 어느 것이 살아 있는 것인가? 그리고 그것들 중 어느 것이 생명의 물리적 기반을 구성하는 것인가? 이런 것은 정말 민망한 질문들이다."[5]

어떤 과학자들은 이것들이 영원히 민망한 질문으로 남게 될 것이라 주장했다. 효소가 수행하는 단순한 화학만으로는 난자를 배아로 유도할 수 없다는 것이다. 트램블리의 폴립이 두 개로 잘린 몸통을 다시 만들려면 분자 이상의 것이 필요했다. 하지만 생명을 순수하게 기계적으로 보는 관점을 거부하는 과학자들 역시 어떤 신비로운 생기가 존재한다고 주장하는 것은 아니었다. 생명이 특별한 이유는 하나 이상의 수준으로 존재한다는 점이었다.[6]

낮은 수준들이 자발적으로 높은 수준을 만들어 냈다. 효소 하나는 두 분자를 하나로 합치는 식으로 한 가지 일만 할 수 있겠지만, 그런 효소 수십억 개가 한데 모여 수십억 가지 서로 다른 과제를 수행하면 그게 바로 세포다. 여기서 다음 단계로 올라가면 세포들이 무리를 지어 몸이 된다. 이 몸들이 다시 결합해서 개체군이 되고, 개체군이 모여 생태계를 이룬다.

새로운 수준으로 뛰어오른 후에는 그곳에 머물러 있어야 그 수준을 이해할 수 있다. 세포를 이해하기 위해 세포를 효소 수준으로 해체하면 세포는 죽는다. 눈신토끼showshoe hare의 몸 안에 들어 있는 세포들만으로는 캐나다에서 매년 이들의 개체수가 폭발적으로 증가했다 감소하는 이유를 설명할 수 없다. 그 해답은 토끼와 스라소니 사이의 피비린내 나는 춤사위 속에 있다.

일반 대중은 이 논쟁을 가까이서 지켜보았다. 신생 분야인 생화학은 인류에게 생명을 상대로 프랑켄슈타인 박사 같은 막강한 힘을 부여해 줄 준비를 하는 듯 보였다. 하지만 그 과정에서 생명, 특히 인간의 생명이 우울할 정도로 시시한 존재가 되어 버릴 것 같았다. 기억, 감정 그리고 우리 자신조차 막무가내로 부딪히며 돌아다니는 단백질의 집합체가 되어 하찮아지는 느낌이었기 때문이다. 사람들은 자신의 생명에 더 큰 의미를 부여하고 싶었고, 그 갈망을 채워 줄 것은 생기론으로 보였다. 생화학자들이 도달할 수 있는 영역 너머에 존재하는 생기 말이다.

20세기가 동터올 무렵 생기는 종교적 현상 같은 것으로 자랐다.[7] 어떤 사람은 인간의 영혼을 말했고, 어떤 사람은 신성의 불꽃을 말했다. 프랑스 철학자 앙리 베르그송Henri Bergson은 모든 생명이 생명의 충동vital impulse을 공유한다고 주장하여 많은 추종자를 거느리게 됐다. 그는 1911년에 펴낸 《창조적 진화Creative Evolution》에서 이렇게 적었다. "그 무엇보다도 생명은 비활성 물질에 작용하려는 성향이다."[8]
두서없이 애매한 글임에도 불구하고 이 책은 베스트셀러가 되었다.
베르그송이 일련의 강연을 위해 뉴욕으로 갔을 때 전해진 말로는 뉴
욕에서 처음 교통체증이 생겼다고 한다. 그가 컬럼비아대학교 교수
의 아내들과 차를 홀짝거리는 모습을 지켜보겠다고 수천 명이 찾아
왔다.[9]

베르그송과 다른 신생기론자neovitalist들의 주장은 생화학자들을
감명시키지 못했다. 1925년에 나온 한 에세이에서 영국의 과학자 조
지프 니덤Joseph Needham은 이렇게 선언했다. "그들은 생화학과 생리학
분야의 연구자들에게 그 어떤 신뢰도 얻지 못했다." 생기에 대해 애
기하는 것은 그저 무지를 보이는 것에 불과했다. 19세기에는 많은 물
리학자들이 빛이 공간을 이동하는 방법을 설명하기 위해 공간이 에
테르ether라는 물질로 채워져 있다고 주장했다. 무게도 없고, 투명하
고, 마찰이 없고, 감지할 수도 없는 에테르가 우주 전체에 퍼져 있다
고 가정했다. 하지만 현대물리학의 등장과 함께 이런 주장은 허구에
불과하다는 것이 입증됐다. 1900년대 초반에 니덤 같은 생화학자들
은 생기 또한 생명의 에테르로만 기억에 남고 곧 사라지게 되리라 확
신했다.[10]

니덤은 원자만으로 생명에 관한 모든 것을 설명할 수 없음을 인
정했다. 생명에는 여러 수준이 존재하고, 그 각 수준 모두 관심을 기
울일 가치가 있었다. 하지만 그렇다고 그것이 기계론적 토대를 버려
야 할 이유는 아니었다. 효소 하나로 독수리를 설명할 수는 없다 해
도, 그 효소가 좋은 출발점이란 것은 분명했다. 1920년대에 생화학

자들은 효소들이 어떻게 팀을 이루어 함께 작용하는지 밝혀내고 있었다. 한 효소가 분자의 일부를 잘라내어 그것을 다른 효소에게 내어 주고, 그럼 그 효소는 그 분자를 또 다른 방식으로 바꾸는 방식이었다. 이런 연쇄적 효소 작용이 차츰 맞물려 돌아가는 거대한 대사의 순환고리로 커졌다. 그렇다면 생기론자들은 무엇을 발견하고 있었을까? 그들은 아무것도 하는 일 없이 그저 과학자들이 아직 대답하지 못한 미해결 문제에 손가락질만 하고 있었다. 니덤이 보기에 이들은 화석 기록에서 벌어져 있는 간극을 지적하며 진화를 부정하던 19세기 신학자들보다 나을 것이 없었다.

니덤은 한숨을 쉬며 말했다. "실험실에서는 그래 봐야 소용없을 텐데."[11]

～

니덤의 말은 하나의 예언이었음이 입증됐다. 20세기가 시작되자 생기론은 화학과 물리학에 자신의 기반을 더 많이 내주어야 했다. 심지어는 생명 고유의 것으로 보였던 근본적 힘인 자극감수성마저도 헝가리 출신의 특출한 생리학자 센트죄르지 얼베르트Albert SzentGyörgyi[12](헝가리는 한국과 같이 성이 앞에 온다. 그래서 성이 센트죄르지다—옮긴이)의 연구에 자리를 내주고 말았다.

센트죄르지는 말년에 말했다. "내 내면의 이야기는 지루하진 않지만 아주 단순하다." 그의 내적 삶은 자신의 모든 존재를 과학에 헌신했다는 한마디로 정리된다. 하지만 센트죄르지도 자신의 외적 삶에 다소 굴곡이 많았다는 점을 인정한다. 좋게 말해서 굴곡이지 그 굴곡 중에는 사지에 몰렸던 일들도 있다.

제1차 세계대전이 발발했을 때 센트죄르지는 의대생이었다. 그는 헝가리 군대에 입대해서 3년간 복무하다 결국 전쟁에서 패배했고, 더 이상의 싸움은 무의미한 희생이라는 것을 알게 됐다. 그는 이렇게 적었다. "내가 조국을 위해 할 수 있는 최고의 봉사는 그저 살아남는 것이었다. 그래서 어느 날 전투 현장에서 총으로 내 팔을 쏘아 뼈를 관통하는 총상을 만들었다."

자해한 상처 덕분에 센트죄르지는 헝가리로 돌아올 수 있었는데, 때마침 그때 공산주의자들의 봉기가 일어났다. 그의 가족은 사실상 모든 재산을 잃었고, 그는 아내와 아이와 함께 조국에서 도망 나왔다. 프라하 그리고 이어서 베를린에서 이들은 거의 굶어 죽을 지경까지 가기도 했다. 센트죄르지는 간신히 의학 공부를 이어 가기는 했지만 결국 자신이 실제로는 사람을 치료하는 일에 큰 관심이 없음을 깨달았다. 그는 말했다. "나는 생명을 이해하고 싶었다."

생명을 이해하기 위해 원형질을 해부하는 일에 합류했다. 효소가 세포 안에서 어떻게 협력하여 음식을 연료로 바꾸는지 연구했고 마침내 케임브리지대학교에서 박사학위를 받는다. 센트죄르지가 밝힌 반응은 결국 우리를 살아 있게 해 주는 대사의 순환고리에서 핵심 단계로 밝혀진다. 센트죄르지는 효소에서 생명의 통일성을 확인한 것이다. 그는 말했다. "사람 그리고 사람이 깎는 잔디 사이에는 아무런 근본적 차이가 없다."

그는 노벨상을 수상하게 한 발견을 통해 그 사실을 증명해 보였다. 이 발견은 감자와 레몬을 두고 생긴 궁금증에서 시작됐다. 감자를 자르면 색깔이 갈색으로 변하는데 레몬은 그렇지 않다. 센트죄르지는 산소가 감자에 들어 있는 어떤 화합물과 반응하는데, 레몬에서는 그런 반응을 늦추는 두 번째 화합물이 있다고 추론했다.

그는 여러 해에 걸쳐 그 두 번째 화합물을 찾아 나섰고 결국 많은 식물뿐 아니라 일부 동물의 세포 안에서도 그것을 찾아냈다. 센트죄르지는 1928년에 그 분자에 대한 논문을 발표할 준비를 마쳤지만 여전히 이해할 수 없는 것이 많았다. 만약 누가 그 부분에 대해 물어보았다면 그는 어깨를 으쓱하며 이렇게 말했을 것이다. "신만이 아시겠죠God knows." 사실 그는 〈바이오케미컬 저널Biochemical Journal〉의 편집자에게 그 분자에 대해 자기가 아는 것이 없음을 분명히 밝힐 수 있도록 그 이름을 '갓노즈Godnose'라 지어도 되겠느냐고 물었다. 하지만 학술지 측에서는 그 분자를 헥수론산hexuronic acid이라고 이름 짓게 했다.

이 분자는 훗날 비타민C로 알려지게 된다. 과학자들은 이 분자가 세포 손상을 복구하고, 단백질을 구축하고, 다른 많은 기능에도 필수적이라 판단했다. 레몬과 일부 식물들은 비타민C 생산을 위한 유전자를 가지고 있지만 우리 인간은 음식을 통해 비타민C를 공급받아야 한다. 센트죄르지의 발견으로 이 분자를 아예 처음부터 합성하는 것이 가능해졌지만 그는 비타민C가 전체 인류의 재산이라 믿고 그 분자를 특허 내지 않았다. 그래서 부자가 되지는 않았지만, 스톡홀름으로부터 호출을 받게 됐다.

44세의 나이에 노벨상을 받으면서 센트죄르지는 마침내 자신이 진지한 과학을 추구할 준비가 됐다고 생각했다. 그는 말했다. "나는 이제 경험이 쌓였으니 생명에 대한 이해에 더 가까이 다가서게 해 줄 복잡한 생물학적 과정을 공략할 수 있겠다는 생각이 들었다." 그는 근육 연구를 선택했다. "근육의 기능은 움직이는 것이다. 그리고 언제나 인간은 움직임이야말로 생명 여부를 판단하는 기준이라 여겼다."

그는 헝가리 세게드대학교 교수에 임명되고 젊은 과학자들로 연구진을 꾸려 2세기 전 알브레히트 폰 할러를 괴롭혔던 미스터리, 즉 근육이 움직이는 원리를 알아내는 일에 착수한다. 그는 근육을 소금 용액에 담가 두면 세포에서 끈적한 액체가 방출되는 것을 알고 있었다. 액체 안에는 미오신myosin이라는 실처럼 생긴 단백질이 들어 있다. 이 단백질이 근육을 수축시키는 힘을 만든다고 생각하는 과학자가 많았다.

센트죄르지의 흥미를 끈 또 다른 분자가 있었다. ATP다.[13] 1929년에 발견되었지만 그 용도는 아직 오리무중이었다. 어떤 연구자들은 근육이 ATP를 연료로 사용해서 그 결합이 깨질 때 방출되는 에너지를 포획해 사용한다고 생각했다. 1939년에 센트죄르지는 러시아 생물학자들이 미오신이 ATP 분자를 붙잡아 쪼갠다는 것을 발견했음을 알게 된다. 센트죄르지는 그 반응을 더 자세히 살펴보기로 했다.

1930년대에 이 새로운 줄기의 연구를 개시하면서 센트죄르지는 세상과 단절된다. 헝가리는 베르사유 조약Treaty of Versailles으로 잃어버린 일부 영토를 회복하려는 바람으로 러시아에 대항해서 나치 독일과 느슨한 동맹을 맺었었다. 영국은 헝가리에 전쟁을 선포했고, 헝가리는 결국 주축국Axis 뒤에 숨어 고립되고 말았다. 경력을 쌓는 동안 센트죄르지는 국제적으로 공동연구 네트워크를 구축해 놓았다. 하지만 이제 그와 세게드대학교의 동료들은 따로 연구를 진행해야 하는 처지가 되고 말았다.

머지않아 그의 외로운 연구진은 특별한 것을 보게 된다. 그들은 미오신 가닥들을 분리하고 그것을 끓인 근육 육즙 속에 담갔다. 그러자 투명하고 길었던 가닥들이 몇 초 만에 어두운 색깔의 덩어리로 뭉쳤다. 센트죄르지와 동료들은 분자 수준에서 근육이 수축하는 모습을 목격한 것이다.

이런 움직임이 어떻게 일어났는지 이해하기 위해 연구자들은 끓인 근육 육즙을 가장 기본적인 성분으로 분리했다. 이들은 세포가 제대로 작동할 수 있게 해 주는 칼륨, 마그네슘과 함께 ATP만 들어 있는 용액을 준비했다. 이 세 가지 성분만으로 충분했다. 과학자들이 미오신 가닥을 이 용액에 떨어뜨리자 단백질이 수축했다. 생명의 가장 기본적인 기능 중 하나를 시험관 안에서 재창조한 것이다.

센트죄르지의 연구진인 브루노 스트라우브Bruno Straub는 이것을 두고 "내가 목격했던 가장 아름다운 실험"이라 말했다. 다른 연구진인 윌프리드 모마르츠Wilffried Mommaerts는 "가장 위대한 생물학적 관찰"이었다고 말했다. 모마르츠가 느끼기에 이 실험이 그토록 위대한 이유 중 하나는 그 단순성이었다. 이런 단순성이야말로 "진정한 천재성의 전형적 특징"이었다.

이 천재적 연구가 더욱 놀라운 이유는 센트죄르지가 자신의 시간을 과학과 스파이 활동에 쪼개어 쓰는 와중에 이룬 성과이기 때문이다. 히틀러의 급부상에 충격을 받은 그는 유대인 과학자들의 독일 탈출을 돕고 있었다. 세게드대학교에서 그는 대학 내에서 유대인 사냥에 나선 파시스트 학생 무리를 해산시켰다. 센트죄르지는 노벨상을 받았을 때 그 상금을 전쟁에서 경제적 이득을 취하지 않을 회사의 주식에만 투자했다. (그는 이 주식을 모두 잃었다.) 그리고 전쟁이 터지자 센트죄르지는 조용히 저항단체에 합류했다.

1943년에 그는 비밀임무를 띠고 이스탄불로 가는 기차에 몸을 실었다. 은폐를 위해 터키대학교에서 과학 강연을 하나 했다. 그리고 비밀리에 영국 첩보원들을 만나 헝가리가 편을 바꿔 연합군에 합류할 것을 고려하고 있음을 알렸다.

헝가리로 돌아온 센트죄르지는 자신의 임무가 성공적이었다고 믿었다. 아니었다. 나치 스파이들이 그의 배신을 알아차렸고, 히틀러는 그의 독일 송환을 명령했다. 하지만 헝가리 정부는 센트죄르지를 가택 연금하는 것으로 히틀러를 달래려 했다. 그는 간신히 빠져나와 게슈타포보다 한 발 앞서 달아나며 몇 달을 숨어 살았다. 당시 게슈타포는 저항단체 회원들을 추적해서 대학살을 자행하고 있었다. 그동안 대학에 있는 센트죄르지의 연구진은 근육에 대한 실험을 계속 진행하고 그 결과를 정리하고 있었다. 그리고 가끔 생각지도 않게 센트죄르지가 세게드대학교의 연구실에 나타나 진척 상황을 점검한 후 홀연히 사라졌다.

센트죄르지에게는 살아남는 것보다 자신의 연구를 세상에 알리는 것이 더 중요했다. 만약 게슈타포의 총에 그가 쓰러지기라도 하면 세상은 그와 그 동료들이 한 일을 결코 알 수 없을지도 몰랐다. 센트죄르지는 논문을 몇 백 개 인쇄했고 헝가리 바깥에 있는 친구들에게 보내려고 갖은 노력을 했다. 결국 센트죄르지는 안전하게 숨어 있을 수 있겠다 싶은 곳을 찾았다. 부다페스트에 있는 스웨덴 공사관이었다. 하지만 한 스웨덴 과학자가 센트죄르지에게 근육 연구에 관한 원고를 잘 받아 보았다고 전보를 치는 바람에 탄로가 나고 말았다.

게슈타포는 벌써 몇 달째 잡힐 듯 잡히지 않고 도망 다니는 스파이를 반드시 잡겠다고 벼르며 공사관 급습을 준비했다. 급습이 임박했음을 알게 되자, 스웨덴 대사관은 센트죄르지를 리무진 트렁크에 숨기고 차를 몰고 나갔다.

결국 전쟁의 화마가 헝가리를 덮쳤다. 나치와 소련의 병력이 부다페스트를 차지하기 위해 전투를 시작했고, 그 과정에서 부다페스트도 파괴되었다. 센트죄르지는 두 군대 사이 무인지대no-man's-land에 있는 폭격 당한 건물 안에 숨어 있었다. 그러다 소련 외무부에서 그를 찾기 위해 군대를 보냈다. 그들은 그와 그의 가족들을 부다페스트 남쪽에 있는 소련 군기지로 데리고 갔고, 센트죄르지는 그곳에서 3개월을 살다가 전쟁이 끝나 집으로 돌아갈 수 있었다.

부다페스트의 폐허로 돌아온 센트죄르지는 국가적 영웅이 되어 있었다. 그리고 그가 죽었을까 봐 두려워하던 과학계는 그와 그의 동료들이 생명의 미스터리 중 하나에 대한 해답을 제시한 〈악타 피지올로지카Acta Physiologica〉의 116쪽 보고서를 보고 경탄했다.

센트죄르지는 처음에 헝가리가 번영하는 전후 민주주의 국가가 될 수 있게 소련이 도울 것이라 생각했다. 그는 조국의 과학계를 재건하는 일에 착수했고, 그가 곧 대통령으로 선출될지도 모른다는 소문이 퍼졌다. 하지만 오래지 않아 센트죄르지는 헝가리의 옛 압제자

나치가 새로운 압제자 소련으로 바뀐 것에 불과함을 깨달았다. 소련은 반체제 인사들을 고문하고 죽이기 시작했다. 센트죄르지는 미국의 대학에서 교수 자리를 얻을 수 있기를 바라며 미국과 연락을 시도했다. 하지만 미국 정부는 그가 소련 권력자들과 우호적으로 지냈던 일 때문에 노벨상을 수상한 난민이기에 앞서 스파이일 가능성이 더 높다고 판단했다.

미국에 들어가기 위한 활동의 일환으로 센트죄르지는 보스턴으로 가서 MIT에서 일련의 강연을 했다.[14] 그곳에서 미국 청중들에게 자신이 전쟁 기간 동안 근육에 대해 연구했던 이야기를 들려주었다. 실과 미오신, ATP와 이온에 대해 연설했다. 자신의 연구 내용을 모두 설명한 후에 센트죄르지는 잠시 강연을 멈추고 자기가 연구한 내용들을 되돌아보았다.

"이제 제 강의도 막바지에 이르렀습니다. 아마도 여러분은 제가 극적인 방식으로 생명의 정의를 이야기하며 강연을 마무리하기를 기대하실 겁니다."

생화학자들은 벌써 수십 년째 생명에 대한 정의를 내리고 있었다. 1911년에 체코의 과학자 프리드리히 차페크Friedrich Czapek는 간결한 생명의 정의를 만들었다. "전체적으로 보면 우리가 생명이라 부르는 것은 원형질이라는 살아 있는 물질 속에서 일어나는 수없이 많은 화학 작용의 복합체에 불과하다."[15]

경력을 쌓는 동안 센트죄르지도 자체적으로 생명의 정의를 만들었다. 다만 생명을 단순하게 정의할 수 있으리라는 생각을 조롱하는 정의였다. 그는 곧잘 이렇게 말했다. "생명이란 그저 물의 놀이play of water일 뿐이다."**16**

식물과 세균은 광합성을 통해 물을 쪼개 탄수화물을 만든다. 그리고 식물이든, 우리처럼 식물을 먹는 동물이든 세포가 호흡할 때는 이 탄수화물에 들어 있는 에너지를 뽑아내기 위해 물 분자를 다시 조립해야 한다. 한번은 센트죄르지가 이렇게 말했다. "미소가 입술의 특성 혹은 반응인 것처럼 우리가 '생명'이라 부르는 것도 어떤 특성 quality, 즉 물질 시스템이 가진 특정 반응의 총합이다."**17**

잠시 강연을 멈추고 자신과 동료 생화학자들이 생명에 대해 알아내고 있는 내용들에 대한 깊은 생각에 잠긴 센트죄르지는 의미 있는 정의를 제시하기가 어려웠다. 생명을 화학반응을 통해 스스로 유지하는 존재라 정의한다면 촛불도 생명이 된다. 항성 혹은 인류의 문명도 마찬가지다.

센트죄르지는 MIT 공대의 청중들에게 모든 생명체는 어떤 전형적 특징을 공유한다고 설명했다. 하지만 이런 전형적 특징을 너무 절대적인 것으로 취급하면 반드시 불합리한 모순에 빠질 수밖에 없었다. 센트죄르지는 설명했다. "자가번식self-reproduction은 생명의 전형적 특징이지만 토끼가 한 마리만 있으면 절대 번식을 못 합니다. 그럼 토끼 한 마리는 살아 있는 것이라 말할 수 없게 됩니다."

센트죄르지는 척도를 달리하면 생명의 서로 다른 특성을 찾을 수 있지만, 그것은 우리가 가장 소중히 여기는 생명의 특징에 달려 있다고 말했다. 센트죄르지는 단언했다. "'생명'이라는 명사는 아무런 의미가 없다. 그런 것은 존재하지 않기 때문이다."

MIT 공대에 방문하고 머지않아 센트죄르지는 미국 이민 허가를 받는다. 하지만 교수직을 얻으려던 시도는 실패로 끝나고, 그나마 해양생물학연구실Marine Biological Laboratory과의 미미한 연줄 덕분에 매사추세츠의 코드곶Cape Cod에 가게 된다. 그래도 그는 인생의 대부분을 새로운 조국에서 보냈다. 매년 여름이면 그는 과학자들을 우즈홀 마을의 해안가 집으로 불러들였다. 파티를 열고, 밤에 줄농어 낚시를 다니고, 배영으로 수영을 즐기는 사람들을 이끌고 근처 반도를 돌아다니고, 파티에서 알루미늄포일로 만든 칼과 방패를 들고 시간의 아버지Father Time나 엉클샘Uncle Sam이나 세인트 조지Saint George 복장을 하는 것 등으로 유명해졌다.[18]

센트죄르지는 후원자들의 기금으로 운영되는 연구소를 만들고 우즈홀에서 연구도 계속 이어 나갔다. 그곳에서 그는 살아 있는 물질과 살아 있지 않은 물질 사이의 근본적 차이를 발견하기 위한 새로운 연구를 개시했다.

살아 있는 것은 특별한 종류의 화학적 능력을 부여받는다. 센트죄르지는 이것을 "미묘한 반응성과 유연성"[19]이라 불렀다. 그는 생명이 단백질 안에서 원자에서 원자로 건너다니는 전자들로부터 이런 힘을 얻는다고 믿었다. 그는 비타민C 같은 분자는 세포 안에서 손상을 일으키지 않고도 산소로부터 다른 분자로 전자를 이동시킬 수 있다고 믿었다. 그는 말했다. "이것은 물질에 생명을 불어넣는 것과 관련이 있다."

그의 직관은 옳은 방향을 향하고 있었다. 계속 살아남기 위해서 세포들은 자신의 전하를 관리하고, 전하를 띤 화합물들이 세포 내부를 돌아다니면서 DNA나 단백질을 파괴하지 않게 막아야 한다. 하지만 양자물리학 교육을 받지 못한 센트죄르지로서는 결국 그 문제를 감당하기 버거웠다. 쇼맨십이 강했던 그는 물질에 생명을 불어넣는 법을 배워서 암 치료법을 찾아내겠다고 자신 있게 약속하기도 했다.[20]

1986년에 사망하기 얼마 전에 센트죄르지는 미국 국립보건원NIH에 수백만 달러의 지원금을 요청했다. 하버드대학교의 생물학자이자 오랫동안 센트죄르지를 존경해 왔던 존 에드살John Edsall은 그의 신청서를 검토한 후 연구에 대해 조사하기 위해 그의 연구실을 찾아갔다. 하지만 우즈홀에서 확신을 줄 만한 연구 내용을 거의 찾지 못한 에드살은 센트죄르지의 요청을 거절했다.

에드살은 말했다. "그가 과거에 중요한 문제를 풀기 위해 달려들었을 때 그를 올바르게 인도해 주었던 특별한 감각과 본능이 사라진 것을 느끼고 가슴이 아팠다."[21] 센트죄르지의 노벨상과 전쟁 시기에 근육에 대해 발견한 연구 업적은 그 무엇으로도 지워지지 않을 것이다. 하지만 그의 동료들은 생명의 미스터리가 마침내 그에게 복수하러 찾아온 것을 보고 슬플 수밖에 없었다. 그들을 더욱 슬프게 만들었던 것은 센트죄르지 자신도 무슨 일이 일어나고 있는지 알고 있었다는 것이었다. 그가 1972년에 쓴 에세이에 그런 감정이 잘 드러나 있다.

"나는 해부학에서 조직의 연구로, 그리고 이어서 전자현미경과 화학으로, 그리고 마침내 양자역학까지 내려왔다. 크기의 척도를 따라 이렇게 아래로 아래로 여정이 이어져 온 것이 참으로 아이러니다. 생명의 비밀을 찾아 나섰건만 결국에는 생명이 없는 원자와 전자까지 내려오게 됐으니 말이다. 그 여정 어디선가에서 생명이 내 손가락 사이로 빠져나가고 말았다."[22]

# 스크립트

SCRIPTS

1920년대에 세상은 여전히 양자물리학의 기이함에 적응하는 중이었다. 사람들이 물리학자들이 초심을 잃었다고 생각하는 것도 무리가 아니었다. 그때까지만 해도 물리학자들은 뉴턴의 시계 같은 법칙을 따르는 우아하고 예측 가능한 우주를 주장해 왔는데 이제 와서는 상식과 완전히 어긋나는 우주의 토대에 대해 말하고 있었으니까. 빛은 입자이면서 동시에 파동이었다. 전자는 동시에 이곳에도 있고 저곳에도 있을 수 있다. 그리고 에너지는 일련의 양자도약이었다.

하지만 막스 델브뤽Max Delbrück[1]은 독일에서 물리학도로 있었을 때 이런 새로운 세계를 발견하고는 바로 집에 온 것 같은 편안함을 느꼈다. 그는 양자물리학 이론의 새로운 함축적 의미를 밝혀내고 그것을 이용해서 실제 원자의 속성을 설명하는 탁월한 능력으로 스승들을 감명시켰다. 델브뤽은 1931년에 덴마크로 옮겨 가지 않았다면 계속 그 일만 하면서 성공가도를 달렸을지 모른다. 그가 그곳에 간 이유는 노벨상을 수상한 물리학자 닐스 보어Niels Bohr 밑에서 연구하기 위함이었다. 하지만 그는 보어가 세상에서 가장 이상하다고 생각하는 것이 양자물리학이 아님을 알게 됐다. 그는 생명이 더 이상하다고 생각하고 있었다.

닐스 보어는 물리학자가 모든 물리학적 실체를 동시에 볼 수는 결코 없다고 주장했다. 예를 들어 물리학자가 빛을 연구하고 싶을 때는 빛을 입자면 입자, 파동이면 파동으로서만 연구할 수 있지, 동시에 입자이자 파동인 존재로 연구할 수는 없었다. 보어는 생명도 마찬가지로 이렇게 양면적 속성을 가졌을 거라 믿었다. 물리학자가 신체 안에 들어 있는 기체와 액체를 이해할 수는 있겠지만, 신체가 어떻게 자신의 기체와 액체를 안정적으로 유지해서 살아남을 수 있는지는 설명할 수 없을 것이다.

델브뤽은 훗날 보어에 대해 이렇게 회상했다. "보어는 그 문제에 대한 이야기를 자주 꺼냈다. 살아 있는 유기체를 볼 때는 살아 있는 유기체로 보거나, 뒤죽박죽 뒤섞인 분자 덩어리로 보거나 둘 중 하나라고 말이다."[2]

보어의 도움 아래 델브뤽은 생명을 물리학자가 근본적으로 새로운 무언가를 발견할 수 있을지도 모를 미개척 영역으로 인식하게 됐다. 델브뤽은 이렇게 얘기했다. "가장 단순한 형태의 세포를 살펴보면 그 세포가 유기화학의 평범한 원소들로 이루어져 있고, 그 점을 제외하면 물리학 법칙을 충실히 따른다는 것을 알 수 있다. 그 화합물들을 얼마든 분석할 수 있겠지만, 완전히 새로운 보완적 관점을 도입하지 않는 한, 그 화합물을 가지고 살아 있는 세균을 만들 수는 결코 없다."

우주는 본디 질서를 갈가리 찢어 놓을 목적으로 탄생한 듯 보이지만, 그럼에도 생명은 아주 특별한 질서를 유지한다. 와인잔이 바닥에 떨어져 수백 개의 유리 조각으로 깨지는 모습을 보아도 놀랄 것이 없다. 하지만 수백 개로 조각났던 유리조각이 다시 달라붙어 와인잔으로 되돌아오는 모습을 본다면 정말 놀라울 것이다. 물을 한 주전자 끓이고 거기에 식용색소를 대충 짜 놓은 다음에 그 색소가 저절로 아름다운 무지개 모양으로 변하리라 기대하는 사람은 없을 것이다. 그냥 진흙탕 색깔이 나올 것이다. 생명은 이런 방향성을 거부한다. 알이 부화해서 백조가 되고, 씨앗이 싹을 내어 백일초로 자란다. 심지어 세포 하나도 놀라운 분자적 질서를 유지할 수 있다.

델브뤽은 나중에 이렇게 설명했다. "세상 제일 초라한 것이라도 살아 있는 세포는 변화하는 정교한 분자들로 가득 찬 마법의 퍼즐 상자가 되며, 탐험 정신과 훌륭한 균형 감각으로 손쉽게 작동하는 유기 합성 기술을 놓고 보면 인간이 만든 모든 화학 실험실을 능가한다."

델브뤽은 덴마크에서 보어와 함께 했던 연구를 마치고 독일로 돌아온다. 그리고 물리학자 리제 마이트너Lise Meitner의 베를린 연구소에서 연구한다. 그는 밤에는 감마선의 경로를 조정하는 법 등의 의문을 푸는 연구를 했다. 그리고 밤이면 생물학을 처음부터 공부해 보려 했다. 델브뤽은 자기가 지구에서 보어의 사명을 받아 든 유일한 사람인 것처럼 느꼈다.

델브뤽은 말했다. "물리학자들은 생물학에 대해 충분히 알지 못했고, 전반적으로 그에 대한 관심도 없었다. 그리고 생물학자들에게 있어서 양자역학 같은 것은 자신의 이해력을 완전히 넘어선 분야였다."

결국 델브뤽은 이 경계지대에서 방황하고 있는 다른 사람들을 몇 명 찾아냈다. 그는 그들을 "말하자면 내부 유배를 당한 이론물리학자 집단"이라고 불렀다. 델브뤽은 보어가 양자물리학을 함께 탐구하기 위해 코펜하겐에 물리학자들로 이루어진 작은 사회를 구축한 것을 존경했었다. 그래서 자신도 베를린에서 그와 비슷한 것을 시도했다. 그는 새로운 친구들을 어머니의 집으로 초대해 모임을 가졌다. 모임의 안건은 "생명의 수수께끼에 대해 함께 고민하는 것"[3]이었다.

부흐너가 효모를 갈 때마다 치마아제가 나왔다. 하지만 생화학자들이 다른 종의 세포들을 해체해 보니 다른 효소들이 나왔다. 치마아제는 어째서 효모 세포에는 들어 있는데, 우리 인간의 세포에는 없을까? 그리고 한 효모 세포가 둘로 분열해도 새로운 세포들이 여전히 치마아제의 공급을 자체적으로 유지할 수 있는 것은 무엇 때문일까? 델브뤽이 1932년에 생물학으로 전향했을 때만 해도 생물학자들은 막연한 추측만 하고 있었다. 이들은 유전적 인자hereditary factor가 그 해답의 일부라 의심했다. 이들은 이 인자를 유전자gene라 불렀다. 하지만 유전자의 진짜 정체는 알 수 없었다.

사실 유전자가 추상적인 대상에 불과할 가능성도 있었다. 유전의 패턴이 세포 내부의 미묘한 특성들의 조합으로부터 등장할지도 모를 일이었다. 하지만 과학자들이 세포를 자세히 들여다볼수록 유전자가 염색체chromosome라고 하는 실처럼 생긴 신비의 물체와 관련 있을 거라는 의심이 들었다. 과학자들은 우리의 각 세포 안에서 23쌍의 염색체를 관찰했다. 그리고 세포가 분열할 때는 염색체가 두 개의 세트로 두 배 늘어나는 것을 관찰했다. 그리고 성세포는 각 염색체 복사본을 하나씩만 갖게 되고, 나중에 수정하면서 나머지 복사본과 합쳐져 쌍을 이룬다는 것도 알게 됐다. 하지만 이런 움직임을 조정하는 것이 무엇인지, 어떻게 이렇게 물려받은 염색체가 우리의 특성에 영향을 미치는지는 아무도 알지 못했다.

1923년에 이 한 판의 춤을 설명해 보려고 했던 생물학자 에드먼드 윌슨은 이것이 너무 복잡하고 정교해서 진짜라고 받아들이기 어렵다고 고백했다. "정말 놀라운 일이 아닐 수 없다. 이런 연구 결과는 실로 충격적이다. 사람에 따라서는 현재 물리학이 원자의 구조와 관련해서 우리에게 받아들이기를 강요하고 있는 내용보다 오히려 이것이 훨씬 받아들이기 어려울 것이다."[4]

염색체와 유전에 관한 가장 중요한 단서는 파리로 가득한 컬럼비아대학교의 한 방에서 나왔다. 그곳에서는 토머스 헌트 모건Thomas Hunt Morgan이라는 생물학자가 과학 연구진을 이끌고 초파리의 염색체를 현미경으로 조사하고 있었다. 염색체는 뱀처럼 길이를 따라 띠무늬가 나 있다. 한 세대에서 다음 세대로 이 분자들을 추적해 보니 염색체 쌍이 서로 일부 구간을 맞바꾸는 것을 추적할 수 있었다.

모건의 연구진은 물려받은 짧은 염색체 조각이 초파리의 특성을 결정할 수 있음을 증명해 보였다. 이것으로 초파리의 눈 색깔을 빨간색이나 하얀색으로 만들 수 있고, 추위를 견디는 초파리를 만들거나, 추위에 얼어 죽는 초파리를 만들 수도 있었다. 이런 극단적인 결과를 보며 모건은 이 염색체 구간에 유전자가 숨어 있다고 의심했다.

그가 할 수 있는 말은 많지 않았다. 우선 염색체는 단백질 그리고 핵산nucleic acid이라는 특히나 이상한 물질이 뒤범벅된 흉측한 생화학 물질이었다. 하지만 모건의 학생인 하면 멀러Hermann Muller는 초파리에 엑스선을 조사해서 유전자에 대한 결정적 단서를 확보한다. 그는 가끔 초파리에 돌연변이를 유도할 수 있었다. 그래서 모두 빨간 눈을 갖고 있던 선조에서 갑자기 갈색 눈이 등장하기도 했다. 멀러가 돌연변이를 유도하면 초파리는 그 새로운 특성을 후대에 물려줄 수 있었다. 바꿔 말하면 멀러는 초파리의 유전자를 바꿔 놓은 것이다.

멀러는 돌연변이가 일상적으로 일어나는 것이라고 생각했다. 자연은 유전자를 바꾸기 위해 엑스선을 필요로 하지 않았다. 고온이나 특정 종류의 화학물질로도 가끔 유전자를 무작위로 바꿀 수 있다. 그리고 그런 무작위 변화로부터 생명의 모든 변이가 등장한 것이다. 1926년에 멀러는 유전자가 '생명의 기반basis of life'[5]이라 말했다.

1932년에 멀러는 베를린으로 와서 그곳의 유전학자들과 연구했다. 그리고 다른 종류의 방사선을 초파리에 조사해서 어떤 종류의 돌연변이가 만들어지는지 확인하려 했다. 델브뤽은 멀러를 만나고 경이를 느껴 양자물리학에 대한 자신의 지식을 이용해 그 현상을 이해해 보겠다고 결심했다. 멀러가 소련에 생긴 자리를 위해 베를린을 떠난 후로 델브뤽은 유전학자들과 공동연구를 시작했고 그가 '암시장 연구black-market research'[6]라 부르는 것을 수행했다.

델브뤽은 그 정확한 본성이 무엇이든 간에 유전자는 대단히 역설적인 존재임을 깨달았다. 수천 세대를 거치며 안정적으로 잘 전달되다가 갑자기 돌연변이를 일으키고는 다시 한 번 안정적 상태로 돌아오니까 말이다. 델브뤼은 이 역설에 대한 해법을 물리학에서 찾았다.

원자가 빛의 광자를 흡수하면 그 전자 중 하나가 더 높은 에너지 준위로 뛰어올라 그곳에 머물 수 있다. 엑스선도 유전자에 동일한 효과를 나타낼 수 있다. 대단히 폭이 좁은 광선인 엑스선이 돌연변이를 일으킬 수 있는 것을 보면 유전자도 분명 굉장히 작아야 했다.

델브뤼과 동료들은 1935년 논문에서 경고했다. "이런 내용은 확실한 것이 없는 상황에서 추측에 주로 의존한 것이다."

이 논문이 행여 사람들에게 오해를 촉발할까 봐 걱정해서 한 말이었다면 안심해도 될 것 같다. 이 논문은 한 학술지에 발표됐는데 나중에 델브뤼이 말한 바에 따르면 아무도 읽지 않는 학술지였다고 한다. 그는 자신과 동료들의 개념이 아주 신속하게 "특급 장례식"을 치렀다고 말했다.

이 유전자 논문을 발표하고 머지않아 델브뤼은 나치 독일을 탈출했다. 자신의 고국뿐만 아니라 과학도 뒤로하고 왔다. 온전히 생물학자가 되기 위해 물리학을 포기한 델브뤼은 당시 캘리포니아공과대학교에 있던 토머스 헌트 모건의 연구실로 찾아갔다. 하지만 그곳에 도착한 델브뤼은 자기가 끔찍한 실수를 저질렀다고 느꼈다. 델브뤼은 나중에 이렇게 회상했다. "모건은 이 이론물리학자를 데리고 대체 무엇을 해야 할지 몰랐다." 모건의 초파리 실험을 시도해 본 그는 연구가 무척 지루하고, 거기서 나온 연구 결과도 이해하기 어렵다고 느꼈다.

하지만 행운이 찾아왔다. 어느 날 델브뤼은 우연히 에모리 엘리스Emory Ellis라는 생화학자와 만나게 된다. 델브뤼은 엘리스가 동물 대신 파지를 연구한다는 사실을 알고 흥미를 느꼈다. 엘리스가 진행하던 실험은 간단하지만 강력했다. 그는 페트리 접시에 세균을 죽이는 바이러스를 첨가했다. 그럼 파지가 수백만 마리의 숙주를 죽인 장소에 유령 같은 구멍이 생겼다. 이 구멍에서 한천을 조금만 떼어다가 감염되지 않은 접시에 풀어도 새로이 발병이 일어났다. 파지는 자체 유전자를 가진 것으로 보였지만, 그냥 자신의 복사본을 만들어 번식했다. 복잡하게 암수가 만나서 염색체를 뒤섞고 말고 할 필요가 없었다.

델브뤼크는 애정을 담아 바이러스를 "생물학의 원자"라 불렀다. 그는 자체적으로 실험을 진행했고, 결국 훗날 그에게 노벨상을 안겨 줄 연구 결과를 꽃피우게 된다. 바이러스도 초파리처럼 돌연변이를 일으키는 것으로 밝혀졌다. 어떤 돌연변이는 한 세균 균주에 대한 바이러스의 감염력을 앗아갔다. 어떤 것은 새로운 세균을 공격할 수 있는 능력을 부여해 주었다. 델브뤼크는 페트리 접시에 생긴 유령 같은 구멍을 세어 돌연변이가 얼마나 자주 일어나는지 정확히 측정할 수 있었다. 당시 그가 추구하는 새로운 과학을 알아주는 이가 거의 없었지만 그는 새로 시작한 생물학자로서의 삶에 만족했다.

그가 생물학자로 새로운 경력을 시작한 지 몇 년 후인 1945년에 한 친구가 델브뤼크에게 당시 세상을 떠들썩하게 만들었던 얇은 새 책을 건네주었다. 제목은 《생명이란 무엇인가What is Life?》였다. 델브뤼크은 이 책을 읽고 정신이 아득할 정도로 충격을 받았다. 저자는 델브뤼크이 독일에서 양자물리학을 연구하던 당시에 알고 지냈던 물리학자 에르빈 슈뢰딩거Erwin Schrödinger[7]였다. 슈뢰딩거가 이 책의 제목으로 사용된 질문에 답하기 위해 델브뤽이 특급 장례식을 치렀던 그 논문을 찾아서 부활시켰던 것이다.

⌣

에르빈 슈뢰딩거는 1887년에 빈에서 태어났고, 취리히로 가서 물리학 교수가 되었다. 그곳에서 그는 자신의 이름이 붙은 방정식을 만들게 된다. 이 슈뢰딩거 방정식Schrödinger equation은 광자든, 원자든, 분자의 집단이든, 어느 한 계界가 어떻게 시간과 공간을 가로지르며 파동처럼 변화하는지 예측해 준다. 하지만 슈뢰딩거의 이름은 고양이가 등장하는 가장 유명한 사고실험에서도 등장한다.

슈뢰딩거는 자신과 다른 양자물리학자들의 연구가 아주 기이한 의미를 함축하고 있다는 사실을 알아차렸다. 그는 이것이 얼마나 기이한지 머릿속으로 상상해 볼 수 있는 방법을 제안했다. 상자 안에 고양이가 한 마리 들어 있다고 해 보자. 상자 안에는 상자를 독으로 가득 채워 고양이를 죽일 수 있는 장치가 설치되어 있다. 이번에는 이 장치가 자발적으로 붕괴하는 방사선 원자에 반응해서 작동을 개시한다고 상상해 보자.

1930년대 양자물리학의 주요 해석에 따르면 원자는 붕괴된 상태와 붕괴되지 않은 상태로 동시에 존재할 수 있다. 그 상태를 관찰해야만 비로소 그 파동 같은 속성이 붕괴하면서 두 상태 중 어느 하나로 정해진다. 슈뢰딩거의 주장에 따르면, 만약 양자물리학이 옳다면 그 고양이는 동시에 살아 있으면서 죽어 있는 상태라야 한다. 오직 관찰자가 상자를 들여다보았을 때라야 비로소 그 고양이는 둘 중 하나의 운명을 받아들이게 된다.

슈뢰딩거에게 있어서 삶과 죽음은 한낱 사고실험의 재료가 아니었다. 식물학자였던 그의 아버지는 그가 어렸을 때 그에게 식물의 복잡성에 대해 설명해 주었다. 슈뢰딩거는 대학생 시절에 생물학 서적을 닥치는 대로 읽었다. 나중에 멀러가 엑스선으로 돌연변이를 만들어 내자 슈뢰딩거는 유전자의 본질에 흥미를 느꼈다. 그는 자신의 말처럼 "살아 있는 물질과 죽어 있는 물질 사이의 근본적 차이점"[8]에 대해 일반인으로서 느끼는 호기심을 갖게 됐다. 한 친구가 유전자에 대한 델브뤽의 1935년 논문을 슈뢰딩거에게 건네주자, 그 논문은 그의 생각이 자라날 수 있는 핵심 토대가 되어 준다. 당시 델브뤽과 슈뢰딩거는 소수의 사람만 참가할 수 있는 유럽 양자물리학계의 전문가 동료였다. 하지만 슈뢰딩거는 델브뤽에게 그로부터 영감을 얻었다는 말이나 편지를 한 번도 한 적이 없었다.

델브뤽처럼 슈뢰딩거도 나치를 피해 달아났다. 그는 캘리포니아 대신 아일랜드에 자리 잡았다. 아일랜드 정부는 연구소를 차려서 그에게 운영을 맡겼다. 이 자리를 맡은 그가 담당해야 할 여러 가지 일 중 하나는 트리니티칼리지에서 대중을 상대로 일련의 강연을 하는 것이었다. 슈뢰딩거는 자신의 방정식에 대한 얘기는 하지 않기로 마음먹었다. 양자물리학을 아는 청중을 대상으로 하는 것이 아니었기 때문이다. 그 대신 생명의 본성[9]에 대한 자신의 개인적 생각에 대한 강연을 진행했다.

1943년 2월에 구름 같은 관중이 강연장을 찾아왔다. 주최측에서는 수천 명의 사람을 돌려보내야 했다. 슈뢰딩거는 연단에 오르면서 가득 들어찬 청중에게 자기가 전문가가 아니라 '순진한 물리학자'로서 강연을 할 예정이라고 미리 알렸다. 그에게는 순진한 질문이 하나 있었다. 거의 250년 전에 게오르크 에른스트 슈탈이 물었던 질문, 바로 "생명이란 무엇인가?"였다.

슈뢰딩거가 그 더블린의 청중들에게 설명한 생물학 중에서 새로운 내용은 많지 않았다. 그리고 그나마 새로운 내용 중에도 결국 틀린 것으로 밝혀진 것이 많았다. 하지만 그는 살아 있음의 의미에 관한 현대과학적 접근방식의 틀을 마련했다. 그의 개념들은 분자적 기반 위에서 생물학을 이해하려는 여러 세대의 과학자들에게 지침서 역할을 해 주었다. 그리고 그만큼이나 중요한 부분이 또 있다. 그는 물리학자들이 생명의 영역으로 넘어왔을 때 물리학 이론들이 얼마나 큰 실패를 맛보았는지 분명히 보여 주었다. 80년이 지난 지금도 물리학자들은 여전히 슈뢰딩거의 도전에 부응하기 위해 몸부림치고 있다.

슈뢰딩거는 이렇게 선언했다. "생명체는 음의 엔트로피negative entropy를 먹고 산다." 엔트로피는 본질적으로 무질서도를 측정한 것이다. 원자와 분자들은 이리저리 부딪치면서 시간이 지나면 자연스럽게 엔트로피가 증가한다. 생명이 질서를 유지하기 위해서는 외부에서 에너지를 끌어와서 내부에서 상승하는 엔트로피를 상쇄해야 한다. 그리고 생명은 자신의 유전자를 후대에게 전달함으로써 자신의 질서를 미래로 확장한다.

유전에 대해 설명하기 위해 슈뢰딩거는 십 년 전 델브뤽의 염색체 연구를 이용한다. 슈뢰딩거는 염색체를 유전자를 함유하고 있으면서 한 세대에서 다른 세대로 복제가 가능한 안정적 결정이라 생각했다.

이것이 어떤 식으로 작동할지는 슈뢰딩거 역시 전혀 감을 잡을 수 없었다. 이 결정은 그의 표현을 빌리면 '비주기적aperiodic'이어야 했다. 일반적인 결정은 주기적인 패턴으로 같은 형태가 반복된다. 얼음은 물 분자의 격자이고, 소금은 나트륨과 염소로 만들어진 틀이 길게 이어져 있는 것이다. 이런 결정 속에서는 아무리 뒤져 봐도 패턴이 모두 동일하다. 하지만 슈뢰딩거는 염색체의 경우 변이를 가지고 있어서 계속 동일하게 반복되지 않는 원자 배열을 가졌을 거라 추측했다. 이런 변이가 슈뢰딩거가 말하는 '코드스크립트codescript'로 작동해서 전체 생명체를 만들 수도 있다.

슈뢰딩거는 추측했다. "이들의 구조에서 나타나는 차이는 똑같은 패턴이 주기적으로 거듭 반복되는 평범한 벽지와 지루한 반복이 없는 대가의 정교하고, 일관성 있고, 의미 있는 디자인이 새겨진 라파엘로 태피스트리Raphael tapestry 같은 자수 작품의 차이와 같다."

엔트로피와 코드스크립트에 대한 생각이 담겨 있는 것이었는데도 슈뢰딩거의 강연은 엄청난 인기를 끌었다. 어찌나 인기가 많았는지 그 강연을 다시 해야 할 정도였다. 그의 선풍적인 개념들에 대한 이야기가 퍼지자 한 출판사에서 그에게 강연 내용을 짧은 책으로 엮어 보자는 제안을 했다. 이렇게 해서 나온《생명이란 무엇인가》는 그 다음 해에 공전의 히트를 치게 된다. 이 책은 대중만 매료시킨 것이 아니었다. 과학의 흐름도 바꾸어 놓았다. 출판되고 9년 후에는《생명이란 무엇인가》의 두 독자가 슈뢰딩거의 비주기적 결정이 그저 하나의 개념이 아니라 실제 분자라는 것을 밝혀냈다. 우리 각각의 세포 안에 자리 잡은 DNA가 바로 그 주인공이었다.

그 두 독자 중 한 명은 프랜시스 크릭Francis Crick[10]이라는 영국의 물리학자였다. 1916년에 영국 교외의 중산층 부모 밑에서 태어난 크릭은 십대 초반에 종교에 대한 신념을 잃고, 대신 과학을 통해 세상을 이해하려 했다. 그는 훗날 이렇게 적었다. "과학이 아직 설명하지 못한 미스터리가 종교적 미신을 대신할 피난처가 되어 주었다."[11] 크릭은 유니버시티칼리지런던에서 물리학 공부를 선택했지만 교수들에게 큰 인상을 남기지는 못했다. 대학원에서 그는 물의 점도를 측정하는 과제를 부여받았는데 그는 이것을 '상상할 수 있는 가장 따분한 문제'[12]라 불렀다.

크릭은 제2차 세계대전 동안 영국의 해군성 연구소Admiralty Research Laboratory에서 일하며 나치의 배들을 가라앉힐 수중 기뢰를 설계했다. 평화가 찾아오자 크릭은 다시 물의 점도를 측정하는 일로 돌아가고 싶지 않았고, 더 많은 전투 기계를 만들고 싶지도 않았다. 그는 무언가 더 심오한 것을 갈망했다. 어느 날 그는 최근에 항생제가 발견되었다는 글을 읽었다. 그리고 이 분자가 사람의 생명을 살릴 수 있다는 아이디어에서 전기에 감전된 것 같은 흥분을 느꼈다. 크릭은 이 내용에 대해 친구들에게 이야기하다가 자신의 목소리에 엄청난 열정이 묻어나고 있음을 문득 깨달았다. 그리고 과연 나이 삼십에 물리학자에서 생물학자로의 급진적인 변신이 가능할지 궁금해졌다.

그가 《생명이란 무엇인가》를 읽은 것이 그 즈음이었다. 슈뢰딩거의 책을 읽고 크릭은 생물학자로의 변신이 그리 급진적인 것만은 아닐지 모른다는 자신감을 얻었다. 결국 생명이란 물리학이 아직 신통하게 설명하지 못하고 있는 세상의 일부일 뿐이었다. 크릭은 관심의 범위를 단일 항생제나 다른 유기 분자로 제한하지 않겠다고 마음먹는다. 대신 '살아 있는 것과 살아 있지 않은 것 사이의 경계선'[13]에 마음이 끌렸다.

종교적 미신에 대한 크릭의 적대적 태도도 그를 그 방향으로 몰고 가는 데 도움이 됐다. 어린 시절 교회에 대한 경멸이 성인이 되어서는 더욱 확장됐다. 그는 생명이 단순한 메커니즘으로 환원되는 일이 없을 거라 주장하는 지성인을 경멸했다. 크릭이 보기에 그들은 생기론의 잔재에 불과했다. 제2차 세계대전 후에도 프랑스의 철학자 앙리 베르그송은 유행을 이어 갔고, 신학자 겸 고생물학자 피에르 테야르 드 샤르댕Pierre Teilhard de Chardin은 분자에는 목적이 깃들어 있어서, 처음에는 생명을, 궁극적으로는 의식을 낳았다고 주장하여 명성을 날렸다. 영국에서는 작가 C. S. 루이스C. S. Lewis가 세상에 대한 현대 과학자들의 암울한 비전에 경멸을 보내며, 현대과학이 생명의 영광을 파괴하지 않는 자연의 연구로 대체되기를 희망했다. 1943년에 그는 말했다. "그 연구는 설명을 해도 모든 것을 낱낱이 설명하지 않을 것이고, 부분에 대해 이야기할 때도 전체를 기억할 것이다."[14]

크릭에게 있어서 전체를 이해할 수 있는 단 한 가지 방법은 부분에서 시작하는 것이었다. 그는 캐번디시 연구소에 자리를 얻었다. 그보다 40년 전에 존 버틀러 버크가 라디오브에 현혹되었던 바로 그 기관이다. 1900년대 초반에만 해도 생명에 대한 버크의 집착은 캐번디시연구소에서 별난 경우에 해당했었다. 그의 동료들은 모두 전자, 방사능, 기타 생명 없는 대상에 대한 연구로 만족하고 있었다. 하지만 1940년대에는 캐번디시의 물리학자들이 자신의 전문성을 생물 분자들을 이해하는 데 활용하고 있었다.

생명의 화합물의 구조를 알아내기 위해 이들은 분자들을 살살 달래가며 결정으로 조립해 보았다. 그리고 거기에 엑스선을 쏘았다. 그럼 엑스선은 결정에 튕겨 나온 후에 사진건판에 부딪혔다. 이렇게 나온 사진에 찍힌 유령 같은 점과 곡선을 보면 반복되는 결정 구조물의 형태를 짐작할 수 있었다. 그럼 캐번디시의 연구자들은 수학 방정식을 이용해서 사진 속의 흔적으로부터 분자의 형태를 계산해 낼 수 있었다. 이들은 간단한 비타민이나 다른 소형 분자에서 먼저 시작한 다음, 단백질이라는 만만치 않은 도전 과제로 넘어갔다. 단백질은 거대한 아미노산 사슬이 복잡하게 얽혀 있는 분자였다.

단백질의 구조를 알아내면 과학자들이 단백질의 행동과 목적을 이해하는 데 도움이 될 것이었다. 생화학자들은 이미 효소에는 어느 정도 익숙한 상태였다. 효소는 화학반응의 속도를 끌어올리는 단백질이었다. 어떤 단백질은 신호로 작동하는 듯 보였고, 어떤 단백질은 벽돌처럼 서로 맞물려 우리 몸을 구축하는 역할을 했다. 1940년대에 많은 생화학자들이 유전자가 염색체 안에 자리 잡은 단백질로 이루어졌으리라 생각했다.

크릭은 캐번디시에 도착하고 오래지 않아 단백질의 꼬임과 접힘을 머릿속에 그린 후에 그것이 X선 사진에서 어떤 모습으로 보일지 이해할 수 있는 초능력을 선보이며 그곳의 과학자들에게 깊은 인상을 남겼다. 하지만 이 연구를 시작하고 오래지 않아 크릭은 집중력을 잃고 말았다. 1940년대 말과 1950년대 초에 진행된 일련의 실험을 통해 단백질이 유전정보를 담고 있지 않다는 것이 밝혀졌다. 염색체 속에 엉켜 있는 핵산인 DNA가 반드시 필요한 것으로 입증됐다.

당시에는 DNA의 구조에 대해 잘 아는 사람이 없었다. 크릭은 DNA의 형태가 어떤 모습이라야 슈뢰딩거가 말한 비주기적 결정으로 작용할 수 있을지 생각해 보았다. 캐번디시의 상사들은 그에게 그런 쓸데없는 공상에 빠지지 말라고 했지만 1951년에 그는 케임브리지대학교에 방문한 한 젊은 미국인을 만나게 된다. 그도 역시 슈뢰딩거의《생명이란 무엇인가》를 좋아하는 사람이었다. 제임스 왓슨James Watson은 크릭과 몇 시간 동안 쉬지 않고 즐겁게 DNA에 대해 이야기했다.

하지만 대화만으로는 한계가 있었다. 만약 DNA가 생명의 코드 스크립트라면 그들은 그것이 어떻게 유전자를 저장하는지 알고 싶었다. 크릭과 왓슨은 런던의 한 과학연구진이 DNA 결정의 그림을 최초로 그려 보려 노력하고 있다는 것을 알았다. 로잘린드 프랭클린 Rosalind Franklin이 이끄는 이 연구진은 세심하고 체계적으로 DNA 분자를 준비해서 각도를 달리하며 엑스선을 조사하고, 거기서 나오는 이미지를 조사했다.

프랭클린은 크릭과 왓슨의 조급함을 도저히 참을 수 없었고, 심지어 한번은 다시 연구를 시작하기 위해 왓슨을 자기 연구실에서 쫓아내기도 했다. 두 사람이 예비 연구에서 얻은 이미지를 기반으로 모형을 구축하려 했을 때는 그녀가 케임브리지로 찾아가 두 사람에게 그 모형이 모두 틀렸다고 설명하기도 했다. 나중에 그녀 모르게 크릭과 왓슨은 그녀의 미발표 연구를 보게 됐다. 거기서 얻은 단서를 가지고 마침내 두 사람은 새로운 구조를 만들 수 있었다. 이들은 이 구조가 과학자들이 알고 있는 DNA의 화학과 잘 맞아떨어지고, 더 나아가 DNA가 어떻게 유전자의 재료가 될 수 있는지도 설명한다고 믿었다.

미친 듯이 지그재그로 움직이며 뒤엉켜 있는 덩어리인 단백질에 비하면 DNA는 우아할 정도로 단순했다. 크릭과 왓슨은 DNA가 서로 꼬이며 나란히 놓여 있는 한 쌍의 뼈대를 사다리 가로대 같은 구조물들이 연결하고 있는 형태임을 알아차렸다. 각각의 가로대는 염기$_{base}$라는 한 쌍의 화합물로 이루어져 있다. DNA 조각에 들어 있는 각 가로대에서 염기는 네 가지 형태 중 한 가지를 취할 수 있다. 수천 개의 염기쌍이 이어져 있는 각각의 유전자는 이런 염기가 고유한 서열을 이루고 있다.

크릭은 1953년에 12세 아들 마이클에게 편지를 보냈다. "이제 우리는 D.N.A.가 암호라 믿고 있단다. 그러니까 염기(글자)의 순서 차이에 따라 유전자가 달라진다는 것이지. (글자에 따라 책의 페이지마다 내용이 달라지는 것처럼 말이야)."[15]

크릭과 왓슨의 모형은 생명체가 유전자의 질서를 어떻게 유지하는지도 보여 주었다. 세포는 DNA의 뼈대 두 개를 염기들이 양쪽에 그대로 매달려 있는 상태에서 떼어내서 복사를 진행할 수 있다. 각각의 염기 종류는 결합할 수 있는 염기가 정해져 있기 때문에 두 개의 복사본을 정확하고 손쉽게 만들 수 있다.

크릭과 왓슨은 DNA의 구조를 밝혀냈음을 깨달은 날 근처 술집으로 달려가 자축했다. 크릭은 "우리가 생명의 비밀을 찾아냈다"라고 외쳤다. 이것은 생기론자들과의 전쟁에서 승리를 거두었다는 선언이었다. 두 사람은 프랭클린 및 다른 동료들과 함께 연구 결과를 논문으로 썼고, 1953년 4월 25일에 〈네이처〉에 이중나선double-helix 모형과 그를 뒷받침하는 증거가 담긴 논문을 발표했다. 〈뉴욕타임스〉에서 크릭을 인터뷰했을 때 그는 그 아이디어가 "왠지 맞는 것 같다는 느낌이"[16] 들었다고 말했다.

8월에 크릭은 새로 인쇄한 논문을 더블린의 슈뢰딩거에게 보내면서 짧은 주석을 달았다. "당신이 이름 붙인 '비주기적 결정'이라는 용어는 아주 적절한 선택으로 보입니다."[17]

～⌣～

DNA가 당장에 지금처럼 생명의 아이콘으로 자리 잡은 것은 아니었다. 크릭과 왓슨이 1962년에 노벨상을 공동 수상하면서 DNA도 어느 정도 명성을 얻었다(프랭클린은 1958년에 암으로 사망하는 바람에 수상 대상이 되지 못했다). 하지만 이 분자가 대중문화로 침투한 것은 왓슨이 1968년에 이 발견에 대한 이야기를 《이중나선The Double Helix》이라는 책으로 펴내고 베스트셀러가 되면서부터다. 이 책에서 그는 그들의 논문이 〈네이처〉에 실린 지 얼마 안 됐을 때 촬영한 사진을 실었다.

두 과학자는 캐번디시 연구소에서 막대기와 판자, 나사를 이용해 만든 사람 크기의 이중나선 모형 옆에서 포즈를 취했다. 크릭이 계산자로 휘감아 올라가는 뼈대를 가리키고 있고, 왓슨은 그 모습을 지켜보고 있다. 이 사진은 생명에 대한 현대적 개념의 전환점을 상징하게 됐다. 한 역사가는 이것을 아인슈타인의 인물사진, 원폭투하 버섯구름 사진과 함께 20세기 과학계의 가장 중요한 사진으로 꼽았다.[18]

하지만 아이콘은 필연적으로 역사를 왜곡하게 된다. 우선 이 사진에는 로잘린드 프랭클린이 빠져 있다. 또한 이 사진은 크릭에 대한 기억에도 해를 끼친다. 사진은 그를 이중나선이라는 틀에 가두는 효과를 보였다. 마치 그의 업적이 그것밖에 없는 것처럼. 하지만 크릭은 이후로도 연구를 이어 갔고, 이중나선의 발견만큼이나 심오한 성과를 거두었다. 그는 국제적인 과학자 네트워크와 힘을 합쳐 세포가 유전자에 들어 있는 정보를 단백질 구조로 전환하는 규칙을 밝혀냈다. 이들은 그 규칙에 유전암호genetic code라는 이름을 붙였다. 크릭이 계산자로 유전암호를 가리키는 모습을 사진으로 남긴 사람은 없다. 하지만 이 발견도 이중나선의 발견만큼이나 중요한 것이라 말할 수 있다.

크릭은 유전자와 단백질이 서로 다른 알파벳을 사용한다는 것을 깨달았다. DNA는 4개의 서로 다른 염기로 이루어진다. 반면 단백질은 약 20종의 아미노산을 조립해서 만들어진다. 일단 세포에서 유전자로부터 RNA 복사본이 만들어지면, 그 RNA는 리보솜ribosome이라는 단백질 제작 공장에 투입된다. 크릭과 동료들은 리보솜이 연속으로 3개의 염기를 읽어 그것을 바탕으로 단백질에 어떤 아미노산을 추가할지 결정한다는 것을 알아냈다. 돌연변이가 일어나 이 염기 중 하나가 바뀌면 세포는 그 위치에 다른 아미노산이 들어가는 단백질을 만들게 된다.

크릭에게 유전암호는 그냥 맞는 것 같다는 느낌만이 아니라, 생명에 대한 그의 과학적 접근법의 승리를 상징했다. 그는 이렇게 선언했다. "어떤 면에서 보면 이것은 분자생물학의 핵심이다. 이후로는 회의론자들도 우리가 여러 해에 걸쳐 증명한 분자생물학의 근본 가정들을 거부하기 어려울 것이다."[19]

하지만 크릭은 우아하게 승리를 만끽할 수 없었다. 실망스럽게도 유전암호까지 발견해서 보여 주었는데 생기론자들은 자신의 오류를 깨닫지 못했다. 어느 날 케임브리지대학교의 한 성직자가 그에게 DNA는 초감각적 지각extrasensory perception의 증거일지도 모른다고 알려왔다. 크릭은 지구가 어떻게 자기장을 만들어 내는지 밝혀서 유명해진 프린스턴대학교의 물리학자 월터 엘사세르Walter Elsasser의 글을 읽고 경악했다. 엘사세르는 생물학에도 손을 대 보기로 마음먹었다. 1958년에 엘사세르는 "기계적 기능이라는 면에서는 설명이 불가능한 바이오토닉biotonic 현상"을 발견했다고 주장했다. 또 한 명의 과학자는 〈네이처〉에 글을 보내 생명을 무생물과 구분하는 것은 원자와 분자로는 결코 설명할 수 없는 '생물학적 욕구biological urge'라고 주장했다.

크릭은 너무도 화가 나서 케임브리지대학교 주변에서 강연을 시작하며 생기론이 문명에 가하는 위협에 대해 경고했다. 그 후로 머지않아 워싱턴대학교가 시애틀에 와서 강연을 해 달라는 요청을 했다. 강연 주제는 과학과 철학이 "합리적 우주에 대한 인간의 지각"에 미치는 영향이었다. 크릭은 이것을 세간의 관심을 받으며 적들을 공격할 기회로 활용한다. 그는 강연의 제목을 '생기론은 죽었는가?Is Vatalism Dead?'[20]로 정했다.

시애틀에서 크릭은 유전, 유전암호, 세포의 작동방식 등 자신이 참여했던 아찔할 정도로 놀라운 발전에 대해 청중에게 마음껏 이야기를 풀었다. 하지만 그 모든 증거에도 불구하고 생기론은 여전히 사라지지 않고 남았다. 크릭은 생기론이 연명하는 이유는 우리가 미신에 약하기 때문이라고 비난했다. 크릭이 생각할 수 있는 해법은 딱 하나, 학교를 장악하는 것이었다. 그는 예술이 착시를 조장하지 못하게 모든 학생에게 상당한 수준의 과학과목 수강을 요구해야 한다고 생각했다. 크릭은 낡은 문학 문화literary culture는 분명 죽어 가고 있으며 "전반적인 과학, 특히 자연선택"에 기반을 둔 새로운 문화가 그 자리를 대체할 것이라 선언했다.

크릭은 시애틀 강연을 가혹한 경고로 마무리했다. "혹시나 생기론자일지 모를 사람들에게 이런 예언을 하고 싶습니다. 어제는 모든 사람의 믿음이었고, 오늘은 당신의 믿음인 그 내용들이 내일이면 괴짜들만의 믿음이 되어 있을 것입니다."

크릭은 과학자로서의 능력은 뛰어났을지 모르지만 논객으로서의 능력은 신통치 못했다. 그의 강연이 1966년에 《인간과 분자Of Molecules and Men》라는 책으로 발표되자 한 논평가는 그 책을 '순진함과 편견의 무시무시한 혼합물'이라 불렀다.

평판이 어찌나 안 좋았는지 그를 제일 혹독하게 비판하는 사람 중에는 동료 과학자들도 상당수 있었다. 1930년대에 생기론은 이미 과학적 망각의 강 저편으로 사라진 상태였다. 발생생물학자 콘래드 와딩턴Conrad Waddington은 크릭이 "죽은 말에 채찍질을"[21] 하고 있다고 생각했다. 선도적 신경과학자였던 존 에클스John Eccles 경[22]은 그의 강연 중에서 크릭이 분자생물학이라는 새로운 과학에 대해 설명한 부분은 칭찬했지만, 그의 과학 중심적 사회관은 '독단적인 종교적 주장'이라며 경멸했다. 에클스는 또한 원자와 분자 너머의 것은 모두 생기론이라며 잔인하게 묵살해 버리는 크릭의 태도를 비판했다.

에클스는 주장했다. "화학을 물리학으로부터 예측할 수 없듯이, 생물학에도 화학으로 예측할 수 없는 새로운 창발성emergent property이 존재한다."

크릭은 생기론자들을 결코 완파할 수 없었다. 그의 문제점 중 하나는 그가 생기론이라는 용어를 소설가, 초감각적 지각의 옹호자, 심지어는 일부 전업 과학자들까지 자기와 관점이 다른 사람들을 모두 싸잡아 모욕하는 의미로 사용했다는 점이다. 하지만 또 다른 문제점이 DNA와 유전암호에 대한 그의 연구 속에도 잠재되어 있었다. 대단히 중요한 연구인 것은 사실이지만, 살아 있는 것과 살아 있지 않은 것을 나누는 것이 무엇이냐는 큰 질문에 대답을 못 하는 것은 여전했다. 크릭이 사망하기 4년 전이었던 2000년에 세 명의 선도적 생물학자가 〈분자 생기론Molecular Vitalism〉이라는 리뷰논문을 발표했다. 이들은 DNA가 명령서 역할을 한다는 기계적 기반의 단순한 생명 관점으로는 생명의 가장 중요한 특성을 설명하지 못한다고 주장했다.

예를 들면 세포가 어떻게 요동치는 세상 속에서 안정성을 유지하는지, 배아가 어떻게 안정성 있게 복잡한 해부 구조를 갖춘 존재로 발달하는지를 설명할 수 없었다. 21세기로 접어드는 시점에서 여전히 유전자 중심적 상태에 머물러 있는 생물학을 돌아보며 이들은 과연 "이런 생물학으로 19세기 생기론자들에게 이제 생명의 본질을 이해하게 됐다고 설득할 수 있을지"[23] 의문을 제기했다.

크릭은 나이가 들면서 젊은 과학자였다면 감히 달려들지 않을 생명에 대해 탐닉했다. 외계 생명체에 대한 사색에 빠진 것이다. 그들은 우리와 비슷할지도 모른다. 어쩌면 애초에 지구에 생명의 씨앗을 뿌린 것이 그들이었는지도 모른다. 아니면 외계 생명체는 우리가 알고 있는 생명과는 화학적으로 다를 수 있다. 어쩌면 기체행성gas planet 위에 살거나, 태양 안에 살고 있을지도 모른다. 하지만 크릭은 외계 생명체가 아무리 이상한 존재로 밝혀진다 한들 지구 위의 생명체와 비슷한 점이 많을 것이라고 생각했다. 그는 '생명의 보편적 속성'이라는 것이 존재한다고 보았다.

크릭은 1981년에 그 보편적 속성에 대해 대략적으로 설명했다. 자신의 책 《생명 그 자체Life Itself》에서 이렇게 적었다. "그 계는 반드시 자신에 관한 명령은 직접적으로, 그리고 그 명령을 수행하는 데 필요한 장치는 간접적으로 모두 복제할 수 있어야 한다. 유전 물질의 복제는 반드시 상당한 정확성을 갖추어야겠지만, 충실한 복제가 가능한 돌연변이가 낮은 비율로 반드시 일어나야 한다. 유전자와 그 '산물'은 반드시 상대적으로 가깝게 유지되어야 한다. 그 계는 열린계open system일 것이고, 반드시 원료가 공급되어야 하고, 어떤 식으로든 자유에너지도 공급되어야 한다."[24]

막스 델브뤽이 베를린의 은밀한 모임에서 생명의 수수께끼에 대해 깊은 생각에 잠겼던 이후로 불과 50년밖에 지나지 않은 상태였다. 이제 그의 지적 손자들은 생명을 대체로 유전자와 관련지어 생각하고 있었다. 스스로를 복사하는 데 필요한 분자를 암호화하는 유전자의 능력과 진화를 촉진하는 힘에 관해서 그랬다. 크릭의 연구는 다른 과학자들이 생명을 정의하는 방식에 심오한 영향을 미쳤다. 예를 들어 1992년에 나사에서 외계 생명체의 존재 가능성을 연구할 방법적 아이디어를 모으려고 조직한 모임에서도 그의 영향력을 느낄 수 있었다.

그 모임의 과학자 중 한 명인 제럴드 조이스Gerald Joyce는 나중에 그 모임에 대해 내게 이렇게 말했다. "우리는 생명 그리고 생명의 기원에 대해 조사하는 것에 관해 얘기하고 있었어요. 그런데 누군가 이렇게 말했죠. '우리가 어떤 대상에 대해 얘기하고 있는 것인지부터 정의해야 하지 않을까요?'"[25]

과학자들은 어떤 주장은 물리치고, 어떤 주장은 한데 융합하면서 이런저런 아이디어들을 쏟기 시작했다. 공식 회합에서 시작된 대화는 저녁식사 시간까지 계속됐다. 크릭과 마찬가지로 나사에서도 대사를 필수적이라 보았다. 하지만 대사가 필수적인 이유는 유전자의 새 복사본을 만드는 데 필요한 원료와 에너지를 공급하기 때문이다. 하지만 생명은 그 유전자를 복사하되, 완벽하게 복사할 수는 없었다. 유전자가 실수를 저질러야만 진화가 작용해서 생명이 적응하고, 새로운 형태를 취하고, 그것을 아래 세대로 물려 줄 수 있다. 조이스는 내게 말했다. "역사가 분자 속에 기록되기 시작합니다. 그게 생물학이 화학과 다른 이유죠."

저녁식사가 끝날 무렵 과학자들은 아이디어를 열한 개의 영단어로 추렸다.

"생명은 다윈식 진화가 가능한 자기지속적 화학계다Life is a self-sustained chemical system capable of undergoing Darwinian evolution."[26]

아주 간결하고, 기억하기 쉽게 길이도 짧아서 이 정의가 학계를 장악했다. 사람들은 이것을 간단히 '나사의 생명 정의'라 부르기 시작했다. 언뜻 들으면 마치 항공우주국에서 공식적으로 승인한 정의처럼 들린다. 과학 학회에서 강연자들이 이 정의를 프레젠테이션 슬라이드에 집어넣었다. 그리고 교과서에도 실렸다. 그러니 이 정의를 읽은 학생들은 이것으로 모든 문제가 다 정리되었다고 생각할 만도 했다.

하지만 전혀 그렇지 않았다. 앞서 나왔던 것들과 마찬가지로 나사의 생명 정의에는 생명의 자격이 있는 것과 그렇지 않은 것에 대한 목록이 함께 딸려 오지 않았다. 그래서 과학자들이 우리와 이 세상을 함께 공유하고 있는 실제 대상으로 눈을 돌렸을 때는 무엇이 생명이고 무엇이 아닌지에 대해 합의를 이끌어 낼 수 없었다.

# 4부

## 경계지대로 돌아오다

RETURN TO THE BORDERLAND

# 생물과 무생물의 경계,
# 하프라이프

HALF LIFE

"버크 씨는 이 유기체들이 정말 살아 있다고 확실하게 단언할 준비가
되어 있지 않습니다. 그것들은 하프라이프일지도 모릅니다."[1]

2020년 봄, 한낮에 샌프란시스코의 길거리를 코요테들이 돌아다
니고 있었다. 홍콩 근처에서는 분홍색 돌고래 무리가 신나게 물속을
돌아다니고 있었다. 웨일스에서는 산양 무리가 마을을 장악했고, 텔
아비브에서는 자칼들이 도시 공원을 어슬렁거렸다. 베니스에서는
가마우지들이 갑자기 맑아진 수로로 물고기를 쫓아 들어갔고, 캐나
다 기러기들은 새끼들을 데리고 라스베이거스의 큰길을 따라 셔터
내린 몽블랑 만년필 가게와 펜디 핸드백 가게 앞을 지나갔다.

우리 종이 뒤로 물러난 곳에서 생명이 자신의 영역을 보지 못했
던 모습으로 넓히고 있었다. 코로나19로 봉쇄령이 내려지면서 수십
억 명이 몇 달간 집에 갇혀 있다시피 했다. 과학자들은 여기에 인류

정지<sub>anthropause</sub>**2**라는 이름을 붙였다. 운이 좋은 사람이라면 이 후퇴 기간 동안 제일 힘든 문제라고 해 봐야 지겨움 정도였다. 운이 좋지 못한 사람에게는 실업, 배고픔, 다른 질병이 기다렸다. 그리고 제일 운이 나쁜 사람은 코로나19에 걸린 사람들이었다.**3** 이 사람들은 몸이 끓듯 열이 나고, 거친 기침을 할 때마다 온몸이 흔들렸다. 어떤 사람은 밤새도록 하도 격렬하게 떨어서 치아가 깨지기도 했다. 코로나19에 걸린 사람 5명 중 4명은 집에서 병을 이겨냈다. 5명 중 1명은 결국 병원에 입원했다. 어떤 사람의 폐는 농양과 염증으로 가득 찼고, 수십만 명이 사망했다. 뉴욕에서는 밀려드는 관을 묻기 위해 굴착기들이 하트섬<sub>Hart Island</sub>에 구덩이를 팠다.

이 새로운 폐렴이 처음 등장한 곳은 2019년 말 중국의 도시 우한이다. 몇 주 만에 중국의 연구자들은 이 모든 사례를 하나로 엮어 줄 미세한 가닥을 분리해 냈다. 바이러스학자들이 SARSCoV-2라고 명명한 바이러스였다. 연구자들은 이 바이러스의 유전자를 분석해서 돌연변이 속에 기록된 그 바이러스의 역사 중 일부를 재구성해 보았다. SARSCoV-2는 박쥐에서 온 것으로 밝혀졌다. 박쥐는 근 수십 년간 다른 위험한 바이러스도 많이 갖고 있었다. 그 바이러스들처럼 SARSCoV-2도 박쥐 대신 사람의 몸속에서 번성할 수 있는 적응 방법을 진화시켰다.

기침을 하거나 노래만 불러도 바이러스로 가득한 비말이 공기 중으로 퍼진다. 같은 버스를 타고 있는 사람, 같은 식탁에 앉아 있는 사람, 같은 교회에서 기도하는 사람은 언제라도 이 비말을 들이마실 수 있다. 일단 새로운 콧속으로 들어가면 바이러스는 그 숙주를 감염시킬 수 있다. 바이러스에는 기도의 특정 세포 표면 단백질에 달라붙을 수 있는 단백질이 박혀 있다. 그럼 바이러스의 막이 세포와 융합하면서 자신의 유전자를 세포 안으로 밀어 넣는다. 바이러스의 유전자는 우리 세포가 단백질을 만들 때 사용하는 것과 동일한 유전암호를 사용한다. 이제 세포는 바이러스 단백질로 가득 찬다. 이 바이러스 단백질은 세포가 평소에 하던 일을 못 하게 차단하고 새로운 바이러스를 만들도록 강요한다. 이렇게 바이러스 유전자의 새로운 복사본이 만들어지면 이것을 다시 단백질이 박혀 있는 새로운 막으로 감싼다. 새로 만들어진 바이러스들이 거품 속에 모여 감염세포의 경계부로 이동하고, 거기서 거품을 터트려 수백만 개의 새로운 바이러스를 기도에 쏟아낸다.

대부분의 사람에서는 바이러스가 아직 코에서 자리 잡는 동안에 면역계가 침입을 눈치챈다. 그럼 면역계는 항체로 정교하게 공격해서 바이러스의 새로운 세포 감염을 막는 법을 배우며 방어를 시작한다. 하지만 바이러스도 자기 유전자 속에 암호화된 교묘한 회피 전략을 갖고 있다. 이들은 침입할 세포의 내부 경보시스템을 침묵하게 만들 수 있다. 일부 사람에서는 바이러스가 걷잡을 수 없이 증식해서 폐까지 쳐들어 가기도 한다. 그럼 면역계는 정교한 공격 능력을 상실하고 최후의 수단으로 아주 무식한 방법에 의존하게 된다. 독성 화합물을 사방에 뿌려 대는 것이다. 그럼 바이러스의 피해자는 서서히 차기가 만든 바다에 빠져 익사하게 된다.

SARSCoV-2의 공격이 늘 천천히 이루어진다면 맞서 싸우기가 훨씬 쉬웠을 것이다. 병에 걸린 것을 확인하고 격리 병실에 입원시킬 수 있으니까. 하지만 SARSCoV-2는 첫 증상을 일으키기 전에 며칠씩 숙주의 몸속에 조용히 도사리고 있다. 그래서 사람들은 바이러스가 자기 몸에서 증식해서 호흡을 통해 퍼져 나오고 있음을 알지 못한 채 일상생활을 이어 간다. 식당에 앉아 긴 시간 동안 식사를 하고, 온갖 센터에서 일을 하고, 태평양을 가로지르는 크루즈선의 난간에 기대어 있기도 한다. 이렇게 주변 사람들을 감염시키고 난 후에 바이러스 숙주 중 일부는 증상이 발현된다. 하지만 아예 증상 자체가 발현되지 않는 사람도 있다.

자기가 감염되었음을 알지 못한 사람들이 코로나19를 우한 밖으로 가지고 나왔다. 어떤 사람은 가족과 설을 보내기 위해 중국을 가로질러 이동했다. 비행기는 감염된 승객들을 유럽으로 그리고 거기서 다른 대륙으로 실어 날랐다. 바이러스는 증식 과정에서 돌연변이를 일으켜 다른 유전적 특징gene signature을 갖춘 새로운 혈통이 등장한다. 과학자들은 바이러스가 국가와 도시 사이를 옮겨 다니며 일으킨 돌연변이를 조사해서 그들의 여정을 재구성했다. 일부 국가는 유행병을 잘 관리했지만, 일부 국가는 가난으로 인한 제약이나, 부유함에서 온 오만함 때문에 국가가 황폐해지는 아픔을 겪었다.

그 짧은 시간에 인류 전체에 이렇게 큰 타격을 가할 수 있는 존재가 또 있을까 싶다. 그리고 우리 인류를 이용해 몇 달 만에 자신의 복사본을 수천조 개나 만드는 일을 이보다 잘 할 수 있는 것이 있을지도 의문이다.

그런데 SARSCoV-2는 살아 있는 것이 아니라고 말하는 과학자가 많다. 생명이라는 회원제 클럽에 들어올 자격이 없다는 것이다.

수천 년 동안 사람들은 바이러스가 야기하는 죽음과 파괴를 통해서만 바이러스의 존재를 알 수 있었다. 의사는 그 질병에 천연두, 광견병, 독감 같은 이름을 붙여 주었다. 안톤 판 레이우엔훅이 1600년대에 현미경으로 물방울 속을 들여다보았을 때도 세균이나 다른 작은 경이로운 생명체들은 보였지만, 그보다 훨씬 작은 바이러스는 볼 수 없었다. 2세기 후에 과학자들은 마침내 바이러스를 발견했지만, 그때도 바이러스를 실제로 보고 발견한 것은 아니었다.

1800년대 말에 유럽의 몇몇 과학자들이 담배모자이크병tobacco mosaic disease이라는 담배의 질병을 연구하고 있었다. 이 병은 담배의 성장을 막고 이파리에 반점을 만들었다. 병에 걸린 이파리를 물속에서 으깨어 그 용액을 건강한 담배에 주사했더니 그 담배도 병에 걸렸다. 하지만 용액 속에서 병원균을 찾으려 해도 세균이나 곰팡이는 발견할 수 없었다.[4] 분명 그것과는 근본적으로 다른 존재여야 했다.

마루티누스 베이제린크Martinus Beijerinck라는 네덜란드의 과학자가 병든 담뱃잎을 으깬 것을 도자기 여과기porcelain filter로 걸러 보았다. 이 여과기의 구멍은 너무 작아서 세균이 통과할 수 없었고, 아주 맑은 액체가 걸러져 나왔다. 하지만 이것을 새로운 담배에 주입했더니 병이 전파되었다. 베이제린크는 어떤 보이지 않는 것이 담배 속에서 증식했다고 결론 내렸다. 1898년에 그는 독을 의미하는 고대 단어를 이용해서 바이러스virus라고 명명했다.

바이러스 학자들은 이어서 광견병, 독감, 소아마비, 기타 많은 무서운 병을 일으키는 바이러스를 찾아냈다. 어떤 바이러스는 특정 동물종만 감염시키는 반면, 어떤 바이러스는 식물만 감염시켰다. 생물학자들은 세균만 감염시키는 바이러스인 파지도 발견했다. 그리고 파지는 인류가 처음 눈으로 본 바이러스가 됐다.

1930년대에 공학자들은 바이러스의 세계에 초점을 맞출 수 있을 정도로 막강한 전자현미경을 만들었다. 이 장치를 통해 세균 숙주 위에 올라탄 파지의 모습이 드러났다. 그 모습이 흡사 다리처럼 생긴 철사 위에 결정체를 올려놓은 것 같았다. 어떤 바이러스는 뱀을 닮았고, 어떤 바이러스는 축구공처럼 생겼다. SARSCoV-2는 코로나바이러스corona virus에 속한다. 코로나는 바이러스 표면을 꾸미고 있는 후광 모양의 단백질 때문에 생긴 이름이다. 그 모양을 보고 바이러스 학자들은 일식을 떠올렸다. 일식이 일어나면 태양을 둘러싸고 있는 광환corona이 보인다.

생화학자들은 바이러스를 분자 성분으로 해체했다. 이들은 먼저 베이제린크의 담배모자이크 바이러스부터 시작해 보았다. 그리고 그 안에 우리의 것과 동일한 아미노산 세트로 만들어진 단백질이 있음을 알아냈다. 하지만 그 단백질 중에 우리 세포가 대사에 이용하는 효소는 보이지 않았다. 바이러스는 먹지도 성장하지도 않는다. 늙은 바이러스는 새로운 바이러스를 만들지도 않는다. 적어도 직접 만들지는 않는다. 바이러스는 숙주의 원자를 새로 조합해서 만든 포장물에 불과하다.

생명의 정의를 찾으려는 생물학자에게 바이러스는 아주 골칫거리다. 바이러스를 완전히 무시할 수는 없다. 분명 생명의 전형적 특징 중 일부를 갖추고 있기 때문이다. 하지만 나머지 특징은 결여되어 있다. 만약 바이러스가 버티비우스나 라디오브 같은 신기루로 밝혀졌다면 편했을 것이다. 하지만 과학자들이 깊이 파고들수록 바이러스는 그 실체가 더욱 분명해졌다. 그리고 그 속성 또한 과학자들을 더욱 난처하게 만들었다.

영국의 바이러스학자 노먼 피리Norman Pirie는 1937년에 이렇게 적었다. "누군가 필터를 통과한 바이러스가 살아 있는지 죽어 있는지 물어 온다면 거기에 합리적으로 답하는 방법은 이것밖에 없을 것이다. '저도 모릅니다. 우리는 바이러스가 어떤 일을 하는지, 그리고 어떤 일을 하지 않는지는 압니다. 만약 위원회를 꾸려서 살아 있다는 말을 정의한다면 저는 바이러스가 그 정의와 어떻게 맞아떨어지는지 먼저 확인해 볼 겁니다.'"[5]

피리와 동료 바이러스 학자들은 계속 바이러스의 중요한 특성들을 발견해 나갔다.[6] 바이러스의 단백질 껍질과 기름 성분의 막 내부에는 유전자 다발과 그것을 붙잡아 주는 단백질이 들어 있다. 하지만 화학반응에 에너지를 제공해 줄 자체적인 ATP는 전혀 들어 있지 않다. 바이러스의 바깥쪽에는 당분을 입힌 단백질이 털처럼 코팅되어 있다. 이 단백질은 보통 세포의 표면 단백질과 정교하게 맞아떨어진다. 이렇게 바이러스의 단백질과 세포의 단백질이 결합하는 것이 바이러스 감염의 첫 단계다. 두 단백질이 열쇠와 자물쇠처럼 정교하게 맞아떨어져야 이런 반응이 일어난다. 이것은 바이러스가 특정 종만 선택적으로 감염시키고, 특정 유형의 세포에만 침입할 수 있는 한 가지 이유다.

일단 바이러스가 세포에 침투하면 껍질이나 막이 찢어지면서 그 안에 싣고 다니던 유전자를 세포 안으로 주입한다. 만약 유전자 복사가 생명에서 가장 중요한 특성이라면, 바이러스는 분명 생명 취급을 받아 마땅하다. 어떤 바이러스는 DNA로 암호화된 유전자를 갖고 있어서 우리와 동일한 네 글자 알파벳을 사용한다. 감염된 세포는 바이러스의 DNA를 읽어서 RNA 분자를 만들고, 다시 이 RNA를 이용해서 바이러스의 단백질을 만든다.

하지만 피리와 다른 바이러스 학자들은 많은 바이러스가 이 전환 과정을 간소화시켰음을 알게 됐다. 1930년대에 피리는 담배모자이크 바이러스의 유전자가 DNA가 아니라 RNA로 만들어졌다는 힌트를 찾아냈다. 나중에 이어진 연구를 통해 SARSCoV-2를 비롯한 다른 많은 바이러스도 RNA를 유전자로 사용한다는 것이 밝혀졌다. RNA 바이러스가 세포 안으로 침입해 들어오면 그 유전자를 직접 단백질로 번역하게 된다. 바이러스는 이렇게 대단히 효율적인 방법으로 우리를 아프게 만들며 이득을 취한다. 오직 바이러스만이 이 특정 종류의 화학을 발견했다.

유전자를 암호화하는 데 DNA를 사용하든 RNA를 사용하든, 바이러스는 놀라울 정도로 적은 수의 유전자로도 용케 잘 지낸다. 우리는 단백질을 암호화하는 유전자를 20,000개 갖고 있다. 반면 SARSCoV-2는 불과 29개의 유전자만으로 전 세계 경제를 암흑의 심연으로 끌어 내렸다. SARSCoV-2가 누군가의 기도 속 세포에 침투할 때마다 새로 만들어져 나오는 수백만 개의 바이러스는 그 29개의 유전자를 갖고 나온다. 보통은 동일한 형태의 것을 갖고 나오지만, 일부는 오류를 안고 나온다.

바이러스도 우리가 익히 알고 있는 형태의 생명체처럼 돌연변이를 일으킨다. 사실 이들은 사람, 식물, 심지어 세균보다 훨씬 빠른 속도로 돌연변이를 일으킨다. 우리 세포는 새로 만들어진 DNA 염기서열에서 오류를 찾아내서 대부분 수정할 수 있는 교정 담당 분자를 갖고 있다. 반면 대부분의 바이러스는 오류를 교정할 수 없다. SARSCoV-2와 다른 종류의 코로나바이러스들은 원시적인 교정 담당 단백질 유전자를 갖고 있다는 점에서 독특하다. 그래서 이 바이러스는 다른 바이러스들만큼 돌연변이 속도가 빠르지 않지만 우리보다는 수천 배 빨리 돌연변이를 일으킨다.

때로는 이 새로운 돌연변이가 바이러스의 경쟁력을 높여 준다. 복제 속도를 높여 주기도 하고, 돌연변이 바이러스가 면역계의 감시망에 발각되지 않게 해 주기도 한다. 이런 바이러스는 자연선택의 압력이 우호적으로 작용할 것이다.

바꿔 말하면 현대과학의 연구를 통해 바이러스가 생명의 또 다른 전형적 특징인 진화를 공유한다는 것이 밝혀졌다는 소리다. 이들은 항바이러스제에 대한 저항성을 진화시킬 수 있다. 진화를 통해 새로운 숙주 종에 적응할 수도 있다. 진화는 나사의 생명 정의에서 굉장히 중요한 부분이다. 하지만 그 정의를 만든 사람 중 한 명인 제럴드 조이스는 바이러스가 진화한다는 사실만으로는 자기지속적 화학계가 아니라는 사실을 만회하지 못한다고 생각한다. 바이러스는 세포의 화학계 안에서만 자신의 자양물을 얻을 수 있고, 세포 안에서만 진화를 할 수 있다.

조이스는 〈우주생물학*Astrobiology Magazine*〉과의 인터뷰에서 이렇게 판정을 내렸다. "실용적인 정의에 따르면 바이러스는 그 기준을 충족하지 못합니다."[7]

하지만 바이러스를 생명으로 보는 사람도 있다. 2011년부터 프랑스의 과학자 패트릭 포르테르Patrick Forterre는 바이러스가 살아 있음을 옹호하는 일련의 논거를 제시했다. 그는 바이러스가 적어도 일부 시간 동안에는 살아 있다고 말했다. 포르테르가 보기에 생명의 근본적 특성은 세포다. 바이러스가 세포에 침투할 때 세포는 사실상 바이러스 유전자의 확장판이 된다. 포르테르는 이런 세포를 '바이로셀virocell'이라 즐겨 부른다. 그는 2016년에 이렇게 적었다. "정상 세포의 꿈은 두 개의 세포를 만드는 것인 반면, 바이로셀의 꿈은 백 개나 그 이상의 새로운 바이로셀을 만드는 것이다."[8]

포르테르는 여러 동료 바이러스학자들을 이기지 못했다. 푸리피콘 로페스-가르시아Purificación López-García와 데이비드 모레이라David Moreira는 그의 주장이 "논리에 맞지 않는다고"[9] 했다. 어떤 학자는 바이로셀은 시적 허용에 불과하다고 했다. 바이러스는 꿈을 꿀 수 없지만, 살아 있지도 않다. 국제 바이러스 분류위원회International Committee on Taxonomy of Viruses에서 현대적 바이러스 분류체계를 확립했을 때도 분명 "바이러스는 생명체가 아니다"라고 못 박았다.

그 위원회의 한 구성원은 이렇게 설명했다. "바이러스는 말하자면 빌려 온 삶을 살 뿐이다."

사람들이 바이러스를 생명의 집 밖으로 내쫓아 문간 어딘가에서 서성거리게 만든 것은 참 말이 안 되는 일이다. 그곳은 말도 못 하게 북적거리는 곳이다. 바닷물 1리터 안에는 지구 전체의 인구수보다 많은 바이러스가 들어 있다.[10] 한 수저의 흙도 마찬가지다.[11] 우리가 지구 위의 모든 바이러스를 셀 수 있다면 세포 기반의 모든 생명체를 합친 것보다 많을 것이다. 어쩌면 몇 십 배 더 많을 수도 있다.

바이러스의 다양성 또한 어마어마하다.[12] 어떤 바이러스학자는 지구 위에 있는 바이러스의 종이 수조 개에 이를 수 있다고 추정한다. 바이러스학자가 새로운 바이러스를 찾아내면 전에는 아무도 모르던 주요 계통에서 나온 것인 경우가 많다. 조류학자들은 새로운 조류 종을 찾으면 당연히 흥분한다. 어떤 새를 최초로 발견하면 어떤 기분일지 상상해 보라. 그것이 바로 바이러스학자들이 느끼는 기분이다.

이 놀라운 생물학적 다양성을 생명의 분류에서 추방할 수 있을까? 바이러스를 추방한다는 것은 곧 바이러스가 생명의 생태그물과 얼마나 긴밀히 얽혀 있는지도 무시해야 한다는 의미다. 바이러스는 산호초를 죽이는 것이든, 폐에서 녹농균을 쓸어 버리는 것이든 살상 능력이라는 면에서 봐도 포식자들과의 비교에서 전혀 밀리지 않는다. 숙주와 평화로운 관계를 맺는 바이러스도 많다. 건강한 육신은 바이러스 수조 개가 머물고 있는 집이다. 이것을 집합적으로 바이러스체virome라고 부른다. 이 바이러스들은 대부분 우리의 미생물체microbiome에 포함되어 있는 수조 마리 세균, 곰팡이, 다른 단세포 생명체를 감염시킨다. 일부 연구에서 사람의 바이러스체가 우리 미생물체의 균형을 유지해서 건강에 기여한다는 암시가 나와 있다.

지구도 자체적인 바이러스체를 갖고 있다. 이것은 지구화학적인 힘geochemical force으로 작용한다. 우리가 눈을 한 번 깜박일 때마다 바다에서는 100해 개(10의 22제곱)의 파지가 해양 세균을 감염시킨다.[13]

이 중 상당수가 자신의 미생물 숙주를 죽여 매년 바다에 3기가톤의 유기 탄소를 쏟아내어 새로운 생명의 성장을 자극한다. 어떤 파지는 더 자비롭다. 이들은 숙주 속으로 들어가서도 숙주를 한동안 살려 둔다. 어떤 바이러스는 심지어 그 숙주가 잘 살 수 있게 도와주는 유전자를 가지고 들어가기도 한다. 바다에 떠서 광합성 유전자를 가지고 숙주에서 숙주로 옮겨 다니는 파지도 있다. 이 파지에 감염된 미생물은 햇빛을 더 잘 활용할 수 있게 된다. 우리가 호흡하는 산소 중에는 이런 바이러스 덕분에 만들어진 것도 있다.

이 파지들은 햇빛을 활용하는 유전자를 훔쳐서 나온 것이다. 이 파지의 선조가 다른 광합성 미생물을 감염시켰을 때 자신의 유전자를 복제하는 과정에서 사고로 숙주의 유전자를 함께 복사해서 가지고 나왔다. 하지만 바이러스가 숙주의 유전체에 새로운 유전자를 기증하는 경우도 있다. 예를 들면 세균은 바이러스 감염을 통해서 항생제에 대한 내성을 획득한다. 우리의 유전체 안에도 수만 개의 바이러스 조각이 들어 있다. 모두 합치면 우리 DNA의 8퍼센트 정도다. 이 조각 중 일부는 유전자 그리고 다른 유전자를 켜고 끄는 스위치로 진화했다. 바이러스가 생명이 아니라면, 생명이 아닌 것이 이것저것 꿰매어 우리라는 존재를 만든 셈이다.

생명의 경계에 한 발만 걸치고 있는 존재가 바이러스만은 아니다. 우리 혈관 속을 흘러 다니는 적혈구를 생각해 보자. 적혈구가 폐에서 온몸 구석구석으로 실어 나르는 산소가 없다면 우리는 죽고 말 것이다. 적혈구는 세균이나 점균류처럼 막을 가지고 있다. 그리고 그 안에는 복잡한 효소나 다른 단백질이 가득 들어 있다. 심지어 적혈구는 늙어서 죽기도 한다. 한 과학 연구진은 2008년 리뷰논문에서 이렇게 보고했다. "적혈구의 수명은 100~120일 정도다."[14] 만약 무언가가 수명을 갖고 있다면 분명 생명이 있다는 말이다.

하지만 여러 정의에 따르면 적혈구 역시 살아 있는 것이 아니다. 우리 몸의 다른 세포들과 달리 적혈구는 특이한 발달 경로를 거친다. 적혈구는 골수 속에 들어 있는 전구세포에서 생겨 혈류로 방출된다. 이들은 산소를 운반하는 데 필요한 헤모글로빈hemoglobin과 다른 단백질들을 갖고 나온다. 하지만 DNA는 갖고 있지 않다. 그 결과 성숙한 적혈구는 스스로 단백질을 만들고 새로운 세포로 분열하는 데 필요한 유전자 지침서가 없다.

적혈구는 또 한 가지 중요한 면에서 다른 세포들과 차이가 있다. 연료를 만드는 공장이 결여되어 있어 스스로 연료를 만들 수가 없다. 다른 세포들은 자유롭게 떠다니는 수십 개의 효소 주머니를 갖고 있다. 이것을 미토콘드리아mitochondria라고 한다. 이 미토콘드리아도 일종의 하프라이프로 밝혀졌다. 각 미토콘드리아는 37개의 자체 유전자와 그것으로부터 단백질을 만들 때 사용하는 리보솜을 갖고 있다. 그리고 때로는 미토콘드리아가 세균과 같은 방식으로 중간 부위가 잘록해지면서 각자의 DNA를 가진 두 개의 새로운 미토콘드리아로 나뉘어 증식한다.

미토콘드리아의 수수께끼에 대한 해답은 우리의 역사 깊숙한 곳에 들어 있다. 20억 년 전 우리 미토콘드리아의 선조들은 자유롭게 살아가던 세균이었다. 그러다 더 큰 세포가 그 세균을 집어삼킨 후에 두 종이 일종의 협력 관계를 형성한 것이다. 미토콘드리아는 세포에게 ATP를 제공하는 대신 보금자리를 얻게 됐다. 더 이상 혼자 힘으로 살아남을 필요가 없어진 미토콘드리아는 자신의 유전자를 대부분 잃어버렸지만 모두 잃지는 않았다. 세균 선조들처럼 분열하는 능력은 잃지 않은 것이다.

생명으로 정의하는 데 필요한 것들의 목록을 쭉 읽어 보면 미토콘드리아는 그런 요구 조건을 대부분 갖고 있다. 사실 적혈구보다 더 많이 가졌다. 하지만 이들은 숙주세포를 벗어나서는 살 수 없다. 스스로 먹이를 찾을 수도 없다. 자체적으로 유전자나 단백질을 구축할 수도 없다. 한때는 분명 살아 있는 존재였지만 지금은 어떤 존재라고 딱히 꼬집어 말하기가 힘들다. 이들을 죽었다고 하는 것은 분명 옳은 이야기가 아닌 듯싶다. 이들이 없이는 우리도 살 수 없기 때문이다.

그래도 미토콘드리아와 적혈구는 눈에 보이지 않는 아주 작은 존재니까 무시할 수도 있을 것이다. 보이지 않으면 마음에서도 멀어지는 법이니까. 하지만 생명의 역설 중에는 맨눈으로 확인 가능한 것이 있다. 1948년에 센트죄르지 얼베르트는 생명의 특징이 자가번식이라면, 토끼가 한 마리만 있는 경우는 생명이 아닌 것이 된다고 했다. 토끼 한 마리로는 새끼를 치지 못하니까 말이다. 과학자들이 자가번식을 생명의 필요조건으로 삼은 것을 보면 센트죄르지의 말에 그리 무게를 두지 않은 것 같다. 너그럽게 생각하면 생명의 정의를 이렇게 내린 사람들은 센트죄르지가 그냥 말장난을 했다고 생각했을 수 있다. 토끼 한 마리는 번식할 수 없지만 번식을 할 수 있는 종에 속하니까 문제가 되지 않는다고 말이다.

하지만 자연은 센트죄르지보다 더 골치 아픈 문제를 제시할 수 있다.

1920년대에 칼 헙스Carl Hubbs와 로라 헙스Laura Hubbs라는 동식물학자 부부가 물고기를 채집하며 멕시코와 텍사스를 여행했다. 이들은 이 동물들을 줄무늬, 점무늬, 빗살무늬까지 속속들이 알게 됐다. 고기를 사랑해서 생긴 이 백과사전식 관심 덕분에 이 두 사람은 민물고기의 많은 종이 이종교배interbreed를 통해 진화했음을 알게 됐다. 두 종이 이종교배하면 거기서 나오는 잡종 자손들은 이제 자기들끼리만 짝짓기를 할 수 있다. 하지만 이런 잡종 중 하나이자 구피의 사촌격인 아마존 몰리Poecilia formosa는 다른 잡종들과 놀라운 차이점을 가졌다.

헙스 부부는 이렇게 보고했다. "타마울리파스에서 텍사스까지 가면서 조사한 2000마리 정도의 표본 중에서 수컷은 단 한 마리도 나오지 않았다."[15] 아마존 몰리는 이 부부가 붙여 준 별명이다. 여기서 아마존은 강 이름이 아니라 옛날이야기에 나오는 여성 전사戰士의 이름에서 따온 것이다(아마존 족은 그리스 신화에 등장하며 여자로만 구성되어 있다—옮긴이).

아마존 몰리는 약 28만 년 전에 애틀랜틱 몰리Atlantic molly와 세일핀 몰리sailfin molly라는 두 어류 종의 이종교배를 통해 진화해 나왔다. 새로운 종으로 진화해 나온 후에도 이 종은 절대 그 부모 종을 떠나지 않았다. 오늘날에도 아마존 몰리는 항상 애틀랜틱 몰리나 세일핀 몰리와 함께 발견된다. 마치 이 종이 생존하기 위해서는 그 부모 종이 필요한 것처럼 보인다.

이런 패턴을 이해하기 위해 헙스 부부는 세 종 모두를 미시간대학교의 연구실로 데리고 왔다. 이들은 고기를 어항에 넣고 자연이 알아서 하게 내버려 두었다. 암컷 아마존 몰리는 애틀랜틱 몰리와 세일핀 몰리 수컷 모두와 짝짓기했다. 그런데 알을 낳으면 거기서는 항상 아마존 몰리가 태어났다. 그리고 그 이름답게 아마존 몰리의 자손들은 모두 딸이었다.

헙스 부부는 말했다. "아주 많은 새끼들이 태어났지만 그중에서 수컷은 단 한 마리도 태어나지 않았다."

1700년대 중반에 에이브러햄 트렘블리는 암컷 진딧물이 수컷 없이도 딸과 손녀 들을 생산하면서 번식할 수 있음을 관찰했다. 후대에 가서는 이런 처녀생식을 할 수 있는 무척추동물을 과학자들이 더 많이 찾아냈다. 이것을 단위생식parthenogenesis이라고 한다. 이 암컷 진딧물의 난자는 수컷의 정자가 없어도 자발적으로 발달해서 배아를 형성한다. 약 2세기 후에 헙스 부부가 아마존 몰리를 조사해 보고 척추동물도 단위생식을 할 수 있음을 발견한 것이다.

하지만 진딧물과 달리 아마존 몰리는 수컷과 짝짓기를 해야 한다. 나중에 실험을 통해 밝혀진 바에 따르면 수컷에서 나온 정자가 아마존 몰리의 난자에 도달하면 융합 과정을 통해 자신의 유전자를 안으로 주입했다. 하지만 부계 유전자와 모계 유전자가 새로운 유전체로 조직되지는 않았다. 대신 난자 속에 있는 효소가 아빠에게서 온 DNA를 잘게 잘라 버린다. 아마존 몰리에게 수컷이 필요한 이유는 단 하나, 난자가 배아로 자라날 수 있도록 방아쇠를 당기는 역할뿐이었다.

생명과 생명 아닌 것 사이에 분명한 경계선을 그리려고 하는 사람들이 아마존 몰리 때문에 골치 아파하는 이유도 그 때문이다. 아마존 몰리 한 마리는 번식할 수 없다. 하지만 아마존 몰리가 두 마리 있어도 번식할 수 없는 것은 마찬가지다. 사실 아마존 몰리 종 전체가 스스로는 자손을 만들 수 없다. 이 어류는 번식을 위해 다른 종에게 의지해야 하는 생식기생종sexual parasite[16]이다. 스스로 번식 가능한 종만 생명이라고 정의하면 겉으로는 평범해 보이는 이 어류도 생명의 경계에 한 발만 걸치고 있는 처지가 된다.

물론 아마존 몰리가 일반적인 형태의 생명체들과 완전히 분리되어 있는 것은 아니다. 이들은 결국 익숙한 생명의 전형적 특징을 모두 나타내는 몰리로부터 나왔다. 생명의 경계에 한 발만 걸치고 있는 다른 존재들, 오늘날 주변에서 찾아볼 수 있는 다른 하프라이프 역시 마찬가지다. 미토콘드리아는 우연히 다른 단세포 선조에게 잡아먹혔던, 흔하디흔한 바다 세균의 후손이다. 그리고 그 후로 20억 년 동안 불가사의한 존재를 이어 오고 있다. 심지어 바이러스도 추적해 보면 평범한 유기체 안에서 시작된 기생성 떠돌이 DNA 조각에서 기원한 경우가 많다.

하지만 시계를 더 뒤로 돌려 약 40억 년 전으로 가 보면 모든 생명체는 하프라이프에게 자리를 내어 주게 된다. 그리고 거기서 더 뒤로 돌리면 아예 생명이 보이지 않게 된다.

# 청사진에 필요한
# 데이터

DATA NEEDED FOR A BLUEPRINT

데이비드 디머David Deamer[1]는 분화구를 둘러보며 마치 탄생 초기의 지구 위에 서 있는 듯한 기분을 느꼈다. 여기까지 오는 데 며칠이 걸렸다. 처음에는 비행기 편을 이용해서 캘리포니아에서 알래스카로, 다음에는 베링해를 건너 러시아 동부 가장자리로 갔다. 페트로파블로프스크 캄차츠키에서 디머는 미국과 러시아의 과학자 연구진과 함께 낡은 군용차에 몸을 실었다. 그리고 5시간을 달려 계곡 입구에 도착했다. 대원들은 거기서부터 진흙 길을 따라 계곡으로 들어가 결국 활화산인 무트노브스키Mutnovsky 산의 사면까지 갔다. 그해는 2004년이었다. 그리고 무트노브스키 산이 마지막으로 폭발을 일으킨 것은 2000년이었다.

65세의 디머는 링컨 같은 큰 키에 아이젠하워처럼 머리가 벗어져 있었다. 그는 화산재와 굳은 용암류를 지나 바위를 기어올랐다. 지평선 위로 이웃한 화산 봉우리들이 솟아 있었다. 600미터를 오른 후에 디머와 동료 과학자들은 무트노브스키 산 분화구 가장자리에 도착했다. 넓게 펼쳐진 검정과 회색의 바위 말고는 무엇도 자라고 있지 않았다. 땅에서는 증기가 솟아오르고 있었다. 디머는 가스마스크를 착용한 후에 아가리를 쩍 벌리고 있는 분화구 속으로 내려갔다. 그 후로 며칠 동안 과학 연구진은 화산 분화구 그리고 다음으로는 화산의 측면을 조사했다. 이들은 물과 진흙의 표본을 채취했다. 이어서 디머가 실험을 시작했다.

황화수소의 썩은 계란 냄새를 풍기며 끓어오르는 온천 밭이 그의 작업대였다. 그는 그리 크지 않은 구혈pothole 크기의 물웅덩이를 시험관으로 골랐다. 식초만큼이나 산성이 강한 그 물에는 희끄무레한 진흙이 들어 있었다. 물웅덩이 가운데에서는 끓어오르는 거품 기둥이 슬러리slurry를 뚫고 올라오고 있었다.

화산을 오를 때 디머는 캘리포니아에서 만들어 온 생명의 가루를 함께 가지고 갔다. 그 성분에는 네 가지 RNA 뉴클레오티드와 함께 알라닌alanine, 아스파트산aspartic acid, 글리신glycine, 발린valine 이렇게 단백질의 기본 구성요소인 네 가지 아미노산이 들어 있었다. 디머는 코코넛오일의 성분인 미리스트산myristic acid으로 가루 만들기를 마무리했다.

디머가 델 듯이 뜨거운 물에서 비커로 1리터 정도의 물을 퍼 올렸다. 그가 가루를 뿌리자 물이 우윳빛으로 변했다. 그는 그 물을 잘 섞은 다음 물웅덩이 위로 조심스럽게 몸을 숙여 용액을 부었다.

그는 한 세기 전에 존 버틀러 버크가 했던 것과 비슷한 일을 하고 있었다. 생명의 본질을 이해하기 위해 그는 생명이 없는 화학물질

**303**

4부. 경계지대로 돌아오다

을 생명의 일부 특징을 획득하게 될지도 모를 그릇에 집어넣는 실험을 수행하고 있었다. 버크는 생명의 분자적 기반을 거의 이해하지 못하는 물리학자였지만, 디머는 40년 동안 현대화학을 공부한 사람이었다. 하지만 이런 전문성을 갖추고 있는 그조차 화산에서 대체 무슨 일이 일어날지 예측할 수 없었다.

그가 비커에 담긴 물을 물웅덩이에 모두 쏟자마자 김이 올라오는 수면 위로 하얀 거품이 나타났다. 자연은 그를 다시 한 번 놀라게 했다. 디머는 그 거품을 병에 담고, 집으로 가져갈 진흙도 일부 긁어냈다. 이것을 통해 40억 년 전에 생명이 어떻게 시작되었는지 이해하는 데 조금이라도 더 가까이 다가갈 수 있기를 바라는 마음이었다. 어쩌면 생명은 이 무트노브스키 산 같은 장소에서 생겨났을지도 몰랐다.

~

"이것은 현재로서는 생명의 기원에 대한 쓰레기 같은 생각에 불과하네. 차라리 물질의 기원에 대해 생각하는 편이 낫겠지."[2] 찰스 다윈은 1863년에 친구 조지프 후커Joseph Hooker에게 보낸 편지에서 이렇게 말했다.

찰스 다윈은 할아버지 이래즈머스 다윈보다 훨씬 보수적이었다. 그는 생명이 어떻게 생명 없는 물질에서 생겨났는지에 대한 추측을 공개적으로 꺼내 본 적이 없었다. 《종의 기원》을 쓰면서 이 문제에 대해 딱 한 번 넌지시 내비친 적이 있다. "아마도 지구 위에서 살았던 모든 유기적 존재는 처음으로 생명의 숨결을 불어넣은 한 원시적 형태의 자손일 것이다."

다윈은 '생명의 숨결을 불어넣었다'라는 표현을 사용한 것을 후회했다. 성경의 천지창조를 생각나게 하기 때문이다. 다윈이 전하고자한 것은 단 한 가지, 생명체가 분명 머나먼 과거의 어느 시점에서 생겨났어야 한다는 것이다. 그 일이 어떻게 일어났는지에 대해서는 그도 할 말이 없었다.

후커에게 보내는 다른 편지에서 다윈은 "따듯한 작은 연못warm little pond"이 단순한 유기체를 만들어 낸 화학반응의 플라스크 역할을했을지도 모른다고 했다. 그는 이런 개념을 제대로 된 이론으로 발전시키기는 고사하고 대중과 공유하는 일도 결코 없었다. 하지만 친구들에게만큼은 생명이 화학물질로부터 기원했다는 것을 발견하면 얼마나 짜릿하겠느냐고 털어놓았다.[3] "그것은 초월적인 중요성을 가진발견이 될 테니까 말일세." 만약 누가 그것을 반증했다고 해도 그는그 못지않은 짜릿함을 느꼈을 것이다.

"하지만 내가 그 모든 것을 보고 눈을 감지는 못하겠지." 그는 예언했다.

다윈의 침묵에 그를 추종하는 사람들은 실망했다. 자신의 영웅이과학의 가장 큰 의문 중 하나를 풀 수 있는 이론을 개발해 놓고, 중간에 멈춰 버렸으니까. 에른스트 헤켈은 이렇게 불평했다. "다윈의 이론에서 가장 큰 결점은 다른 모든 생명을 낳은 원시 유기체의 기원에대해 설명하지 않는다는 것이다. 그 원시 유기체는 아마도 단순한 세포였을 것이다. 다윈이 특별한 창조 행위가 이 최초의 생물종을 만들어 낸 것이라 가정하는 것은 일관성이 없는 얘기이고, 진지하게 하는 얘기도 아닐 것이라 생각된다."4

헤켈과 다윈의 다른 추종자들은 도약을 망설이지 않았다. 이들은 생명이 어떻게 시작되었는지 말해 줄 증거들을 모았다. 이들은 책을 쓰고, 도발적인 강연을 하고, 오직 신만이 생명을 창조할 수 있다고 주장하는 종교 신봉자들과 논쟁을 벌였다. 하지만 생명의 가장자리를 따라 걸어 보니 그 길이 대단히 미끄럽다는 것을 알게 됐다. 헉슬리는 자기가 행성을 뒤덮고 있는 버티비우스를 찾아냈다고 생각했지만, 고약한 화학반응이 자기를 엉뚱한 길로 이끈 것임을 알게 됐다. 존 버틀러 버크는 시험관에서 생명의 기원을 재현해 보려고 시도한 최초의 과학자 중 한 명이다. 하지만 전 세계적 명사가 된 지 몇 달 만에 그는 사람들의 시야에서 사라지고 만다.

되돌아보면 생명 그 자체에 대해 과학자들이 아는 바가 거의 없던 시대에 생명의 기원을 추적하려 시도했다는 것 자체가 어리석어 보인다. 헉슬리도 원형질에 대해 얘기할 수야 있었지만, 그 얘기를 들어 보면 마치 마법의 젤리 이야기 같다. 유전과 관련해서는 19세기에 그 누구도, 심지어 다윈조차 이해하지 못했다. 유전학이라는 단어가 1900년에 나온 것도 헉슬리가 사망한 지 이미 5년이 지났을 무렵이다. 20세기 초반에 들어서야 생물학자들은 마침내 세대를 거치며 초파리를 통해 몇몇 효소를 해독하고, 몇몇 유전자를 추적할 수 있었다.5

소련의 알렉산드르 오파린Alexander Oparin6이라는 생화학자는 이런 발전 덕분에 마침내 생명의 기원에 대해 합리적으로 생각할 수 있게 됐다는 확신이 들었다. 마침내 과학이 생기론을 완전한 과거지사로 잊히게 만든 것이다. "생명체 안에만 존재하는 어떤 특수한 '생명의 에너지'를 발견하려던 수많은 시도는 결국 예외 없이 완전한 실패로 막을 내리고 말았다."[7] 그는 이렇게 결론 내렸다.

오파린은 생명체를 나머지 우주와 구분하기가 어려웠다. 우리 몸은 탄소, 산소, 그리고 파도, 성층권의 구름, 모래 알갱이에서도 발견되는 기타 원소로 이루어져 있다. 우리 몸은 효소를 이용해서 새로운 분자를 만들지만, 그런 화학 과정 중에는 생명체 밖에서 일어날 수 있는 것도 있다. 생명체는 복잡한 패턴으로 성장하지만 그건 결정도 마찬가지다. 겨울에 유리창에 형성되는 꽃 모양의 얼음 결정만 봐도 그 증거로 부족함이 없다.

오파린은 말했다. "이 '얼음꽃'은 그저 우리가 아는 가장 단순한 화학물질인 물에 불과하지만 섬세함, 복잡함, 아름다움, 다양성이라는 면에서만 보면 열대식물 못지않다."[8] 얼음꽃이 살아 있지 않은 이유는 생명에 요구되는 다른 속성들이 결여되어 있기 때문이다. 오파린은 이렇게 결론 내렸다. "생명은 그 어떤 특별한 속성으로 특징지어지는 것이 아니라 이런 속성들의 분명하고 구체적인 조합으로 특징지어진다."

생명을 이런 식으로 보니 그 기원을 이해하는 일이 그전만큼 벅차게 느껴지지 않았다. 생명이 어떻게 시작되었느냐는 질문은 지구가 어떻게 시작되었느냐는 질문과 그리 다르지 않았다. 이미 1920년대에 천문학자들은 태양계가 먼지 원반에서 시작했다는 것을 알고 있었다. 그 먼지 알갱이들이 중력을 통해 서로 끌어당기고 덩어리로 뭉쳐 행성을 만들었다. 지구가 처음 형성되었을 때는 녹은 바위로 이

4부. 경계지대로 돌아오다

루어진 공이었다. 이것이 수백만 년에 걸쳐 식으면서 딱딱한 지각이 만들어졌다. 여기에 대기에서 비를 퍼부으면서 바다가 만들어졌다. 오파린이 보기에 이 모든 변화는 온갖 새로운 화합물을 만들어 내는 거대한 화학 실험이나 마찬가지였다. 이 화합물이 다시 서로 반응하면서 더 많은 화합물을 만들고, 이것들이 차츰 생명에 필요한 모든 속성을 한곳에 합쳤다.

오파린은 자신의 개념들을 1924년에 작은 책으로 엮어서 발표했다. 러시아어로 쓰여서 소련의 몇몇 동료 과학자들만 읽어 보았다. 하지만 이런 실망스러운 반응에도 오파린은 꼬리를 물고 이어지는 생각들을 버리지 않았다.[9] 그 대신 실험을 해 보고, 폭넓은 서적들을 읽었다. 그는 미생물학에서 화학, 지질학, 천문학에 이르기까지 다양한 분야에서 나온 새로운 개념들을 한데 엮어 편협한 전문 분야에 갇혀 놓쳤을지 모를 분야들 사이의 상관관계를 확인했다. 그리하여 1936년에 오파린은 그 새로운 통찰을 한데 엮어 더 긴 책인《생명의 기원The Origin of Life》으로 펴냈다. 이 책은 영어로도 번역되어 더 많은 사람에게 읽히게 됐다. 그는 독자들에게 중요한 깨달음을 주었다. 생명이 처음 시작되던 때의 지구는 우리가 지금 살고 있는 지구와 아주 큰 차이가 있다는 깨달음이었다.

우리가 호흡하는 공기는 21퍼센트의 산소로 이루어져 있다. 대기 중의 산소 분자는 다른 화학물질과 쉽게 반응하기 때문에 꾸준히 계속 사라진다. 지구의 산소는 식물, 조류, 광합성 세균 등에 의해 꾸준히 보충되고 있다. 생명이 시작되기 전에는 대기 중에 산소가 거의 없었을 것이다. 오파린은 그런 세상에서의 화학반응이 현재와 큰 차이가 있었을 것임을 깨달았다. 그리고 그는 이런 반응 중 일부에서 생명의 기본 구성 요소가 처음으로 만들어졌을 것이라 주장했다.

오파린은 화산에서 나오는 증기가 광물질과 반응해서 탄화수소를 만들 수 있다고 추정했다. 그럼 이 탄화수소가 다른 반응들을 거치며 더 복잡한 화합물을 만들 수 있다. 이 화학물질들이 한데 덩어리지면서 주변 환경에서 분자들을 붙잡아 오기 시작했다. 이것이 자기와 비슷한 덩어리들을 더 많이 만들면서 차츰 우리가 알고 있는 세포 기반의 생명체로 바뀌었다.

오파린이 타임머신을 타고 원시 지구로 돌아가 자신의 시나리오가 맞는지 확인해 볼 수는 없는 노릇이다. 과학자들은 실험을 통해 지구와 다른 행성으로부터 단서들을 수집해서 자신의 가설을 검증하고, 더 나은 가설을 발전시켜 가야 했다.

오파린은 말했다. "우리 앞에 놓인 길은 험하고 길 것이다. 하지만 그 길이 생명의 본질에 대한 궁극의 지식으로 이어지리라는 데는 의심의 여지가 없다."

1920년대에 초기 지구에 대해 깊이 생각했던 과학자가 오파린만은 아니었다. J. B. S. 홀데인[10]은 1929년에 생명의 기원에 관한 글을 발표한 적이 있다. 홀데인과 오파린은 서로에 대해 몰랐지만, 두 사람의 생각은 생명체가 최초로 등장한 시간까지 나란한 길을 따라가고 있었다. 홀데인은 이렇게 적었다. "어쩌면 이 행성에서의 생명의 기원에 관한 우리의 추측이 타당한지도 모르겠다는 생각이 든다."[11]

오파린처럼 홀데인도 현재의 지구와 탄생 시의 지구의 차이가 이 추측에서 결정적인 역할을 하리라는 것을 알았다. 그는 자외선이 물,

이산화탄소, 암모니아에 작용해서 당분과 아미노산을 만들고 이것들이 바다에 축적되다가 결국 그가 '뜨겁고 묽은 수프hot dilute soup'라고 부르는 농도에 이르게 됐다고 생각했다.

두 사람의 사고방식은 유사한 부분이 많았지만 오파린과 홀데인은 생명의 서로 다른 면을 강조했다. 오파린은 생명을 근본적으로 화학적 문제로 보았다. 《생명의 기원》의 색인을 보면 가수분해와 산화 등 대사에 관한 항목이 굉장히 많이 등장한다. 하지만 유전자나 유전에 관한 항목은 없다.

반면 홀데인은 뭐니 뭐니 해도 유전학자였다. 그에게 있어서 생명의 기원에 관한 중요한 질문은 생명이 어떻게 자신의 유전정보를 복사하기 시작했느냐는 것이다. 그는 유전자가 생명의 기원 초반부에 등장했다고 주장했다. 오늘날 우리의 유전자들은 세포 속에서 단백질과 막으로 쌓인 깊숙한 층 속에 단단히 감싸져 있다. 하지만 최초의 유전자는 분명 홀데인의 뜨겁고 묽은 수프로부터 자신의 복사본을 만들던 벌거숭이 분자들이었을 것이다.

홀데인과 오파린이 개념을 제시하고 한 세대 후에 시카고대학교의 한 대학원생이 그들에 관한 이야기를 처음으로 들었다. 학과 세미나를 듣던 스탠리 밀러Stanley Miller는 흥미와 당혹감을 동시에 느꼈다. 왜 이런 개념들을 검증해서 성공을 거둔 사람이 아직까지 아무도 없었지? 밀러는 직접 실험을 하는 데는 별로 흥미가 없었다. 그는 실험은 시간 낭비에 불과하다고 생각했다.[12] 그보다는 고결한 이론과학을 선호했고, 대학원에서의 시간을 항성이 어떻게 새로운 원소를 만들어 내는지 고민하며 보낼 계획이었다.

하지만 그의 지도교수가 캘리포니아에서 일자리를 얻어 시카고를 떠나는 바람에 그 계획이 틀어졌다. 연구 프로젝트를 찾는 것이 급해진 밀러는 생명의 기원 문제가 떠올랐다. 밀러는 생각하면 할수록 오파린의 아이디어를 실험으로 검증해 보는 것이 그렇게 미친 생각 같지 않아 보였다. 완전한 생명을 만들어 보자는 것도 아니고, 라디오브를 만들 것도 아니었다. 그저 초기 지구의 화학이 유기 분자를 만들었다는 명제만 검증해 볼 생각이었다.

밀러가 오파린에 대해 알게 됐던 세미나는 노벨상을 수상한 화학자 해럴드 유리Harold Urey의 것이었다. 밀러는 유리의 사무실로 찾아가 자신의 계획을 제안했다. 유리는 그 실험은 실패 가능성이 높아서 대학원생에게는 알맞지 않다고 대답했다. 그는 밀러를 설득해서 운석에 들어 있는 화학 성분의 분석처럼 야심적이지는 않지만 그래도 실패 가능성이 낮은 다른 프로젝트를 시키려고 했다. 하지만 밀러는 꿈쩍을 안 했고 유리도 결국 두 손을 들었다. 그는 밀러가 1년 동안 자신의 연구실에서 실험을 진행할 수 있도록 허락했다. 밀러는 1년 후에도 아무런 결과를 내지 못하면 자리를 내놓기로 했다.

실험을 위해 밀러와 유리는 작업대 위에서 초기 지구를 흉내 내는 일에 착수했다. 밀러는 훗날 회상했다. "그러고 나서 우리는 비를 만들기 위해 바다 모형, 대기, 냉각기가 들어간 유리 장치를 설계했다."[13]

이 플라스크에 밀러는 초기 지구에 흔히 존재했을 것으로 여겨지는 기체를 추가했다. 수증기, 메탄, 암모니아, 수소였다. 밀러는 초기 지구에서 화학반응을 위한 에너지는 번개에서 왔을지도 모른다고 생각해서 장치 속에 전극을 삽입하고 불꽃을 일으켰다. 몇 번 테스트하고 조정해 본 후에 밀러는 장치에 전원을 연결하고 밤새도록 작동시켜 두었다.

다음 날에 가 보니 용액이 불그스름한 거름물로 변해 있었다. 밀러가 플라스크를 비워 보니 그 거름물에 단백질의 기본 구성요소인 아미노산과 탄소가 함유된 다른 분자들이 들어 있었다.

밀러는 1953년 5월에 스물세 살이라는 어린 나이로 이 연구 결과를 발표했다. 그는 훗날 이렇게 회상했다. "그 논문에 대한 반응을 보고 깜짝 놀랐다." 그보다 앞서 존 버틀러 버크가 그랬던 것처럼 밀러도 기자들 등쌀에 고생했다. 그의 실험에 대한 뉴스가 너무 큰 돌풍을 일으켜서 갤럽에서는 시험관 안에서 생명을 창조하는 것이 가능하다고 생각하는 사람이 얼마나 되는지 알아보는 여론조사를 진행했다. 그것이 가능하다고 생각한 사람은 9퍼센트에 불과했다.

그 실험 하나만으로 밀러는 생물전단계 화학prebiotic chemistry이라는 새로운 과학 분야를 창시했다. 과학자들은 더 많은 아미노산, 그리고 심지어 DNA와 RNA를 이루는 염기도 만들어 냈다. 젊은 시절에 자신의 아이디어로 이 과학 분야의 씨앗을 뿌렸던 홀데인은 이제 원숙한 나이가 되어 이 새로운 발견들을 지켜보고 있었다. 그도 생명체가 어떻게 유전자 안에 정보를 저장해 두었다가 다시 추출해 내는지 밝혀내고 있던 프랜시스 크릭 같은 분자생물학자들의 연구에서 영감을 받았다.

1960년대에도 홀데인은 신선한 아이디어들로 씨앗을 뿌리고 있었다. 그는 생명은 '대형 분자 패턴의 무한한 증식'이라 믿게 됐다. 최초의 패턴은 분명 오늘날 우리를 둘러싸고 있는 패턴들에 비하면 훨씬 단순했을 것이다. 일부 바이러스가 이중가닥의 DNA 대신 단일가닥의 RNA를 사용한다는 사실로부터 홀데인은 RNA가 먼저 진화해 나왔을지도 모른다고 생각했다.

1963년에 홀데인은 플로리다로 가서 학회에서 자신의 아이디어에 대해 강연했다. 그 학회에는 오파린을 비롯해서 생명의 기원을 연구하는 주요 과학자들이 참가했다. 홀데인은 자기 강연의 제목을 "최초 유기체의 청사진에 필요한 데이터Data Needed for a Blueprint of the First Organism"**14**라고 지었다. 그는 현대판 버티비우스라 할 수 있는, 오래전에 사라진 생명의 형태에 대해 상상해 보았다. 이것은 자신의 유전자를 DNA가 아니라 RNA에 저장하고, 독립생활을 하는 미생물이었다. 이 생명체는 RNA 유전자를 지침 삼아 단백질을 만들고, 이 단백질을 이용해 자신의 유전자를 새로 복제할 수 있었다. 이 RNA 기반의 생명체에게 몇 개의 유전자가 필요했을지는 홀데인도 알 수 없었다. 그는 추측했다. "이 초기 생명체는 소위 RNA '유전자' 하나로 이루어졌었는지도 모른다."**15**

이 개념은 강력했다.**16** 어찌나 강력했는지 사실 크릭이나 다른 과학자들도 독립적으로 이런 생각을 한 번씩은 해 보았을 정도였다. 하지만 크릭, 홀데인, 그리고 RNA 기반의 생명체를 지지하던 다른 모든 과학자들은 그 생명체에 대해 지극히 모호한 용어로 얘기할 수밖에 없었다. 현재의 지구에서 유일하게 존재하는 RNA 기반 생명체는 바이러스밖에 없고, 바이러스는 숙주가 있어야 자신을 복제할 수 있다. 초기 지구에 RNA 기반 생명체가 있었다면 그 생명체는 스스로 복제하며 살아야 했을 것이다.

～〜〜〜

러시아 화산으로 가는 데이비드 디머의 여정은 1975년에 영국 도로변에서 오이 샌드위치를 먹다가 시작했다. 그는 알렉 뱅햄Alec Bangham이라는 영국의 생물물리학자와 점심을 먹고 있었다. 대화 주제는 막membrane이었다.

생명은 유전을 위해서는 유전자가 필요하고, 대사를 위해서는 단백질이 필요하다. 하지만 살아남기 위해서는 막도 필요하다. 막은 생명의 화학작용이 일어나는 공간을 가두는 경계다. 우리가 아는 한 생명은 경계 없이 구름처럼 퍼져 있는 화학물질로 존재할 수는 없다. 하지만 뱅햄 같은 과학자들이 막을 분리해서 무엇으로 이루어져 있는지 처음으로 밝혀낸 것은 1950년대에 접어들고 난 후의 일이다.

막에서 가장 흔한 분자 종류는 지질lipid이라는 탄소 원자 사슬이다. 종류에 따라 어떤 지질은 길이가 짧고 어떤 것은 길다. 어떤 지질은 산소 같은 원소들이 추가로 붙어 있어 화학적 성질이 바뀐다. 하지만 모든 지질은 자기조직화self-organization라는 놀라운 힘을 가지고 있다. 지질의 한쪽 끝은 물 분자를 밀어내고, 반대쪽 끝은 물을 끌어당긴다. 그래서 이 지질이 물속에 떠 있을 때는 자발적으로 2층의 얇은 막을 형성한다. 물을 밀어내는 끝은 물을 피해 안쪽으로 파고드는 반면, 물과 친한 끝은 바깥쪽으로 나와 있는 것이다. 1960년대 초에 뱅햄은 이 얇은 막을 뒤흔들어 보았다. 그랬더니 막이 흩어졌다가 3

차원 형태로 재형성됐다. 처음에는 뱀 모양의 관을 형성하더니 이어서 열린 부분이 닫히면서 속이 빈 구체 형태를 형성했다. 이 기름 성분의 껍질은 리포솜liposome으로 불리게 됐다.

뱅햄보다 여덟 살 어린 디머는 오하이오 주립대학교 대학원에서 지질을 연구하며 노른자, 시금치 이파리, 쥐의 간에서 지질을 추출했었다. 그는 캘리포니아로 와서 버클리에서 박사후 과정 연구자가 됐고, 그곳에서 막을 얼린 후에 깨뜨려 내부 구조를 조사하는 법을 배웠다. 그는 캘리포니아대학교 데이비스 캠퍼스에서 자리를 얻었을 때도 이 연구를 이어 갔다. 36세에는 영국에서 뱅햄과 함께 1년간 연구할 수 있는 기회를 마련했다.

이 두 과학자는 지질에 관해 일련의 중요한 새로운 연구를 진행했다. 균일한 크기의 리포솜을 대량으로 만들 수 있는 주사기를 발명했다.[17] 이런 발전 덕분에 리포솜을 의학 도구로 사용할 수 있게 됐다. 나중에 제약회사에서는 자기네가 만든 화합물을 리포솜에 삽입해서 세포 안으로 주입할 수 있게 됐다. 코로나19가 공격해 왔을 때 백신 제조업체에서는 바이러스 유전자를 리포솜에 집어넣었다. 그럼 이 리포솜은 우리 세포로 몰래 들어갈 수 있게 된다.

1975년의 어느 날, 뱅햄과 디머는 차를 몰고 런던으로 향하고 있었다. 가는 도중에 점심을 먹으려고 도로 옆에 잠시 댔다. 그때 디머가 뱅햄에게서 생명이 어떻게 시작됐는지에 관한 아이디어를 가졌다는 얘기를 들었다고 했다. 그는 그 아이디어가 궁금했다.

뱅햄은 생명은 리포솜에서 시작됐다고 말했다.

4부. 경계지대로 돌아오다

홀데인과 그의 지적 후손들에게 있어 생명을 특별하게 만드는 것은 뭐니 뭐니 해도 유전자였다. 반면 오파린의 추종자들에게 있어 생명의 기원에 관한 중요한 질문은 대사가 어떻게 생겨났는가 하는 부분이었다. 하지만 경계가 형성되지 않았다면 생명은 생겨날 수 없었을 것이다. 그리고 뱅햄의 지질 연구는 그에게 최초의 원시 세포가 어떻게 형성되었는가에 관한 아이디어를 주었다. 만약 초기 지구에 지질이 존재했다면 자발적으로 리포솜을 형성했을 것이다. 리포솜이 생명의 분자들을 담는 그릇으로 이미 만들어져 있었던 것이다. 지구에서 DNA, RNA, 단백질의 원시적 형태가 만들어지기까지는 훨씬 많은 시간이 걸렸다. 뱅햄의 아이디어에서 한 가지 큰 단점은 과연 생명이 탄생하기 전에 지질이 존재했었는지 알 수 없다는 점이다. 그리고 지질이 존재했다고 해도 원시 지질이 생명을 품을 수 있는 속이 빈 껍질을 형성할 수 있는 적절한 형태였는지 알 수 없는 노릇이다.

뱅햄과 디머는 이 심오한 문제에 대해 대화를 나눈 후 샌드위치를 다 먹고 런던으로 다시 차를 몰았다.

디머가 내게 말했다. "이렇게 생각했죠. '데이비스 캠퍼스로 돌아가서 어떤 지질이 이런 일을 할 수 있을지 알아봐야겠다.'"

디머의 대학원생 중 한 명이던 윌 하그리브스Will Hargreaves[18]가 일련의 지질들을 테스트해 보겠다고 자원해 나섰다. 그는 긴 지질에서 짧은 지질에 이르기까지 다양한 지질을 연구해 보았다. 살아 있는 세포에 든 지질은 대부분 탄소 원자의 길이가 12개에서 18개 사이였지만 하그리브스는 탄소가 10개만 든 것도 안정적인 리포솜을 형성할 수 있음을 알아냈다.

하그리브스가 1980년에 학위 공부를 마쳤을 무렵, 디머는 실제로 초기 지구에서 이런 짧은 지질이 공급되었을지 궁금해졌다. 그리고 머지않아 그는 셔우드 창Sherwood Chang이라는 나사의 과학자를 만났고 그를 통해 알아볼 기회를 얻었다. 창에게는 기이한 구슬 크기의 암석이 있었는데 그가 기꺼이 디머에게 그 일부를 떼어 준 것이다.

그 암석은 45억 7000만 년 전 태양계가 탄생할 때 형성됐던 소행성의 일부였다. 또 다른 소행성이 그 소행성과 충돌하면서 거기서 유성이 튀어나왔고, 그 유성은 1969년까지 태양계를 방랑하다가 우리 동네 우주로 들어오게 된 것이다. 지구의 중력장이 그 유성을 끌어당겼고, 어느 날 아침 머치슨이라는 호주의 도시에 사는 거주민들은 불덩어리가 연기를 뒤로 남기며 하늘을 가로지르는 모습을 보았다. 그리고 천둥 같은 굉음이 들렸다. 사람들이 그 주변에 퍼져서 뒤져 보니 수백 개의 검은색 돌이 나왔다.

나사의 연구자들이 이 돌을 일부 확보해서 조사했더니 실제로는 느슨하게 결합된 광물질 알갱이였다. 이것을 물에 집어넣자 알갱이들이 그냥 떨어져 나왔다. 더 놀라운 점은 그 알갱이 속에 들어 있는 성분이었다. 아미노산과 함께 일련의 다른 유기 화합물들이 나온 것이다. 머치슨 운석은 생명이 그 성분을 자기 행성에서 일어나는 화학에만 의존할 필요가 없음을 보여 주었다. 그 구성 요소 중 상당 부분은 우주에서 형성되어 지구로 떨어진 것이었다.[19]

창은 디머에게 머치슨 운석의 작은 표본을 하나 주었다. 다시 데이비스로 돌아온 디머는 그 표본을 클로로포름chloroform과 다른 화학 물질로 처리해서 안에 들어 있을지 모를 지질을 추출했다. 그는 그 클로로포름 용액을 슬라이드 위에 올리고 증발하게 두었다. 거기서 무언가 퀴퀴한 냄새가 나서 그는 무언가 찾은 것 같다는 희망이 생겼다.

일단 클로로포름이 모두 사라지자 디머는 슬라이드를 수분으로 적신 다음 현미경으로 관찰했다. 그리고 그 안에서 움직임과 구조 organization를 보았다. 바싹 마른 추출물에 물이 스며들자 추출물이 부풀어 오르면서 구체로 자랐다. 리포솜이 만들어진 것이다.[20] 디머는 카메라를 꺼내서 그 모습을 열심히 사진에 담았다. 탄생하기까지 45억 년이나 걸린 기념비적인 순간이었다.

이 실험은 우주에서 비처럼 쏟아져 내린 지질들이 자발적으로 안정적인 리포솜을 형성했을 가능성을 암시해 주었다. 하지만 리포솜 자체는 그냥 속이 빈 껍데기에 불과하다. 디머와 그의 학생들은 리포솜과 유기분자의 혼합물을 만지작거리면서 이것이 껍질 속을 생명의 전구체로 채울 수 있을지 확인하려 했다. 이들이 리포솜과 DNA를 건조한 후에 물로 되돌리자 속에 DNA가 담긴 리포솜이 다시 형성됐다.

이 실험을 통해 디머는 RNA 분자를 구축할 수 있는 효소를 그 안에 품은 원세포protocell를 상상하게 됐다. 하지만 RNA를 구축하려면 염기가 공급되어야 한다. 만약 초기 지구에서 염기가 생산되었다면 원세포가 그 염기들을 안으로 끌어들였을 수 있다. 하지만 이런 해법은 그 자체로 문제가 있었다. 우리 세포는 주변 환경으로부터 화합물을 끌어들일 때 유전자에 의해 암호화된 특별한 채널channel(세포막에 박혀 있으면서 막의 안팎을 통로로 이어주는 단백질 구조물―옮긴이)을 이용한다. 초기 원세포는 분명 그보다 훨씬 단순한 방법으로 이 염기들을 끌어들였을 것이다. 어쩌면 원세포 주변을 떠다니던 분자가 원세포의 막에 부딪힌 다음 천천히 그 안으로 끌려 들어갔을 수도 있다.

디머와 동료들은 이것이 어떻게 이루어졌는지 확인하기 위해 원시 막 모형을 만들기로 마음먹었다. 이들은 지질로 판을 만들어 거기에 단백질을 박았다. 그다음에는 화합물을 추가로 넣어 이 단백질들이 그 화합물을 막의 한 편에서 다른 편으로 유도할 수 있는지 확인해 보았다.

1989년에 디머는 연구를 잠시 내려놓고 오리건으로 휴가를 떠났다. 매켄지강을 따라 장거리 운전을 하는 동안 그는 계속 원세포에 대해서, 그리고 그 원세포가 어떻게 분자들을 안으로 끌어들였을지에 대해 생각했다. 그는 어지러운 생각에 빠져 있다가 염기들이 원시 채널을 통해 줄줄이 원세포로 흘러 들어가는 모습을 상상했다. 그렇다면 염기를 채널을 관통해서 끌어당길 힘이 필요했다. 어쩌면 그 힘은 전기장일지도 몰랐다. 그는 염기가 꼼지락꼼지락 느리게 채널을 통과하면서 그보다 작은 하전 원자들이 들어오지 못하게 막고 있는 모습을 머릿속에 그려 보았다. 속도가 느린 트럭 때문에 그 뒤로 차들이 밀리는 것처럼 말이다. 디머는 이런 교통체증이 생기면 순간적으로 채널을 통과하는 전류의 흐름이 늦춰질 거란 생각이 들었다. 그는 염기가 통과하는 동안 채널의 전류를 측정하면 무슨 일이 일어날지 궁금해졌다.

그는 훗날 이렇게 회상했다. "작게 깜박이는 신호가 나타날 거라 생각했죠."

만약 염기 하나가 아니라 길게 이어진 DNA 조각을 통과시킨다면? 그럼 한 번의 깜박 신호 대신 일련의 깜박 신호를 보게 될까? DNA에 들어 있는 염기 네 가지는 크기와 모양이 각기 다르다. 어쩌면 깜박 신호의 모습도 다르게 보일지 모른다. 그럼 DNA 조각을 채널로 통과시켜 보면 그 염기서열을 알 수 있을지도 모른다.

난데없이 캐스케이드 산맥 한가운데서 디머는 생명의 기원에 대해 생각하다가 전혀 예상치 못했던 것을 생각해냈음을 깨달았다. DNA 염기서열을 판독하는 방법을 생각해 낸 것이다.

1989년만 해도 DNA 조각을 신속하게 판독하는 것은 마법에 가까운 일이었다. 당시의 표준 방식은 너무 느려서 하루에 겨우 몇 백 개 정도의 염기만 판독할 수 있었다. 이런 속도라면 한 사람의 유전체 염기서열을 판독하는 데만 10만 년 정도의 시간이 걸린다. 일부 과학자가 그 속도를 높이는 방법을 꿈꾸고 있었는데 이제 디머도 그것을 꿈꾸는 사람 중 한 명이 됐다. 그는 DNA가 채널을 재빨리 통과하면서 자신의 염기서열 순서를 전기의 아리아로 노래 부르는 모습을 상상했다.

❧

1989년, 디머는 오리건에서의 운전을 마친 후 빨간 펜을 꺼내 자신의 생각을 공책에 그림으로 그렸다. DNA가 채널을 통과하는 모습을 스케치했다. 그리고 각 염기가 만들어 내는 전압 깜박 신호를 보여 주는 가상의 그래프를 그렸다. "그 채널의 직경은 DNA의 횡단면 크기와 같아야 한다."[21] 디머는 이렇게 적어 놓았다.

디머는 이 아이디어를 구체화하는 데 도움을 줄 과학자들을 모았다. 우선 DNA 교통체증을 만들 수 있는 적당한 크기와 모양을 가진 채널을 찾아야 했다. 1993년에 디머는 적당한 채널을 알게 됐다. 세균이 만드는 헤모라이신hemolysin이라는 채널이었다. 그는 미국표준기술연구소National Institute of Standards and Technology의 존 카시아오비치John Kasianowicz라는 헤모라이신 전문가를 찾아가 분자 바늘에 꿸 RNA 가닥을 가지고 왔다.

디머와 카시아오비치는 함께 원형의 입구에 지질막lipid membrane을 펼쳐서 걸었다. 그리고 막 가운데에 헤모라이신 채널 하나를 삽입했다. 스위치를 켜서 전기장을 가동하니 RNA를 그 구멍으로 끌어들일 수 있었다. 그리고 일련의 깜박 신호가 보였다. 깜박 신호의 숫자가 RNA 가닥에 붙어 있는 염기의 숫자와 일치했다.

이 성공만으로도 1996년에 논문을 발표할 수 있었다.[22] 하지만 DNA 판독기까지 가기에는 아직 갈 길이 멀었다. 네 가지 염기를 구분할 방법을 알아내야 했다. 디머와 카시아오비치는 마치 삭제된 정부 문서에서 글자마다 검게 칠해진 문장을 보고 있는 것 같았다. 문장에 들어 있는 글자의 수는 셀 수 있었지만 그 단어의 철자가 무엇인지는 알 길이 없었다.

디머의 예전 학생 중 한 명인 마크 아케슨Mark Akeson이 캘리포니아로 돌아와 프로젝트를 넘겨받았다. 그의 목표는 글자를 덮고 있는 마스크를 벗겨 내는 것이었다. 아케슨과 동료들은 전자장치를 튜닝해서 전류에서 훨씬 더 미묘한 변화가 생겨도 감지할 수 있으면서, 소음에는 덜 예민하게 만들었다. 이들은 DNA의 염기 네 가지 중 두 개인 아데닌과 구아닌이 시토신과 티민보다 훨씬 크다는 사실을 활용했다. 아케슨과 동료들은 염기가 크면 전류도 크게 떨어지고, 염기가 작으면 전류도 작게 떨어진다는 것을 증명해 보였다.[23]

디머는 아직 유전자의 언어를 분명히 알아들을 수 없었다. 하지만 적어도 자음과 모음을 구분할 수 있는 수준에는 도달했다.

내가 디머를 처음 만난 때는 1995년도다.[24] 내가 산타크루즈로 찾아갔다. 디머는 도시 북쪽 끝에 있는 캘리포니아대학교의 교수인 올로프 에이나르스도티르Ólöf Einarsdóttir와 결혼한 후에 그곳으로 이사한 상태였다.

디머는 평평한 농지가 펼쳐져 있는 데이비스의 풍경을 해안의 음울한 아름다움과 맞바꾸었다. 이 해안은 산비탈의 소나무와 삼나무 너머로 해면에서 느긋하게 쉬고 있는 코끼리바다물범을 볼 수 있는 곳이다. 산타크루즈에 머물던 첫날에 나는 시내를 거닐었다. 1989년의 로마 프리에타 지진이 6년 전에 남긴 흔적이 있었다. 나는 말없이 버려진 건물을 지나 사람이 없는 어두운 도로에 난 깊게 베인 상처를 따라가 보았다. 그리고 아침에 디머의 연구실로 향했다.

"우주의 냄새를 맡고 싶으세요?" 디머가 물었다. 그가 머치슨 지질 표본을 내밀며 냄새를 맡아 보라고 했다. 다락 냄새가 떠올랐다. "인슐린의 노래를 들어볼래요?" 그가 물었다. 몇 년 전에 디머는 유전자 염기서열을 음표로 바꾸어 보았다. 아데닌은 A음(라), 구아닌은 G음(솔), 시토신은 C음(도)으로 바꾸고, 음이름에 T가 없어서 티민은 E음(미)으로 바꾸었다. 그가 한 유전자의 노래를 콧노래로 들려주기 시작했다. 얼핏 노랫가락처럼 들리기도 했다.

디머는 당시 56세였다. 그가 운석으로부터 리포솜을 만든 지 10년이 지났을 때고, 그 사이에 그는 자신과 다른 과학자들의 연구를 바탕으로 정교한 생명의 기원 시나리오를 만들어 놓았다. 1960년대에 홀데인과 다른 과학자들이 처음 생각해 낸, 생명이 RNA를 기반으로 시작했다는 개념은 시간이 흐르면서 많은 지지를 얻었다. RNA는 대단히 다재다능한 존재로 밝혀졌다. 어쩌면 초기 지구에서 생명을 지탱할 수 있을 정도로 다재다능한지도 모른다. 예를 들면 콜로라도대학교에서는 토머스 체크Thomas Cech라는 생화학자가 테트라히메나Tetrahymena라는 민물 원생동물에서 놀라운 RNA 분자를 발견했다. 이 분자 가닥은 마치 스스로를 대상으로 작동하는 효소처럼 자발적으로 구부러져서 자신으로부터 한 조각을 잘라낼 수 있었다. 곧 연구자들은 효소처럼 행동할 수 있는 다른 RNA 분자들도 찾아냈다. 이런 것들을 리보자임ribozyme이라 부르게 됐다.

리보자임은 RNA가 두 가지 일을 동시에 할 수 있음을 보여 주었다. DNA처럼 유전정보를 저장할 수 있고, 단백질처럼 효소 작용도 수행할 수 있다. 1986년에 하버드대학교의 월터 길버트Walter Gilbert라는 생화학자가 자신의 발견을 이용해 생명의 기원에 관한 홀데인 및 다른 연구자들의 가설을 업데이트했다. 그는 자신의 이론을 "RNA 세상the RNA World"**25**이라 불렀다.

길버트는 DNA와 단백질이 존재하지도 않았던 처음에는 생명이 RNA만 사용했다고 제안했다. RNA 기반의 생명체가 한 세트의 RNA 분자만을 가지고 다녔을지도 모른다. 이 세트 중 어떤 RNA는 유전 정보를 저장하고, 어떤 것은 화합물을 가져다가 새로운 RNA 분자를 만드는 식으로 각각 특정 임무와 역할에 맞게 적용되어 있었을 것이다. RNA 기반 생명체는 새로운 유전자 복사본을 만드는 과정에서 실수를 저질렀기 때문에 진화할 수 있었다.

길버트는 결국에 가서는 RNA 기반 생명체도 단백질과 DNA를 진화시켰다고 제안했다. RNA분자가 아미노산을 한데 연결해서 아주 짧은 단백질을 만드는 능력을 획득했을 수도 있다. 이 새로운 분자는 세포가 살아남는 데 도움이 되었고, 단백질의 길이가 더 길어짐에 따라 RNA 분자보다 더 뛰어난 성능을 보여 주었는지도 모른다. RNA 유전자가 이중가닥 형태의 DNA로 진화했을 수도 있다. DNA는 RNA보다 더 안정적으로 유전자를 암호화할 수 있음이 입증됐다.

길버트는 유전자를 중심에 두는 홀데인의 전통을 따랐다. 그는 RNA 분자가 어떻게 세포 안에 들어가게 되었는지에는 전혀 관심을 두지 않고 전적으로 RNA 분자의 진화에만 초점을 맞추었다. 길버트가 다루지 않았던 이 문제는 디머가 리포솜을 이용해 해결에 나섰다.

그는 원시 세포들이 운석이 싣고 온 지질로부터 형성되었을지 모른다는 가설을 세웠다. 이 운석 중 일부가 바다 위로 새로 솟아오른 화산 위에 떨어졌을 수 있다. 지질은 단백질과 RNA를 만들 수 있는 다른 잠재적 기본 구성 요소들과 함께 연못과 온천으로 씻겨 내려갔다. 물은 주기적으로 증발해서 욕조의 물때 테두리bathtub ring 같은 것을 남겼고, 이것이 나중에는 다시 비나 홍수에 잠겼다.

디머는 자기 연구소의 박사후 과정 연구자인 아조이 차크라바티Ajoy Chakrabarti와 함께 나를 위해 이 고대의 화학 과정을 재현해 보여주었다.[26] 그는 노른자 지질이 담긴 단지를 열어 그 일부를 시험관에 든 물에 추가했다. 시험관은 아주 작은 거품으로 채워지며 뿌옇게 변했다.

그러고 나서 디머는 두 번째 시험관으로 가서, 요리사가 샤프란을 접시에 뿌리는 것처럼 연어의 정자에서 추출한 하얀색의 말린 DNA 가닥을 추가했다(연어 정자 DNA는 가격도 저렴하고 생물학 재료 공급 회사에 주문하기도 쉽다. 이것은 RNA의 대안으로 쓸 만하다). DNA 가닥이 질척하게 변했다. 디머가 그 용액에 형광 착색제를 섞었다. 그런 다음 지질과 DNA를 몇몇 슬라이드에서 합쳤다.

"열판을 준비할까?" 그가 차크라바티에게 말했다. 차크라바티가 열판의 스위치를 켜고 슬라이드를 열판 표면 위에 올려 놓았다.

"이것이 우리의 조수 웅덩이tide pool입니다." 디머가 말했다.

원시 웅덩이에서 지질이 리포솜을 형성해서 물속을 떠다녔을지 모른다. 하지만 태양빛이 내리쬐면서 물은 증발하고 리포솜들이 좁은 곳으로 모이게 됐을 것이다. 그 과정에서 맞닿은 리포솜이 서로 합쳐졌다. 물이 더 증발하면서 거품이 판으로 바뀌어 그 층 사이에 다른 분자들이 끼어들었다.

슬라이드 위에서 똑같은 일이 일어나고 있었다. 몇 분 후에 디머는 슬라이드를 열판에서 내렸다. DNA와 지질이 얇은 막으로 말라붙어 있었다. 이제 디머가 물 몇 방울을 떨어뜨려 그의 미니 조수 웅덩이를 채웠다. 그는 수분을 공급한 슬라이드를 형광현미경 아래 올려놓았고 차크라바티가 조명을 켰다.

접안렌즈를 들여다보니 얇은 막으로 말라붙어 있던 지질이 주변의 물로 튀어나오는 것이 보였다. 처음에는 뱀처럼 몸을 비틀더니 점점 부풀어 거품으로 자랐다. 어떤 거품은 어둡게 보였지만 어떤 것은 강렬한 형광색 초록 염료로 빛을 내고 있어서 DNA를 집어삼킨 거품임을 알 수 있었다.

이것만 가지고 생명이 어떻게 시작했는지 보여 주는 증거라 할 수는 없다. 디머는 그와 생각이 같은 연구자들이 선호하는 시나리오의 한 단계를 보여 줄 뿐이다. 당시 이들은 RNA 세상 가설을 회의적으로 생각하는 사람들로부터 맹공을 받고 있었다. 애초에 RNA 분자가 어떻게 단순한 기본 구성 요소로부터 조합되어 만들어질 수 있었는지 아직 그 누구도 설명하지 못했다. 생명이 어디서 시작되었느냐는 문제를 두고 일부 과학자들은 디머가 좋아하는 화산 연못에서 눈을 돌려 깊은 해저로 시선을 옮겼다.

1970년대에 해양학자들은 해저산맥을 조사했다. 해저산맥은 극에서 극으로 이어지는 대륙판 사이의 경계선으로, 이곳을 통해 지구 깊숙한 곳으로부터 마그마가 솟아올라 해저에 새로운 가장자리를 추가한다. 연구자들은 해저산맥에서 거대한 검은 굴뚝이 자리 잡고 검은 연기를 토하는 것을 발견하고 깜짝 놀랐다. 이 굴뚝은 온천의 깊은 해저 버전으로 밝혀졌다. 바닷물이 해저산맥의 틈으로 흘러 들어간 후에 가열되어 주변 광물질과 반응한다. 그리고 다시 해저로 솟아 나오면서 지하의 화합물을 잔뜩 품고 온다. 이 바닷물에 들어 있는 광물질이 차가운 해저와 만나면 갑자기 화학반응을 일으켜 해저에 속이 빈 바위 더미를 만든다.

과학자들이 가까이 들여다보았더니 이 열수공vent에 생명체가 살고 있었다.[27] 지구상의 그 어느 생태계와도 닮지 않은 생태계였다. 미생물들이 열수공에서 뿜어져 나오는 화학물질로부터 에너지를 수확하고 있었다. 그리고 이 미생물은 그보다 큰 생명체의 먹이가 됐다. 장님새우들이 굴뚝의 옆면을 기어 다니고 있었다. 관벌레tubeworm가 대나무 숲처럼 자라고 있었다. 녹은 바윗물 덩어리였던 지구가 냉각되어 지각이 생겨나던 40억 년 전에는 초기 바다에 이런 열수공이 많았을 것이다. 그 열과 열 속에서 일어나는 특이한 화학 과정이 유전자, 대사, 세포의 등장을 부채질했을지도 모른다.[28]

디머는 생각이 달랐다. 우주에서 떨어진 유기 화합물은 해저에 도달하기도 전에 드넓은 바다에 희석되었을 것이다. 그리고 바다에서 형성된 리포솜은 소금기 때문에 찢어지고 말았을 것이다.

하지만 디머는 해결해야 할 숙제가 많았다. 생명이 지표면의 물웅덩이에서 시작되었다면 어떤 식으로든 에너지 공급원을 확보해야 했다. 오늘날에는 연못에 있는 조류와 세균이 햇빛에서 에너지를 뽑아낼 수 있지만 그 일을 하는 데는 복잡한 단백질 네트워크가 필요하다. 원세포가 그렇게 정교한 천연의 태양 전지판을 사용했을 리는 없다. 하지만 디머는 단순한 태양 전지판이 이미 주변을 떠다니고 있지 않았을까 생각한다. 머치슨 운석에는 여러고리방향족탄화수소

4부. 경계지대로 돌아오다

polycyclic aromatic hydrocarbon, 줄여서 PAH라고 하는 분자가 들어 있었다. 빛이 비치면 PAH는 전자를 방출한다.

디머는 어쩌면 운석에서 나온 PAH가 리포솜에 삽입돼 들어갔을 수 있다고 추측한다. 햇빛이 PAH를 때리면 PAH에서 리포솜이 사용할 수 있는 전자를 방출했다는 것이다. 이 전자가 원세포가 화학작용을 수행하는 데 필요한 동력을 제공할 수 있다.

이 시나리오가 실제로 가능한지 여부는 아무도 모른다. PAH를 리포솜과 섞어 본 사람이 아무도 없기 때문이다. 그래서 디머와 그의 학생들이 시도해 보았다.

"PAH가 유용한 형태의 에너지를 포착할 수 있게 만들고 싶습니다. 아직까지는 이 연구에 특별히 깊은 인상을 받은 사람이 없어요." 디머가 내게 말했다.

∼ ⌣ ∼

4년 후인 1999년에 디머는 생명의 기원에 관한 학회에서 블라드미르 콤파니첸코Vladimir Kompanichenko라는 러시아 화학자를 만났다. 콤파니첸코는 디머가 원시 연못에 집착하고 있다는 것을 알고 그를 캄차카 반도로 초대했다. 디머가 초기 지구로의 시간여행으로 가장 가까운 것을 경험할 수 있는 곳이 있다면 그곳은 바로 캄차카였다. 캄차카 반도는 활화산 천지였고, 그 조건이 워낙 가혹해서 그곳에서 생존할 수 있는 것이 별로 없다.[29] 디머가 그곳에 간다면 화구호crater lake, 온천, 연못, 그리고 온갖 종류의 물을 연구할 수 있을 것이다. 초기 지구의 화학을 상상만 하는 것이 아니라 가까이서 살펴볼 수 있다는 의미다.

디머는 콤파니첸코의 제안을 받아들였다. 그는 2001년에 캄차카로 갈 과학 연구진을 조직했다. 이들은 군용 헬기를 타고 화산에서 화산으로 이동했다. 그 아래 툰드라에서는 헬기에 놀란 불곰이 허둥지둥 달려가고 있었다. 한 화구호는 청록색인 반면, 어떤 화산은 석유로 덮여 있었다. 이 석유는 유출되어 나온 것이 아니라 물로 날아든 식물성 물질들이 신속하게 분해되면서 생긴 것이다. 보통 식물의 물질이 석유로 변하는 데는 수억 년이 걸린다. 하지만 이 이상한 곳에서는 불과 몇 백 년이면 족했다.

화산의 측면에서 디머는 김이 펄펄 나오는 분기공fumarole에서 물을 뜨고, 욕조 물때 테두리 비슷한 것으로 경계가 그려진 온천도 살펴보았다. 그가 자연에서 발견하고 싶어 했던 바로 그 젖음과 마름의 주기였다. 연못에는 온갖 조합의 광물질이 들어 있었고, 각자 온도도 달라서 여러 면에서 다양성을 나타냈다. 디머가 알아내야 할 것이 너무도 많아서 그는 지금은 그 일을 다 못 하고 돌아가야 한다는 것을 알았다. 2004년의 두 번째 원정에서 그는 그 생명의 가루를 가져왔다.[30]

30년 동안 디머는 연구실 환경 속에서 연구하는 스탠리 밀러의 전통을 따라 생명의 기원을 연구해 왔다. 그는 온도를 정교하게 통제하며 순수한 성분들을 가지고 유리 시험관에서 실험을 진행했다. 이런 통제를 통해 그는 자신이 얻은 실험 결과가 유의미한지 아닌지 알수 있었다. 하지만 이런 실험을 하다가도 과연 연구실에서 진행하는 과정들이 생명이 생존해야 하는 거친 세상에서도 작동할지 의문이 들었다.

자신의 가루를 무트노브스키 산의 물웅덩이에 쏟아붓자 거품이 이는 것을 보고 디머는 무언가 이상한 일이 일어났음을 직감했다. 지질이 막으로 조직화되고, 이 막이 거품을 이룬 것이었다. 하지만 자신이 목격한 것이 정확히 무엇인지 확인하기 위해서는 산타크루즈로 돌아가야 했다. 그와 동료들은 가루에 들어 있던 많은 화합물이 물속의 진흙 입자에 달라붙었음을 발견했다. 하지만 지질은 다른 것에 달라붙었다. 지질은 디머의 연구실에서처럼 바로 거품으로 변하지 않았다. 물속에 들어 있던 철분과 알루미늄이 지질과 반응해서 지질을 떠다니는 응유curd로 바꾸어 놓았다.

디머가 무트노브스키 산에서 생명을 아예 처음부터 만들어 낸 것은 아니지만 그 경험은 그의 사고방식에 심대한 영향을 미쳤다. 화산에 있는 연못과 온천은 모두 온도가 높고 pH는 낮다. 하지만 여러 면에서 차이를 갖고 있었다. 어떤 연못은 생명의 발달을 차단할지도 모를 진흙이나 알루미늄 성분이 가미되어 있는 반면, 어떤 연못은 생명의 발달에 더 우호적일 수도 있었다. 디머는 다른 지역에서도 열수온천의 다양성을 조사하기 시작했다. 때로는 직접 찾아가 보기도 하고, 때로는 동료와 학생들을 현장에 보내기도 했다. 이들은 옐로스톤 공원, 하와이, 아이슬란드 등을 누볐다. 뉴질랜드로 갈 때는 그의 동료 브루스 다메르Bruce Damer가 시험관이 든 알루미늄 통을 하나 가지고 갔다.[31] 각 시험관에는 RNA와 다른 화학물질을 건조한 얇은 막이 들어 있었다. 다메르는 그 통을 진창으로 밀어 넣어 온천에서 나온 물을 주기적으로 그 안에 채웠다. 그리하여 이들은 작은 RNA 분자가 들어 있는 리포솜을 만드는 데 성공했다.

이런 원정은 비용도 많이 들고, 수고스럽고, 연구할 수 있는 시간 도 상대적으로 짧다. 산타크루즈에서도 연구를 이어 가기 위해 디머 는 인공 화산 연못을 제작했다. "내가 무트노브스키 산에서 보았던 것을 흉내 내고 있습니다." 그가 말했다.

디머는 여행가방 크기의 투명 플라스틱 상자를 준비했다. 그는 내부를 이산화탄소로 채울 수 있게 상자를 밀봉하고 40억 년 전 지 구에 존재했던 것과 비슷한 대기 환경을 조성해 주었다.[32] 상자 안에 디머는 가장자리에 구멍이 뚫린 금속 원반을 장착했다. 그 구멍에는 24개의 시험관을 끼워 넣을 수 있다. 각 시험관은 캄차카의 연못을 흉내 내기 위해 뜨거운 산성수를 담고 있었고, 그 산성수에는 무트노 브스키 산에서 채취했던 것과 비슷한 다양한 화학물질이 가미되어 있었다. 그는 건조해졌다가 다시 젖는 자기만의 주기를 만들었다. 원 반은 천천히 회전하면서 각 시험관이 하루에 두 번씩 30분 정도 이산 화탄소 바람 아래를 통과하게 만들었다. 이 바람으로 물을 증발시켜 화학물질로 이루어진 욕조 물때 테두리 비슷한 것을 남겼다. 원반이 더 회진하면 말라붙은 시험관이 물을 뿌려 주는 또 다른 시험관 아래 로 이동했다.

디머와 동료들은 시험관에 지질과 RNA와 DNA의 기본 구성 요 소인 염기를 채워 넣었다. 시험관들이 몇 시간에 걸쳐 젖고 마르기 를 반복한 후에는 내부에 염기를 품고 있는 리포솜을 찾아냈다. 그 리고 일부 리포솜 껍질에서 훨씬 놀라운 것을 발견했다. 염기가 서로

4부. 경계지대로 돌아오다

결합되어 있던 것이다. 새로 생긴 분자 중에는 뉴클레오티드가 수백 개 연결된 것도 있었다. "우리가 RNA 비슷한 분자를 만들어 냈습니다."[33] 디머가 말했다.

우리 세포 안에서 염기가 결합하려면 고도로 진화된 효소의 도움이 있어야 한다. 디머와 동료들은 원시 연못의 특이한 화학을 이용해서 이런 요구 조건을 우회한 것이다. 리포솜이 마르면 서로 융합하고 납작해져 판이 된다. 이 얇은 층들은 액체 결정이 되고, 그곳에서는 염기가 더 이상 끝없이 동요하며 여기저기 튀어 다니지 않고 질서정연하게 배열된다.[34] 이런 배열 상태에서는 염기끼리 결합할 가능성이 더 높아진다. 시험관이 다시 물에 젖으면 이 층들이 부풀어 오르면서 거품이 싹이 돋듯 올라오고, 그 과정에서 RNA 비슷한 분자들을 함께 가지고 나오게 된다. 그리고 젖고 마르기 과정이 반복될 때마다 분자의 길이는 더욱 길어진다.

월터 길버트의 RNA 세상에서는 최초의 생명체가 RNA 분자를 만들기 위해서 리보자임이 필요했다. 반면 디머의 실험은 그보다 더욱 급진적인 내용을 암시하고 있다. 지질이 자체적으로 RNA 분자를 구축할 수 있기 때문에 리보자임이 필요하지 않았다는 것이다. 그의 연구는 RNA 세상이 있기 전에 '지질 세상Lipid World'[35]이 있었을 가능성을 암시했다.

〜〜

나는 2019년 가을에 두 번째로 데이비드 디머를 찾아가 보았다.

내가 산타크루즈로 처음 찾아갔던 이후로 26년이 지났다. 그 사이에 나는 머리가 희끗희끗한 아빠가 되었고, 디머는 막 80번째 생일을 맞이했다. 나는 일 때문에 비행기를 타고 샌프란시스코로 갔는데 디머는 기사 역할을 자청하며 굳이 호텔로 와서 나를 태우고 오후에 산타크루즈로 데려다주겠다고 고집을 부렸다. 보아하니 건강에는 문제가 없어 보였다. 그는 생화학 덕분이라고 했다. 1970년대에 시작한 실험을 통해 그는 항산화제의 이로움에 대해 확신하게 되어 보충제를 먹기 시작했다. "나를 봐요. 아직 쌩쌩하잖아요." 그가 말했다.

그래도 디머는 도시를 안전하게 빠져나가 고속도로에 올라타야 하니 운전에 집중할 수 있게 잠시 조용히 해달라고 부탁했다. 일단 소나무밭과 해안 절벽이 있는 곳에 도착하니 그도 긴장이 풀렸다. 그가 DNA의 노래를 콧노래로 부르기 시작했다.

나는 디머에게 이제 시간이 많이 지났는데 지금은 생명이 무엇이라 생각하는지 물어봤다. 그는 아직도 좋은 대답을 찾지 못했다고 고백했다. "우리가 조립한 분자계가 우연히 생명의 어떤 속성을 갖게 되면, 그때 알게 되겠죠." 그는 이렇게 대답하고는 그 속성들을 줄줄이 나열했다. 나는 그에게 지금 생명을 정의하고 있는 것인지, 아니면 그냥 우리가 알고 있는 생명의 특징들을 나열하는 것인지 물었다. 생명은 DNA나 단백질 같은 사슬 모양의 분자를 기반으로 해야할까?

디머는 이렇게 털어놓았다. "나는 나만의 틀에 갇혀 있어요. 자기가 해야 할 일을 할 수 있는 핵산이나 단백질 말고 다른 것은 상상할수가 없군요. 이 모든 것에 대해 내가 어떻게 생각하는지 물어보셨죠. 나는 실험을 하는 게 좋아요. 나는 무언가 일이 일어나는 것을 지켜보는 것이 좋습니다. 그리고 그냥 생각하죠. '다음엔 또 간단하게 뭘 해 볼 수 있을까?'"

산타크루즈에 도착해 보니 지난번 방문했을 때까지도 남아 있던 지진의 피해 흔적이 그동안 복구되어 있었다. 하지만 그 후로 다른 틈새들이 벌어져 있었다. 이것은 고치기가 더 힘든 틈새였다. 실리콘밸리에서는 부유한 기술직 노동자들이 돈을 싸 들고 와서 작은 방갈로 하나에도 백만 달러나 되는 돈을 척척 내놓았다. 반면 버스 정거장 근처에서는 한 여성이 맨발로 느릿느릿 돌아다니면서 지나는 사람에게 담배 피우는 흉내를 내며 무언의 요청을 보내고 있었다.

디머는 한때 그의 대학 연구소가 있던 삼나무밭으로 나를 데려가지 않았다. 그 대신 우리는 철도가 인접한 도시 가장자리의 창고 비슷한 건물로 향했다. 그 전해에 그는 스타트업 샌드박스Startup Sandbox라는 벤처 기업 육성회사에서 사업을 개시했다. 이 회사에는 뼈 이식, 암 검사, 스마트 정원 등을 개발하는 신규 업체들이 들어와 있었다. 디머는 그곳에 있는 대부분의 사람들보다 나이가 세 배나 많았다.

우리는 그의 2층 사무실에 자리를 잡았다. 아직 입주가 마무리되지 않아 건물이 휑한 느낌이 들었다. 벽에는 유성 사진이 액자로 걸려 있었다. 선반 위에는 스타니스와프 렘Stanislaw Lem의 SF가 한 권 놓여 있었다. 디머가 탁자 아래서 인공 연못을 꺼내 그 작동방식을 보여 주었다.

"별건 아니지만 그래도 세상에 하나밖에 없는 거예요."

나도 디머에게 보여 줄 것이 있었다. 스마트폰에 내가 아는 한 생물학자가 근래에 보내 준 사진을 띄웠다. 그 사진에는 8구 하모니카 크기의 금속 블록이 찍혀 있었다. 그 옆에는 미니온MinION이라는 라벨이 찍힌 상자가 열려 있었다.

내 친구가 이런 문자를 보냈다. "내 새로운 장난감이 도착했어. 천 달러짜리 염기서열 분석기야. 네 아이폰보다 싸! 이걸 보고 흥분해야 할지, 무서워해야 할지 나도 모르겠다."

나는 화면을 스크롤해서 다음 메시지로 넘어갔다. 내 친구가 몇 주 후에 보낸 것이다. 그는 그림 위에서 어떤 종류의 미생물이 자라고 있는지 알고 싶어서 오래된 미술 작품에서 물감 얼룩을 떼어 내고 거기서 유전물질을 추출해서 DNA가 들어 있는 물방울을 미니온 염기서열분석기에 집어넣었다. 그는 자신의 노트북에 연결한 미니온 장치의 동영상도 보내 주었다. 그 장치는 열심히 DNA 염기서열을 판독하고 있었다. 그렇게 다섯 시간 만에 미니온은 4200만 개의 염기쌍을 판독했다.

내 친구가 문자를 보냈다. "짜잔! 내 살아생전에 이 장치도 구식으로 느껴질 날이 언젠가 찾아올 거라는 게 안 믿어진다."

"우와, 이것 좀 봐요!" 디머가 즐거운 듯 말했다. 나는 이 동영상이 당연히 그를 행복하게 할 거라 생각했다. 내 친구가 사용하고 있는 기계는 디머가 30년 전에 꾸었던 꿈에서 시작된 것이다.

2007년에 옥스퍼드 나노포어 테크놀로지스Oxford Nanopore Technologies라는 회사에서 디머와 그의 동료들이 DNA 염기서열분석기라는 개념으로 신청했던 특허의 사용권을 사 갔다. 그리고 그 후로 디머와 다른 과학자들이 설계를 개선할 방법들을 찾아냈다. 다른 박테리아에서 더 나은 채널이 발견됐다. 옥스퍼드 나노포어에서는 막하나에 여러 개의 채널을 장착해서 여러 개의 DNA 복사본을 동시에 염기서열분석할 수 있는 방법을 알아냈다. 그리고 법정에서 보내는 시간도 많아지기 시작했다. 이 기술이 유망해지자 다른 DNA 염기서열분석 회사들이 특허에 이의를 제기하기 시작했다. "우리는 계속 소송을 당하고 있어요." 디머가 내게 말했다.

옥스퍼드 나노포어는 2015년에 첫 DNA 염기서열분석기를 판매하기 시작했다. 다른 기술에 비하면 이것은 크기도 작고, 사용법도 간단하고, 가격도 저렴했다. 과학자들은 이 장치를 이용해서 여차하면 판독하지 않고 넘어갔을 DNA 염기서열을 판독하기 시작했다. 2015년에는 서부 아프리카에서 에볼라 바이러스가 발병했는데 과학자들은 하루 만에 환자에게서 추출한 바이러스의 유전자를 판독할수 있었다.[36] 우간다 숲에서는 야생동물학자들이 신속하게 새로운 곤충 종을 확인할 수 있었다.[37] 2016년에 나사에서는 미니온을 국제우주정거장으로 보냈고, 우주비행사 캐슬린 루빈스Kathleen Rubins는 우주에서 최초로 DNA 염기서열분석을 시행했다. 디머는 언젠가 나노포어 염기서열분석기로 다른 행성의 유전자를 발견할 날이 오기를 바라고 있다.

〜⁀〜

디머의 아이디어는 또 다른 방식으로도 현실화되고 있었다. 젊은 과학자들이 RNA 세상을 탐구하기 위해 더 정교한 원세포들을 만들고 있었다. 케이트 아다말라Kate Adamala[38]라는 생물학자는 지질 거품을 만드는 자기만의 방법을 생각해 내서, 그 안으로 RNA 분자를 집어넣었다. 그녀는 성장해서 두 개로 쪼개지는 원세포를 만들었다. 그리고 특정 화학물질을 감지하면 번쩍 불빛을 내는 원세포도 창조했다. 서로 대화를 할 수 있는 원세포도 만들었다. 하지만 아다말라의 원세포 중에서 이 모든 것을 동시에 할 수 있는 것은 없었다. 그녀는 각 원세포에게 RNA의 다른 재능을 나누어 주었다. 하지만 아다말라의 창조물을 종합적으로 보면 우리가 아는 생명 이전의 생명이 어떤 모습이었을지 짐작은 할 수 있다. DNA가 없는 것도 살아 있는 것이라 받아들일 마음의 준비가 되었다면 말이다.

디머는 자신의 연구실에서 학생들과 함께 느슨하게 흩어져 있는 지질과 핵산이 어떤 단계를 거쳐 최초의 원세포로 조립될 수 있었는지 밝히는 연구를 진행했다. 2008년에 이들은 젖음과 마름의 주기를 반복한 리포솜이 염기를 최대 100개까지 이어 붙여 RNA 분자를 생산할 수 있음을 발견했다. 하지만 회의적으로 보는 사람들은 이 분자가 여느 RNA 바이러스의 유전체보다 훨씬 길이가 짧다고 지적했다. 그렇게 짧은 유진자로는 어떻게 생명의 여정이 시작되었는지 이해하기 힘들었다. 그래서 디머와 연구진은 더 큰 RNA 분자를 만들어 보기로 했다.

내가 방문하기 얼마 전부터 이들은 자신의 창조물을 새로운 도구를 이용해서 보기 시작했다. 원자간력 현미경atomic force microscope이라고 하는 이 장치는 분자 위로 소형 금속 탐침을 두드려 보며 그 안에 든 각각의 원자에 대해 지도를 만든다. 디머가 그 지도 중 하나를 보여 주었다. 끈, 엉킴, 고리로 가득한 생물학계의 잭슨 폴록Jackson Pollock 작품 같았다.

"우리가 옳다면 이것들은 이 연구에서 만들어진 것 중 역사상 가장 긴 가닥일 겁니다. 리보자임을 만들려면 접힐 수 있을 만큼 충분히 길어야 해요. 길이로 따지면 여기 이것이 리보자임을 대신할 만하죠." 디머가 말했다.

이런 엉킴들은 생명의 시작에 관한 디머의 비전에 더 많은 증거를 제공했다.[39] 지구가 형성된 후에 화산이 해수면 위로 솟아올랐다. 그리고 화산의 옆면을 따라 빗물이 흘러내렸다. 그렇게 물웅덩이가 차고, 가열된 지하수가 간헐온천과 보글거리는 뜨거운 샘을 통해 솟아 나왔다. 소행성, 운석, 먼지가 하늘에서 떨어져 수조 톤의 유기 화합물을 실어 날랐다. 화산도 화학반응기 역할을 해서 자체적으로 화합물들을 공급했다. 지질이 물에 닿자 화합물을 감싸면서 거품을 만들고, 그 거품을 말라붙고 있는 물때 테두리로 운반했다. 그 액체 결정 안에서 RNA 분자가 자랐고, 물이 다시 돌아오자 말라붙어 있던 층들이 새로운 분자를 싣고 다니는 수조 개의 리포솜으로 변했다.

이 거품 중 상당수는 파괴되어 사라졌지만 일부는 안정적으로 남았다. 이들이 안에 담고 있던 RNA가 버팀대처럼 내부에서 거품을 붙잡아 주는 역할을 했다. 이렇게 안정화된 거품은 다음 물때 테두리 시기가 찾아올 때까지 충분히 오래 살아남을 가능성이 높았고, 그 RNA도 다음 세대의 거품 안으로 들어갈 가능성이 높았다. 디머와 동료들은 DNA 단일가닥이 이 액체 결정 안에서 그에 대응하는

DNA 가닥의 주형으로 작용할 수 있음을 알아냈다. 초기 지구에서는 RNA 분자의 복사 업무를 효소가 담당하기 오래전에 이미 RNA 분자가 그 물때 테두리 안에서 복제되기 시작했을지 모른다.

시간이 지나면서 이 RNA 네트워크가 새로운 분자를 추가하고, 분자의 길이도 길어졌다. 이들은 리포솜 안에서 새로운 역할을 하게 된다. 일부는 막을 관통해 나와 원시적인 채널 역할을 했다. 마디투성이인 일부 RNA는 새로운 RNA 분자의 성장 속도를 끌어올렸다. 리포솜은 육아실 같은 액체 결정에서 스스로 풀려나온 후에 자체적으로 분열하기 시작했다. 운석에서 나온 색소로 햇빛을 포획해서 성장의 원동력을 마련했을지도 모른다.

디머의 말에 따르면 이 원세포들이 최초로 등장한 진정한 생명체였다. 물론 이들은 매우 취약한 유기체였다. 하지만 경쟁이 없었기 때문에 번성할 수 있었다. 이들은 아미노산을 연결하는 능력을 진화시켜 처음에는 짧은 사슬을, 다음에는 진정한 단백질로 접힐 수 있는 긴 사슬을 만들어 냈다. 이 단백질들은 더 강력하고 화학적으로도 다재다능했다. 단일가닥 RNA도 이중가닥 DNA로 진화했고, DNA는 유전정보를 더 안정적으로 저장할 수 있는 방법으로 밝혀졌다. 시간이 지나면서 새로 등장한 DNA 기반의 생명체가 RNA 기반의 생명체들을 멸종으로 내몰았다.

근래 들어 고생물학자들은 지구 위 최초 생명체의 화석 기록[40]을 점점 더 앞당기고 있다. 이들이 찾아낸 가장 오래된 생명의 증거 중에는 34억 년 전 호주의 바위에서 나온 것도 있다. 이 화석에는 화산 연못에서 자라던 미생물 매트microbial mat에 의해 형성된 것으로 추정되는 두터운 층도 들어 있다. 이곳은 디머가 초기 생명체가 번성했을 것이라 예측했던 바로 그 장소다.

당신이 생명의 여명기로 되돌아갈 수 있다면 화산섬 사면에서 거품이 이는 온천을 뒤덮고 있는 푹신한 미생물 쿠션을 관찰하게 될지도 모른다. 이 섬은 그 미생물 쿠션 말고는 주황색 하늘 아래 초록색 바다 여기저기 흩뿌려져 있는 검은 민둥 바위에 불과했다. 가끔 머리 위로 구름이 밀려와 비로 섬을 씻어 내렸다. 그렇게 흐르는 물이 미생물들을 이 연못에서 저 연못으로 옮겨 놓았다. 이미 미생물이 존재하던 연못에서는 새로 들어온 미생물들이 기존의 미생물과 유전자를 뒤섞었다. 그리고 구름이 먼바다로 물러나면 섬은 햇빛 아래서 뜨겁게 달아올랐다. 그렇게 연못물이 마르면 바람이 먼지를 일으켜 미생물의 포자를 몇 킬로미터씩 실어 날랐다. 이렇게 날아다니며 산비탈 아래 모인 미생물이 드디어 바닷물과 만나는 어귀에 도달했다. 이 새로운 환경에 적응한 미생물들은 바다로 퍼져 나갈 준비를 마쳤다. 그리고 일단 이들이 바다에 도착하자 지구라는 행성 전체가 생명으로 살아났다. "1억 년 정도면 무언가 일이 벌어질 겁니다." 디머가 말했다.

나는 다윈이 생명의 기원에 대한 논쟁이 정리되는 것을 살아생전에 볼 수 있을지 의심했던 것이 생각났다. 그리고 그로부터 150년 후 나는 이곳에서 평생을 그 미스터리를 푸는 데 헌신한 과학자의 이야기에 귀를 기울이고 있다. 나는 디머가 살아생전에 무엇을 보게 될지 궁금했다. 그의 이야기가 더 힘을 얻게 될까? 아니면 그는 이 시대에 등장한 또 한 명의 존 버틀러 버크로 기억될까?

그의 생각에 반대하는 사람이 아직도 많았다.[41] 가장 가혹하게 비판하는 사람 중 한 명은 마이클 러셀Michael Russell이라는 과학자였다. 그도 마찬가지로 80세였다. 러셀은 지질이 아니라 광물질을 통해 생명의 기원에 접근했다. 그는 은과 황철광의 광물층을 찾아 태평양의 섬과 아일랜드의 광산을 찾아갔다. 이 원정 중에 그는 이 광물 중 일부가 원래는 열수공 주변에서 만들어졌다는 사실을 깨달았다. 하지만 이것은 해저산맥에 있는 과열된 검은 굴뚝이 아니었다. 바다 다른 곳에서는 다른 종류의 화학 과정이 자리 잡고 있었다.

이런 곳에서는 해저가 감람석olivine으로 덮여 있다. 감람석은 마그네슘과 철분이 풍부한 암석이다. 틈새로 흘러 들어간 물이 감람석과 반응해서 수소와 열을 방출한다. 그럼 그 온기를 흡수한 암석이 물이 끓게 만들고, 이 물이 다시 해저에서 솟아 나오면서 광물질, 메탄, 그리고 일련의 다른 화합물을 함께 가지고 나온다. 양전하를 띠는 수소 원자들 중 상당수가 이 화합물과 결합해서 액체의 pH를 바꾸어 놓는다. 그래서 산성에서 염기성으로 성질이 바뀐다. 이 뜨거운 액체가 해저에서 솟구쳐 차가운 산성의 해저 바닷물과 만나면 광물이 쌓이면서 속이 빈 거대한 방이 만들어진다. 그리고 그 위에 60미터 높이까지 탑이 올라갈 수 있다.

러셀의 눈에는 이런 방이 생명이 발생할 수 있는 완벽한 장소로 보였다. 벽 안팎으로 물의 차이가 존재하는 덕에 특이한 화학반응기 역할을 했다. 방 안쪽은 염기성 물의 높은 pH 때문에 바깥쪽에 있는 산성의 바닷물로부터 수소 원자를 끌어당겼다. 이 수소 원자들은 벽에 나 있는 미세한 통로를 통해 안으로 들어가야 했을 것이다. 러셀이 보기에 이런 수소 원자의 흐름이 세포막에서 채널을 통해 수소 원자가 흐르는 방식과 놀라울 정도로 유사해 보였다. 우리 세포는 이 흐름을 통해 에너지를 포획한다. 사실 러셀은 이것이 우연이 아니라고 생각했다. 우리의 대사는 이 방에서 이루어지는 화학을 바탕으로 만들어진 것이었다.

염기성 열수공의 벽을 통해 흘러 들어가는 수소 원자가 화학반응에 동력을 제공해서 자체적인 반응을 일으킬 수 있는 새로운 화합물을 만들어 냈을 수도 있다. 시간이 지나면서 이 방에서 생명에 필수적인 여러 가지 성분이 만들어졌다. 러셀은 광물질 사이에 생긴 틈이 세포가 등장하기 전에 세포 역할을 했을지도 모른다고 추측한다. 이 바위로 둘러싸인 방 안에서 원시적인 대사가 성장했을 수 있다.[42] 그리고 결국에는 이 대사가 모든 특성을 갖춘 생명을 뒷받침할 수 있게 된 것이다.

2000년대 초반에 생명의 시작 방식을 설명하는 주요 시나리오 두 가지는 염기성 열수공과 화산 연못이었다. 양쪽 모두 옳을 수는 없었다. 2017년에 〈사이언티픽 아메리칸*Scientific American*〉의 표지 기사에서 디머와 그 공저자들은 생명이 지구 표면에서 형성되었다고 주장했다. 그 기사에는 생명이 화산 높은 곳에서 시작해서 아래로 흘러 내려와 바다로 퍼지는 과정이 정교한 그림으로 표현되어 있었다. 저자들은 자신의 시나리오가 러셀의 염기성 열수공 이론보다 실험적 증거가 훨씬 풍부하다고 주장했다.

러셀도 가시 돋은 반응으로 반격했다. 그는 디머 같은 과학자들의 연구에서는 생기론이 여전히 건재하고 있다고 보았다.[43] 그가 흥내 낸 연못에서 생명과 비슷한 분자들을 만들어 내는 실험이 "현실과 괴리된 오해만 낳고 있다"[44]라고 주장했다. 러셀은 세포가 물속을 떠다니던 리포솜에서 시작되었다는 개념은 "근본적인 결함을 가졌다"라고 단언했다.

러셀은 오늘날의 생명체들이 사용하는 반응을 만들어 낼 수 있는 것은 열수공이 제공하는 에너지 흐름밖에 없었다고 주장했다. 화산 연못을 가열했다가 햇빛에 바짝 말리는 것으로는 서로 경쟁하는 화학반응만 많이 만들어질 뿐 복잡성이 전혀 증가하지 않는다. 이 개념은 프랑켄슈타인 박사가 전기 충격으로 죽은 시신에 생명을 불어넣었다는 얘기만큼 터무니없어 보였다.

러셀은 단언했다. "화학에 적용하든, 죽은 송장에 적용하든 프랑켄슈타인식 아이디어는 그냥 틀린 소리다."

내가 러셀의 염기성 열수공 이야기를 꺼내자 디머가 자신이 생각하는 여러 가지 문제점들을 정리해서 말했다. 큰 문제 중 하나는 열수공의 벽이 너무 두꺼워서 러셀이 필요로 하는 에너지를 만들기 어렵다는 것이다. 디머는 물레바퀴를 이용한 전기 생산을 생각해 보자고 했다. 물레바퀴를 폭포 바로 아래 놓으면 물이 수직으로는 먼 거리를 낙하하고, 하류로는 짧은 거리만 흐르기 때문에 그 에너지를 포획할 수 있다. "하지만 폭포와 1킬로미터 떨어진 곳에 물레바퀴를 두면 발전기를 돌릴 수 없습니다. 그만한 에너지가 나오지 않으니까요." 디머가 말했다.

내가 방문한 날 디머는 새로운 실험을 진행하고 있었다. 그가 나를 스타트업 샌드박스로 데리고 온 이유는 그가 최근에 업알엔에이

UpRNA라는 회사를 차렸기 때문이다. 게이브 메드닉Gabe Mednick이라는 대학원생이 그의 유일한 직원이었다. 회사의 사명은 딱 하나, 생명의 기원에서 일어났던 특이한 화학 과정을 바탕으로 또 다른 생물공학을 창조하는 것이었다.

2018년에 미국 식약청FDA에서는 FDA 역사상 처음으로 RNA로 만든 약물을 승인했다.[45] 앨나일램 파마슈티컬스Alnylam Pharmaceuticals라는 회사에서 트랜스티레틴 아밀로이드증transthyretin amyloidosis[46]이라는 병의 치료제로 만든 약이었다. 이 병은 결함 있는 단백질을 만드는 돌연변이 유전자 때문에 생긴다. 여러 해가 지나면서 이 잘못된 단백질이 야기한 손상으로 인해 환자는 점점 쇠약해져서 걷기도 힘들어지고, 발작을 앓다가 결국 심장마비로 사망한다.

이 약을 개발하기 위해 앨나일램에서는 디머가 40년 전에 개척을 도왔던 기술을 이용해 리포솜을 만들었다. 이들은 맞춤 제작한 RNA 분자를 이 기름 성분 거품에 집어넣었다. 이 리포솜은 세포 안으로 들어가 인공 RNA를 방출했다. 그럼 이 분자가 잘못된 유전자에서 나온 mRNA에 달라붙어, 세포가 그것을 가지고 잘못된 단백질을 만들지 못하게 막는다.

앨나일램의 성공으로 RNA를 이용해서 고지혈증, 암, 기타 질병과 싸울 수 있다는 기대가 커졌다. 하지만 발목을 잡는 문제가 있었다. RNA 기반 약물을 만드는 데 많은 돈이 든다는 것이다. 앨나일램에서는 자연을 흉내 내서, 효소를 이용해 인공 유전자를 읽은 다음 한 번에 염기 하나씩 RNA 분자를 구축했다. 앨나일램이 이 약을 승인 받았을 당시 1년 치 약의 가격이 45만 달러로 책정됐었다.

디머는 훨씬 적은 비용으로 맞춤형 RNA 분자를 만들 수 있을지도 모른다고 생각했다. 그는 우리가 오늘날 알고 있는 생명을 흉내 내는 대신 RNA 세상의 생명체를 흉내 내기로 했다. 디머와 메드닉은 DNA 유전자를 인공 연못에 투입해 시험관을 건조시켰다 적시는 방식으로 그 DNA와 대응하는 RNA 분자를 만들려고 했다. 첫 번째 시도에서는 빛을 내는 단백질의 유전자 스위치를 끄는 RNA 분자를 만들기로 했다. 그가 이 RNA를 형광 세포가 들어 있는 접시에 추가하면 그 단백질을 만드는 mRNA에 달라붙어 방해함으로써 세포가 빛을 내지 못하게 만들 것이다. 만약 이 이정표에 도달할 수 있다면 질병을 야기하는 단백질을 차단할 수 있는 RNA 분자에 대한 연구를 시작할 것이다.

연구가 성공할지는 디머도 알 수 없었다. 하지만 최초의 생명체에 대해 배운 교훈 덕분에 그는 가능하리라는 자신감을 얻었다. 그는 말했다. "내가 하는 모든 일은 생명에 시작이 있었음을 알고 있다는 사실에 기반합니다."

# 덤불이다 할 만한 것이
# 없다

NO OBVIOUS BUSHES

2월의 햇살인데도 견디기 힘들 정도로 강렬했다. 나는 거의 항상 구름이 끼거나 어두워진 하늘을 머리에 이고 추운 뉴잉글랜드에서 몇 달을 보내다가 지금은 캘리포니아 패서디나로 와서 나사 제트추진연구소NASA Jet Propulsion Laboratory에 있는 신분증 발급 사무실 앞에 내렸다. 로리 바지Laurie Barge라는 제트추진연구소 과학자가 사무실에서 나와 시설 내부로 안내해 주었다. 가는 길에 그녀가 마이클 코어스 Michael Kors 선글라스를 썼다. 그 선글라스가 그녀의 눈동자를 시커먼 렌즈 뒤로 숨겨 주었다. 맨눈인 나는 종려나무가 늘어선 뜰을 가로질러 걷는 동안 갱도에서 방금 구출되어 나온 광부처럼 부신 눈을 가늘게 뜨고 있어야 했다.

내가 제트추진연구소를 찾아온 이유는 바지와 함께 그녀의 우주생물학 연구에 관해 대화를 나누기 위해서였다.[1] "그건 본질적으로 생명이 어떻게 시작되고, 또 우리는 그 생명을 어떻게 찾을 것인가의 문제가 아닐까요?" 커피와 함께 그늘 밑에 자리를 잡으며 그녀가 말했다. 이것은 바지 같은 사람에게 딱 어울리는 분야였다. 그녀의 머릿속은 십대 같은 질문으로 꽉 채워져 있었다. 그녀가 말했다. "저는 우리가 왜 이곳에 있는지 알고 싶었어요. 태양은 어디서 왔을까? 왜 우주가 존재할까? 왜 지구가 존재할까? 지구는 왜 하필 이런 모습일까? 생명은 지구에만 있는 특별한 것일까?"

바지 같은 사람이 제트추진연구소가 아닌 다른 곳에서 연구하는 모습을 상상하기가 어려웠다. 이곳은 우리가 이 우주에 혼자가 아닐 가능성을 조사하는 부분에 있어서는 지구에서 가장 중요한 장소다. 바지를 방문한 것은 제트추진연구소를 내 눈으로 직접 둘러볼 수 있는 첫 번째 기회였다. 솔직히 마침내 성지를 찾아온 순례자가 된 것 같은 기분이 들었다.

나는 1960년대에 태어난 세대다. 그 시절에는 지구의 생명체가 세균으로 가득한 성층권을 지나 우주로 갑자기 촉수를 뻗기 시작했다. 우리는 브라운관 텔레비전 앞에 다리를 꼬고 앉아서 포유류가 지구의 대기를 채운 작은 밀실 속에 갇힌 채 두 발로 달 위를 걷는 장면을 흐릿한 영상으로 지켜보았다. 우리가 보는 그런 영화와 티브이 드라마 속에서는 인류가 은하계를 가로질러 셀 수 없이 많은 다른 생명체들과 조우했다. 두 발 달린 포유류와 이상하게 닮은 모습을 한 그 외계 생명체들은 할리우드의 출연 요청에 기꺼이 응했다. 마치 행성 간 시대interplanetary age가 시작된 것처럼 보였다.

하지만 우주비행사들은 고작 달에 가 본 것이 전부였고 거기에 오래 머물지도 않았다. 1970년대에는 이들의 야심이 지구 저궤도 수준으로 낮아졌다. 비좁은 우주정거장이 사람들 머리 위로 날아다녔다. 우주정거장은 밤하늘에서 반짝이는 것이 보일 정도로 낮았다. 다른 행성을 탐사한 것은 인간이 아니라 기계였다. 그리고 그런 기계 중 상당수는 제트추진연구소에서 나왔다.

제트추진연구소의 과학자 중에는 자갈 구름으로부터 행성이 만들어지는 과정을 조사하던 지질학자도 있었다. 그리고 이산화탄소와 이산화황의 소용돌이에 대해 고민하는 대기과학자도 있었다. 그리고 생물학자도 있었다. 이들은 우리가 아는 생명이 아니라 혹시나 존재할지 모를 생명에 대해 고민했다. 1960년대에 미생물학자 조슈아 레더버그Joshua Lederberg가 이 새로운 분야에 외계생물학exobiology이라는 새로운 이름을 지어 주었다. 그러자 한 과학자가 외계생물학자exobiologist라고 하니 꼭 예전에 생물학자였던 사람ex-biologist이란 뜻 같다고 놀렸다. 제트추진연구소의 외계생물학자들은 그런 조롱 따위는 무시하고 외계생명체를 찾아낼 방법을 연구하는 데 매진했다.

제트추진연구소의 외계생물학자들은 대략 두 진영으로 나눌 수 있었다. 일부는 생명을 찾는 제일 좋은 방법은 직접 찾아가 보는 것이라 생각했다. 이들은 다른 행성으로 우주 탐사선을 보내 실험을 진행하기를 원했다. 한 프로젝트에서는 외계생물학자들이 생장실growth chamber을 만들어 거기에 다른 행성의 표면 흙을 퍼 담은 다음 유기체가 이산화탄소나 다른 기체를 대사하는지 지켜보기도 했다.

제트추진연구소의 다른 외계생물학자들은 멀리서 바라보며 생명을 찾는 쪽이 가능성이 더 높다고 생각했다. 원거리 탐색을 제일 소리 높여 주창한 사람은 제임스 러브록James Lovelock이었다. 러브록은

1960년대에 제트추진연구소에서 일했던 영국 출신 과학자다. 러브록이 보기에 생장실을 화성에 설치하는 아이디어는 터무니없을 정도로 고루한 접근방식이었다. 외계 생명을 탐색하면서 지구에서 세균을 탐색할 때 사용하는 방식을 고집하는 것은 안 될 말이었다. 러브록이 보기에 생명에서 가장 결정적인 부분은 화학적 평형에서 벗어나게 만드는 힘이라는 것이다. 이런 힘은 자신의 세포에 국한되지 않고 행성 전체에 작용한다. 생명은 지구의 대기를 산소로 채워 놓았다. 이 산소가 바위를 부식시켜 광물질을 바다로 보낸다. 제트추진연구소에서 러브록은 멀리 떨어진 행성의 대기에서 생명의 징후를 확인할 수 있는 장치를 만들어 보려고 했다.

처음에는 금성과 화성이 생명 탐색을 시작해 볼 최고의 후보로 보였다. 우선 우리와 가까운 이웃 행성이고, 태양계의 다른 거대 가스 행성gas giant과 달리 양쪽 모두 딱딱한 지각을 갖고 있었다. 하지만 마리너 2호Mariner 2가 금성을 찾아가 보니 대기가 태양에서 오는 열을 가두어 납도 녹을 정도로 뜨겁다는 것이 밝혀졌다. 외계생물학자들은 그렇지 않아도 짧은 후보 목록에서 금성을 지워야 했다. 화성의 경우 마리너 2호가 보내온 사진이 그렇게 절망적이지만은 않았다. 화성의 사막은 춥고, 여기저기 분화구가 패여 있었지만, 지구의 경우를 따져 봐도 생명이 초록이 우거진 열대우림에만 사는 것은 아니다. 지구에서 가장 가혹한 서식지가 화성의 환경과 겹치는 부분이 있을지도 모른다.

제트추진연구소 생명과학 분과장이던 노먼 호로비츠Norman Horowitz는 1966년에 이렇게 말했다. "금성의 경우와 달리 화성에 대해 밝혀진 내용들은 생명의 거주지로서의 가능성을 완전히 배제하지 않고 있습니다. 희망으로 빛나는 상황은 아니지만, 그렇다고 희망이 아예 없지도 않습니다."[2]

2년 후에 나사는 바이킹Viking 탐사계획을 추진했다. 화성 궤도에 한 쌍의 우주선을 올려놓는 프로젝트였다. 이 각 우주선에서 화성 표면을 더 가까이서 관찰할 탐사선을 착륙시킬 계획이었다. 그리하여 1975년 여름 마침내 바이킹 로켓이 지구를 출발했다.

당시 나는 아홉 살이었다. 우주선이 화성에 도착하는 데는 거의 1년이 걸렸다. 1년이면 초등학교 4학년 학생에게는 사실상 지질학적 시대라 할 만큼 긴 시간이다. 나는 탐사선이 화성인을 발견하기를 바라며 기다리고 또 기다렸다. 화성인이 할리우드 엑스트라같이 생기지 않아도 상관없었다. 그냥 화성의 뱀이나 스컹크 같은 것만 찾아내도 좋을 것 같았다. 아니면 나무 덤불이나 세균 같은 것만 찾아내도 당장에는 만족스러울 것 같았다.

바이킹 탐사선이 우주공간을 가로지르는 동안 우리 가족은 교외에서 시골의 작은 농장으로 이사 갔다. 거기서는 생명이 끝없이 나에게 관심을 요구하는 듯했다. 연못에는 거북이들이 숨어 있고, 헛간에는 하루 종일 제비들이 들락거렸다. 그리고 나무에서는 매미들이 우렁차게 울어 댔다. 지금 생각해 보면 이런 경험들 때문에 나는 생명이 있다면 절대 알아차리지 못하고 지나칠 리가 없다는 착각을 하게 된 것 같다. 나는 우주 탐사의 역사가 짧고 신속하게 표제 기사로 쓰일 것이라 믿게 됐다. '인간이 달 위를 걷다.' '화성 생명체 발견.'

1976년 7월에 바이킹 1호가 화성에 착륙해서 첫 사진을 궤도 우주선에 보냈다. 그리고 궤도 우주선은 이것을 다시 중계해서 수백만 킬로미터 떨어진 지구로 보냈다. 제트추진연구소의 공학자들은 이 정보를 수신해서 해독했다. 우리는 저녁 뉴스에서 그 최초의 사진을 봤다. 회색의 배경 위로 회색의 바위들이 보였다. 아주 신이 나면서도 동시에 실망스러웠다. 자동차 진입로에 엎드려서 자갈밭을 봐도 그와 똑같은 장면이 나올 것 같았다.

제트추진연구소는 바이킹 1호 팀원들이 첫 이미지가 도착하는 것을 지켜보았던 장소에서 생중계로 기자회견을 열었다. 천문학자 칼 세이건Carl Sagan이 근처 모니터를 물끄러미 바라보며 그것을 이해하려 애쓰고 있었다. 바이킹 1호를 발사하기 전 몇 달간 그는 화성에 카메라로 수월하게 촬영할 수 있는 다세포 생명체가 살고 있을지 모른다고 생각했었다.[3] 이제 그가 눈에 잔뜩 힘을 주며 무언가 찾아보려 했지만 아무것도 보이지 않았다.

"제가 아는 한에서는 이 사진 속에 명확하게 생명에 의해 생겼다고 볼 만한 특성은 전혀 없군요."[4] 그가 여전히 시선을 모니터에 두고 말했다. "덤불이다, 나무다, 사람이다 할 만한 것이 없습니다."

그다음 날 바이킹 1호의 첫 컬러사진이 도착했다. 이 사진에서 땅은 빨간색, 하늘은 분홍색으로 나와 있었다. 몇 킬로미터의 풍경이 펼쳐져 있었지만 덤불도, 나무도, 사람도 보이지 않았다.

이후 바이킹 1호가 땅에 삽을 찔러 넣었다. 그리고 화성의 흙에서 생명의 징후를 분석하기 시작했다. 당시에 나는 너무 어려서 정확히 무슨 일을 하는 건지 이해하지 못했다. 내 생각에는 흙을 요리하고 있는 듯 보였다. 생명은 어쨌거나 생명이니까 이 검사에서 기면 기다, 아니면 아니다, 분명한 답이 나올 줄 알았다.

첫 번째 검사에서는 희망적인 결과가 나왔지만 호로비츠는 〈뉴욕타임스〉에서 거기에 너무 많은 의미를 부여하지는 말라고 했다. "아직은 화성에서 생명을 발견한 것이 아닙니다." 그리고 바이킹 1호가 생명체에 의해 만들어진 탄소 화합물을 찾기 위해 두 개의 토양 샘플을 조사해 보았는데 결과는 빈손이었다. "유기물이라는 면에서 보면 양쪽 표본 모두 아주 깨끗했습니다." 클라우스 비이만Klaus Biemann은 이렇게 말했다.

원조 외계생물학자인 조슈아 레더버그는 완전히 풀이 죽어서 말했다. "더 이상은 어디를 둘러보아도 생명을 발견하리라 자신할 수 없게 됐습니다."[5]

나는 아이다운 신념으로 화성에 더 자주 방문하다 보면 머지않아 미스터리가 모두 풀릴 것이라 믿었다. 세이건과 다른 과학자들이 말하기를 바이킹 1호는 생명에 대한 지속적인 탐사의 첫 단계라고 했으니까. 하지만 이런 실망스러운 결과 때문에 외계생물학의 로켓 엔진에서 기름이 새는 소리가 들렸다. 나사의 공학자들은 화성에 보낼 탐사선을 더 많이 만들었지만 대부분 행성의 지질학과 대기를 연구하기 위해 설계된 것이지, 생명의 흔적을 찾기 위한 것은 아니었다.

바이킹 1호 이후로 그나마 생명 탐사에 가장 가까운 활동이라고 하면 도청 프로젝트가 있었다. 외계 지적생명체 탐사The Search for Extraterrestrial Intelligence, 줄여서 세티SETI는 외계 문명이 보낸 무선 통신을 찾아 하늘을 뒤지는 나사의 프로그램이었다. 제트추진연구소에서 전파망원경 네트워크를 항성간 통신을 엿듣는 귀로 제공했다. 의회가 적대적인 태도를 보였음에도 불구하고 나사는 1980년대에 세티 계획을 수립하는 데 필요한 자금을 간신히 긁어모을 수 있었다. 심지어 의회에서 작동을 중단시키기까지 1년 동안 탐사를 진행하기도 했다.

이 프로젝트를 폐기하는 데 힘을 보탰던 매사추세츠 주의 의원 실비오 콩트Silvio Conte는 이렇게 말했다. "이상한 머리가 달린 작은 초록색 우주인little green man을 찾겠다고 혈세를 낭비해서는 안 된다."

나사가 세티를 서서히 종료하고 있는 동안 그 과학자 중 한 명이 휴스턴에서 작은 초록색 외계인, 아니면 적어도 작은 초록색 미생물에 대한 세상의 호기심을 되살릴 발견을 했다. 존슨 우주기지Johnson Space Center에서 소장하고 있는 운석들이 있었는데 1993년 어느 날 데이비드 미틀펠트David Mittlefehldt라는 과학자가 그 운석 중 하나가 무언가 이상하다는 것을 눈치챘다. 앨런 힐스 84001Allan Hills 84001이라는 1.8킬로그램짜리 운석이었다.[6] 이것은 1984년에 남극 앨런 힐스 산맥을 스노모빌로 가로지르던 지질학자 연구진에 의해 발견됐다. 이 운석은 얼음판 한가운데 놓여 있었다. 그래서 그 아래 깔린 땅바닥에서 떨어져 나온 것일 리가 없었다. 그리고 그 주변에 산이 있는 것도 아니어서 어디서 굴러떨어졌을 리도 없었다. 하늘에서 떨어졌다는 것 말고는 달리 설명할 방법이 없었다. 과학자들이 이것을 존슨 우주기지로 가져와 조사해 보니 소행성의 조각으로 확인됐다. 그리고 이것은 여러 해 동안 질소를 채운 캐비닛에 놓여 있었는데 미틀펠트가 이 운석의 정체를 의심하게 됐다. 그래서 그 암석을 검사해 보았는데 소행성에서 나타나는 전형적인 특징이 나타나지 않았다. 화성에서 온 것이었다.

이 암석은 40억 년 전에 화성에서 형성됐다. 그곳에서 자리를 지키고 있다가 한 소행성이 화성과 충돌하면서 폭발의 잔해로 우주공간으로 튕겨 나왔다. 수백만 년 동안 우주를 떠돌다가 지구의 중력에 이끌려 떨어진 것이다. 이 암석은 1만 3000년 전에 남극으로 떨어졌다.[7] 빙하기에 얼어붙었던 빙하가 물러나면서 농부들이 농사법을 발견하고, 도시가 생겨나고, 로켓을 우주로 쏘아 올리는 동안에도 암석은 앨런 힐스에서 자리를 지키고 있었다.

지질학자들이 암석을 찾았을 때까지만 해도 그때까지 발견된 화성 운석의 수는 11개에 불과했다. 지질학자를 직접 화성으로 보내지 않는 한 앨런 힐스 84001 암석은 나사가 화성의 조성을 이해할 수 있는 몇 안 되는 기회 중 하나였다. 크리스토퍼 로마넥Christopher Romanek 이라는 박사후 과정 연구자가 그 암석을 꼼꼼히 살펴보고서 한때 그 틈새로 물이 흘러들었었음을 말해 주는 반점을 찾아냈다. 만약 화성이 초기에 지구처럼 따뜻하고 물을 갖고 있었다면, 생명이 존재했을지도 모르고, 그렇다면 미생물 화석을 남겼을지도 모를 일이었다.

로마넥은 데이비드 맥케이David McKay가 이끄는 연구진에 합류해서 다른 과학자들과 함께 그 암석에서 생명의 흔적을 뒤져보았다. 이들이 암석에 레이저를 쏘았더니 부패하는 유기물질에서 형성될 수 있는 탄소 원자 고리가 빠져나왔다. 고배율 주사전자현미경으로 확인해 보니 세포처럼 보이는 벌레 비슷한 형태가 드러났다. 맥케이가 열세 살 딸에게 그 벌레 사진을 보여 주며 뭐 같으냐고 물어보자, 아이는 "세균"이라고 대답했다. 그다음엔 캐시 토머스-케프르타Kathie Thomas-Keprta가 암석에서 자성광물 결정을 발견했다. 지구에서는 그런 광물이 세균에 의해 만들어진다. 세균은 이것을 소형 나침판 삼아 길을 찾아다닌다.

과학자들이 수십억 년 전에 말라 버린 화성의 바다에서 살아 헤엄치던 세균을 발견한 것일까? 앨런 힐스 84001은 생명의 증거를 품고 있는 것일까? 아니면 화성 버전의 에오존에 속은 것일까?

자기지속적 화학계라는 나사의 새로운 생명 정의는 별로 도움이 되지 않았다. 맥케이의 연구진은 그 자성 벌레가 자기지속적 화학계인지 알 수 없었다. 이것이 실제로 살아 있었던 것이라 해도 이미 수십억 년 전에 자기지속을 멈추었을 것이다. 진화의 경우에는 미생물학자가 끈적한 점액이 묻은 구슬을 한 시험관에서 다른 시험관으로 옮기는 간단한 실험만 해 봐도 관찰할 수 있는 대상이다. 하지만 나사의 과학자들은 이 자성 벌레의 수수께끼 같은 구조 속에서 진화적 변화의 흔적을 추적할 방법이 없었다.

연구자들은 그 대신 지질학과 생물학이 함께 작용해서 원자들을 끌어모아 생명 없는 광물질이든, 살아 있는 세포든 만들 수 있는 방법을 고려해 보기로 했다. 암석의 벌레가 가진 각각의 특성들은 그 자체로만 따지면 생명이 존재하지 않아도 형성될 수 있는 것이었다. 하지만 모든 것을 함께 고려하면 이 증거는 이것이 원시 세포였다는 쪽으로 무게추가 기운다고 나사의 과학자들은 판단했다.

나사의 행정관리자 대니얼 골딘Daniel Goldin은 이 연구에 대한 소문을 듣고 이것이 뉴스로 나오면 재앙이 될지 모른다고 걱정했다. 의회에서 세티에 사형 선고를 내리는 일에 착수한 상태였고, 앞으로 나사에 자금 지원을 어떻게 할 것인지를 정할 중요한 투표를 앞두고 있었다. 그는 프로젝트의 리더들을 불러 모아 몇 시간 동안 추궁했다. 결국 그는 이들의 연구가 타당성이 있다고 판단해서 그냥 밀어붙이도록 놔둔다. 학술지 〈사이언스〉에서 이들의 논문을 받아 주었지만 발표가 나기도 전에 그 내용이 유출됐다.[8] 경솔한 추측이 독감처럼 퍼져나가자 나사는 서둘러 기자회견을 열었다.

바이킹 1호가 생명을 찾는 데 실패하고 20년이 지나고 나니 화성에서 40억 년 전에 생명체가 살았을지 모른다는 힌트만으로도 텔레비전 뉴스와 신문 1면을 차지하는 데 무리가 없었다. 빌 클린턴 대통령은 심지어 백악관 성명 발표를 통해 이 발견에 세간의 이목을 집중시키는 것이 적절하다고 생각했다. "만약 이 발견이 사실로 확인된다면 분명 우주에 관해 과학이 밝혀낸 가장 놀라운 통찰 중 하나가 될 것입니다."[9]

하지만 이 예측은 현실이 되지 못했다. 논문이 발표된 후로 과학자들은 생명과 관련 없는 화학작용도 생명 비슷한 형태를 만들 수 있다는 증거들을 더 많이 찾아냈다. 예를 들어 충격파를 가하면 앨런 힐스 84001에서 찾은 것과 아주 비슷하게 보이는 자성광물을 만들 수 있다. 나사의 논문이 발표되고 20년 후에 기자 찰스 최Charles Choi[10]는 전문가 집단에게 이 운석에 대해 어찌 생각하는지 물었다. 그중에 그 암석에 생명의 흔적이 들어 있다고 확신하는 사람은 아무도 없었다.

그래도 앨런 힐스 84001은 과학의 역사에서 중요한 역할을 했다. 나사의 과학자들은 그 암석 안에 한때 살아 있던 생명체의 화석이 들어 있다는 주장을 통해 우주 다른 곳에 존재하는 생명체에 대한 질문에 관심을 모았다. 앨런 힐스 84001만으로 화성에 한때 생명체가 존재했었음을 증명하려는 것이 너무 야심 찬 생각이었다면, 화성의 지질학을 더 잘 이해할 수 있도록 재탐사가 필요한 상황인지도 모를 일이었다. 어떤 연구자들은 심지어 화성에서 어떻게 하면 더 많은 암석을 가져올 수 있을까 고민하기도 했다. 소행성이 우연히 화성의 암석을 우주로 날려 올릴 때까지 기다리기보다는 우주탐사선을 보내 전혀 손상되지 않은 태고의 모습 그대로 지구에 가져올 수 있게 말이다.

앨런 힐스 84001에 대한 논쟁은 때마침 나사가 오래된 외계생물학 프로그램을 훨씬 야심 찬 프로그램으로 전환하던 시기에 딱 맞춰 터져 나왔다. 이들은 새로운 학문 분야를 우주생물학이라 부르며 "살아 있는 우주에 대한 연구"[11]라 정의했다. 우주생물학을 발전시키기 위해 나사는 지구에서 생명체가 어떻게 시작되었는지 연구한 데이비드 디머 같은 과학자들을 지원했다. 하지만 이들은 생명의 탄생 이후로 지구를 산소로 넘쳐나게 만들어 동물, 식물, 기타 다세포 생명체를 탄생시킨 광범위한 진화에 대한 연구도 함께 지원했다. 어떤 우주생물학자들은 지구에 살고 있는 극단적인 형태의 생명체에 대해 기록했다. 이런 생명체가 극단적인 환경에서도 버틸 수 있는 외계생명 유사체 역할을 할 수 있을지 모르니까 말이다.

다른 행성에 사는 생명과 관련해서 이제 우주생물학자들은 우리 태양계 안에 있는 세상만이 아니라 그 너머의 행성에 대해서도 생각할 수 있게 됐다. 1995년에 스위스 연구자들은 페가수스자리 51번이라는 태양 비슷한 항성이 주변을 도는 행성의 중력 때문에 미세하게 흔들린다는 것을 발견했다. 그 후로 천문학자들은 온갖 종류와 크기의 외계행성exoplanet 수천 개를 발견했다. 우주생물학자들은 이 외계행성 중 어느 것이 생명이 거주할 수 있는 행성일지 고민하기 시작했다. 우리가 아는 생명체들은 모두 액체 상태의 물이 있어야 살 수 있다.¹² 행성이 뜨거운 태양과 너무 가깝다면 그 세상은 모두 증발해버릴 것이다. 반면 너무 멀면 꽁꽁 얼어붙을 것이다.

우주생물학자들이 생명의 거주가능성habitability에 대해 생각할수록 그 개념이 점점 더 까다로워졌다. 우선 행성의 거주가능성은 시간의 흐름에 따라 변할 수 있다. 2004년에 나사 제트추진연구소의 과학자들이 화성에 한 쌍의 탐사로봇을 착륙시켰다. 이 로봇은 화성을 돌아다니면서 마치 오래전 호수나 강의 바닥에서 형성된 것처럼 보이는 바위들과 마주쳤다. 화성이 지금은 거주가능한 곳이 아닐지라도 과거에는 그랬는지 모른다.

바이킹 1호의 모험을 지켜보았던 아이들은 그즈음 모두 성인이 되어 모기지 대출을 갚으며 자식을 키우며 살고 있었다. 이들은 하늘 말고도 다른 신경 쓸 문제들이 많았다. 나사의 일부 위성은 우리의 행성을 아래로 내려다보며 전 세계 평균 기온이 들쭉날쭉 상승하는 과정을 기록했다. 바이킹 1호 시대에 자랐던 아이들은 이제 기온 변화를 직접 목격하기 시작했다. 겨울이면 썰매를 타던 연못들이 이제는 겨울이 돼도 얼지 않고, 거대 조수king tides(해수면 상승으로 폭풍이 칠 때 조수에 의한 홍수 피해가 더 커지는 현상—옮긴이)가 플로리다의 도로까지 밀려 들어오고, 산불 시즌이 되면 마스크 판매량이 늘어난다.

세티는 의회의 공격에도 불구하고 신세대 첨단기술 산업계 거물들에게 자금을 지원받아 불사조처럼 다시 일어섰다. 하지만 펄사 pulsa, 블랙홀, 빅뱅이 남긴 메아리 등의 항성간 잡음을 제외하고는 그 어떤 신호도 찾지 못한 채 세월만 흘러갔다. 어떤 연구자는 만약 외계행성에 생명체가 풍부하게 존재하고 있었다면 세티 자체가 불필요했을 것이라 주장했다. 지능을 갖춘 어떤 외계생명체가 존재했다면 분명 지금쯤은 반가운 마음에서든 정복하려는 마음에서든 우리와 접촉했었을 테니까 말이다. 대신 우리는 그저 거대한 침묵Great Silence[13]에 둘러싸여 있다.

로리 바지가 박사 학위 연구를 위해 2004년에 서던캘리포니아대학교에 왔을 즈음, 그녀의 호기심은 행성으로 범위가 좁혀져 있었다. "대학원에 있을 때는 화성에 마음을 뺏기고 있었죠." 그녀가 내게 말했다.

당시는 화성탐사로봇 스피릿Spirit호와 오퍼튜니티Opportunity호가 화성을 느릿느릿 돌아다니고 있었다. 이들이 발견한 이상한 것 중에는 블루베리도 있었다. 진짜 블루베리는 아니고 화성의 바위투성이 표면에 박혀 있던 수수께끼의 작은 파란색 구체였다. 어떤 지질학자는 오래전 액체 상태의 물이 탄산염암carbonate rock 위로 흘렀을 때 화성의 블루베리가 형성되었을 것이라 주장했다. 바지는 물과 광물질로 실험해서 화성의 화학 과정으로부터 무엇이 만들어질 수 있는지 확인하는 법을 배웠다.

박사학위를 딴 후에 바지는 제트추진연구소에 박사후 과정 연구자로 들어갔다. 그녀는 그곳에서 열심히 연구를 이어 나가 생명의 기원 및 거주가능성 연구실Origins and Habitability Lab의 공동 책임자 자리에 올랐다. 그 과정에서 화학에 대한 관심과 능력을 화성 너머로 넓혀 더 먼 세상에서의 생명의 가능성을 고려하게 됐다. 토성과 목성의 얼음 위성이었다.

이 거대 행성들의 위성은 갈릴레오가 처음 발견했지만 그 후로 1970년대가 되어서야 제트추진연구소 탐사선들이 연이어 그 근처를 비행하며 근접 촬영한 모습을 보내올 수 있었다. 어떤 위성은 분화구 투성이의 바위 덩어리였다. 어떤 위성은 얼음으로 뒤덮여 있었다. 이 얼음 세계는 태양계의 다른 구성원들과 너무 달랐기 때문에 일부 연구자들은 그곳에 생명이 살기에 적합한 환경이 마련되어 있을지 궁금하게 여기기 시작했다.[14]

바지와 몇몇 다른 과학자들은 특히나 토성에 있는 애리조나 주 크기의 위성인 엔켈라두스Enceladus에 대한 궁금증이 커졌다. 2005년에 카시니 탐사선Cassini probe이 이 위성의 남극을 지나쳐 가다가 얼음에 생긴 커다란 균열에서 거대한 수증기 기둥이 올라오고 있는 것을 발견했다.

이것에 깜짝 놀란 제트추진연구소의 공학자들은 카시니의 경로를 수정하기에 이르렀다. 카시니 탐사선은 엔켈라두스에 더 가까이 날기 위해 총 23회에 걸쳐 엔켈라두스로 돌아갔다. 그리고 방문할 때마다 탐사선은 증기구름을 빨아들여 그 내용물을 분석했다. 그 수증기 기둥에는 물, 이산화탄소, 일산화탄소, 소금, 벤젠, 그리고 다른

다양한 유기 화합물이 포함되어 있었다.[15]

이 먼 우주공간에서 발견된 증기를 통해 얼음 밑에 무엇이 들어 있는지 엿볼 수 있었다. 마침내 과학자들은 이 얼음 껍질이 24킬로미터 두께로 덮여 있고, 그 아래로 32킬로미터 두께의 소금 바다를 덮는 지붕 역할을 하고 있다고 결론 내렸다. 엔켈라두스의 직경은 500킬로미터밖에 안 되는데도 그 바다는 지구보다 훨씬 깊다. 지구의 바다에서 가장 깊은 챌린저해연Challenger Deep도 수심이 11킬로미터에 못 미친다.

엔켈라두스는 토성에서 23만 8000킬로미터 떨어져 있지만 토성 주위 궤도를 한 바퀴 도는 데 33시간밖에 걸리지 않는다. 토성의 중력이 물에 잠긴 모래와 자갈의 덩어리인 엔켈라두스의 핵을 주기적으로 늘려 준다. 이 주기가 반복되는 과정에서 발생하는 마찰로 핵에 들어 있는 물이 끓어오를 수 있다. 그럼 그 증기가 바다로 솟아오르면서 그 과정에서 광물질과 반응을 일으켜 화학물질이 풍부한 수프가 만들어진다. 우주의 냉기는 엔켈라두스의 바다 표면을 얼어붙은 상태로 유지해 준다. 하지만 토성에 의한 조석tide이 그 표면에 균열을 만들고, 그 틈으로 그 아래 따뜻한 바다에서 올라온 수증기 기둥이 터져 나오는 것이다.

액체 상태의 물, 열, 유기화합물 등 엔켈라두스는 생명에 필수적으로 보이는 성분을 많이 가지고 있다. 카시니가 방문한 후로 여러 해 동안 바지 같은 우주생물학자들은 그 얼음 밑에 어떤 유기생명체가 도사리고 있을지, 그리고 정말 존재한다면 그것을 어떻게 찾아낼 수 있을지 고민해 왔다. 한 가지 아이디어는 다시 그 위성의 남극으로 돌아가는 것이다. 엔켈라두스의 바다에 생명체가 존재한다면 그 중 일부가 수증기 기둥을 타고 우주공간으로 뿌려질지도 모른다.[16] 어떤 연구자는 얼음 안개 속에서 생명의 흔적을 감지할 수 있는지 확인하기 위해 나노포어 염기서열분석기를 만지작거리기도 했다. 이 장치는 우주탐사선에 무리 없이 실을 수 있을 정도로 작고, 우주비행사들은 이것이 약한 중력에서도 작동할 수 있는지 확인하기 위해 국제우주정거장에 탑승해서 이 장치를 사용해 보기도 했다. 엔켈라두스에 찾아가면 탐사선에서 수증기 기둥으로부터 DNA를 추출해서 농축하고 나노포어 염기서열분석기를 돌려서 그 염기서열을 판독할 수 있을지도 모른다.[17]

다른 세계에 사는 생명체도 DNA를 기반으로 하고 있을지 모른다. 아니면 다른 유전 분자를 사용하는 경우도 생각해 볼 수 있다. 만약 지구의 생명이 RNA를 기반으로 출발했다면 우주 다른 곳에서도 RNA 기반의 생명체가 생겨났을 가능성을 배제할 이유가 없다. 혹은 외계 생명체가 자신의 유전정보를 완전히 다른 알파벳으로 적었을 수도 있다. 슈뢰딩거의 비주기적 결정은 상상하기도 힘든 다양한 형태를 취할 수 있다. 어느 쪽인지는 알 수 없지만 그럼에도 엔켈라두스 위를 날면서 나노포어 염기서열분석기를 이용해서 이 외계 버전의 생명체를 감지할 수 있을지 모른다. 만약 유전 분자가 명령을 암호화하는 긴 사슬이라면 염기서열분석기가 그 분자를 구멍으로 빨아들여서 이 외계 문자를 대략이나마 파악할 수 있을지도 모른다.

하지만 바지가 자신의 뜻대로 연구를 진행하게 된다면 나사가 간접적으로 증기만 채취하는 수준에서 연구를 마무리하는 식으로 엔켈라두스를 포기하지는 않을 것이다. 얼음 협곡 사이로 바다에 잠수함을 투입해서 자갈투성이 해저까지 잠수를 할 것이다. 바지는 그곳에서 생명만 탐색하는 것으로 만족하지도 않을 것이다. 그녀는 생명을 낳았을지도 모를, 아니면 앞으로 생명을 낳을지도 모를 그곳의 물리 세계에 대해서도 탐사하고 싶을 것이다.

이런 탐사가 절대 이루어지지 않을 수 있다. 바지가 은퇴한 후에야 허가가 날지도 모른다. 아니면 그녀는 칼 세이건이 그랬던 것처럼 잠수함이 엔켈라두스에서 보내온 사진과 데이터를 보며 당혹스러워하는 역할을 맡게 될 수도 있다. 어쨌거나 그런 날을 기다리며 바지는 미니 엔켈라두스를 만드는 것에 만족하고 있다. 그녀는 현재 제트추진연구소의 과학부 건물에서 위성을 모방한 환경을 구축하고 있다.

내가 찾아갔을 때 바지가 위성 구축에 대한 기초 강의를 해 주었다. 우리는 보라색 장갑을 착용했다. 그리고 바지가 내게 염화철로 만든 라임색 결정이 담긴 유리병을 건네주었다. 그녀의 지도 아래 나는 그 결정을 규산나트륨을 가미한 물이 든 투명한 시험관에 부었다.

"뚜껑을 닫고 무슨 일이 일어나는지 지켜보세요." 그녀가 말했다. 나는 시험관을 내 눈높이로 들어올렸다. 결정들은 대부분 바닥에 떨어져 쌓였다. 그런데 몇 초 후에 결정 중 하나가 거품처럼 부풀어 오르며 자라는 것이 보였다.

"아, 구근 모양이 나오네요. 좋아요! 제가 보여 주고 싶었던 것이 이거예요. 모양이 잘 나왔네요. 운이 좋으시네요." 바지가 말했다.

완두콩 크기로 자라자 거품이 성장을 멈추었다. 이제 그 꼭대기가 다시 불룩하게 자라기 시작하면서 새로운 거품이 자리를 잡았다. 거품이 성장을 멈추자 그 위에서 또 다른 거품이 자랐다. 결정 무더기가 시험관 꼭대기까지 올라오는 구부러진 기둥으로 바뀌었다.

내가 뭐 때문에 성공했는지 알았다면 아주 뿌듯한 느낌을 받았을 것이다. 하지만 영문을 모르는 나는 이것이 대체 무엇이냐고 바지에게 물어볼 수밖에 없었다.

"확대할 수 있다면 철 결정이 용해되는 것이 보였을 거예요." 바지가 말했다. 철 성분이 결정에서 올라오면 바로 규산염과 만나게 된다. 이 두 물질이 결합해서 다공성 막을 형성한다. 이 거품 안에 붙잡힌 물은 pH가 높다. 그래서 주변 물이 그 구멍 속으로 몰려들게 된다. 그렇게 물이 차면서 생기는 힘이 거품의 꼭대기에 균열을 일으키면 철 성분이 자유롭게 위로 더 솟아오를 수 있어서 그 벽을 더 확장할 수 있게 된다.

나는 오래된 실험을 다시 재연한 것이었다. 화학물질을 이런 식으로 혼합했던 연금술사들은 자신의 창조물을 철학의 나무philosophical tree로 묘사했다. 다양한 결정이 물속에서 속이 빈 탑 형태로 조립될 수 있음이 밝혀졌다. 그리고 지구화학자들은 결국 지구가 자체적으로 철학의 나무를 만들어 낸다는 것을 발견했다. 광물질이 가미된 물이 해저나 호수 바닥에서 솟아오르는 곳에서는 내가 바지의 연구실에서 만들었던 탑의 거대한 버전이 만들어질 수 있다. 바지는 엔켈라두스가 햇빛이 들지 않는 바다 안에서 자체적으로 철학의 나무를 키우지 않았을까 생각했다.

"기본적으로 엔켈라두스는 해저에 지구의 바다와 비슷한 조건을 갖추고 있어요. 그렇다면 우리 바다에서 보이는 물질들이 만들어질 가능성이 있다는 얘기죠. 하지만 그 굴뚝을 실제로 보려면 얼음 밑으로 들어가 봐야겠죠. 그게 문제예요." 바지가 말했다.

엔켈라두스에서 자랄 수 있는 탑은 어떤 것일지 감을 잡기 위해 바지는 지구에서 굴뚝을 만드는 것으로 알려진 광물질과 환경의 조합을 다양하게 시도하며 자체적으로 굴뚝을 만들어 보고 있다.[18] 그녀의 작업은 내가 그녀의 지도 아래 만든 작은 염화철 구근에 비하면 훨씬 정교한 것이었다.

바지의 연구소 한구석에서 그녀는 아이슬란드 해안에 있는 스트라이탄 열수장Strytan Hydrothermal Field이라는 45미터짜리 큰 탑을 흉내 내고 있었다. 그녀는 뚱뚱한 주사기에 염화마그네슘을 첨가한 뜨거운 용액을 가득 채웠다. 그리고 그것을 모조 바닷물을 채운 밀봉 유리병으로 꾸준히 주사하고 있었다. 아기 토끼 꼬리 같은 모양과 크기의 하얀 다발이 그 안에서 자라고 있었다.

바지는 초기 지구를 흉내 내서 산소 없이 그것을 다시 키워 보려는 계획을 갖고 있다. 그럼 어떤 것이 나올지는 그녀도 알 수 없었다. 다른 성분을 이용하면 검정 굴뚝이 나오기도 했고, 어떤 것은 초록과 주황색의 띠무늬가 생기기도 했다. 어떤 것은 털이 난 기둥을 형성하기도 했고, 어떤 것은 작은 산처럼 솟아오르기도 했다. 어떤 것은 아주 튼튼하게 만들어져서 그녀가 병에서 물을 뺀 후에도 혼자 힘으로 서 있었다. 어떤 것은 모래성처럼 무너져 내렸다.

"모든 굴뚝이 자기만의 개성을 갖고 있어요." 바지가 말했다.

일단 굴뚝을 만들고 나면 상세한 실험을 해 볼 수 있었다. 전극을 설치해서 그들이 만드는 전류의 흐름을 추적할 수도 있었다. 어떤 경우는 작은 LED 전구를 켤 수 있을 정도의 전류가 만들어졌다. 또 다른 실험에서 바지와 동료들은 단백질의 기본 구성 요소인 아미노산이 광물질 성분이 풍부한 침전물을 형성할 수 있음을 알아냈다.[19] 이 침전물은 점점 자라면서 굴뚝 주변에 쌓인다.

만약 엔켈라두스에 생명이 존재한다면 살아남기 위해 에너지원이 필요하다. 태양으로부터 거의 16억 킬로미터 떨어져 있고, 얼음 뚜껑까지 덮여 있기 때문에 이 생명체는 태양빛에 의존할 수 없다. 하지만 바지의 연구를 보면 이 생명체는 태양빛이 필요하지 않을 수도 있다는 힌트가 보인다. 엔켈라두스에 작용하는 조석력tidal force이 궁극적으로는 화학반응에서 떨어져 나온 수소 원자에서 굴뚝에서 만들어지는 전류에 이르기까지 생명체가 바다에서 수확해 사용할 수 있는 에너지 저장분을 만들기 때문이다.

"태양이 없어도 생명이 살 수 있습니다. 이건 아주 중요한 문제죠. 그럼 얼음으로 뒤덮인 바다에서도 생명이 살 수 있다는 얘기니까요." 바지가 말했다.

나는 바지가 자기가 말하는 생명의 의미를 설명하지도 않고 생명이라는 단어를 무심코 사용하는 것을 보고 놀랐다. 내가 물어보았다. "당신의 연구에서 지침으로 삼고 있는 생명의 정의가 있나요?"

"그렇지는 않아요. 사실 저도 정의가 하나 있어야겠다 싶어 노력 중이에요. 계system에서 생명이 빠졌을 때 유기화학이 무엇을 할 수 있는지 보고 저는 정말 놀라고 깊은 인상을 받았어요. 그리고 솔직히 그것이 어디까지 할 수 있는지도 모르겠어요."

바지의 대답을 들으니 스테판 레덕Stéphane Leduc의 말이 떠올랐다. 그는 1900년대 초반에 휘황찬란한 철학의 나무를 만들어 냈던 과학자다. 그 철학의 나무는 조개껍질, 버섯, 꽃의 모양을 취했다. 레덕은 자신의 창조물이 자라고 스스로를 조직해 가는 방식이 그저 생명과 유사하기만 한 것이 아니라고 믿었다. 그는 이것들이 생명의 기운을 담고 있다고 생각했다. "우리가 생명과 나머지 자연 현상을 나누는 경계선을 구분할 수 없는 것으로 보아 그런 경계선은 존재하지 않는다고 결론 내려야 한다."[20] 레덕은 1910년에 이렇게 적었다.

엔켈라두스에 우리가 생명으로 쉽게 알아볼 수 있는 것이 존재한다고 생각할 수도 있다. 2018년에 빈대학교의 연구자들은 지구의 깊은 해저에 사는 미생물이 토성의 위성에서도 생존을 가능하게 해 줄지 모를 대사체계를 가지고 있음을 발견했다. 그들은 연구실에 엔켈라두스의 바다를 재창조해서 그 미생물이 그곳에서 자랄 수 있음을 알아냈다.[21] 하지만 엔켈라두스에 오늘날 지구의 생명체에 대응하지 않는 어떤 것이 존재할 가능성도 생각해 볼 수 있다. 어쩌면 그곳에는 미생물이 존재하지 않을지도 모른다.

어쩌면 엔켈라두스의 철학의 나무들이 해마다 더 복잡해지는 풍부한 화학물질을 구축하고 있을지도 모를 일이다. 기름 성분의 판과 거품을 형성하는 지질이나, 아미노산 사슬, RNA 비슷한 가닥을 포함하고 있을지도 모른다. 엔켈라두스는 이 화학물질을 먹고 살 온전한 형태의 생명이 결여된, 다윈의 '따뜻한 작은 연못'의 얼음 버전인지도 모른다. 이 위성의 바다를 생물전단계 수프prebiotic soup라 부르는 것은 잘못이다. 미래를 내다보고 천 년 후에 엔켈라두스에서 온전한 생명체가 등장하리라고 장담할 수 있는 사람은 없기 때문이다. 현재로서는 그리고 언젠가 미래에도 이 위성은 말로는 설명할 수 없는 경계지대에서 맴돌고 있을지 모른다.[22]

바지가 말했다. "만약 우리가 지구에서 보는 세포와 비슷하게 행동하는 세포를 찾아냈다고 해 보죠. 그럼 저는 이렇게 말할 거예요. '우와, 생명이다.' 만약 일종의 생명 같은 복잡한 유기체를 찾아냈는데 이것이 어떻게 여기에 있는 것인지 모르겠다고 하면 저는 이렇게 말할 거예요. '생명일지도 몰라. 하지만 좀 두고 보자고.' 만약 유기물로 가득한 물리적인 막을 발견했다면 저는 아주 큰 흥미를 느끼고 그것에 대해 더 알고 싶어질 거예요. 생명과 무생물 사이에는 아주 많은 것이 존재해요. 우주의 생명을 이해한다는 것은 그냥 생명을 찾아내는 것 이상의 문제죠."

# 네 개의
# 파란 방울

FOUR BLUE DROPLETS

존 버틀러 버크의 라디오브가 들어 있는 비커에서 북쪽으로 550킬로미터 거리, 시간으로는 한 세기 넘게 지난 후에 그와 이상하게 비슷한 실험이 진행되고 있다.[1] 이 실험은 클라이드 강 근처, 글래스고대학교의 조지프 블랙 빌딩Joseph Black Building에서 펼쳐지고 있다. 실험대에서 수프를 끓이거나 라듐을 정제하는 과학자는 보이지 않는다. 실험은 자동으로 이루어지고 있다.

이 실험을 시작한 사람은 이 대학교의 화학자 리 크로닌Lee Cronin이다. 그와 그의 학생들은 스스로 화학물질을 혼합하는 로봇을 만들었다. 하지만 이 로봇이 실험실 안을 걸어 다니지는 않는다. 이 로봇의 골격은 탁자 위에 고정된 검정색 프레임이다. 프레임의 가로대 중하나에 기름이 가득 든 주사기가 볼트로 연결되어 있다. 이 주사기가 가로대를 따라 미끄러지듯 움직이다 페트리 접시 위에 가면 접시로 파란 방울 네 개를 떨어뜨린다. 주사기가 다시 미끄러져 움직이면 방울들이 움직이기 시작한다.

이 방울들은 미끄러지며 서로에게서 멀어져 접시의 측면으로 달려간다. 그러다 속도가 느려지더니 방향을 뒤집는다. 다시 동료 방울들을 향해 달려가지만 충돌해서 합쳐지지는 않는다. 대신 마지막 순간에 방향을 틀어 서로 다른 방향을 향해 달려간다. 때로는 댄스 파트너처럼 서로의 주변을 빙글빙글 돌기도 하고, 때로는 어항 속의 물고기 떼처럼 편대를 이루어 원을 그리며 돌기도 한다.

1944년에 프리츠 하이더Fritz Heider와 마리안느 지멜Marianne Simmel이라는 두 명의 심리학자가 골판지를 잘라 만든 삼각형과 사각형으로 만화 애니메이션을 만들었다.[2] 이 애니메이션은 네 면으로 막힌 상자 안에 갇힌 큰 삼각형에서 시작한다. 하이더와 지멜은 이 도형들을 프레임 한 장 한 장마다 조금씩 움직여 그 삼각형이 상자 안에서 돌아다니다 상자의 한쪽 면이 열리게 했다. 그러자 그 큰 삼각형은 상자를 떠나고, 다시 작은 삼각형과 원을 만난다.

스미스대학교에서 교편을 잡고 있는 하이더와 지멜은 자신의 학생 34명에게 이 짧은 동영상을 보여 준 후에 무슨 일이 있었는지 글로 적게 했다. 그중 한 사람만 이 동영상을 도형들이 한 테두리 안에서 움직이는 동영상이라 묘사했다. 나머지 학생들은 아래와 비슷한 이야기들을 적었다.

한 남자가 한 여자를 만날 계획을 세웠는데, 그 여자가 다른 남자와 함께 나온다. 첫 번째 남자가 두 번째 남자에게 가라고 하고, 두 번째 남자는 첫 번째 남자에게 가라고 한다. 그리고 그 사람은 고개를 저으며 거절한다. 그리고 두 남자가 서로 싸우는데 여자는 방해가 안 되게 방으로 들어가려고 한다. 그리고 망설이다 마침내 들어간다.

하이더와 지멜이 또 다른 학생 집단에게 그 도형들의 성격을 묘사해 보라고 했더니 대부분은 같은 단어를 선택했다. 큰 삼각형은 사람들을 괴롭히고, 작은 원은 겁을 먹고 있고, 작은 삼각형은 반항적이다. 두 심리학자가 동영상을 거꾸로 틀어 주었더니 학생들은 이야기와 성격을 다르게 말했다.

하이더와 지멜의 동영상은 우리 뇌가 생명의 혼적을 감지할 수 있게 예민하게 조율되어 있음을 입증하는 데 도움을 주었다. 우리는 복잡하게 움직이는 것을 보면 살아 있는 생명체로 알아본다. 그럼 우리는 신속하게 그것의 움직임을 판독해서 그 의도를 파악한다. 이런 과정이 너무 자동적으로 이루어지기 때문에 우리는 아주 당연한 것을 보고 있을 뿐이라 생각한다. 하지만 이것은 자동적으로 일어나기 때문에 두 심리학자가 도형들을 조금씩 움직이면서 아마추어 영화를 만들어 냈다 하더라도 마찬가지로 원과 삼각형에 생명의 속성을 부여할 수밖에 없다.

크로닌의 연구실에서 여기저기 쏜살같이 움직이고 있는 방울들도 뇌에 같은 영향을 미친다. 이들은 경박해 보였다가, 머뭇거리는 듯 보였다가, 사교적으로 보였다가, 고독해 보인다. 크로닌이 손잡이를 돌리며 자기장으로 비밀리에 방울을 조정하고 있다면 참 이상한 경험이 되었을 것이다. 하지만 크로닌은 물의 움직임을 통제할 수 없다. 그의 로봇은 네 가지 단순한 분자를 한데 혼합해서 방울을 준비했다. 여기에는 플라스틱의 성분인 옥탄산octanoic acid도 들어 있다. 또 다른 분자인 1-펜타놀1-pentanol은 파인애플에서 만들어진다. 로봇이 이 네 가지 화학 성분을 혼합해서 물에 짜 넣으면 생명을 얻어, 존 버틀러 버크가 라듐을 소고기 수프 시험관에 떨어뜨렸을 때 보았다고 상상했던 것이 되는 듯 보인다.

이 파란색 방울은 생명의 경계에 자리 잡은 가장 이상한 거주민 중 하나다. 바이러스도 생명이냐 아니냐를 두고 과학자들에게 논쟁을 일으키지만, 적어도 유전자와 단백질로 이루어져 있다. 심지어 RNA 조각이 몇 개 들어 있는 리포솜도 우리 자신의 생물학과 미약한 연결고리는 갖고 있다. 반면 크로닌의 방울은 그저 평범한 분자 방울이 모여 있는 것이다. 글래스고의 연구실에서 로봇이 창조해 낸 존재를 설명할 마땅한 단어를 찾기가 쉽지 않다.

크로닌과 그의 방울에 대해 얘기할 때는 결국 '생명 비슷한 것 lifelike'이란 단어를 쓰기로 했다. 크로닌은 그것을 칭찬으로 받아들였다. 그가 말했다. "생명 비슷한 것이 생명보다 먼저였으니까요."

❧

생물학은 의기양양하게 21세기를 시작했다. 아직 과학자들이 지구 바깥에서 생명을 찾아내지는 못했지만, 우리 행성에 사는 생명에 대해서는 아주 세세한 부분까지 이해할 수 있게 됐다. 유전자가 DNA 속에 암호화되었다는 것도 알게 됐다. 그리고 이제는 이 DNA를 신속하고 저렴하게 판독할 수 있다. 그리고 10만 년 전에 죽은 네

안데르탈인의 유전체도 재구성할 수 있다. 그리고 피 한 방울에서 세포 하나를 뽑아서 그 안에서 활성화된 모든 유전자의 목록을 작성할 수도 있다. 그리고 뇌를 투명하게 바꿔서 수천 개의 뉴런을 잇는 거미줄 같은 연결을 3차원 네트워크 안에서 추적할 수도 있다. 그리고 지하 깊숙한 곳에서 방사능을 먹고 사는 생명체도 찾아낼 수 있다. 하지만 이 모든 새로운 데이터와 놀라운 발견도 모든 사람이 동의할 수 있는 명확한 생명의 정의로 결합하지 못했다.

바이러스, 미토콘드리아, 아마존 몰리 같은 생명의 역설들이 자꾸 끼어들었다. 나사의 생명 정의는 기억하기는 쉽지만 나사의 과학자들이 앨런 힐스 84001 암석에 생명의 유물이 들어 있는지 아닌지 밝혀내려 할 때 전혀 도움이 되지 못했다. 일부 비평가들은 나사의 정의가 실용적이지 못할 뿐만 아니라 오해의 소지도 안고 있음을 알게 됐다. 이 정의는 생명이 취할 수 있는 가능성을 좁혀 버린다.[3]

예를 들어 생명은 다윈식 진화가 가능해야 한다고 한 요구 조건을 생각해 보자. 이것은 시간의 흐름에 따라 생기는 아주 특정한 종류의 변화다. 이것은 유전자가 세대에서 세대로 정확하게, 하지만 완벽하지는 않게 복사될 때 일어나는 변화다. 어떤 유전자 조합을 가진 개체는 다른 개체들보다 번식을 훨씬 잘 하고, 그럼 적응성이 더 좋은 그 유전자는 자연선택에 의해 더 널리 퍼지게 된다. 시간이 지나면 자연선택은 수많은 돌연변이를 새로운 적응 능력으로 바꾸어 놓는다.

하지만 다른 어느 곳에서는 아주 다른 방식의 진화가 펼쳐지고 있다면?[4] 예를 들어 다른 종류의 생물학이 작동해서 획득형질acquired trait이 유전되는 라마르크식 진화를 허용할 가능성은 없을까? 만약 유전의 흐름이 세대와 세대 사이에서만이 아니라 같은 세대의 개체들 사이에서도 가능하다면?

이런 불만족스러운 부분들 때문에 수백 가지 새로운 생명의 정의가 폭발적으로 쏟아져 나왔다.[5]

> 생명은 촉매성 중합체catalytic polymer에서 예상되는 집단적인 자기조직적collectively self-organized 속성이다.[6]
>
> 생명은 경계 안에 존재하는 대사 네트워크다.
>
> 생명은 계의 복잡성의 양적 증가에서 비롯된 변증법적 변화에 의해 유기 화학계에 부여되는 새로운 특성quality이다. 이 새로운 특성은 시간 속에서의 자기유지self-maintenance와 자기보존self-preservation 능력으로 특징지어진다.
>
> 생명은 탄소 기반 중합체로 구성되어 있고, 자신의 중합체 요소의 주형 합성template synthesis을 기반으로 자가번식하고 진화할 수 있는 능력을 갖춘 개방형 비평형 완전 계open nonequilibrium complete system의 존재 과정이다.
>
> 생명은 환경으로부터 획득한 정보를 처리, 변형, 축적할 능력이 있는, 평형에서 떨어진far from equilibrium 자기유지 화학계다.
>
> 세포 안팎에서 덧없이 사라지는 광자photon의 보손 응축boson condensation을 실현하는 동적으로 정렬된 물의 영역이 존재한다는 것을 생명의 정의로 생각할 수 있다.[7]
>
> 생명은 최후의 보편적 공통 선조에서 함께 기원했고, 그 모든 후손

을 포함하는 단일 계통의 분기군*monophyletic clade*이다.[8]

이렇게 솔직한 정의도 있다.

*생명은 과학계의 주류파가 (아마도 건강한 의견 충돌 이후에) 생명으로*
*인정하게 될 존재다.*

2018년에 과학자 프랜시스 웨스트올Frances Westall과 앙드레 브랙
André Brack은 이렇게 적었다. "흔히 생명의 정의는 생명을 정의하려는
사람의 수만큼 많다고들 한다."[9]

과학과 과학자들을 관찰하는 것이 업인 나 같은 사람의 눈에는
이런 행동들이 참 이상하게 비친다. 이것은 천문학자들이 항성을 정
의하는 새로운 방법을 계속 들고 나오는 경우와 비슷한 상황이다. 나
는 2000년대 초반부터 생명의 정의를 수집하기 시작한 미생물학자
라두 포파Radu Popa[10]에게 이런 상황에 대해 어떻게 생각하는지 물어
본 적이 있다.

그는 이렇게 대답했다. "어떤 과학 분야에서든 도저히 견디기 힘
든 상황이죠. 한 가지를 두고 두 개나 세 개의 정의가 존재하는 과학
은 있을 수 있습니다. 하지만 가장 중요한 대상에 대해 아무런 정의
도 존재하지 않는 과학이라고요? 그건 절대 받아들일 수 없는 일이
죠. 당신은 생명의 정의가 DNA와 관련 있다고 생각하고, 나는 동역
학계와 관련 있다고 생각하고 있다면 서로 간에 대체 어떤 논의가 가
능하겠습니까? 생명이 무엇인지 합의할 수 없으니까 우리는 인공생

명을 만들 수도 없습니다. 화성에서 생명체도 발견할 수 없습니다. 생명이 대표하는 것이 무엇인지 합의할 수 없으니까요."

～

　과학자들이 생명의 정의라는 바다에서 표류하고 있는 동안 철학자들이 그들에게 구명밧줄을 던져 주기 위해 노를 저어 나갔다.

　어떤 철학자는 수많은 정의와 더불어 살아갈 수 있다고 과학자들을 안심시키며 논쟁을 가라앉히려 했다. 이들은 우리가 단 하나의 진정한 생명의 정의를 목표로 할 필요가 없다고 주장한다. 실용적 정의로 충분하기 때문이다. 나사에서는 다른 행성과 위성에 있는 생명을 탐색할 최고의 기계를 만들고 싶다면 거기에 도움이 될 어떤 정의라도 만들 수 있다. 의사들은 생명과 죽음을 구분하는 흐릿한 경계를 꼼꼼히 보여 주는 다른 정의를 이용할 수 있다. 철학자 레오나르도 비치Leonardo Bich와 사라 그린Sara Green은 이렇게 주장했다. "생명의 정의가 갖고 있는 가치는 합의가 아니라 연구에 미치는 영향에 좌우된다."11

　이런 사고방식을 조작주의operationalism라고 하는데 일부 철학자들은 이런 사고방식을 지적 평계라 생각한다. 생명을 정의하기는 어렵다. 하지만 그것이 그 시도를 포기할 평계가 될 수는 없다. 철학자 켈리 스미스Kelly Smith는 이렇게 반박했다. "때로는 실용적인 면 때문에 조작주의를 피할 수 없는 경우도 있습니다. 하지만 그것이 올바른 생명의 정의를 대체할 수는 없죠."

스미스를 비롯한 조작주의의 반대자들은 이런 조작적 정의는 한 무리의 사람들이 어떤 내용에 대해 전반적으로 합의할 수 있느냐에 좌우된다고 비판한다. 하지만 생명에 관한 가장 중요한 연구는 경계지대에서 이루어지고 있으며, 그곳이 합의에 도달하기가 제일 어려운 영역이다. 스미스는 단언한다. "자기가 찾으려 하는 것이 무엇인지 명확하게 개념을 잡지도 못한 채 수행하는 실험은 결국 아무 논란도 해소하지 못합니다."[12]

스미스는 모든 사람이 지지할 수 있는 생명의 정의, 다른 것들이 실패한 곳에서 성공을 거두는 생명의 정의를 계속 찾아 나서는 것이야말로 최선의 방안이라 주장한다. 하지만 러시아 태생의 유전학자 에드워트 트리포노프Edward Trifonov는 혹시 성공적인 정의가 이미 존재하는데 과거의 모든 시도에 파묻혀 보이지 않는 것은 아닐까 궁금했다.

2011년에 트리포노프는 생명의 정의 123개를 검토해 보았다. 각각의 정의가 모두 달랐지만 여러 정의에서 동일한 단어가 반복적으로 등장했다. 트리포노프는 그 정의의 언어 구조를 분석하고 범주에 따라 분류했다. 트리포노프는 여러 가지 변주 아래 자리 잡은 핵심을 발견했다. 그는 모든 정의가 한 가지에 대해서는 의견이 모이고 있다고 결론 내렸다. 변이를 동반하는 자가번식self-reproduction with variation이다.[13] 나사의 과학자들이 11개의 영단어로 추린 것을 이제 트리포노프가 3개의 단어로 추렸다.

하지만 그의 노력에도 불구하고 논란은 해소되지 않았다. 과학자들을 비롯해 우리 모두는 살아 있다고 생각하는 것과 살아 있지 않다고 생각하는 것들에 대해 각자의 목록을 갖고 있다. 누군가가 어떤 정의를 내놓으면 우리는 자신의 목록을 들여다보며 그 목록 어디서 경계선이 그려져 있는지 확인한다. 몇몇 과학자는 트리포노프가 추린 정의를 들여다보고 그 경계선의 위치가 마음에 들지 않았다. 생화학자 우베 메르헨리치Uwe Meierhenrich는 이렇게 말했다. "컴퓨터 바이러스는 변이를 동반한 자가번식을 한다. 하지만 그것이 생명은 아니다."[14]

어떤 철학자는 생명 같은 단어에 어떤 의미를 부여할 것인가에 대해서는 좀 더 신중하게 생각할 필요가 있다고 제안했다. 정의를 먼저 생각하는 대신, 우리가 정의하려고 하는 대상에 대해 먼저 생각해보고, 그 대상들이 스스로 표현하게 놔두면 된다.

이런 철학자들은 루드비히 비트겐슈타인Ludwig Wittgenstein[15]의 전통을 따르고 있다. 1940년대에 비트겐슈타인은 일상의 대화 속에는 정의하기가 아주 어려운 개념들이 잔뜩 들어 있다고 주장했다. 예를 들어 "게임은 무엇인가?"라는 질문에는 어떻게 대답할 것인가?

게임이 되기 위한 필요조건과 충분조건의 목록을 가지고 답하려 한다면 실패할 것이다. 어떤 게임은 승자와 패자가 나뉘지만, 어떤 것은 승부에 해석의 여지를 남긴 채 끝난다. 어떤 게임은 토큰을, 어떤 것은 카드를, 어떤 것은 볼링공을 이용한다. 어떤 게임에서는 참가자가 돈을 받고 참가한다. 어떤 게임에서는 돈을 내고 참가한다. 경우에 따라서는 빚까지 지면서 참가하기도 한다.

하지만 게임의 정의를 내리기가 아무리 혼란스러워도 우리는 게임에 대해 얘기하다 게임의 정의 때문에 말이 막히는 경우는 절대 없다. 장난감가게에서는 온갖 게임을 팔고 있지만 아이가 그 게임들을 물끄러미 바라보며 이것이 게임이냐 아니냐는 정의 때문에 당혹스러워하는 모습은 절대 보이지 않는다. 비트겐슈타인은 게임은 일종의 가족 유사성family resemblance을 공유하기 때문에 미스터리가 아니라고 주장했다. "아무리 바라보아도 그 모든 대상의 공통점을 찾을 수는 없을 것이다. 하지만 온갖 유사성과 관련성이 보일 것이다."

스웨덴 룬드대학교Lund University의 철학자와 과학자 들은 비트겐슈타인이 '게임이란 무엇인가?'라는 질문에 대답한 방식을 이용하면 '생명이란 무엇인가?'라는 질문에도 더 잘 대답할 수 있을 거라는 생각이 들었다. 생명에 필요한 특성들을 목록으로 깐깐하게 작성하기보다는 우리가 생명이라 부르는 범주 안에서 대상들을 하나로 자연스럽게 묶을 수 있는 가족 유사성을 찾을 수 있을지도 모를 일이었다. 2019년에 이들은 과학자와 다른 학자 들을 대상으로 설문조사를 진행하여 그런 가족 유사성을 찾아 나섰다. 이들은 사람, 닭, 아마존 몰리, 세균, 바이러스, 눈꽃송이 등을 포함하는 대상 목록을 작성했다. 그리고 룬드대학교 연구진은 각 항목 옆에다 예를 들면 질서, DNA, 대사 등 생명체에 대해 얘기할 때 흔히 사용하는 용어들을 함께 제시했다.

연구에 참가한 사람들은 각 항목에 해당된다고 믿는 용어에 모두 체크했다. 예를 들어 눈꽃송이는 질서를 가졌지만 대사는 하지 않는다. 사람의 적혈구는 대사를 하지만 DNA가 들어 있지 않다.

룬드 연구자들은 군집분석cluster analysis이라는 통계기법을 이용해서 결과를 살펴본 후에 가족 유사성을 바탕으로 대상들을 그룹으로 묶어 보았다. 우리 인간은 닭, 생쥐, 개구리와 한 그룹으로 묶였다. 바꿔 말하면 뇌를 가진 동물 그룹이다. 아마존 몰리도 뇌가 있지만 군집분석에서는 그것을 우리 그룹과 가까운 별개의 그룹에 넣었다. 이들은 스스로 번식하지 못하기 때문에 우리와 조금 거리가 있었다. 거기서 더 나가서 과학자들은 식물, 독립된 세균 등 뇌가 없는 대상으로 이루어진 군집을 찾아냈다. 세 번째 그룹에는 적혈구 그리고 세포와 비슷하지만 혼자서는 살 수 없는 다른 것들의 무리가 들어갔다.

우리와 가장 먼 그룹에는 흔히 생명으로 여겨지지 않는 대상들이 포함되었다. 그중 한 무리에는 바이러스와 프리온prion이 포함됐다. 프리온은 다른 단백질이 형태를 변화하게 만들 수 있는 변형 단백질이다. 또 다른 무리에는 눈꽃송이, 결정 그리고 생명과 비슷한 방식으로 복제하지 않는 다른 대상들이 포함됐다.

룬드 연구자들은 생명의 완벽한 정의에 대한 논쟁에 얽매이지 않아도 대상들을 생물과 무생물로 꽤 잘 분류할 수 있음을 알게 됐다. 이들은 무언가가 살아 있음과 관련된 몇 가지 속성을 가졌으면 그것을 살아 있다고 말할 수 있다고 제안했다. 그 속성들을 모두 갖고 있을 필요도, 다른 생명체에서 발견되는 것과 정확히 동일한 속성을 갖고 있을 필요도 없다. 가족 유사성이면 족하다.

～

한 철학자는 훨씬 급진적인 태도를 취했다. 캐럴 클레랜드Carol Cleland는 생명의 정의를 찾는 것이나 심지어 생명의 정의를 편리하게 대신할 수 있는 대체물을 찾으려 하는 것은 아무 의미가 없다고 주장한다. 그녀는 그런 시도가 실제로는 과학에 더 해롭다고 주장한다. 살아 있다는 것의 의미를 더 깊이 이해하지 못하게 가로막기 때문이다. 클레랜드가 생명을 정의하려는 것을 너무도 경멸하는 바람에 일부 철학자들은 그녀에게 이의를 제기하기도 했다. 켈리 스미스는 클레랜드의 아이디어가 위험하다고 말했다.

클레랜드는 천천히 선동가로 진화했다. 그녀는 캘리포니아대학교에 입학했을 때 물리학 공부부터 시작했다. "나는 실험실에서는 얼뜨기였고, 내 실험은 제대로 된 결과가 한 번도 안 나왔어요." 그녀가 나중에 한 인터뷰에서 이렇게 말했다. 그녀는 물리학에서 지질학으로 전과했고, 그녀는 연구를 하고 야생의 자연을 찾아가는 것은 좋았지만, 남성이 장악하고 있는 분야에서 여성으로서 고립되는 기분이 들어서 좋지 않았다. 그녀는 저학년 시절에 철학에 흥미를 느끼게 됐고, 머지않아 논리에 관한 심도 깊은 질문들을 붙잡고 싸우게 됐다. 대학을 졸업하고 소프트웨어 엔지니어로 1년을 일한 후에 철학과 박사학위를 따기 위해 브라운대학교로 갔다.

대학원에서 클레랜드는 공간과 시간, 원인과 결과에 대해 숙고했다.[16] 아래의 글에서 그녀의 그 시절 사고방식에서 풍기는 취향을 엿볼 수 있다.

양자간 관계 R$_{\text{dyadic relation R}}$은 다음의 경우에만 결정가능한 비관계적 속성 P$_{\text{determinable nonrelational attribute P}}$에 부속된다.

1. $\square\,(\forall x, y) \sim \Diamond\,[R(x, y)$ 그리고 $P_i(x)$ 와 $P_j(y)$가 성립하도록 결정가능한 종

류의 P의 확정적인 속성 P와 P가 존재하지 않을 것];

2. □ (∀x, y){R(x, y) ⊃ P$_i$(x)와 P$_j$(y)이고 □(∀x, y)[(P$_i$(x) 그리고 P$_j$(y)) ⊃ R(x, y)]가 성립하도록 결정가능한 종류의 P의 확정적인 속성 P와 P$_j$가 존 재할 것}

클레랜드는 대학원을 마친 후에는 저녁 파티에서 편하게 대화할 만한 주제로 옮겨갔다. 그녀는 한동안 스탠퍼드대학교에서 연구하 며 컴퓨터 프로그램의 논리에 대해 생각했다.[17] 그다음에는 콜로라 도대학교의 조교수가 되어 나머지 경력을 이곳에서 보냈다.

볼더에서 클레랜드는 과학 자체의 본질에 관심을 두게 됐다. 그 녀는 물리학에서는 과학자가 동일한 실험을 몇 번이고 반복할 수 있 는 반면, 지질학에서는 수백만 년의 역사를 재현해 볼 수가 없음을 간파했다. 이런 차이에 대해 생각하고 있을 무렵 그녀는 남극대륙에 서 발견된 화성의 암석에 대해 알게 됐다. 이 암석은 그 자체로 철학 적 수수께끼를 던지고 있었다.

앨런 힐스 84001을 두고 많은 논란이 있었지만 암석 자체에 대한 논란보다는 과학을 올바르게 하는 방법에 대한 논란이 많았다. 어떤 연구자는 나사 연구진이 존경스러운 연구를 수행했다고 생각했지만 어떤 사람은 그 발견으로부터 운석에 화석이 들어 있을지 모른다고 결론 내린 것은 터무니없다고 생각했다. 클레랜드의 콜로라도대학 교 동료인 행성과학자 브루스 제이코스키Bruce Jakosky는 양쪽 진영이 자신의 관점에 대해 환기해 볼 수 있는 공개 토론회를 개최하기로 마 음먹었다. 하지만 그는 앨런 힐스 84001에 대한 판단은 자성광물질

측정 실험을 몇 번 돌려본다고 끝날 일이 아님을 깨달았다. 우리가 과학적 판단을 내리는 방식에 대해서도 철저한 검토가 필요했다. 그는 클레랜드에게 행사에 참석해서 앨런 힐스 84001에 대해 철학자로서 견해를 말해 달라고 부탁했다.

간단한 강연 준비로 시작했던 것이 외계생명체에 관한 철학에 대한 심오한 고찰로 바뀌었다. 클레랜드는 앨런 힐스 84001을 두고 벌어진 논쟁은 실험과학experimental science과 역사과학historical science 사이의 간극에서 비롯된 것이라 결론 내렸다. 맥케이의 연구진이 역사를 재현해 보기를 기대하는 것은 터무니없는 일이다. 이들이 40억 년 동안 화성에서 미생물을 화석화해서 그것이 앨런 힐스 84001과 맞아떨어지는지 확인해 볼 수는 없는 노릇이다. 그리고 화성 복사본 천 개를 마련하고, 또 그것을 소행성 천 개로 타격해서 어떤 결과가 나오는지 확인해 볼 수도 없다.

클레랜드는 증거를 가장 잘 설명하는 과학에 대한 설명들을 비교하며 나사 연구진이 훌륭한 역사과학을 수행했다고 결론 내렸다. 그녀는 1997년에 〈플래네터리 리포트Planetary Report〉에 이렇게 적었다. "화성 생명 가설은 화성 운석의 구조적, 화학적 특성에 대한 최고의 설명이 될 수 있는 뛰어난 후보감이다."[18]

운석에 대한 클레랜드의 연구에 제이코스키는 깊은 인상을 받아 1998년에는 그녀를 나사에서 새로 만든 우주생물학 연구소Astrobiology Institute에 팀원으로 초대한다. 이후로 클레랜드는 우주생물학이라는 과학이 어떤 모습이어야 하는가에 관해 철학적 논거를 발전시켰다. 그녀는 우주생물학이라는 큰 틀 아래서 서로 다른 종류의 연구를 진행하고 있는 과학자들과 시간을 보내면서 자신의 개념을 알렸다. 그녀는 거대 포유류들이 4만 년 전에 어떻게 멸종되었는지 단서를 찾아 나선 고생물학자와 함께 호주의 오지를 찾아가기도 하고, 유전학자들이 DNA 염기서열분석을 어떻게 하는지 알려고 스페인으로 가기도 했다. 그리고 과학 모임에서 이 강연과 저 강연으로 찾아다니며 많은 시간을 보냈다. 그녀가 내게 이렇게 말한 적이 있다. "나는 사탕가게에 들어온 아이가 된 기분이었어요."

하지만 가끔 클레랜드는 함께 지내는 과학자들을 보며 철학적 경고음이 울리는 것을 들었다. "모든 사람이 생명의 정의를 가지고 연구하고 있더군요." 그녀가 회상했다. 당시에는 나온 지 몇 년밖에 안 된 나사의 생명 정의가 특히 인기가 많았다.

철학자로서 클레랜드는 과학자들이 오류를 저지르고 있음을 깨달았다. 이들의 오류는 확정적인 속성이나 소수의 논리학자만 이해할 수 있는 미세한 철학적 핵심과 관련된 것이 아니라 과학 자체를 방해하는 근본적인 오류였다. 클레랜드는 이 오류의 본질에 대해 논문을 썼다. 그리고 2001년에는 워싱턴 D.C.로 가서 미국 과학진흥협회American Association for the Advancement of Science 모임에서 그 내용을 가지고 강연을 했다. 그녀는 대부분 과학자로 이루어진 청중 앞에 서서 생명의 정의를 찾으려 드는 것은 무의미하다고 말했다.

클레랜드는 이렇게 회상했다. "폭발이라도 난 줄 알았어요. 모든 사람이 제게 야유를 퍼부었죠. 정말 놀라운 일이었어요. 사람들은 저마다 아끼는 생명의 정의를 가지고 있어서 그것을 알리려 하는데, 내가 거기서 생명을 정의하려는 모든 프로젝트가 무의미하다고 말했으니까요."

다행히도 클레랜드의 강연을 들은 사람 중 몇몇은 그녀가 무언가 중요한 일을 해냈다고 생각했다. 그녀는 우주생물학자들과 협력하여 자신의 개념에 담긴 함축적 의미를 탐구하기 시작했다. 20년에 걸쳐 그녀는 일련의 논문들을 발표했고, 결국에는 그 내용을 《보편적 생명 이론을 찾아서*The Quest for a Universal Theory of Life*》[19]라는 책으로 종합했다.

과학자들이 생명을 정의하면서 겪는 곤란은 항상성이나 진화 같은 특정한 생명의 전형적 특성과는 아무 관련이 없다. 그런 곤란은 정의 자체의 본질과 관련이 있다. 과학자들은 하던 일을 멈추고 이런 문제에 대해 생각해 보는 경우가 좀처럼 드물다. 클레랜드는 이렇게 적었다. "'생명이란 무엇인가?'라는 과학적 질문에 답하려 할 때 '정의'는 적절한 도구가 아니다."[20]

정의는 개념을 체계화하는 용도로 사용된다. 예를 들어 미혼남의 정의는 아주 단순하다. 결혼하지 않은 남자란 뜻이다. 남자고 결혼을 하지 않았다면 정의상 당신은 미혼남이다. 남자라는 사실만으로 미혼남이 되지는 않고, 결혼하지 않았다는 사실만으로도 미혼남이 될 수 없다. 남자라는 의미가 무엇인지는 복잡해질 수 있다. 그리고 결혼도 그 자체로 복잡한 면을 갖고 있다. 하지만 우리는 그런 복잡한 문제의 늪에 빠지지 않고도 '미혼남'을 정의할 수 있다. 이 단어는 단순히 이런 개념들을 정교하게 연결할 뿐이다. 정의는 이런 제한된 일만을 하기 때문에 과학적 탐구를 통해 수정할 수 없다. 한마디로 미혼남을 결혼하지 않은 남자로 정의한 것이 잘못이라고 밝혀낼 방법이 없다는 것이다.

생명은 다르다. 이것은 개념들을 한데 연결해서 정의할 수 있는 성질의 것이 아니다. 따라서 생명의 특성을 목록으로 나열해서 생명의 진정한 정의를 내리려는 노력은 모두 헛수고다. 클레랜드는 말했다. "우리는 생명이라는 단어가 우리에게 의미하는 바를 알고 싶은 것이 아니라 생명이 무엇인지 알고 싶은 것입니다." 클레랜드는 우리의 욕망을 충족시키기 위해서는 생명의 정의에 대한 탐색을 포기해야 한다고 주장한다.

현대적인 화학의 시대가 열리기 전에는 연금술사들도 지금의 생물학자가 생명을 정의하려는 것과 마찬가지 방법으로 물을 정의하려 했다. 물이 가진 속성의 목록을 나열한 것이다. 물은 액체이고, 맑고, 다른 물질들을 녹이는 용매이고⋯⋯ 등등. 하지만 이런 정의는 물의 미스터리를 말끔히 해소해 주기는커녕 모든 물이 똑같지 않다는 것을 알게 된 후에는 연금술사들에게 더 큰 골칫거리만 안겨 주었다. 물은 종류에 따라 어떤 물질은 녹이고, 어떤 물질은 녹이지 못했다. 그래서 연금술사들은 그 물에 서로 다른 이름을 부여했다. 하지만 물이 얼거나 끓는 것을 보며 물의 정의 때문에 더 골치가 아파졌다. 얼음과 수증기는 액체 상태의 물과 특성을 공유하지 않는다. 그래서 연금술사는 어쩔 수 없이 이들이 완전히 다른 물질이라고 선언해야 했다.

이 진퇴양난의 상황이 너무도 심각해서 심지어 레오나르도 다 빈치마저 혼란스러워했다.[21]

따라서 물은 어떤 때는 날카롭고, 어떤 때는 강하고, 어떤 때는 산성이고, 어떤 때는 쓴 맛이 나고, 어떤 때는 달콤하고, 어떤 때는 걸쭉하거나 무르고, 어떤 때는 상처나 역병을 가져오고, 어떤 때는 건강을 가져오고, 어떤 때는 독성을 띤다. 따라서 물은 자신이 지나는 장소만큼이나 많은 속성을 가진 존재로 변화를 겪는다고 말할 수 있다. 거울이 어떤 대상을 비추느냐에 따라 색이 변하듯 물도 자기가 지나는 장소마다 본질이 바뀌어 건강을 주고, 역겹고, 설사를 일으키고, 지혈을 해 주고, 황 성분을 띠고, 짜고, 연분홍색을 띠고, 애절하고, 분노하고, 화를 내고, 빨강, 노랑, 초록, 검정, 파랑의 색을 띠고, 기름기를 띠고, 뚱뚱해지고, 가늘어진다.

물의 새로운 정의를 고안한다 한들 레오나르도가 무지에서 해방될 수는 없었을 것이다. 이 어려움의 원인은 다른 곳에 있었다. 그를 비롯한 르네상스시대의 다른 모든 사람들이 화학에 대해 거의 아는 것이 없었다는 것이다.

성숙한 화학 이론이 등장하기까지는 그 후로 3세기가 더 걸렸다. 이 화학 이론은 우주가 여러 원소에 소속된 원자로 구성되어 있으며 이 원자들이 한데 결합해서 서로 다른 분자를 형성할 수 있음을 설명해 주었다. 한때 원소라 생각했던 물은 한 쌍의 수소 원자와 한 개의 산소 원자, 이렇게 두 원소가 결합해서 만들어진 분자로 이루어졌음이 밝혀졌다. 호수에 들어 있는 액체 상태의 물뿐만 아니라 얼음 덩어리에 들어 있는 물과 구름 속 수증기 속에 들어 있는 물까지 모두 이 분자로 이루어져 있었다. 화학은 또한 강수strong water와 왕수가 물이 전혀 아니라는 것도 알아냈다. 이들은 다른 분자로 이루어져 있었다.

하지만 $H_2O$도 물의 정의는 아니다. 물이 하는 일을 물 분자 하나가 할 수 없다. 예를 들어 물이 얼 때는 $H_2O$ 분자 여러 개가 자발적으로 결정격자로 맞물리기 때문에 부피가 팽창한다. "물이 $H_2O$라고 말해서는 물에 대해 아무것도 알 수 없어요." 클레랜드의 말이다. 대신 $H_2O$에 대해 알면 물의 본질에 대해 더 많은 것을 알 수 있는 길이 열린다.

생명의 문제로 넘어오면 우리는 여전히 연금술사의 수준에 머물러 있다고 클레랜드는 주장한다. 우리는 직관을 이용해서 무엇이 살아 있고, 무엇이 죽어 있는 것인지 판단한 다음 그것들이 공유하는 특성의 목록을 임의로 작성한다. 우리는 이해하려는 대상의 본질을 결코 담아낼 수 없는 정의를 가지고 무지를 덮으려 한다. 클레랜드는 과학자들이 당장에 할 수 있는 최선은 생명을 설명하는 이론을 향해 나아가는 것이라 주장한다.

나는 이 점에 있어서 클레랜드와 뜻을 같이하는 과학자들을 많이 만나 보았다. 그들에게는 아직 생명 이론이 없다. 이들도 언젠가는 그 이론이 등장하리라 확신한다. 하지만 지금으로서는 그 이론이 어떤 것일지 추측만 할 수 있을 뿐이다. 마치 그 이론이 미래에서 현재의 우리에게 드리운 그림자를 판독하고 있는 꼴이다. 나는 한 생물물리학자에게 그 이론이 어떤 모습일지 묘사해 달라고 부탁한 적이 있다. 그러자 그는 이렇게 대답했다. "이것이 바로 생명이 되어야 할 모습이죠."

이론은 어느 날 갑자기 짠하고 등장하는 것이 아니다. 과학자들이 세상을 대상으로 지루한 측정을 수없이 시행한 이후에야 등장한다. 현대 화학의 설계자들은 물 같은 화합물의 구성성분 비율을 알아내기 위해 수없이 많은 실험을 진행했다. 그리고 그 비율이 정수로 이루어진 간단한 수라는 것을 발견했다. 물은 수소 2개에 산소 1개 비율로 이루어져 있었다. 메탄은 수소 4개에 탄소 1개 비율이었다. 이 수고스러운 셈하기 끝에 이 화합물들이 원자로 이루어진 분자라는 심오한 깨달음이 등장했다.

요즘 과학자들 중에는 생명 이론이 생명체에 관한 정확한 측정을 통해서만 등장할 수 있다고 믿는 사람들이 있다. 이들은 유전자가 켜고 꺼지는 타이밍, 세포가 성장하는 속도, 생명체가 세상을 감지하고, 다음에 무엇을 할지 판단을 내릴 때 사용하는 상호연결 고리를 정확히 측정할 도구를 발명하고 있다. 이런 정확한 측정을 통해 과학자들이 본격적인 이론으로 인정할 수 있는 패턴이 드러나기까지는 수십 년이 걸릴지도 모른다.

참을성이 별로 없는 과학자들도 있다. 이들은 과학자들이 이미 발견한 것을 바탕으로 생명을 설명하는 이론을 만들어 냈다.[22] 이들은 더 나은 이론을 구축하기 위해 측정해야 할 것이 무엇인지 아이디어를 얻을 수만 있다면 본격적인 이론이 나오기 전의 선행 이론이라도 유용할 수 있다고 주장한다.

1900년대 중반에 분자생물학자들이 DNA와 단백질의 기본 규칙을 일부 밝히자 최초의 생명 이론이 모습을 드러냈다. 처음에는 이론을 구축하러 나선 과학자들이 소수였기 때문에 대부분 세상에 알려지지 않은 상태에서 연구했다. 이런 상황은 스스로 초래한 부분도 있다. 이들은 자신의 개념에 대해 생각할 때 자기만의 언어를 발명해서 사용했고, 그 언어를 다른 사람들에게도 이해시키려는 노력이 부족했다. 여기에 해당하는 두 사람, 로버트 로젠Robert Rosen과 프란시스코 바렐라Francisco Varela가 한 과학 모임에서 만난 적이 있었는데 이 둘은 상대방에게 할 말이 하나도 생각나지 않았다고 한다.[23]

서로를 이해하지 못하는 상황에서도 생명 이론가들은 비슷비슷한 방식으로 연구했다. 이들은 생명체에서 보이는 패턴을 설명하기 위해 생명을 압축적으로 기술하는 방법을 발전시켰다.[24] 그렇게 하기 위해서는 비단뱀과 점균류의 경이로움과 수수께끼를 넘어 무언가가 살아 있는 데 필요한 필수적인 조건을 이해할 수 있어야 했다.[25] 이것은 마치 최초로 비행기를 맞닥뜨린 물리학자와 비슷한 상황이다. 이들이 비행기의 원리를 이해하고 싶다면 현대의 여객기를 연구하는 것은 시간 낭비다. 비행기 내부를 채우고 있는 온갖 비디오 스크린, 버튼, 서빙 카트 등에 둘러싸여 미로에 빠진 기분이 들 것이다. 비행 자체에 중요한 것들을 발견하려면 라이트 형제가 처음으로 비행했던 키티호크로 가서 가문비나무와 물푸레나무로 만든 간단한 날개가 달린 그들의 비행기 라이트 플라이어Wright Flyer를 연구하는 것이 훨씬 나을 것이다.

1960년대에 스튜어트 카우프만Stuart Kauffman[26]이라는 의대생이 이 집단에 합류했다. 당시 생물학자들은 생명을 가능하게 하는 유전자와 단백질 사이의 심오한 관계를 조금씩 발견하고 있었다. 이들은 특정 단백질이 DNA 근처에 착륙했을 때만 특정 유전자가 활성화되는 것을 발견했다. 이들은 대사가 이루어지게 하는 기나긴 반응의 연쇄 속에서 일부 연결고리를 찾아내기도 했다. 카우프만은 특정 종의 특정 단백질만 관찰해 봐도 그 세부사항이 아찔할 정도로 복잡하지만, 그 아래로는 어떤 기본 원리가 도사리고 있지 않을까 궁금해졌다.

카우프만은 세포를 표현하는 일종의 대수학을 개발했다. 그는 이 것을 이용해서 컴퓨터로 가상의 유전자와 단백질을 창조했다. 한 실험에서 그는 단순한 대사를 구축해 보았다. 먹이로는 두 가지 분자를 만들었다. 그것을 A와 B로 부르자. A와 B는 어떤 확률로 한데 합쳐져 더 큰 분자 AB를 만든다. 그리고 이어서 AB는 어떤 확률로 결합해서 훨씬 더 큰 분자를 만든다. B를 추가로 결합해서 ABB가 되거나, 두 개의 AB가 결합해서 ABAB가 될 수 있다. 카우프만은 대사를 통해 더 큰 분자가 만들어질 수 있지만, 그와 동시에 큰 분자를 일부 해체해서 성분으로 분해할 수도 있게 프로그래밍했다.

카우프만은 분자를 구축하고 해체하는 서로 다른 규칙을 이용해서 몇 가지 네트워크를 테스트해 보았다. 대부분은 별 소득 없이 끝났다. 이 네트워크들은 그가 먹여 준 A와 B를 이용해서 작은 분자들을 간신히 만들었지만 큰 분자는 전혀 만들지 못했다. 하지만 생명을 얻은 듯 보이는 네트워크가 생겼다. 카우프만은 이 네트워크에서 나올 수 있는 분자들 중에서 몇 가지가 풍부해진다는 것을 발견했다. 그리고 일단 이 몇 가지 분자가 흔해지면 그 네트워크에 계속 먹이를 공급하는 한 그 분자들은 계속 흔한 상태로 유지됐다.

카우프만은 성공적인 분자들이 한데 결합해서 화학반응 고리를 만들어 내는 것을 발견했다. 한 분자가 두 번째 분자의 성장을 촉진하고, 두 번째 분자는 세 번째 분자의 성장을 촉진하고, 이런 식으로 계속 이어지다가 그 고리의 마지막 분자가 다시 첫 번째 분자의 성장을 촉진한다. 각각의 분자들이 더 풍부해짐에 따라 자기지속self-sustaining 사이클을 통해 파트너의 구축을 도울 수 있게 됐다.

카우프만은 이 네트워크에 자가촉매 집합autocatalytic set이라는 이름을 붙였다. 이 이름에 촉매catalyst라는 단어가 등장하고 있다. 촉매는 다른 두 물질 사이의 화학반응 속도를 높이는 물질을 말한다. 효소도 일종의 촉매이고, 특정 금속들도 촉매 역할을 한다. 예를 들어 자동차에서는 백금이 촉매변환기catalytic converter 안에서 배기가스를 분해하는 촉매로 작용한다. 석유는 해저 아래 깊은 곳에서 촉매제에 의해 만들어진 산물이다.[27] 카우프만은 자가촉매 집합의 경우 서로가 서로에게 촉매 작용을 한다는 점에서 일반적인 촉매와는 다르다고 주장했다.

이것은 컴퓨터상에서 발견된 것이지만 카우프만은 자가촉매 집합이 생명의 본질을 포착하고 있다고 확신했다. 그는 생명체가 실제 분자로 네트워크를 구성해서 자신을 존속시킨다고 제안했다.[28] 자가촉매 집합을 기반으로 하는 생명 이론이라면 생명 없는 물질에 생명을 불어넣는 신비한 생기 따위는 필요하지 않을 것이다. 카우프만이 무작위 네트워크만 구축하면 자가촉매 집합이 그 안에서 자발적으로 형태를 갖춘다.

1980년대에는 몇몇 과학자들이 카우프만의 자가촉매 집합 개념을 이어 갔다. 그의 이론은 생명에 대해 생각할 때 유용한 지침이 되어 주었다. 하지만 과학자들이 실제로 작용하는 자가촉매 집합을 관찰할 수 있는 곳은 네트워크가 디지털 음식을 먹고 사는 컴퓨터밖에 없었다. 하지만 결국 화학자들은 0과 1이 아니라 실제 분자로 이루어진 자가촉매 집합을 만드는 데 성공했다. 가장 복잡한 자가촉매 집합 중 하나는 스크립스 연구소Scripps Research Institute의 화학자 레자 가디리Reza Ghadiri[29]에 의해 만들어졌다. 그와 동료들은 펩타이드peptide라는 작은 아미노산 사슬을 이용했다. 이들은 펩타이드 조각을 정렬해서 한데 이어붙일 수 있는 펩타이드 집합을 설계했다. 과학자들은 서로 종류가 다른 수십 가지 펩타이드와 펩타이드 조각을 한데 섞은 후에 한 발 뒤로 물러나서 그 분자들이 서로 어우러지게 내버려 두었다. 그러자 조각들을 이용해 서로를 만들 수 있는 펩타이드 아홉 개로 이루어진 자가촉매 집합이 자발적으로 등장해서 수백만 개의 새로운 복사본으로 증식했다.

결국 자가촉매 집합은 그저 수학적인 몽상에 불과한 존재가 아니었다. 하지만 그렇다고 이것이 자연에 흔히 존재한다는 의미는 아니다. 화학물질을 혼합하면 그냥 평형상태에 도달해서 아무 일도 일어나지 않을 확률이 훨씬 높다. 자가촉매 집합이 드물게 생겨나는 이유는 여전히 밝히지 못한 문제로 남아 있다. 어쩌면 정확한 비율로 분자가 공급되어야 하는지도 모른다. 그렇지 않으면 올바른 반응을 유지할 수 있는 새로운 분자들을 충분히 만들 수 없을지 모른다. 붕괴가 잘 일어나기 때문에 자가촉매 집합이 드문 것일 수도 있다. 고리 안의 고리처럼 회복력이 강한 구조물을 갖추어야만 구성 요소들이 부족해지는 어려운 시기를 버틸 수 있는지도 모른다.

자가촉매 집합이 성숙한 생명 이론의 일부로 자리 잡기 위해서는 과학자들이 이런 문제들에 대한 해답을 제시해야 할 것이다.[30] 이런 이론이라면 생명이 어떻게 스스로를 존속시키는지, 더 나아가 애초에 생명체가 어떻게 등장했는지 설명해 줄 수 있을지도 모른다. 2019년에 카우프만과 두 명의 동료는 말라 가는 연못에서 등장한 RNA 기반 원세포로부터 생명이 시작됐다는 데이비드 디머의 시나리오에 대해 생각해 보았다. 이들은 그런 연못에서 형성될 수 있는 RNA 분자의 다양성을 대략으로 추정해 보았다. 그리고 카우프만과 동료들은 한 연못에서도 RNA 분자의 자가촉매 집합이 충분히 만들어질 수 있다고 결론 내렸다. 일단 이런 종류의 자가지속적 화학 과정[31]이 시작되고 나면 생명체로 진화할 수 있었을 것이다. 바꿔 말하면 생명 이전에 자가촉매 집합이 먼저 등장했을지도 모른다는 얘기다.

⌒

생명체는 특별하다. 하지만 우주에 특별한 것이 생명체만은 아니다. 1911년에 네덜란드의 물리학자 헤이커 카메를링 오너스Heike Kamerlingh Onnes[32]는 수은 철사를 절대영도에 가깝게 냉각하면 아주 특별한 현상이 생기는 것을 발견했다. 일반적인 온도에서는 전류가 금속선을 통과하는 과정에서 에너지를 일부 상실한다. 금속의 이런 속성을 저항resistance이라고 한다. 그런데 오너스가 수은 철사를 액체 헬륨에 담가 냉각했더니 저항이 점진적으로 줄다가 섭씨 영하 269도에 도달하자 갑자기 0으로 떨어졌다. 그가 그 금속으로 고리를 만드니 전류가 고리를 따라 조금도 상실되지 않고 무한히 흘렀다.

오너스는 이렇게 말했다. "수은이 새로운 상태로 들어갔다. 그 놀라운 전기적 속성으로 보아 이것을 초전도 상태superconductive state라 불러도 무방할 것이다."

오너스는 주석이나 납 같은 다른 금속도 절대영도에 가까워지면 이 새로운 상태로 진입할 수 있음을 알아냈다. 어떤 금속 혼합물은 그보다 높은 온도에서도 초전도체가 될 수 있었다. 물리학자들은 근본적으로 새로운 종류의 기술을 구축할 수 있는 재료를 찾아내겠다는 열망에 그 금속 혼합물에서 나올 수 있는 온갖 형태에서 초전도성을 조사해 보았다. 하지만 이들의 연구는 수십 년 동안 시행착오 게임 수준을 넘어서지 못했다. 일반적인 물리학으로는 이 현상을 설명할 수 없을 듯 보였고, 어떤 물질은 초전도성을 갖고, 어떤 물질은 그러지 못한 이유를 설명할 수 없었다.

알베르트 아인슈타인Albert Einstein[33]은 우아한 이론으로 초전도성을 설명해 보려 했지만 결국 틀린 것으로 밝혀졌다. 닐스 보어, 리처드 파인만Richard Feynman, 그리고 20세기 물리학계의 다른 거장들 모두 실패했다. 그러다 마침내 1950년대에 존 바딘John Bardeen, 리언 쿠퍼 Leon N. Cooper, 로버트 슈리퍼Robert Schrieffer가 이 말도 안 되는 현상을 말이 되게 해 줄 이론을 세상에 내놓았다. 저항은 전자들이 무질서하게 여기저기 뛰어다니며 전류의 에너지를 사방팔방으로 흩어놓아 생기는 결과다. 바딘, 쿠퍼, 슈리퍼는 초전도체에서는 일부 전자가 쌍을 이루어 동일한 경로를 따라 이동한다고 주장했다. 여기서 생기는 질서가 전도체 금속에 존재하는 무질서를 상쇄해서 전류에 대한 모든 저항을 제거해 준다. 초전도성에 대한 이 새로운 이론은 어째서 일부 금속은 이런 이상한 상태에 들어가고, 어떤 금속은 그러지 않은지 설명해 주고, 이런 특별한 상태의 물질이 우리의 일상에 한 발 더 가까워지는 데 도움을 주었다. 예를 들면 고속철도를 떠받치는 자석이나 차세대 컴퓨터의 두뇌가 되어 줄 마이크로프로세서 같은 것이 있다.

생명 이론은 결국 초전도체 이론과 아주 비슷한 모습을 할 수도 있다. 이 이론을 가지고 생명을 우주의 물리학으로부터 특별한 성질을 획득한 물질의 특정 구성으로 설명할 수도 있다. 리 크로닌은 애리조나주립대학교의 물리학자 케이트 아다말라Kate Adamala와 사라 워커Sara Walker와 함께 생명을 물질을 조립하는 특별한 방법이라 설명할 방법을 연구하고 있다. 이들은 이것을 조립 이론assembly theory이라 부른다.

137억 년 동안 사물이 한데 조립되어 온 과정이 곧 우주의 역사라 생각할 수 있다. 빅뱅 이후에는 아원자 입자들이 수소 원자를 형성했다. 그리고 수소 원자들이 합쳐지면서 헬륨 원자가 등장했다. 수소와 헬륨으로부터 항성이 조립되어 나왔고, 그 항성의 도가니 속에서 새로운 원소들이 형성되어 나왔다. 원자가 조립되어 분자를 만들고, 분자가 조립되어 알갱이를 형성했다. 그 알갱이들로부터 행성과 위성이 만들어졌다. 지구에서는 하늘에서 눈꽃송이가 형성되고, 지하에서는 광물질이 자리를 잡았다.

일단 생명이 등장하고 나자 생명은 자체적으로 물질들을 만들었다. 생명체들은 당분, 단백질, 세포를 만들기 시작했다. 그리고 이 세포들이 상아와 꽃 같은 것으로 자랐다. 동물은 벌집, 비버 댐, 카누, 우주탐사선을 만들었다. 크로닌, 아다말라, 워커는 동료들과 함께 생명의 관여 여부와 상관없이 사물이 조립되는 방식을 객관적으로 비교할 방법을 연구했다.

사물의 조립은 단계별로 이루어진다. 간단한 분자는 단 한 단계만 거치면 원자로부터 형성될 수 있다. 하지만 원자를 추가하거나, 두 분자를 하나로 합치는 데는 더 많은 단계가 필요하다. 크로닌과 동료들은 분자 하나를 만드는 데 몇 단계가 걸리는지 추정할 방법을 고안했다. 그 분자를 쪼개 보는 것이다. 분자를 무작위로 분해한 레고 건축물이라고 생각해 보자. 누군가 당신에게 두 가지 레고 블록만 이어 붙여 만든 건축물 백 개를 주었다면 계속해서 그와 같은 두 가지 블록으로만 분해할 수 있을 것이다. 하지만 이번에는 누군가 작은 탑, 지지대, 아치형 입구 등이 완벽하게 갖추어진 레고 호그와트성을 주었다고 해 보자. 이것은 서로 다른 다양한 조각으로 쪼갤 수 있다. 크로닌과 동료들은 분자를 분해해서 나올 수 있는 조각의 수가 그 분자를 아예 처음부터 구축할 때 필요한 단계의 수를 말해 줄 수 있는 훌륭한 지표임을 발견했다.

크로닌과 동료들은 백 가지 서로 다른 재료를 충돌시켜 깨뜨리며 조사해 보았다. 이들은 석영과 석회석을 깨뜨려 보았다. 주목나무에서 만들어지는 강력한 항암성분의 분자인 택솔taxol로 쪼개졌다. 이들은 스탠리 밀러의 방식을 따라 생물전단계 수프를 만든 다음 그 분자들을 깨뜨려 보았다. 거기서 맥주와 화강암이 나왔다.

연구자들은 생명체에 의해 만들어지지 않은 물질은 모두 조립하는 데 필요한 단계가 15단계[34] 이하라고 판단했다. 심지어 이들이 지질, 아미노산, 그리고 생명의 다른 기본 구성 요소가 가득 들어 있는 머치슨 운석의 작은 표본으로 실험을 해 보았지만 15단계까지 필요한 분자는 하나도 발견하지 못했다. "그 안에는 수십억 개의 분자가 들어 있지만 모두 지루한 것들이죠." 크로닌이 내게 말했다.

반면 생명체는 지루하지 않았다. 이들은 일부 단순한 분자들도 조립하고 있었지만, 정교하고 복잡한 분자들도 만들었다. 그중에는 15단계보다 훨씬 많은 단계가 필요한 것도 있었다.

조립 이론 덕분에 생명의 경계지대를 뚫고 나갈 길이 드러났을 가능성이 있다. 일반적인 화학으로는 15개 이상의 단계가 필요한 물질을 조립할 수 없는지도 모른다. 시간만 충분히 주어지면 어느 한 단계가 일어날 수는 있다. 하지만 일련의 작용이 올바른 순서를 따라 우연히 일어날 확률은 엄청나게 적다. 그런 일이 그 순서대로 거듭거듭 일어날 확률은 말할 필요도 없다. 반면 생명은 수많은 조립 단계를 거치며 자발적으로 그런 대상을 만들 수 있는 물질 상태다.

아다말라, 크로닌, 워커는 생명이 이런 일을 할 수 있는 이유는 정보가 생명을 관통해서 흐르는 특별한 방식 때문이라 제안했다.[35] 생명에서는 정보가 물질을 통제할 수 있다. 유전자와 다른 분자 구조는 정보를 저장하고, 그 정보를 자손에게 복사하고, 그 정보를 단백질 네트워크를 통해 흘려 보내 정교한 과제를 수행할 수 있다. 여러 조립 단계를 거쳐 무언가를 만들어 내는 것도 거기에 해당한다.

조립 이론은 다른 행성에서 생명을 찾아볼 방법을 제공해 줄지도 모른다. 굳이 찾아가 보지 않고도 다른 항성 주변을 도는 행성에서 생명을 감지하는 것이 가능할지도 모른다. 천문학자들은 망원경을 이용해서 외계행성의 대기에 들어 있는 분자를 스캔할 수 있다. 만약 거기서 조립 단계 수가 높은 분자가 풍부하게 들어 있는 것이 발견된다면 그것이 무작위 화학 과정을 통해 나온 것이 아니라 확신할 수 있을 것이다. 정보가 있을 때만 그것을 지침 삼아 분자가 만들어질 수 있다.

하지만 크로닌은 수십억 달러짜리 우주탐사선이 태양계 저편에 도달할 때까지, 혹은 새로운 우주 망원경이 지구정지궤도에 올라갈 때까지 기다릴 필요가 없었다. "이제 저는 제 연구실에서 생명을 찾아볼 수 있습니다. 생명이 불꽃 같은 존재인지, 대사를 하는지 등은 잊어버리세요. 대상이 무작위로는 형성될 수 없다고 말할 수 있을 만큼의 특성을 충분히 갖추었는가? 그리고 그것이 풍족하게 존재하는가? 만약 여기에 그렇다고 대답할 수 있다면 그것은 살아 있는 것이고, 그게 아니면 살아 있는지 죽어 있는지 말할 수 없습니다." 그가 말했다.

크로닌은 생명을 만드는 원재료로 방울을 선택했다. 데이비드 디머의 리포솜과 비교하면 방울은 훨씬 단순하다. 그냥 기름방울에 불과하다. 이들은 물 분자와 잘 어울리지 못하기 때문에 자기들끼리 뭉친다. 기름에 다른 화학물질을 혼합하면 방울에게 흥미로운 일을 시킬 수 있다. 예를 들어 알코올은 기름 분자, 물 분자와 모두 잘 어울린다. 크로닌이 알코올을 방울에 섞어 넣으면 알코올이 천천히 새어나온다. 알코올 분자가 방울을 빠져나올 때마다 방울에 약간의 추진력을 제공하기 때문에 그 반대 방향으로 방울이 밀려 나가게 된다.

알코올이 충분히 많이 새어 나오는 경우에는 방울이 마치 헤엄을 치고 있는 것처럼 보인다. 혼합하는 화학물질이 달라지면 방울의 행동도 달라진다. 혼합물 조리법을 살짝만 바꿔도 예상치 못했던 행동으로 이어질 수 있다.

크로닌은 가능성으로 가득한 우주를 탐색하려면 수작업 실험으로는 턱도 없음을 깨달았다. 실험을 자동으로 실행할 로봇이 필요했다. 크로닌은 그 로봇에 방울 공장이라는 의미로 드롭팩토리DropFactory라는 이름을 붙여 주었다. 드롭팩토리는 연이어 수천 번의 실험을 진행하기 시작했다. 달려 나가는 방울을 만들기 위해 이 로봇은 네 가지 기름을 한데 섞고 그 방울을 페트리 접시에 떨어뜨렸다. 그러고서 접시를 비디오카메라 아래로 가지고 가서 촬영한 후에 접시를 씻고, 이어서 새로운 조합의 기름을 혼합했다. 어떤 조리법에서는 방울들이 꼼짝도 안 하고, 어떤 조리법에서는 더 빨리 움직였다. 드롭팩토리는 이 결과를 이용해서 방울 속 화학 구조의 모형을 만들고, 매번 새로운 실험을 할 때마다 이 모형을 업데이트한다. 로봇을 통한 진화의 막바지에 가서는 방울들이 애견 공원에서 목줄을 풀어 준 강아지처럼 달리고 있었다.

드롭팩토리는 방울이 다른 일을 하게 만드는 법도 배울 수 있다. 이 로봇은 방울이 마치 글래스고가 지진의 진원지이기라도 한 것처럼 흔들리게 만드는 조리법도 만들어 냈다. 또 다른 실험에서는 방울들이 두 개로 쪼개지면서 작은 후손들이 나타나 떼를 이루게 만드는 능력도 획득했다. 크로닌의 연구진은 로봇에게 호기심을 프로그램해 놓았다. 그래서 이상하고 새로운 행동이 나타나면 스스로 그것을 알아차리고 그 행동을 더욱 강화할 수 있다. 로봇은 방울이 상온에서는 꾸물거리다가 공기 온도가 몇 도만 따듯해져도 전력질주를 하게 만드는 조리법도 발견했다.

이 생명 비슷한 방울들, 잽싸게 달려 나갈 수 있는 이 활동적인 물질 방울은 생명이 아니다. 하지만 생명을 만들기 위한 시운전 역할을 할 수 있을 것이다. 크로닌은 이 방울에 당분, 황철석$_{pyrite}$, 규산염$_{silicate}$ 등 더 많은 화학물질을 도입해 볼 계획을 세우고 있다. 그의 연구실에서는 또 다른 로봇이 자체적으로 화학반응을 돌리며 이 화학물질들을 열심히 만들고 있다.

크로닌은 결국에 가서는 자신의 로봇이 만드는 이 방울들이 복잡하게 행동하는 능력, 그리고 복잡한 화학 과정을 통해 새로운 화합물을 만드는 능력을 갖추기를 희망하고 있다. 이 생물전단계 진화가 결국에는 정보를 저장하고, 방울 하나가 두 개로 쪼개질 때 그 정보를 함께 전달할 수 있는 화학 과정을 선호하는 방향으로 작용할 가능성이 있다. 크로닌은 방울들이 카우프만의 자가촉매 집합을 흉내 내서, 방울 하나가 스스로 처리하기에는 벅찬 복잡한 화학 과정을 여러 방울이 협동하며 수행할 수 있게 되기를 바라고 있다.

크로닌과 동료들이 방울 속에서 일어난 이 변화들을 조립 이론을 통해 이해하게 될지도 모른다. 이 방울들이 어떤 정보를 지침으로 삼지 않고는 만들어질 수 없는 화학물질을 조립하기 시작한다면 그때는 이 방울들이 살아 있다고 선언할 수 있을 것이다. 생명을 불어넣는 화학이 우리가 기존에 알고 있는 DNA나 RNA 기반의 생명체와는 상관없는 것이라고 해도 크로닌은 놀라지 않을 것이다. 그는 이렇게 말했다. "그것은 중력이 특정 종류의 암석에만 작용한다고 말하는 것이나 마찬가지죠."

로봇 하나가 단순한 화학물질로부터 생명을 만들어 낼 수 있다고 하면 고개를 저을 과학자들이 많다는 것을 크로닌도 안다. 행성 전체가 생명 창조를 완수하는 데는 당연히 아주 오랜 시간이 걸렸을 것이다. 하지만 크로닌은 그런 생각은 잘못이라 생각한다. 원시 분자들은 너무 취약해서 오래 버틸 수 없었다. 생명이 형성되려면 아주 신속하게 형성되어야 했다.

"그냥 대충 계산해 보면 1만 시간 정도라는 결론이 나옵니다. 저는 앞으로 몇 년 안에 생명의 기원 문제를 해결할 수 있으리라 확신합니다. 하지만 그때가 되면 모두 이렇게 말할 겁니다. '어라? 이거 생각보다 쉽네.'" 크로닌의 말이다.

크로닌의 확신이 너무 진지하면서도 너무 이상해서 나는 10년 후에 글래스고로 가서 다시 그의 연구실을 방문할 계획을 세우기 시작했다. 그것은 그의 살아 있는 방울 무리를 감탄하며 바라보기 위한 방문이 될 수도 있고, 라디오브가 다시 한 번 과학자를 갖고 놀았을 때 어떤 일이 일어나는지 지켜보기 위한 방문이 될 수도 있을 것이다.

크로닌은 단언했다. "둘 중 하나입니다. 제가 완전히 미쳤거나, 완전히 옳거나."

— 🌱 —

# 감사의 말

이 책의 씨앗은 벤 릴리Ben Lillie와 나누었던 대화다. 그는 맨해튼에 '캐비엇Caveat'이라는 회의장을 소유하고 있다. 나는 로스트 이스트 사이드에서 걷다가 그에게 생명에 관한 일련의 강연을 개최해 보라고 제안했다. 나는 모임을 꾸리는 일이 어렵지 않을 거라고 그를 설득했고, 그는 내가 시도해 볼 생각은 없느냐고 했다. 결국 이 일은 내가 생각했던 것보다 힘든 일이었지만 분명 그만한 가치가 있었다. 나는 생명에 관해 사라 워커Sara Walker, 카를로스 마리스칼Carlos Mariscal, 짐 클리브스Jim Cleaves, 케일럽 샤르프Caleb Scharf, 제레미 잉글랜드Jeremy England, 스티븐 베너Steven Benner, 도나토 지오바넬리Donato Giovannelli, 케이트 아다말라Kate Adamala, 이렇게 여덟 명의 사상가들과 대화를 나누었다. 벤과 나는 이 대화 내용을 사이언스 샌드박스Science Sandbox에서 후원하는 팟캐스트인 시몬스 재단에 올렸다. 하지만 이 경험은 내 호기심을 충족시키기는커녕 오히려 더 깊어지게 만들었다. 내가 생명에 관한 책의 아이디어를 동료 에드 용Ed Yong에게 말했더니 그는 그런 책이라면 꼭 읽어 보고 싶다고 말했다. 그래서 내가 이 마라톤의 출발점에 설 수 있게 인도해 준 모든 분들에게 감사의 마음을 표하고 싶다.

슬로언 재단Sloan Foundation은 친절하게도 불확실한 시기 동안에 이 책에 연구비를 후원해 주었다. 〈뉴욕타임스〉의 마이클 메이슨Michael Mason과 실리아 더거Celia Dugger는 이 책에 담긴 일부 챕터에 대해 예비 보고를 할 수 있게 해 주었다. 내가 각각의 챕터에 대해 연구할 수 있었던 것은 다른 분들의 관대함 덕분이다. '서문'에 관해서는 존 버틀러 버크에 대해 함께 논의해 준 루이스 캄포스에게 감사드린다. 앨리슨 무오트리, 클레버 트루히요, 프리실라 네그라에스와 그 동료들은 내게 오가노이드의 미스터리에 대해 알려주었다. 이안틴 룬쇼프, 글렌 코헨Glenn Cohen은 생명 시작의 윤리에 대해 생각할 수 있게 도와주었다. 뱀과 교감할 기회를 준 스티븐 세코와 데이비드 넬슨에게도 감사드리고, 나를 대신해서 점균류를 길러 준 시몬 가르니에와 그의 학생에게 감사드린다. 그리고 겨울에 박쥐를 볼 기회를 마련해 준 뉴욕 환경보호국의 칼 헤르조그, 케이틀린 리츠코, 로리 세베리노Lori Severino, 그리고 조지호 보호국의 알렉산더 노빅Alexander Novick에게도 감사드린다. 브라운대학교의 자기 연구실 방문을 허락해 주고 하늘을 나는 박쥐에 대해 대화를 나눠준 샤론 슈워츠에게도 감사드린다. 레이철 스파이서는 내게 나무에 대해 가르쳐 주었고, 이사벨 오트, 아비가일 마텔라Abigail Matela, 본 쿠퍼, 폴 터너는 실수를 통해 진화에 대해 배울 수 있는 기회를 제공했다.

생물학의 역사와 관련해서는 알브레히트 폰 할러에 대해 배울 수 있게 도와준 패트릭 앤서니Patrick Anthony와 센트죄르지 얼베르트에 대해 알려준 게리 넥Gary Wnek에게 감사한 마음이다. 그리고 여러 해에 걸쳐 대화를 나눈 데이비드 디머, 그리고 화학 정원 만드는 법을 보여 준 로리 바지에게 감사드린다. 코로나 팬데믹으로 집안에 꼼짝없이 갇혀 있어야 하는 동안에도 로봇 화학의 세계를 엿볼 수 있게 해준 리 크로닌에게 감사드린다.

케이트 아다말라, 루이스 캄포스, 롭 필립스는 친절하게도 모두 원고 전체를 읽고 검토해 주었다. 대담하게 오류를 점검해 준 로렌조 아르바니티스Lorenzo Arvanitis, 브릿 비스티스Britt Bistis, 나케이라흐 크리스티Nakeirah Christie, 켈리 팔리Kelly Farley, 로이 지아Lori Jia, 매트 크리스포테르센Matt Kristoffersen, 아닌 루오Anin Luo, 크리슈 메이폴Krish Maypole에게도 감사를 전한다.

무엇에 대해 얘기하려는지 묘사하기도 어려운 시기에 새로운 것에서 형태를 발견해 준 더튼의 내 편집자 스티븐 모로Stephen Morrow에게도 감사드린다. 그리고 내 에이전트 에릭 시모노프Eric Simonoff에게도 감사드린다. 어떤 것이 올바른 프로젝트인지 꿰뚫어 보는 그의 통찰력은 여느 때보다도 더 날카롭게 유지되고 있다.

마지막으로 내 가족들에게 크나큰 감사의 마음을 전한다. 침착하게 힘든 팬데믹 시기를 잘 헤쳐 나가고 있는 내 두 딸 샬럿과 베로니카, 그리고 특히나 내 아내 그레이스에게 감사를 보낸다. 대체 내가 무슨 복이 있어서 평생을 그녀와 보내게 됐을까 종종 궁금해진다. 그녀에 대한 나의 사랑을 도저히 말로 표현할 수가 없어서 감사의 말을 쓸 때마다 다시 고쳐 쓰게 된다.

감사의 말

—  🌱  —

# 주

## 서문: 경계지대

1   Cavendish Library 1910; Thomson 1906.

2   the *Guardian* 1905, p. 6.

3   "Mr. J. B. Butler Burke" 1946; Burke 1906; Burke 1931a; Burke 1931b; Campos 2006; Campos 2007; Campos 2015; "A Filipino Scientist" 1906.

4   Burke n.d.

5   Ibid.

6   Badash 1978, p. 146.

7   Burke 1903, p. 130.

8   Burke 1905b, p. 398.

9   Burke 1906, p. 51.

10   Satterly 1939.

11   Burke 1905a.

12   "The Origin of Life" 1905, p. 3.

13   Hale 1905.

14   "The Cambridge Radiobes" 1905, p. 11.

15   "City Chatter" 1905, p. 3.

16  Campbell 1906, p. 89.

17  "A Clue to the Beginning of Life on the Earth" 1905, p. 6813.

18  *The Origin of Life*: Burke 1906.

19  Ibid., p. 345.

20  Campos 2006, p. 84.

21  Douglas Rudge 1906, p. 380.

22  Campbell 1906, p. 98.

23  Satterly 1939.

24  Burke n.d.

25  Campos 2015, p. 96.

26  Ibid.

27  Cornish-Bowden and Cárdenas 2020.

# 1부 태동

### 영혼이 뼈에 깃드는 방법

1   Herbst and Johnstone 1937.

2   Marchetto et al. 2010; Cugola et al. 2016; Mesci et al. 2018; Setia and Muotri 2019; and Trujillo et al. 2019.

3   Stiles and Jernigan 2010.

4   Lancaster et al. 2013.

5   Haldane 1947, p. 58.

6   Berrios and Luque 1995; Berrios and Luque 1999; Dieguez 2018; Cipriani et al. 2019.

7   Debruyne et al. 2009, p. 197.

8   Debruyne et al. 2009.

9   Huber and Agorastos 2012.

10  Chatterjee and Mitra 2015.

11  Rosa-Salva, Mayer, and Vallortigara 2015.

12  Caramazza and Shelton 1998.

13  In one series of experiments: Fox and McDaniel 1982.

14  Moss, Tyler, and Jennings 1997.

15  Bains 2014; Di Giorgio et al. 2017.

16  Nairne, VanArsdall, and Cogdill 2017, p. 22.

17  Anderson 2018; Gonçalves and Carvalho 2019.

18  Vallortigara and Regolin 2006.

19  Connolly et al. 2016.

20  Neaves 2017.

21  Gottlieb 2004.

22  Noonan Jr. 1967, p. 104.

23  Blackstone 1765, p. 88.

24  Peabody 1882, p. 4.

25  Manninen 2012.

26  Berrien 2017.

27  Lederberg 1967, p. A13.

28  Rochlin et al. 2010; Aguilar et al. 2013.

29  Lee and George 2001.

30  Peters Jr. 2006.

31  Vastenhouw, Cao, and Lipshitz 2019; Navarro-Costa and Martinho 2020.

32  Devolder and Harris 2007; Rankin 2013.

33  Maienschein 2014.

34  Giakoumelou et al. 2016; El Hachem et al. 2017; Vázquez-Diez and
    FitzHarris 2018.

35  Jarvis 2016a; Jarvis 2016b.

36  Blackshaw and Rodger 2019.

37  Haas, Hathaway, and Ramsey 2019.

38  WFSA Staff 2019.

39  Ball 2019.

40  Koch 2019a.

41  Hostiuc et al. 2019.

42  Koch 2019b.

## 생명은 죽음에 저항한다

1   Dyson 1978.

2   "Oriental Memoirs" 1814, p. 577.

3   Forbes 1813, p. 333.

4   Wakefield 1816; Gulliver 1873.

5   Darwin 1871, p. 48.

6   Van Lawick-Goodall 1968; Van Lawick-Goodall 1971.

7   Gonçalves and Biro 2018; Gonçalves and Carvalho 2019.

8   Samartzidou et al. 2003; Hussain et al. 2013; Crippen, Benbow, and Pechal 2015.

9   Gonçalves and Carvalho 2019.

10  Hovers and Belfer-Cohen 2013; Pettitt 2018.

11  Bond 1980; Simpson 2018.

12  Ackerknecht 1968, p. 19.

13  Bichat 1815; Haigh 1984; Sutton 1984.

14  Bichat 1815, p. 21.

15  Van Leeuwenhoek and Needham from Keilin 1959 and Clegg 2001.

16  Baker 1764, p. 254.

17  Yashina et al. 2012.

18  Cannone et al. 2017, p. 1.

19  Oberhaus 2019.

20  Bondeson 2001.

21  Ibid., p. 109.

22  Slutsky 2015.

23  Vitturi and Sanvito 2019.

24  Goulon, Babinet, and Simon 1983, p. 765.

25 Mollaret and Goulon 1959.

26 Wijdicks 2003.

27 Ibid., p. 971.

28 Ibid., p. 972.

29 Machado 2005.

30 Beecher 1968.

31 Bernat 2019.

32 Reinhold 1968.

33 Sweet 1978, p. 410.

34 President's Commission for the Study of Ethical Problems in Medicine and Biomedical and Behavioral Research 1981.

35 Aviv 2018.

36 Szabo 2014.

37 Shewmon 2018, p. S76.

38 Truog 2018, p. S73.

39 Nair-Collins, Northrup, and Olcese 2016.

40 Nair-Collins 2018.

41 Bernat, Culver, and Gert 1981.

42 Bernat and Ave 2019, p. 636.

43 Huang and Bernat 2019, p. 722.

44 Dolan 2018.

45 Ruggiero 2018.

## 2부 생명의 전형적 특징

### 만찬

1 뱀의 대사에 관한 내용은 다음의 자료를 참고하라. Diamond 1994; Secor, Stein, and Diamond 1994; Secor and Diamond 1995; Secor and Diamond 1998; Andrew et al. 2015; Larsen 2016; Andrew et al. 2017; Engber 2017; Perry et

al. 2019.

2   Boback et al. 2015; Penning, Dartez, and Moon 2015.

## 결정하는 물질

1   점균류와 지능에 관한 내용은 다음의 자료를 참고하라. Brewer et al. 1964; Ohl
and Stockem 1995; Dussutour et al. 2010; Reid et al. 2012; Reid et al. 2015;
Adamatzky 2016; Reid et al. 2016; Oettmeier, Brix, and Döbereiner 2017;
Boussard et al. 2019; Gao et al. 2019; Ray et al. 2019.

## 생명의 조건을 일정하게 보존하기

1   박쥐와 항상성에 관한 내용은 다음의 자료를 참고하라. Webb and Nicoll 1954;
Adolph 1961; McNab 1969; Cryan et al. 2010; Pfeiffer and Mayer 2013;
Hedenström and Johansson 2015; Johnson et al. 2016; Boyles et al. 2017;
Voigt et al. 2017; Willis 2017; Bandouchova et al. 2018; Gignoux-Wolfsohn et
al. 2018; Moore et al. 2018; Boerma et al. 2019; Boyles et al. 2019; Haase et
al. 2019; Rummel, Swartz, and Marsh 2019; Auteri and Knowles 2020; Lilley
et al. 2020.

## 복사하기/붙여넣기

1   단풍나무에 관한 내용은 다음의 자료를 참고하라. Taylor 1920; Peattie 1950; De
Jong 1976; Green 1980; Stephenson 1981; Sullivan 1983; Hughes and Fahey
1988; Burns and Honkala 1990; Houle and Payette 1991; Peck and Lersten
1991a; Peck and Lersten 1991b; Graber and Leak 1992; Greene and Johnson
1992; Greene and Johnson 1993; Abrams 1998.

2. Clark and Haskin 2010.

## 다윈의 폐

1. Moradali, Ghods, and Rehm 2017.

2. Zimmer 2011, p. 42.

3. Poltak and Cooper 2011; Flynn et al. 2016; Gloag et al. 2018; Gloag et al. 2019.

4. Cooper et al. 2019.

5. Ferguson, Bertels, and Rainey 2013.

6. Villavicencio 1998, p. 213.


# 3부 일련의 어두운 질문들

## 놀라운 증식

1 트렘블리에 관한 내용은 다음의 자료를 참고하라. Baker 1949; Vartanian 1950; Baker 1952; Beck 1960; Lenhoff and Lenhoff 1986; Dawson 1987; Lenhoff and Lenhoff 1988; Dawson 1991; Ratcliff 2004; Baker 2008; Stott 2012; Gibson 2015; Steigerwald 2019.

2 Lenhoff and Lenhoff 1988, p. 111.

3 Dawson 1987; Slowik 2017.

4 Hoffman 1971, p. 6.

5 Roe 1981, p. 107.

6 Zammito 2018, p. 24; Beck 1960.

7 Zammito 2018, p. 25.

8 Lenhoff and Lenhoff 1986, p. 6.

9 Ibid.

10 Ratcliff 2004, p. 566.

11 Baker 1949.

12 Baker 1743.

13 Dawson 1987, p. 185.


## 자극감수성

1 할러에 관한 내용은 다음의 자료를 참고하라. Reed 1915; Haller and Temkin 1936; Maehle 1999; Lynn 2001; Steinke 2005; Frixione 2006; Hintzsche 2008; Rößler 2013; Cunningham 2016; McInnis 2016; Gambarotto 2018; Zammito

2018; Steigerwald 2019.

2 Cunningham 2016, p. 95.

3 Cunningham 2016, p. 93.

4 Steinke 2005, p. 53.

5 Haller and Temkin 1936, p. 2.

6 Ibid., p. 53.

7 Steinke 2005, p. 136.

8 Zammito 2018, p. 75.

9 Steigerwald 2019, p. 66.

10 Rößler 2013, p. 468.

11 Maehle 1999, p. 159.

12 Ibid., p. 183.

13 Hintzsche and Wolf 1962.

14 Reed 1915, p. 56.


## 학파

1 Haller and Temkin, p. 2.

2 Roger 1997.

3 Baker 1952, p. 182.

4 "Zammito 2018, p. 89.

5 Steigerwald 2019, p. 86.

6 King-Hele 1998, p. 175.

7 Cleland 2019a.

8 Hunter 2000, p. 56.

9 Ibid.

10 Ramberg 2000, p. 176.


## 이 진흙은 사실 살아 있다

1 챌린저호 탐사에 대한 내용은 다음의 자료를 참고하라. Campbell 1877;

Macdougall 2019.

2  Campbell 1877, p. 39.

3  "Moseley 1892, p. 585.

4  Geison 1969; McGraw 1974; Rehbock 1975; Rupke 1976; Rice 1983; Welch 1995; Desmond 1999.

5  Huxley 1868, p. 205; McGraw 1974.

6  Huxley 1891, p. 596.

7  Ibid.

8  Geison 1969.

9  Liu 2017.

10  Ibid., p. 912.

11  Carpenter 1864, p. 299; Burkhardt et al. 1999.

12  O'Brien 1970; Adelman 2007.

13  King and Rowney 1869, p. 118.

14  Huxley 1868, p. 210.

15  Rehbock 1975, p. 518.

16  *Athenaeum* 1868.

17  Geison 1969; Huxley 1869.

18  Hunter 2000, p. 69.

19  Thomson 1869, p. 121.

20  Rupke 1976, p. 56.

21  Beale 1870, p. 23.

22  Packard 1876.

23  Rehbock 1975, p. 522.

24  Buchanan 1876, p. 605.

25  Murray 1876, p. 531.

26  Rehbock 1975, p. 529.

27  Huxley 1875, p. 316.

28  Rehbock 1975, p. 531.

29  McGraw 1974, p. 169.

30  Rupke 1976, p. 533.

31  "Obituary Notices of Fellows Deceased" 1895.


## 물의 놀이

1   Liu et al. 2018.

2   Barnett and Lichtenthaler 2001.

3   Kohler 1972, p. 336.

4   Buchner 1907.

5   Wilson 1923, p. 6.

6   Nicholson and Gawne 2015.

7   Bud 2013.

8   Bergson 1911, p. 96.

9   McGrath 2013.

10  Clément 2015.

11  Needham 1925, p. 38.

12  Szent-Györgyi 1963; Bradford 1987; Moss 1988; Robinson 1988; Mommaerts 1992; Rall 2018; "The Albert Szent-Györgyi Papers" n.d.

13  Engelhardt and Ljubimowa 1939; Schlenk 1987; Maruyama 1991.

14  Szent-Györgyi 1948.

15  Czapek 1911, p. 63.

16  Robinson 1988, p. 217.

17  Szent-Györgyi 1948, p. 9.

18  Moss 1988.

19  Ibid., p. 243.

20  Szent-Györgyi 1977.

21  Robinson 1988, p. 230.

22  Szent-Györgyi 1972, p. xxiv.

## 스크립트

1 델브뤽에 관한 내용은 다음의 자료를 참고하라. Delbrück 1970; Harding 1978; Kay 1985; Symonds 1988; McKaughan 2005; Sloan and Fogel 2011; Strauss 2017.

2 Harding 1978.

3 Sloan and Fogel 2011, p. 61.

4 Wilson 1923, p. 14.

5 Muller 1929, p. 879.

6 Harding 1978.

7 Kilmister 1987; Phillips 2020.

8 Yoxen 1979, p. 33.

9 Schrödinger 2012.

10 Crick 1988; Olby 2008; Aicardi 2016.

11 Crick 1988, p. 11.

12 Ibid., p. 13.

13 Ibid., p. 11.

14 Lewis 1947, p. 49.

15 Tamura 2016, p. 36.

16 "Clue to Chemistry of Heredity Found" 1953, p. 17.

17 Cobb 2015, p. 113.

18 Chadarevian 2003.

19 Olby 2009, p. 301.

20 Crick 1966; Hein 1972; Bud 2013; Aicardi 2016.

21 Waddington 1967, p. 202.

22 Eccles 1967.

23 Kirschner, Gerhart, and Mitchison 2000, p. 79.

24 Crick 1982.

25 Zimmer 2007.

26 Joyce 1994, p. xi.

# 4부 경계지대로 돌아오다

**생물과 무생물의 경계, 하프라이프**

1  Campos 2015, p. 77.

2  Rutz et al. 2020.

3  코로나19에 관한 내용은 다음의 자료를 참고하라. Mortensen 2020 and Zimmer 2021.

4  Bos 1999; López-García and Moreira 2012.

5  Pirie 1937.

6  Pierpont 1999.

7  Mullen 2013.

8  Forterre 2016, p. 104.

9  López-García and Moreira 2012, p. 394.

10  Breitbart et al. 2018.

11  Pratama and Van Elsas 2018.

12  Dion, Oechslin, and Moineau 2020.

13  Moniruzzaman et al. 2020.

14  Föller, Huber, and Lang 2008, p. 661.

15  Hubbs and Hubbs 1932, p. 629.

16  Lampert and Schartle 2008; Laskowski et al. 2019.

**청사진에 필요한 데이터**

1  디머의 연구에 관한 내용은 다음의 자료를 참고하라. Deamer 2011; Deamer 2012b; Deamer 2016; Damer 2019; Deamer, Damer, and Kompanichenko 2019; Kompanichenko 2019.

2  Peretó, Bada, and Lazcano 2009, p. 396.

3  Strick 2009.

4  Bölsche and McCabe 1906, p. 143.

5  Fry 2000; Mesler and Cleaves II 2015.

6  Broda 1980; Lazcano 2016.

7 Oparin 1938, p. 246.

8 Oparin 1924, p. 9.

9 Miller, Schopf, and Lazcano 1997.

10 Tirard 2017; Subramanian 2020.

11 Haldane 1929, p. 7.

12 Lazcano and Bada 2003.

13 Miller 1974, p. 232.

14 Haldane 1965.

15 Porcar and Pereto 2018.

16 RNA 생명 이론의 다른 사례로는 다음의 자료가 있다. Orgel 1968.

17 Deamer and Bangham 1976.

18 Hargreaves, Mulvihill, and Deamer 1977.

19 Deamer 2012c; Deamer 2017b.

20 Deamer 1985.

21 Deamer, Akeson, and Branton 2016, p. 518.

22 Kasianowicz et al. 1996.

23 Akeson et al. 1999.

24 Zimmer 1995.

25 Gilbert 1986, p. 618.

26 Deamer and Barchfeld 1982; Chakrabarti et al. 1994.

27 Brazil 2017; Deamer 2017a.

28 Baross and Hoffman 1985.

29 Kompanichenko, Poturay, and Shlufman 2015.

30 Deamer 2011.

31 Milshteyn et al. 2018.

32 Deamer 2019.

33 Rajamani et al. 2008, p. 73.

34 Deamer 2012a.

35 Paleos 2015.

36 Quick et al. 2016.

37 Srivathsan et al. 2019.

38 Adamala et al. 2017; Adamala 2019; Gaut et al. 2019.

39 Damer and Deamer 2015; Damer et al. 2016; Damer and Deamer 2020.

40 Van Kranendonk, Deamer, and Djokic 2017; Javaux 2019.

41 Boyce, Coleman, and Russell 1983; Macleod et al. 1994; Russell 2019.

42 Duval et al. 2019.

43 Ibid., p. 10

44 Branscomb and Russell 2018a; Branscomb and Russell 2018b.

45 Setten, Rossi, and Han 2019.

46 Lasser et al. 2018.

## 덤불이다 할 만한 것이 없다

1 우주생물학에 대한 개요는 다음의 자료를 참고하라. Dick and Strick 2004 and Kolb 2019.

2 Horowitz 1966, p. 789.

3 Sagan and Lederberg 1976.

4 "Viking I Lands on Mars" 1976.

5 Dick and Strick 2004.

6 Swartz 1996.

7 Cavalazzi and Westall 2019.

8 McKay et al. 1996.

9 Clinton 1996.

10 Choi 2016.

11 Dick and Strick 2004.

12 Kopparapu, Wolf, and Meadows 2019; Shahar et al. 2019.

13 Ćirković 2018.

14 Hendrix et al. 2019.

15 Postberg et al. 2018.

16 Choblet et al. 2017; Kahana, Schmitt-Kopplin, and Lancet 2019.

17 Benner 2017; Carr et al. 2020.

18 Barge and White 2017.

19 Barge et al. 2019.

20 Clément 2015.

21 Taubner et al. 2018.

22 Kahana, Schmitt-Kopplin, and Lancet 2019.

## 네 개의 파란 방울

1 조립 이론과 활동적인 물질에 대한 크로닌과 그 동료들의 연구는 다음의 자료를 참고하라. Barge et al. 2015; Cronin, Mehr, and Granda 2018; Doran et al. 2017; Doran, Abul-Haija, and Cronin 2019; Grizou et al. 2019; Grizou et al. 2020; Gromski, Granda, and Cronin 2019; Marshall et al. 2019; Marshall et al. 2020; Miras et al. 2019; Parrilla-Gutierrez et al. 2017; Points et al. 2018; Surman et al. 2019; Walker et al. 2018.

2 Heider and Simmel 1944; Scholl and Tremoulet 2000.

3 Luisi 1998.

4 Cleland 2019b.

5 여기 나열된 정의들은 아래서 따로 언급하지 않은 경우를 제외하고는 다음의 자료에서 가져왔다. Kolb 2019.

6 Vitas and Dobovišek 2019.

7 Cornish-Bowden and Cárdenas 2020.

8 Mariscal and Doolittle 2018.

9 Westall and Brack 2018, p. 49.

10 Popa 2004.

11 Bich and Green 2018, p. 3933.

12 Smith 2018, p. 84.

13 Trifonov 2011.

14 Meierhenrich 2012, p. 641.

15 Abbott 2019.

16 Cleland 1984.

17. Cleland 1993.

18 Cleland 1997, p. 20.

19 Cleland 2019a.

20 Cleland 2019b, p. 722.

21 Cleland 2019a, p. 50.

22 자가촉매 집합과 조립 이론에 더해서 몇 가지 다른 프로젝트도 진행 중이다. 그 예로는 다음과 같은 자료가 있다. England 2020 and Palacios et al. 2020.

23 Cornish-Bowden and Cárdenas 2020.

24 Walker 2018.

25 Letelier, Cárdenas, and Cornish-Bowden 2011.

26 Hordijk 2019; Kauffman 2019; Levy 1992.

27 Johns 1979.

28 Mariscal et al. 2019.

29 Ashkenasy et al. 2004.

30 Hordijk, Shichor, and Ashkenasy 2018; Xavier el al. 2020.

31 Hordijk, Steel, and Kauffman 2019.

32 Rogalla et al. 2011.

33 Schmalian 2010.

34 Marshall et al. 2020.

35 Walker and Davies 2012; Walker, Kim, and Davies 2016; Walker 2017; Davies 2019; Hesp et al. 2019; Palacios et al. 2020.

## 참고문헌

Abbott, J. 2019. Definitions of Life and the Transition from Non-Living to Living."
Departmental presentation, Lund University.

Abrams, Marc D. 1998. "The Red Maple Paradox." *BioScience* 48:355–64.

Ackerknecht, Erwin H. 1968. "Death in the History of Medicine." *Bulletin of the History of Medicine* 42:19–23.

Adamala, Katarzyna P., Daniel A. Martin-Alarcon, Katriona Guthrie-Honea, and Edward S. Boyden. 2017. "Engineering Genetic Circuit Interactions Within and Between Synthetic Minimal Cells." *Nature* 9:431–39.

Adamala, Kate. 2019. "Biology on Sample Size of More Than One." *The 2019 Conference on Artificial Life.* doi:10.1162/isal_a_00124.

Adamatzky, Andrew. 2016. *Advances in Physarum Machines: Sensing and Computing with Slime Mould.* Cham, Switzerland: Springer International Publishing.

Adelman, Juliana. 2007. "Eozoön: Debunking the Dawn Animal." *Endeavour* 31:94–8.

Adolph, Edward F. 1961. Concepts of Physiological Regulations." *Physiological Reviews* 41:737–70.

Aguilar, Pablo S., Baylies, Andre Fleissner, Laura Helming, Naokazu Inoue, Benjamin Podbilewicz, Hongmei Wang et al. 2013. "Genetic Basis of Cell-Cell Fusion Mechanisms." *Trends in Genetics* 29:427–37.

Aicardi, Francis Crick, Cross-Worlds Influencer: A Narrative Model Bioscience." *Studies in History and Philosophy of Science Part C* 55:83–95.

Akeson, Mark, Daniel Branton, John J. Kasianowicz, Eric Brandin, and David W. 1999. "Microsecond Time-Scale Discrimination Among Polycytidylic Acid, Polyadenylic Acid, and Polyuridylic Acid as Homopolymers or as Segments Within Single RNA Molecules." *Biophysical Journal* 77: 3227–33.

"The Albert Szent-Györgyi Papers." National Library of Medicine. https://profiles. nlm.nih.gov/spotlight/wg/ (accessed September 2, 2019).

Anderson, James R. 2018. "Chimpanzees and Death." *Philosophical Transactions of the Royal Society B* 373. doi:10.1098/rstb.2017.0257.

Andrew, Audra L., Blair W. Perry, Daren C. Card, Drew R. Schield, Robert P. Ruggiero, Suzanne E. McGaugh, Amit Choudhary et al. 2017. "Growth and Stress Response Mechanisms Underlying Post-Feeding Regenerative Organ Growth in the Burmese Python." *BMC Genomics* 18. doi:10.1186/s12864-017-3743-1.

Andrew, Audra L., Daren C. Card, Robert P. Ruggiero, Drew R. Schield, Richard H. Adams, David D. Pollock, Stephen M. Secor et al. 2015. "Rapid Changes in Gene Expression Direct Rapid Shifts in Intestinal Form and Function in the Burmese Python After Feeding." *Physiological Genomics* 47:147–57.

Ashkenasy, Gonen, Reshma Jagasia, Maneesh Yadav, and M. R. Ghadiri. 2004. "Design of a Directed Molecular Network." *Proceedings of the National Academy of Sciences* 101:10872–7.

Athenaeum, September 12, 1869, p. 339.

Auteri, Giorgia G., and L. L. Knowles. 2020. "Decimated Little Brown Bats Show Potential for Adaptive Change." *Scientific Reports* 10. doi:10.1038/s41598-020-59797-4.

Aviv, Rachel. 2018. "What Does It Mean to Die?" *New Yorker*, February 5. https://www.newyorker.com/magazine/2018/02/05/what-does-it-mean-to-die (accessed June 8, 2020).

Badash, Lawrence. 1978. "Radium, Radioactivity, and the Popularity of Scientific Discovery." *Proceedings of the American Philosophical Society* 122:145–54.

Bains, William. 2014. "What Do We Think Life Is? A Simple Illustration and Its Consequences." *International Journal of Astrobiology* 13:101–11.

Baker, Henry. 1743. *An Attempt Towards a National History of the Polype: In a Letter to Martin Folkes.* London: R. Dodsley.

Baker, Henry. 1764. *Employment for the Microscope: In Two Parts.* London: R. & J. Dodsley.

Baker, John R. 1949. "The Cell-Theory: A Restatement, History, and Critique." *Quarterly Journal of Microscopical* 90:87–108.

Baker, John R. 1952. *Abraham Trembley of Geneva: Scientist and Philosopher, 1710–1784.* London: Edward Arnold.

Baker, John R. 2008. Trembley, Abraham." *In Complete Dictionary of Scientific Biography.* Edited by Charles C. Gillispie. New York: Scribner.

Ball, Philip. 2019. *How to Grow a Human: Adventures in How We Are Made and Who We Are.* Chicago: University of Chicago Press.

Bandouchova, Hana Tomáš Bartonička, Hana Berkova, Jiri Brichta, Tomasz Kokurewicz, Veronika Kovacova, Petr Linhart et al. 2018. "Alterations in the Health Hibernating Bats Under Pathogen Pressure." *Scientific Reports* 8. doi:10.1038/s41598-018-24461-5.

Barge, Laura M., and Lauren M. White. 2017. "Experimentally Testing Hydrothermal Vent Origin of Life on Enceladus and Other Icy/Ocean Worlds." *Astrobiology* 17:820–33.

Barge, Laura M., Erika Flores, Marc M. Baum, David G. VanderVelde, and Michael J. Russell. 2019. "Redox and pH Gradients Drive Amino Acid Synthesis in Iron Oxyhydroxide Mineral Systems." *Proceedings of the*

*National Academy of Sciences* 116:4828–33.

Barge, Laura M., Silvana S. S. Cardoso, Julyan H. E. Cartwright, Geoffrey J. T. Cooper, Leroy Cronin, Anne De Wit, Ivria J. Doloboff et al. 2015. "From Chemical Gardens to Chemobrionics." *Chemical Reviews* 115:8652–703.

Barnett, James A., and Frieder W. Lichtenthaler. 2001. "A History of Research on Yeasts 3: Emil Fischer, Eduard Buchner and Their Contemporaries, 1880–1900." *Yeast* 18:363–88.

Baross, John A., and Sarah E. Hoffman. 1985. "Submarine Hydrothermal Vents and Associated Gradient Environments as Sites for the Origin and Evolution of Life." *Origins of Life and Evolution of the Biosphere* 15:327–45.

Beale, Lionel S. 1870. *Protoplasm: Or, Life, Force, and Matter.* London: J. Churchill.

Beck, Curt W. 1960. "Georg Ernst Stahl, 1660–1734." *Journal of Chemical Education* 37. doi:10.1021/ed037p506.

Beecher, Henry K. 1968. "A Definition of Irreversible Coma: Report of the Ad Hoc Committee of the Harvard Medical School to Examine the Definition of Brain Death." *Journal of the American Medical Association* 205:337–40.

Benner, Steven A. 2017. "Detecting Darwinism from Molecules in the Enceladus Plumes, Jupiter's Moons, and Other Planetary Water Lagoons." *Astrobiology* 17:840–51.

Bergson, Henri. 1911. *Creative Evolution.* New York: Henry Holt.

Bernal, John D. 1949. "The Physical Basis of Life." *Proceedings of the Physical Society Section B* 62:597–618.

Bernat, James L. 2019. "Refinements in the Whole Rationale for Brain Death." *Linacre Quarterly* 86:347–58.

Bernat, James L., and Anne L. D. Ave. 2019. "Aligning the Criterion and Tests for Brain Death." *Cambridge Quarterly of Healthcare Ethics* 28:635–41.

Bernat, James L., Charles M. Culver, and Bernard Gert. 1981. "On the Definition and Criterion of Death." *Annals of Internal Medicine* 94:389–94.

Bernier, Chad R., Anton S. Petrov, Nicholas A. Kovacs, Petar I. Penev, and Loren D. Williams. 2018. "Translation: The Universal Structural Core of Life." *Molecular Biology and Evolution* 35:2065–76.

Berrien, Hank. 2017. "Shapiro Rips Wendy Davis for Claiming Life Beginning at Conception Is Absurd.'" *The Daily Wire*, April 30. https://www.dailywire. com/news/shapiro-rips-wendy-davis-claiming-life-beginning-hank-berrien (accessed June 8, 2020).

Berrios, Germán E., and Rogelio Luque. 1995. "Cotard's Delusion or Syndrome?: A Conceptual History." *Comprehensive Psychiatry* 36:218–23.

Berrios, Germán E., and Rogelio Luque. 1999. "Cotard's 'On Hypochondriacal Delusions in a Severe Form of Anxious Melancholia.'" *History of Psychiatry* 10:269–78.

Bich, Leonardo, and Sara Green. 2018. "Is Defining Life Pointless? Operational Definitions at the Frontiers of Biology." *Synthese* 195:3919–46.

Bichat, Xavier. 1815. *Physiological Researches on Life and Death*. London: Longman.

Blackshaw, Bruce P., and Daniel Rodger. 2019. "The Problem of Spontaneous Abortion: Is the Pro-Life Position Morally Monstrous?" *New Bioethics* 25:103–20.

Blackstone, William. 2016. *The Oxford Edition of Blackstone's: Commentaries on the Laws of England*. Oxford: Oxford University Press.

Boback, Scott M., Katelyn J. McCann, Kevin A. Wood, Patrick M. McNeal, Emmett L. Blankenship, and Charles F. Zwemer. 2015. "Snake Constriction Rapidly Induces Circulatory Arrest in Rats." *Journal of Experimental Biology* 218:2279–88.

Boerma, David B., Kenneth S. Breuer, Tim L. Treskatis, and Sharon M. Swartz. 2019. "Wings as Inertial Appendages: How Bats Recover from Aerial Stumbles." *Journal of Experimental Biology* 222. doi:10.1242/jeb.204255.

Bölsche, Wilhelm, and Joseph McCabe. 1906. *Haeckel, His Life and Work*.

London: T. F. Unwin.

Bond, George D. 1980. "Theravada Buddhism's Meditations on Death and the Symbolism of Initiatory Death." *History of Religions* 19:237–58.

Bondeson, Jan. 2001. *Buried Alive: The Terrifying History of Our Most Primal Fear.* New York: Norton.

Bos, Lute. 1999. "Beijerinck's Work on Tobacco Mosaic Virus: Historical Context and Legacy." *Philosophical Transactions of the Royal Society* B 354:675–85.

Boussard, Aurèle, Julie Delescluse, Alfonso Pérez-Escudero, and Audrey Dussutour. 2019. "Memory Inception and Preservation in Slime Moulds: The Quest for a Common Mechanism." *Philosophical Transactions of the Royal Society B* 374. doi:10.1098/rstb.2018.0368.

Boyce, Adrian J., M. L. Coleman, and Michael Russell. 1983. "Formation of Fossil Hydrothermal Chimneys and Mounds Silvermines, Ireland." *Nature* 306:545–50.

Boyles, Justin G., Esmarie Boyles, R. K. Dunlap, Scott A. Johnson, and Virgil Brack Jr. 2017. "Long-Term Microclimate Measurements Add Further Evidence That There Is No 'Optimal' Temperature for Bat Hibernation." *Mammalian Biology* 86:9–16.

Boyles, Justin G., Joseph S. Johnson, Anna Blomberg, and Thomas M. Lilley. 2019. "Optimal Hibernation Theory." *Mammal Review* 50:91–100.

Bradford, H. F. 1987. "A Scientific Odyssey: An Appreciation of Albert Szent-Györgyi." *Trends in Biochemical Sciences* 12:344–47.

Branscomb, Elbert, and Michael J. Russell. 2018a. "Frankenstein or a Submarine Alkaline Vent: Who Is Responsible for Abiogenesis?: Part 1: What Is Life—That It Might Create Itself?" *BioEssays* 40. doi:10.1002/bies.201700179.

Branscomb, Elbert, and Michael J. Russell. 2018b. "Frankenstein or a Submarine Alkaline Vent: Who Is Responsible for Abiogenesis?: Part 2: As Life Is Now, So It Must Have Been in the Beginning." *BioEssays* 40. doi:10.1002/bies.201700182.

Brazil, Rachel. 2017. "Hydrothermal Vents and the Origins of Life." *Chemistry World*, April 16. https://www.chemistryworld.com/features/hydrothermal-vents-and-the-origins-of-life/3007088.article (accessed June 8, 2020).

Breitbart, Mya, Chelsea Bonnain, Kema Malki, and Natalie A. Sawaya. 2018. "Phage Puppet Masters of the Marine Microbial Realm." *Nature Microbiology* 3:754–66.

Brewer, E. N., Susumu Kuraishi, Joseph C. Garver, and Frank M. Strong. 1964. "Mass Culture of a Slime Mold, Physarum polycephalum." *Journal of Applied Microbiology* 12:161–64.

Broda, Engelbert. 1980. "Alexander Ivanovich Oparin (1894–1980)." *Trends in Biochemical Sciences* 5:IV–V.

Buchanan, John Y. 1876. "Preliminary Report to Professor Wyville Thomson, F.R.S., Director of the Civilian Scientific Staff, on Work (Chemical and Geological) Done on Board H.M.S. Challenger.'" *Proceedings of the Royal Society* 24:593–623.

Buchner, Eduard. 1907. "Nobel Lecture: Cell-Free Fermentation" *The Nobel Prize*, December 11. https://www.nobelprize.org/prizes/chemistry/1907/buchner/lecture/ (accessed June 8, 2020).

Bud, Robert. 2013. "Life, DNA and the Model." *British Journal for the History of Science* 46:311–34.

Burke, John B. (n.d.). MS Archives of the Royal Literary Fund. *Nineteenth Century Collections Online.*

Burke, John B. 1903. "The Radio-Activity of Matter." *Monthly Review* 13:115–31.

Burke, John B. 1905a. "On the Spontaneous Action of Radio-Active Bodies on Gelatin Media." *Nature* 72:78–79.

Burke, John B. 1905b. "The Origin of Life." *Fortnightly Review* 78:389–402.

Burke, John B. 1906. *The Origin of Life: Its Physical Basis and Definition.* London: Chapman & Hall.

Burke, John B. 1931a. *The Emergence of Life.* London: Oxford University Press.

Burke, John B. 1931b. *The Mystery of Life*. London: Elkin Mathews & Marrot.

Burkhardt, Frederick, Duncan M. Porter, Sheila A. Dean, Jonathan R. Topham, and Sarah Wilmot. 1999. *The Correspondence of Charles Darwin: Volume 11, 1863*. Cambridge, UK: Cambridge University Press.

Burns, Russell M., and Barbara H. Honkala. 1990. "Silvics of North America." In *Agriculture Handbook 654*. Washington, D.C.: U.S. Department of Agriculture.

"The Cambridge Radiobes." *New York Tribune*, July 2, 1905, p. 11.

Campbell, George G. 1877. *Log-Letters from "The Challenger."* London: Macmillan.

Campbell, Norman R. 1906. "Sensationalism and Science." *National Review* 48: 89-99.

Campos, Luis. 2006. "Radium and the Secret of Life." PhD dissertation, Harvard University.

Campos, Luis. 2007. "The Birth of Living Radium." *Representations* 97:1–27.

Campos, Luis. 2015. *Radium and the Secret of Life*. Chicago: University of Chicago Press.

Cannone, Nicoletta, T. Corinti, Francesco Malfasi, P. Gerola, Alberto Vianelli, Isabella Vanetti, S. Zaccara et al. 2017. "Moss Survival Through in situ Cryptobiosis After Six Centuries of Glacier Burial." *Scientific Reports* 7. doi:10.1038/s41598-017-04848-6.

Caramazza, Alfonso, and Jennifer R. Shelton. 1998. "Domain-Specific Knowledge Systems in the Brain: The Animate-Inanimate Distinction." *Journal of Cognitive Neuroscience* 10:1–34.

Carpenter, William B. 1864. "On the Structure and Affinities of Eozoon canadense." *Proceedings of the Royal Society* 13:545–49.

Carr, Christopher E., Noelle C. Bryan, Kendall N. Saboda, Srinivasa A. Bhattaru, Gary Ruvkun, and Maria T. Zuber. 2020. "Nanopore Sequencing at Mars, Europa and Microgravity Conditions." doi:10.1101/2020.01.09.899716.

Cavalazzi, Barbara, and Frances Westall. 2019. *Biosignatures for Astrobiology*.

Cham, Switzerland: Springer International Publishing.

Cavendish Library. 1910. *A History of the Cavendish Laboratory* 1871–1910. London: Longmans, Green & Co.

Chadarevian, Soraya de. 2003. "Portrait of a Discovery: Watson, Crick, and the Double Helix." *Isis* 94:90–105.

Chakrabarti, Ajoy C., Ronald R. Breaker, Gerald F. Joyce, and David W. Deamer. 1994. "Production of RNA by a Polymerase Protein Encapsulated Within Phospholipid Vesicles." *Journal of Molecular Evolution* 39:555–59.

Chatterjee, Seshadri S., and Sayantanava Mitra. 2015. "'I Do Not Exist'—Cotard Syndrome in Insular Cortex Atrophy." *Biological Psychiatry* 77:e52–53.

Choblet, Gaël, Gabriel Tobie, Christophe Sotin, Marie Behounková, Ondřej Č adek, Frank Postberg, and Ondřej Souček. 2017. "Powering Prolonged Hydrothermal Activity Inside Enceladus." *Nature Astronomy* 1:841-47.

Choi, Charles Q. 2016. "Mars Life? 20 Years Later, Debate over Meteorite Continues." Space.com, August 10. https://www.space.com/33690-allen-hills-mars-meteorite-alien-life-20-years.html (accessed July 25, 2020).

Cipriani, Gabriele, Angelo Nuti, Sabrina Danti, Lucia Picchi, and Mario Di Fiorino. 2019. "'I Am Dead': Cotard Syndrome and Dementia." *International Journal of Psychiatry in Clinical Practice* 23: 149–56.

Ćirković, Milan M. 2018. *The Great Silence: Science and Philosophy of Fermi's Paradox*. New York: Oxford University Press.

"City Chatter." *Sunday Times*, June 25, 1905, p. 3.

Clark, Jim, and Edward F. Haskins. 2010. "Reproductive Systems in the Myxomycetes: A Review." *Mycosphere* 1:337–53.

Clegg, James S. 2001. "Cryptobiosis—A Peculiar State of Biological Organization." *Comparative Biochemistry and Physiology Part B* 128:613–24.

Cleland, Carol E. 1984. "Space: An Abstract System of Non-Supervenient Relations." *Philosophical Studies: An International Journal for Philosophy in the Analytic Tradition* 46:19–40.

Cleland, Carol E. 1993. "Is the Church-Turing Thesis True?" *Minds and Machines* 3:283–312.

Cleland, Carol E. 1997. "Standards of Evidence: How High for Ancient Life on Mars?" *Planetary Report* 17:20–21.

Cleland, Carol E. 2019a. *The Quest for a Universal Theory of Life: Searching for Life as We Don't Know It*. New York: Cambridge University Press.

Cleland, Carol E. 2019b. "Moving Beyond Definitions in the Search for Extraterrestrial Life." *Astrobiology* 19:722–29.

Clément, Raphaël. 2015. "Stéphane Leduc and the Vital Exception in the Life Sciences." arXiv:1512.03660.

Clinton, William J. 1996. "President Clinton Statement Regarding Mars Meteorite Discovery." Jet Propulsion Laboratory, August 7. https://www2.jpl.nasa.gov/snc/clinton.html (accessed June 8, 2020).

"Clue to Chemistry of Heredity Found." *New York Times*, June 13, 1953, p. 17.

"A Clue to the Beginning of Life on the Earth." *World's Work*, November 1905, 11:6813–14.

Cobb, Matthew. 2015. *Life's Greatest Secret: The Race to Crack the Genetic Code*. New York: Basic Books.

Connolly, Andrew C., Long Sha, J. S. Guntupalli, Nikolaas Oosterhof, Yaroslav O. Halchenko, Samuel A. Nastase, Matteo V. Di Oleggio Castello et al. 2016. "How the Human Brain Represents Perceived Dangerousness or 'Predacity' of Animals." *Journal of Neuroscience* 36:5373–84.

Cooper, Vaughn S., Taylor M. Warren, Abigail M. Matela, Michael Handwork, and Shani Scarponi. 2019. "EvolvingSTEM: A Microbial Evolution-in-Action Curriculum That Enhances Learning of Evolutionary Biology and Biotechnology." *Evolution: Education and Outreach* 12. doi:10.1186/s12052-019-0103-4.

Cornish-Bowden, Athel, and María L. Cárdenas. 2020. "Contrasting Theories of Life: Historical Context, Current Theories. In Search of an Ideal Theory."

*Biosystems* 188. doi:10.1016/j.biosystems.2019.104063.

Crick, Francis. 1966. *Of Molecules and Men: A Volume in The John Danz Lectures Series*. Seattle: University of Washington Press.

Crick, Francis. 1982. *Life Itself: Its Origin and Nature*. New York: Simon & Schuster.

Crick, Francis. 1988. *What Mad Pursuit: A Personal View of Scientific Discovery*. New York: Basic Books.

Crippen, Tawni L., Mark E. Benbow, and Jennifer L. Pechal. 2015. "Microbial Interactions During Carrion Decomposition." In *Carrion Ecology, Evolution, and Their Applications*. Edited by Mark E. Benbow, Jeffery K. Tomberlin, and Aaron M. Tarone. Boca Raton, FL: CRC Press.

Cronin, Leroy, S. H. M. Mehr, and Jarosław M. Granda. 2018. "Catalyst: The Metaphysics of Chemical Reactivity." *Chem* 4:1759–61.

Cryan, Paul M., Carol U. Meteyer, Justin Boyles, and David S. Blehert. 2010. "Wing Pathology of White-Nose Syndrome in Bats Suggests Life-Threatening Disruption of Physiology." *BMC Biology* 8. doi:10.1186/1741-7007-8-135.

Cugola, Fernanda R., Isabella R. Fernandes, Fabiele B. Russo, Beatriz C. Freitas, João L. M. Dias, Katia P. Guimaraes, Cecília Benazzato et al. 2016. "The Brazilian Zika Virus Strain Causes Birth Defects in Experimental Models." *Nature* 534:267–71.

Cunningham, Andrew. 2016. *The Anatomist Anatomis'd: An Experiment Discipline in Enlightenment Europe*. London: Routledge.

Czapek, Friedrich. 1911. *Chemical Phenomena in Life*. London: Harper & Bros.

Damer, Bruce, and David Deamer. 2015. "Coupled Phases and Combinatorial Selection in Fluctuating Hydrothermal Pools: A Scenario to Guide Experimental Approaches to the Origin of Cellular Life." *Life* 5:872–87.

Damer, Bruce, and David Deamer. 2020. "The Hot Spring Hypothesis for an Origin of Life." *Astrobiology* 20:429–52.

Damer, Bruce, David Deamer, Martin Van Kranendonk, and Malcolm Walter.

2016. "An Origin of Life Through Three Coupled Phases in Cycling Hydrothermal Pools with Distribution and Adaptive Radiation to Marine Stromatolites." In *Proceedings of the 2016 Gordon Research Conference on the Origins of Life*.

Damer, Bruce. 2019. "David Deamer: Five Decades of Research on the Question of How Life Can Begin." *Life* 9. doi:10.3390/life9020036.

Darwin, Charles. 1871. *The Descent of Man, and Selection in Relation to Sex*. New York: D. Appleton.

Davies, Paul C. W. 2019. *The Demon in the Machine: How Hidden Webs of Information Are Solving the Mystery of Life*. Chicago: University of Chicago Press.

Dawson, Virginia P. 1987. *Nature's Enigma: The Problem of the Polyp in the Letters of Bonnet, Trembley and Reaumur*. Philadelphia: American Philosophical Society.

Dawson, Virginia P. 1991. "Regeneration, Parthenogenesis, and the Immutable Order of Nature." *Archives of Natural History* 18:309–21.

De Jong, Piet C. 1976. *Flowering and Sex Expression in Acer L.: A Biosystematic Study*. Wageningen: Veenman.

Deamer, David W. 1985. "Boundary Structures Are Formed by Organic Components of the Murchison Carbonaceous Chondrite." *Nature* 317: 792–94.

Deamer, David W. 1998. "Daniel Branton and Freeze-Fracture Analysis of Membranes." *Trends in Cell Biology* 8:460-62.

Deamer, David W. 2010. "From 'Banghasomes' to Liposomes: A Memoir of Alec Bangham, 1921–2010." *FASEB Journal* 24:1308-10.

Deamer, David W. 2011. "Sabbaticals, Self-Assembly, and Astrobiology." *Astrobiology* 11:493–98.

Deamer, David W. 2012a. "Liquid Crystalline Nanostructures: Organizing Matrices for Non-Enzymatic Nucleic Acid Polymerization." *Chemical Society Reviews* 41:5375–79.

Deamer, David W. 2012b. *First Life: Discovering the Connections Between Stars, Cells, and How Life Began.* Berkeley: University of California Press.

Deamer, David W. 2012c. "Membranes, Murchison, and Mars: An Encapsulated Life in Science." *Astrobiology* 12:616–17.

Deamer, David W. 2016. "Membranes and the Origin of Life: A Century of Conjecture." *Journal of Molecular Evolution* 83:159–68.

Deamer, David W. 2017a. "Conjecture and Hypothesis: The Importance of Reality Checks." *Beilstein Journal of Organic Chemistry* 13:620–24.

Deamer, David W. 2017b. "Darwin's Prescient Guess." *Proceedings of the National Academy of Sciences* 114:11264–65.

Deamer, David W. 2019. *Assembling Life: How Can Life Begin on Earth and Other Habitable Planets?* New York: Oxford University Press.

Deamer, David W., and Alec D. Bangham. 1976. "Large Volume Liposomes by an Ether Vaporization Method." *Biochimica et Biophysica Acta* 443: 629–34.

Deamer, David W., and Daniel Branton. 1967. "Fracture Planes in an Ice-Bilayer Model Membrane System." *Science* 158:655–57.

Deamer, David W., and Gail L. Barchfeld. 1982. "Encapsulation of Macromolecules by Lipid Vesicles Under Simulated Prebiotic Conditions." *Journal of Molecular Evolution* 18:203–6.

Deamer, David W., Bruce Damer, and Vladimir Kompanichenko. 2019. "Hydrothermal Chemistry and the Origin of Cellular Life." *Astrobiology* 19:1523–37.

Deamer, David W., Mark Akeson, and Daniel Branton. 2016. "Three Decades of Nanopore Sequencing." *Nature Biotechnology* 34:518–24.

Deamer, David W., Robert Leonard, Annette Tardieu, and Daniel Branton. 1970. "Lamellar and Hexagonal Lipid Phases Visualized by Freeze-Etching." *Biochimica et Biophysica Acta* 219:47–60.

Debruyne, Hans, Michael Portzky, Frédérique Van Den Eynde, and Kurt Audenaert. 2009. "Cotard's Syndrome: A Review." *Current Psychiatry Reports*

11:197–202.

Delbrück, Max. 1970. "A Physicist's Renewed Look at Biology: Twenty Years Later." *Science* 168:1312–15.

Desmond, Adrian J. 1999. *Huxley: From Devil's Disciple to Evolution's High Priest.* New York: Basic Books.

Devolder, Katrien, and John Harris. 2007. "The Ambiguity of the Embryo: Ethical Inconsistency in the Human Embryonic Stem Cell Debate." *Metaphilosophy* 38:153–69.

Diamond, Jared. 1994. "Dining with the Snakes." *Discover*, January 18. https://www.discovermagazine.com/the-sciences/dining-with-the-snakes (accessed June 8, 2020).

Dick, Steven J., and James E. Strike. 2004. *The Living Universe: NASA and the Development of Astrobiology.* New Brunswick, NJ: Rutgers University Press.

Dieguez, Sebastian. 2018. "Cotard Syndrome." *Frontiers of Neurology and Neuroscience* 42:23-34.

Di Giorgio, Elisa, Marco Lunghi, Francesca Simion, and Giorgio Vallortigara. 2017. "Visual Cues of Motion That Trigger Animacy Perception at Birth: The Case of Self-Propulsion." *Developmental Science* 20. doi:10.1111/desc.12394.

Dion, Moira B., Frank Oechslin, and Sylvain Moineau. 2020. "Phage Diversity, Genomics and Phylogeny." *Nature Reviews Microbiology* 18:125–38.

Dolan, Chris. 2018. "Jahi McMath Has Died in New Jersey." *Dolan Law Firm*, June 29. https://dolanlawfirm.com/2018/06/jahi-mcmath-has-died-in-new-jersey/ (accessed June 8, 2020).

Doran, David, Marc Rodriguez-Garcia, Rebecca Turk-MacLeod, Geoffrey J. T. Cooper, and Leroy Cronin. 2017. "A Recursive Microfluidic Platform to Explore the Emergence of Chemical Evolution." *Beilstein Journal of Organic Chemistry* 13:1702–9.

Doran, David, Yousef M. Abul-Haija, and LeRoy Cronin. 2019. "Emergence of Function and Selection from Recursively Programmed Polymerisation

Reactions in Mineral Environments." *Angewandte Chemie International Edition* 58:11253–56.

Douglas Rudge, W. A. 1906. "The Action of Radium and Certain Other Salts on Gelatin." *Proceedings of the Royal Society A* 78:380–84.

Dussutour, Audrey, Tanya Latty, Madeleine Beekman, and Stephen J. Simpson. 2010. "Amoeboid Organism Solves Complex Nutritional Challenges." *Proceedings of the National Academy of Sciences* 107:4607–11.

Duval, Simon, Frauke Baymann, Barbara Schoepp-Cothenet, Fabienne Trolard, Guilhem Bourrié, Olivier Grauby, Elbert Branscomb et al. 2019. "Fougerite: The Not So Simple Progenitor of the First Cells." *Interface Focus* 9. doi:10.1098/rsfs.2019.0063.

Dyson, Ketaki K. 1978. *A Various Universe: A Study of the Journals and Memoirs of British Men and Women in the Indian Subcontinent, 1765–1856*. New York: Oxford University Press.

Eccles, John C. 1967. "Book Review of 'Of Molecules and Men,' by Frances Crick." *Zygon* 2:281–82.

El Hachem, Hady, Vincent Crepaux, Pascale May-Panloup, Philippe Descamps, Guillaume Legendre, and Pierre-Emmanuel Bouet. 2017. "Recurrent Pregnancy Loss: Current Perspectives." *International Journal of Women's Health* 9:331–45.

Engber, Daniel. 2017. "When the Lab Rat Is a Snake." *New York Times*, May 17. https://www.nytimes.com/2017/05/17/magazine/when-the-lab-rat-is-a-snake.html (accessed June 8, 2020).

Engelhardt, Wladimir A., and Militza N. LJubimowa. 1939. "Myosine and Adenosinetriphosphatase." *Nature* 144:668-69.

English, Jeremy. 2020. *Every Life is on Fire: How Thermodynamics Explains the Origins of Living Things*. New York; Basic Books.

Ferguson, Gayle C., Frederic Bertels, and Paul B. Rainey. 2013. "Adaptive Divergence in Experimental Populations of *Pseudomonas* fluorescens. V.

Insight into the Niche Specialist Fuzzy Spreager Compels Revision of the Model Pseudomonas Radiation." *Genetics* 195:1319–35.

"Filipino Scientist, A." *Filipino*, 1906, 1:5.

Flynn, Kenneth M., Gabrielle Dowell, Thomas M. Johnson, Benjamin J. Koestler, Christopher M. Waters, and Vaughn S. Cooper. 2016. "Evolution of Ecological Diversity in Biofilms of *Pseudomonas aeruginosa* by Altered Cyclic Diguanylate Signaling." *Journal of Bacteriology* 198:2608–18.

Föller, Michael, Stephan M. Huber, and Florian Lang. 2008. "Erythrocyte Programmed Cell Death." *IUBMB Life* 60:661–68.

Forbes, James. 1813. *Oriental Memoirs: Selected and Abridged from a Series of Familiar Letters Written During Seventeen Years Residence in India: Including Observations on Parts of Africa and South America, and a Narrative of Occurrences in Four India Voyages: Illustrated by Engravings from Original Drawings*. London: White, Cochrane & Co.

Forterre, Patrick. 2016. "To Be or Not to Be Alive: How Recent Discoveries Challenge the Traditional Definitions of Viruses and Life." *Studies in History and Philosophy of Science Part C* 59:100–108.

Fox, Robert, and Cynthia McDaniel. 1982. "The Perception of Biological Motion by Human Infants." *Science* 218:486–87.

Fraser, James A., and Joseph Heitman. 2003. "Fungal Mating-Type Loci." *Current Biology* 13:R792–95.

Frixione, Eugenio. 2006. "Albrecht Von Haller (1708–1777)." *Journal of Neurology* 253:265–66.

Frixione, Eugenio. 2007. "Irritable Glue: The Haller-Whytt Controversy on the Mechanism of Muscle Contraction." In *Brain, Mind and Medicine: Essays in Eighteenth-Century Neuroscience*. Edited by Harry Whitaker, C. U. M. Smith, and Stanley Finger. Boston: Springer.

Fry, Iris. 2000. *The Emergence of Life on Earth: A Historical and Scientific Overview*. New Brunswick, NJ: Rutgers University Press.

Gambarotto, Andrea. 2018. *Vital Forces, Teleology and Organization: Philosophy of Nature and the Rise of Biology in Germany*. Cham, Switzerland: Springer International Publishing.

Gao, Chao, Chen Liu, Daniel Schenz, Xuelong Li, Zili Zhang, Marko Jusup, Zhen Wang et al. 2019. "Does Being Multi-Headed Make You Better at Solving Problems? A Survey of Physarum-Based Models and Computations." *Physics of Life Reviews* 29:1–26.

Gaut, Nathaniel J., Jose Gomez-Garcia, Joseph M. Heili, Brock Cash, Qiyuan Han, Aaron E. Engelhart, and Katarzyna P. Adamala. 2019. "Differentiation of Pluripotent Synthetic Minimal Cells via Genetic Circuits and Programmable Mating." doi:10.1101/712968.

Geison, Gerald L. 1969. "The Protoplasmic Theory of Life and the Vitalist-Mechanist Debate." *Isis* 60:272–92.

Giakoumelou, Sevi, Nick Wheelhouse, Kate Cuschieri, Gary Entrican, Sarah E. M. Howie, and Andrew W. Horne. 2016. "The Role of Infection in Miscarriage." *Human Reproduction Update* 22:116–33.

Gibson, Susannah. 2015. *Animal, Vegetable, Mineral?: How Eighteenth-Century Science Disrupted the Natural Order*. New York: Oxford University Press.

Gignoux-Wolfsohn, Sarah A., Malin L. Pinsky, Kathleen Kerwin, Carl Herzog, Mackenzie Hall, Alyssa B. Bennett, Nina H. Fefferman et al. 2018. "Genomic Signatures of Evolutionary Rescue in Bats Surviving White-Nose Syndrome." doi:10.1101/470294.

Gilbert, Walter. 1986. "Origin of Life: The RNA World." *Nature* 319. doi:10.1038/319618aO.

Gloag, Erin S., Christopher W. Marshall, Daniel Snyder, Gina R. Lewin, Jacob S. Harris, Alfonso Santos-Lopez, Sarah B. Chaney et al. 2019. "*Pseudomonas aeruginosa* Interstrain Dynamics and Selection of Hyperbiofilm Mutants During a Chronic Infection." *mBio* 10. doi:10.1128/mBio.01698-19.

Gloag, Erin S., Christopher W. Marshall, Daniel Snyder, Gina R. Lewin, Jacob S.

Harris, Sarah B. Chaney, Marvin Whiteley et al. 2018. "The *Pseudomonas aeruginosa* Wsp Pathway Undergoes Positive Evolutionary Selection During Chronic Infection." doi:10.1101/456186.

Gonçalves, André, and Dora Biro. 2018. "Comparative Thanatology, an Integrative Approach: Exploring Sensory/Cognitive Aspects of Death Recognition in Vertebrates and Invertebrates." *Philosophical Transactions of the Royal Society B* 373. doi:10.1098/rstb.2017.0263.

Gonçalves, André, and Susana Carvalho. 2019. "Death Among Primates: A Critical Review of Non-Human Primate Interactions Towards Their Dead and Dying." *Biological Reviews* 94. doi:10.1111/brv.12512.

Gottlieb, Alma. 2004. *The Afterlife Is Where We Come From: The Culture of Infancy in West Africa*. Chicago: University of Chicago Press.

Goulon, Maurice, P. Babinet, and N. Simon. 1983. "Brain Death or Coma Dépassé." In *Care of the Critically Ill Patient*. Edited by Jack Tinker and Maurice Rapin. Berlin: Springer-Verlag.

Graber, Raymond E., and William B. Leak. 1992. "Seed Fall in an Old-Growth Northern Hardwood Forest." *U.S. Department of Agriculture*. doi:10.2737/NE-RP-663.

Green, Douglas S. 1980. "The Terminal Velocity and Dispersal of Spinning Samaras." *American Journal of Botany* 67:1218–24.

Greene, D. F., and E. A. Johnson. 1992. "Fruit Abscission in Acer saccharinum with Reference to Seed Dispersal." *Canadian Journal of Botany* 70:2277–83.

Greene, D. F., and E. A. Johnson. 1993. "Seed Mass and Dispersal Capacity in Wind-Dispersed Diaspores." *Oikos* 67:69–74.

Grizou, Jonathan, Laurie J. Points, Abhishek Sharma, and Leroy Cronin. 2019. "Exploration of Self-Propelling Droplets Using a Curiosity Driven Robotic Assistant." arXiv:1904.12635.

Grizou, Jonathan, Laurie J. Points, Abhishek Sharma, and Leroy Cronin. 2020. "A Curious Formulation Robot Enables the Discovery of a Novel Protocell

Behavior." *Science Advances* 6. doi:10.1126/sciadv.aay4237.

Gromski, Piotr S., Jarosław M. Granda, and Leroy Cronin. 2019. "Universal Chemical Synthesis and Discovery with 'The Chemputer.'" *Trends in Chemistry* 2:4–12.

*Guardian*, May 25, 1905, p. 6.

Gulliver, George. 1873. "Tears and Care of Monkeys for the Dead." *Nature* 8. doi:10.1038/008103c0.

Haas, David M., Taylor J. Hathaway, and Patrick S. Ramsey. 2019. "Progestogen for Preventing Miscarriage in Women with Recurrent Miscarriage of Unclear Etiology." *Cochrane Database of Systematic Reviews*. doi:10.1002/14651858. CD003511.pub5.

Haase, Catherine G., Nathan W. Fuller, C. R. Hranac, David T. S. Hayman, Liam P. McGuire, Kaleigh J. O. Norquay, Kirk A. Silas et al. 2019. "Incorporating Evaporative Water Loss into Bioenergetic Models of Hibernation to Test for Relative Influence of Host and Pathogen Traits on White-Nose Syndrome." *PLoS One* 14. doi:10.1371/journal.pone.0222311.

Haigh, Elizabeth. 1984. *Xavier Bichat and the Medical Theory of the Eighteenth Century (Medical History, Supplement No. 4)*. London: Wellcome Institute for the History of Medicine.

Haldane, John B. S. 1929. "The Origin of Life." Reprinted in *Origin of Life*. Edited by John D. Bernal. Cleveland, OH: World Publishing Company.

Haldane, John B. S. 1947. *What Is Life?* New York: Boni & Gaer.

Haldane, John B. S. 1965. "Data Needed for a Blueprint of the First Organism." In *The Origins of Prebiological Systems and of their Molecular Matrices*. Edited by Sidney W. Fox. New York: Academic Press.

Hale, William B. 1905. "Has Radium Revealed the Secret of Life?" *New York Times*, July 16, p. 7.

Haller, Albrecht V., and O. Temkin. 1936. *A Dissertation on the Sensible and Irritable Parts of Animals*. Baltimore: Johns Hopkins University Press.

Harding, Carolyn. 1978. "Interview with Max Delbruck." *Caltech Institute Archives*, September 11. https://resolver.caltech.edu/CaltechOH:OH_ Delbruck_M (accessed June 8, 2020).

Hargreaves, W. R., Sean J. Mulvihill, and David W. Deamer. 1977. "Synthesis of Phospholipids and Membranes in Prebiotic Conditions." *Nature* 266:78–80.

Hedenström, Anders, and L. C. Johansson. 2015. "Bat Flight: Aerodynamics, Kinematics and Flight Morphology." *Journal of Experimental Biology* 218:653–63.

Heider, Fritz, and Marianne Simmel. 1944. "An Experimental Study of Apparent Behavior." *American Journal of Psychology* 57:243–59.

Hein, Hilde. 1972. "The Endurance of the Mechanism: Vitalism Controversy." *Journal of the History of Biology* 5:159–88.

Hendrix, Amanda R., Terry A. Hurford, Laura M. Barge, Michael T. Bland, Jeff S. Bowman, William Brinckerhoff, Bonnie J. Buratti et al. 2019. "The NASA Roadmap to Ocean Worlds." *Astrobiology* 19:1–27.

Herbst, Charles C., and George R. Johnstone. 1937. *"Life History of Pelagophycus porra." Botanical Gazette* 99:339–54.

Hesp, Casper, Maxwell J. D. Ramstead, Axel Constant, Paul Badcock, Michael Kirchhoff, and Karl J. Friston. 2019. "A Multi-Scale View of the Emergent Complexity of Life: A Free-Energy Proposal." In *Evolution, Development, and Complexity: Multiscale Models in Complex Adaptive Systems*. Edited by Georgi Y. Georgiev, John M. Smart, Claudio L. Flores Martinez, and Michael E. Price. Cham, Switzerland: Springer International Publishing.

Hintzsche, Erich. 2008. "Haller, (Victor) Albrecht Von." In *Complete Dictionary of Scientific Biography*. Edited by Charles C. Gillispie. New York: Scribner.

Hintzsche, Erich, and Jörn H. Wolf. 1962. *Albrecht von Hallers Abhandlung uber die Wirkung des Opiums auf den menschlichen Korper: ubersetzt und erlautert*. Bern: Paul Haupt.

Hoffman, Friedrich. 1971. *Fundamenta medicinae*. Translated by Lester King.

London: Macdonald.

Hordijk, Wim. 2019. "A History of Autocatalytic Sets: A Tribute to Stuart Kauffman." *Biological Theory* 14:224–46.

Hordijk, Wim, Mike Steel, and Stuart A. Kauffman. 2019. "Molecular Diversity Required for the Formation of Autocatalytic Sets." Life 9:23.

Hordijk, Wim, Shira Shichor, and Gonen Ashkenasy. 2018. "The Influence of Modularity, Seeding, and Product Inhibition on Peptide Autocatalytic Network Dynamics." *ChemPhysChem* 19:2437–44.

Horowitz, Norman H. 1966. "The Search for Extraterrestrial Life." *Science* 151:789–92.

Hostiuc, Sorin, Mugurel C. Rusu, Ionuț Negoi, Paula Perlea, Bogdan Dorobanțu, and Eduard Drima. 2019. "The Moral Status of Cerebral Organoids." *Regenerative Therapy* 10:118–22.

Houle, Gilles, and Serge Payette. 1991. "Seed Dynamics of Abies balsamea and Acer saccharum in a Deciduous Forest of Northeastern North America." *American Journal of Botany* 78:895–905.

Hovers, Erella, and Anna Belfer-Cohen. 2013. "Insights into Early Mortuary Practices of Homo." In *The Oxford Handbook of the Archaeology of Death and Burial*. Edited by Liv N. Stutz and Sarah Tarlow. Oxford: Oxford University Press.

Huang, Andrew P., and James L. Bernat. 2019. "The Organism as a Whole in an Analysis of Death." *Journal of Medicine and Philosophy* 44:712–31.

Hubbs, Carl L., and Laura C. Hubbs. 1932. "Apparent Parthenogenesis in Nature, in a Form of Fish of Hybrid Origin." *Science* 76:628–30.

Huber, Christian G., and Agorastos. 2012. "We Are All Zombies Anyway: Aggression in Cotard's Syndrome." *Journal of Neuropsychiatry and Clinical Neurosciences* 24. doi:10.1176/appi.neuropsych.11070155.

Hughes, Jeffrey W., and Timothy J. Fahey. 1988. "Seed Dispersal and Colonization in a Disturbed Northern Hardwood Forest." *Bulletin of the*

*Torrey Botanical Club* 115:89–99.

Hunter, Graeme K. 2000. *Vital Forces: The Discovery of the Molecular Basis of Life*. London: Academic Press.

Hussain, Ashiq, Luis R. Saraiva, David M. Ferrero, Gaurav Ahuja, Venkatesh S. Krishna, Stephen D. Liberles, and Sigrun I. Korsching. 2013. "High-Affinity Olfactory Receptor for the Death-Associated Odor Cadaverine." *Proceedings of the National Academy of Sciences* 110:19579–84.

Huxley, Thomas H. 1868. "On Some Organisms Living at Great Depths in the North Atlantic Ocean." Quarterly Journal of Microscopical Science 8:203–12.

Huxley, Thomas H. 1869. "On the Physical Basis of Life." *Fortnightly Review* 5:129–45.

Huxley, Thomas H. 1875. "Notes from the Challenger.'" *Nature* 12:315–16.

Huxley, Thomas H. 1891. "Biology." In *Encyclopaedia Britannica*. Philadelphia: Maxwell Somerville.

Jarvis, Gavin E. 2016a. "Early Embryo Mortality in Natural Human Reproduction: What the Data Say." *F1000Research* 5. doi:10.12688/f1000research.8937.2.

Jarvis, Gavin E. 2016b. "Estimating Limits for Natural Human Embryo Mortality." *F1000Research* 5. doi:10.12688/f1000research.9479.1.

Javaux, Emmanuelle J. 2019. "Challenges in Evidencing the Earliest Traces of Life." *Nature* 572:451-60.

Johns, William D. 1979. "Clay Mineral Catalysis and Petroleum Generation." *Annual Review of Earth and Planetary Sciences* 7:183–98.

Johnson, Joseph S., Michael R. Scafini, Brent J. Sewall, and Gregory G. Turner. 2016. "Hibernating Bat Species in Pennsylvania Use Colder Winter Habitats Following the Arrival of White-nose Syndrome." In *Conservation and Ecology of Pennsylvania's Bats*. Edited by Calvin M. Butchkoski, DeeAnn M. Reeder, Gregory G. Turner, and Howard P. Whidden. East Stroudsburg, PA: Pennsylvania Academy of Science.

Joyce, Gerald F. 1994. "Foreword." In *Origins of Life: The Central Concepts*. Edited by David W. Deamer and Gail R. Fleischaker. Boston: Jones & Bartlett.

Kahana, Amit, Philippe Schmitt-Kopplin, and Doron Lancet. 2019. "Enceladus: First Observed Primordial Soup Could Arbitrate Origin-of-Life Debate." *Astrobiology* 19:1263–78.

Kasianowicz, John J., Eric Brandin, Daniel Branton, and David W. Deamer. 1996. "Characterization of Individual Polynucleotide Molecules Using a Membrane Channel." *Proceedings of the National Academy of Sciences* 93:13770–73.

Kauffman, Stuart A. 2019. *A World Beyond Physics: The Emergence and Evolution of Life.* Oxford: Oxford University Press.

Kay, Lily E. 1985. "Conceptual Models and Analytical Tools: The Biology of Physicist Max Delbrück." *Journal of the History of Biology* 18:207–46.

Keilin, David. 1959. "The Leeuwenhoek Lecture: The Problem of Anabiosis or Latent Life: History and Current Concept." *Proceedings of the Royal Society B* 150:149–91.

Kilmister, Clive W. 1987. *Schrodinger: Centenary Celebration of a Polymath.* Cambridge, UK: Cambridge University Press.

King-Hele, Desmond. 1998. "The 1997 Wilkins Lecture: Erasmus Darwin, the Lunaticks and Evolution." *Notes and Records* 52:153–80.

King, William, and T. H. Rowney. 1869. "On the So-Called 'Eozoonal' Rock." *Quarterly Journal of the Geological Society* 25:115–18.

Kirschner, Marc, John Gerhart, and Tim Mitchison. 2000. Molecular 'Vitalism.' " *Cell* 100:79–88.

Koch, Christof. 2019a. *The Feeling of Life Itself: Why Consciousness Is Widespread but Can't Be Computed.* Cambridge, MA: MIT Press.

Koch, Christof. 2019b. "Consciousness in Cerebral Organoids—How Would We Know?" *University of California Television.* http://www.youtube.com/ watch?v=vMYnzTn0G1k (accessed June 8, 2020).

Kohler, Robert E. 1972. "The Reception of Eduard Buchner's Discovery of Cell-Free Fermentation." *Journal of the History of Biology* 5:327–53.

Kolb, Vera M. 2019. *Handbook of Astrobiology*. Boca Raton, FL: CRC Press.

Kompanichenko, Vladimir N. 2019. "Exploring the Kamchatka Geothermal Region in the Context of Life's Beginning." *Life* 9. doi:10.3390/life9020041.

Kompanichenko, Vladomir N., Valery A. Poturay, and K. V. Shlufman. 2015. "Hydrothermal Systems of Kamchatka Are Models of the Prebiotic Environment." *Origins of Life and Evolution of Biospheres* 45:93–103.

Kopparapu, Ravi K., Eric T. Wolf, and Victoria S. Meadows. 2019. "Characterizing Exoplanet Habitability." arXiv:1911.04441.

Kothe, Erika. 1996. "Tetrapolar Fungal Mating Types: Sexes by the Thousands." *FEMS Microbiology Reviews* 18:65–87.

Lampert, Kathrin P., and M. Schartl. 2008. "The Origin and Evolution of a Unisexual Hybrid: Poecilia formosa." *Philosophical Transactions of the Royal Society B* 363:2901–9.

Lancaster, Madeline A., Magdalena Renner, Carol-Anne Martin, Daniel Wenzel, Louise S. Bicknell, Matthew E. Hurles, Tessa Homfray et al. 2013. "Cerebral Organoids Model Human Brain Development and Microcephaly." *Nature* 501:373–79.

Larsen, Gregory D. 2016. "The Peculiar Physiology of the Python." *Lab Animal* 45. doi:10.1038/laban.1027.

Laskowski, Kate L., Carolina Doran, David Bierbach, Jens Krause, and Max Wolf. 2019. "Naturally Clonal Vertebrates Are an Untapped Resource in Ecology and Evolution Research." *Nature Ecology & Evolution* 3:161–69.

Lasser, Karen E., Kristin Mickle, Sarah Emond, Rick Chapman, Daniel A. Ollendorf, and Steven D. Pearson. 2018. "Inotersen and Patisiran for Hereditary Transthyretin Amyloidosis: Effectiveness and Value." *Institute for Clinical and Economic Review*, October 4. https://icer-review.org/wp-content/uploads/2018/02/ICER_Amyloidosis_Final_Evidence_Report_100418.pdf (accessed June 8, 2020).

Lazcano, Antonio. 2016. "Alexandr I. Oparin and the Origin of Life: A Historical

Reassessment of the Heterotrophic Theory." *Journal of Molecular Evolution* 83:214–22.

Lazcano, Antonio, and Jeffrey L. Bada. 2003. "The 1953 Stanley L. Miller Experiment: Fifty Years of Prebiotic Organic Chemistry." *Origins of Life and Evolution of the Biosphere* 33:235–42.

Lederberg, Joshua. 1967. "Science and Man . . . The Legal Start of Life." *Washington Post*, July 1, p. A13.

Lee, Patrick, and Robert P. George. 2001. "Embryology, Philosophy, & Human Dignity." *National Review*, August 9. https://web.archive.org/web/20011217063957/ http://www.nationalreview.com/comment/comment-leeprint080901.html (accessed June 8, 2020).

Lenhoff, Howard M., and Sylvia G. Lenhoff. 1988. Trembley's Polyps." *Scientific American* 258:108–13.

Lenhoff, Sylvia G., and Howard M. Lenhoff. 1986. *Hydra and the Birth of Experimental Biology—1744: Abraham Trembley's Memoires Concerning the Polyps*. Pacific Grove, CA: Boxwood Press.

Letelier, Juan-Carlos, María L. Cárdenas, and Athel Cornish-Bowden. 2011. "From *L'Homme Machine* to Metabolic Closure: Steps Towards Understanding Life." *Journal of Theoretical Biology* 286:100–113.

Levy, Steven. 1992. *Artificial Life: The Quest for a New Creation*. New York: Pantheon Books.

Lewis, Clive S. 1947. *The Abolition of Man: Or, Reflections on Education with Special Reference to the Teaching of English in the Upper Forms of School*. New York: Macmillan.

Lilley, Thomas M. Ian W. Wilson, Kenneth A. Field, DeeAnn M. Reeder, Megan E. Vodzak, Gregory G. Turner, Allen Kurta et al. 2020. "Genome-Wide Changes in Genetic Diversity in a Population of *Myotis lucifugus* Affected by White-Nose Syndrome." *G3* 10:2007–20.

Liu, Daniel. 2017. "The Cell and Protoplasm as Container, Object, and Substance,

1835–1861." *Journal of the History of Biology* 50:889–925.

Liu, Li, Jiajing Wang, Danny Rosenberg, Hao Zhao, György Lengyel, and Dani Nadel. 2018. "Fermented Beverage and Food Storage in 13,000 Y-Old Stone Mortars at Raqefet Cave, Israel: Investigating Natufian Ritual Feasting." *Journal of Archaeological Science: Reports* 21:783–93.

López-García, Purificación, and David Moreira. 2012. "Viruses in Biology." *Evolution: Education and Outreach* 5:389–98.

Luisi, Pier L. 1998. "About Various Definitions of Life." *Origins of Life and Evolution of the Biosphere* 28:613–22.

Lynn, Michael R. 2001. "Haller, Albrecht Von." eLS. doi:10.1038/npg.els.0002941.

Macdougall, Doug. 2019. *Endless Novelties of Extraordinary Interest: The Voyage of H.M.S., Challenger and the Birth of Modern Oceanography.* New Haven, CT: Yale University Press.

Machado, Calixto. 2005. "The First Organ Transplant from a Brain-Dead Donor." *Neurology* 64:1938–42.

Macleod, Gordon, Christopher McKeown, Allan J. Hall, and Michael J. Russell. 1994. "Hydrothermal and Oceanic pH Conditions of Possible Relevance to the Origin of Life." *Origins of Life and Evolution of the Biosphere* 24:19–41.

Maehle, Andreas-Holger. 1999. *Drugs on Trial: Experimental Pharmacology and Therapeutic Innovation in the Eighteenth Century.* Amsterdam: Rodopi.

Maienschein, Jane. 2014. "Politics in Your DNA." *Slate*, June 10. https://slate. com/technology/2014/06/personhood-movement-chimeras-how-biology-complicates-politics.html (accessed June 8, 2020).

Manninen, Bertha A. 2012. "Beyond Abortion: The Implications of Human Life Amendments." *Journal of Social Philosophy* 43:140–60.

Marchetto, Maria C. N., Cassiano Carromeu, Allan Acab, Diana Yu, Gene W. Yeo, Yangling Mu, Gong Chen et al. 2010. "A Model for Neural Development and Treatment of Rett Syndrome Using Human Induced Pluripotent Stem Cells." *Cell* 143:527–39.

Mariscal, Carlos, Ana Barahona, Nathanael Aubert-Kato, Arsev U. Aydinoglu, Stuart Bartlett, María L. Cárdenas, Kuhan Chandru et al. 2019. "Hidden Concepts in the History and Philosophy of Origins-of-Life Studies: A Workshop Report." *Origins of Life and Evolution of the Biosphere* 49:111–45.

Mariscal, Carlos, and W. F. Doolittle. 2018. "Life and Life Only: A Radical Alternative to Life Definitionism." *Synthese.* doi:10.1007/s11229-018-1852-2.

Marshall, Stuart M., Douglas Moore, Alastair R. G. Murray, Sara I. Walker, and Leroy Cronin. 2019. Quantifying the Pathways to Life Using Assembly Spaces." arXiv:1907.04649.

Marshall, Stuart, et al. In preparation. "Identifying Molecules as Biosignatures with Assembly Theory and Mass Spectrometry." Manuscript.

Maruyama, Koscak. 1991. "The Discovery of Adenosine Triphosphate and the Establishment of Its Structure." *Journal of the History of Biology* 24:145–54.

McGrath, Larry. 2013. "Bergson Comes to America." *Journal of the History of Ideas* 74:599-620.

McGraw, Donald J. 1974. "Bye-Bye Bathybius: The Rise and Fall of a Marine Myth." *Bios* 45:164–71.

McInnis, Brian I. 2016. "Haller, Unzer, and Science as Process." In *The Early History of Embodied Cognition 1740–1920: The Lebenskraft-Debate and Radical Reality in German Science, Music, and Literature.* Edited by John A. McCarthy, Stephanie M. Hilger, Heather I. Sullivan, and Nicholas Saul. Leiden, Netherlands: Brill.

McKaughan, Daniel J. 2005. "The Influence of Niels Bohr on Max Delbrück: Revisiting the Hopes Inspired by 'Light and Life.'" *Isis* 96:507–29.

McKay, David S., Everett K. Gibson Jr., Kathie L. Thomas-Keprta, Hojatollah Vali, Christopher S. Romanek, Simon J. Clemett, Xavier D. F. Chillier et al. 1996. "Search for Past Life on Mars: Possible Relic Biogenic Activity in Martian Meteorite ALH84001." *Science* 273:924–30.

McNab, Brian K. 1969. "The Economics of Temperature Regulation in

Neutropical Bats." *Comparative Biochemistry and Physiology* 31:227–68.

Meierhenrich, Uwe J. 2012. "Life in Its Uniqueness Remains Difficult to Define in Scientific Terms." *Journal of Biomolecular Structure and Dynamics* 29:641–42.

Mesci, Pinar, Angela Macia, Spencer M. Moore, Sergey A. Shiryaev, Antonella Pinto, Chun-Teng Huang, Leon Tejwani et al. 2018. "Blocking Zika Virus Vertical Transmission." *Scientific Reports* 8. doi:10.1038/s41598-018-19526-4.

Mesler, Bill, and H. J. Cleaves II. 2015. *A Brief History of Creation: Science and the Search for the Origin of Life*. New York: Norton.

Miller, Stanley L. 1974. "The First Laboratory Synthesis of Organic Compounds Under Primitive Earth Conditions." In *The Heritage Copernicus: Theories "Pleasing to the Mind."* Edited by Jerzy Neyman. Cambridge, MA: MIT Press.

Miller, Stanley L., J. W. Schopf, and Antonio Lazcano. 1997. "Oparin's 'Origin of Life': Sixty Years Later." *Journal of Molecular Evolution* 44:351-53.

Milshteyn, Daniel, Bruce Damer, Jeff Havig, and David Dreamer. 2018. "Amphiphilic Compounds Assemble into Membranous Vesicles in Hydrothermal Hot Spring Water but Not in Seawater." *Life* 8. doi:10.3390/life8020011.

Miras, Haralampos N., Cole Mathis, Weimin Xuan, De-Liang Long, Robert Pow, and Leroy Cronin. 2019. "Spontaneous Formation of Autocatalytic Sets with Self-Replicating Inorganic Metal Oxide Clusters." *Proceedings of the National Academy of Sciences* 117:10699–705.

Mollaret, Pierre, and Maurice Goulon. 1959. "Le coma dépassé." *Revue Neurologique* 101:3–15.

Mommaerts, Wilfried F. 1992. "Who Discovered Actin?" *BioEssays* 14:57–59.

Moniruzzaman, Mohammad, Carolina A. Martinez-Gutierrez, Alaina R. Weinheimer, and Frank O. Aylward. 2020. "Dynamic Genome Evolution and Complex Virocell Metabolism of Globally-Distributed Giant Viruses." *Nature Communications* 11. doi:10.1038/s41467-020-15507-2.

Moore, Marianne S., Kenneth A. Field, Melissa J. Behr, Gregory G. Turner, Morgan E. Furze, Daniel W. F. Stern, Paul R. Allegra et al. 2018. "Energy Conserving Thermoregulatory Patterns and Lower Disease Severity in a Bat Resistant to the Impacts of White-Nose Syndrome." *Journal of Comparative Physiology B* 188:163–76.

Moradali, M. F., Shirin Ghods, and Bernd H. A. Rehm. 2017. *"Pseudomonas aeruginosa* Lifestyle: A Paradigm for Adaptation, Survival, and Persistence." *Frontiers in Cellular and Infection Microbiology* 7. doi:10.3389fcimb.2017.00039.

Mortensen, Jens. 2020. "Six Months of Coronavirus: Here's Some of What We've Learned." *New York Times,* June 18. https://www.nytimes.com/article/coronavirus-facts-history.html (accessed July 25, 2020).

Moseley, Henry N. 1892. *Notes by a Naturalist: An Account of Observations Made During the Voyage of H.M.S., "Challenger" Round the World in the Years 1872–1876.* New York: Putnam.

Moss, Helen E., Lorraine K. Tyler, and Fábio Jennings. 1997. "When Leopards Lose Their Spots: Knowledge of Visual Properties in Category-Specific Deficits for Living Things." *Cognitive Neuropsychology* 14:901–50.

Moss, Ralph W. 1988. *Free Radical: Albert Szent-Gyorgyi and the Battle over Vitamin C.* New York: Paragon House.

"Mr. J. B. Butler Burke." *Times* (London), January 16, 1946, p. 6.

Mullen, Leslie. 2013. "Forming a Definition for Life: Interview with Gerald Joyce." Astrobiology Magazine, July 25. https://www.astrobio.net/origin-and-evolution-of-life/forming-a-definition-for-life-interview-with-gerald-joyce/ (accessed June 8, 2020).

Muller, Hermann J. 1929. "The Gene as the Basis of Life." *Proceedings of the International Congress of Plant Sciences* 1:879–921.

Murray, John. 1876. "Preliminary Reports to Professor Wyville Thomson, F.R.S., Director of the Civilian Scientific Staff, on Work Done on Board the

'Challenger.'" *Proceedings of the Royal Society* 24:471–544.

Nair-Collins, Michael. 2018. "A Biological Theory of Death: Characterization, Justification, and Implications." *Diametros* 55:27–43.

Nair-Collins, Michael, Jesse Northrup, and James Olcese. 2016. "Hypothalamic-Pituitary Function in Brain Death: A Review." *Journal of Intensive Care Medicine* 31:41–50.

Nairne, James S., Joshua E. VanArsdall, and Mindi Cogdill. 2017. "Remembering the Living: Episodic Memory Is Tuned to Animacy." *Current Directions in Psychological Science* 26:22-27.

Navarro-Costa, Paulo, and Rui G. Martinho. 2020. "The Emerging Role of Transcriptional Regulation in the Oocyte-to-Zygote Transition." *PLoS Genetics* 16. doi:10.1371/journal.pgen.1008602.

Neaves, William. 2017. "The Status of the Human Embryo in Various Religions." *Development* 144:2541-43.

Needham, Joseph. 1925. "The Philosophical Basis of Biochemistry." *Monist* 35:27–48.

Nicholson, Daniel J., and Richard Gawne. 2015. "Neither Logical Empiricism Nor Vitalism, but Organicism: What the Philosophy of Biology Was." *History and Philosophy of the Life Sciences* 37:345–81.

Nobis, Nathan, and Kristina Grob. 2019. *Thinking Critically About Abortion: Why Most Abortions Aren't Wrong & Why All Abortions Should Be Legal*. Open Philosophy Press.

Noonan, John T., Jr. 1967. "Abortion and the Catholic Church: A Summary History." *American Journal of Jurisprudence* 12:85–131.

Normandin, Sebastian, and Charles T. Wolfe. 2013. *Vitalism and the Scientific Image in Post-Enlightenment Life Science, 1800–2010*. New York: Springer.

Oberhaus, Daniel. 2019. "A Crashed Israeli Lunar Lander Spilled Tardigrades on the Moon." *Wired*, August 5. https://www.wired.com/story/a-crashed-israeli-lunar-lander-spilled-tardigrades-on-the-moon/ (accessed June 8, 2020).

"Obituary Notices of Fellows Deceased." *Proceedings of the Royal Society*, January 1, 1895. doi:10.1098/rspl.1895.0002.

O'Brien, Charles F. 1970. "*Eozoon canadense*: 'The Dawn Animal of Canada,'" Isis 61:206–23.

Oettmeier, Christina, Klaudia Brix, and Hans-Günther Döbereiner. 2017. "*Physarum polycephalum*—A New Take on a Classic Model System." Journal of Physics D 50. doi:10.1088/1361-6463/aa8699.

Ohl, Christiane, and Wilhelm Stockem. 1995. "Distribution and Function of Myosin II as a Main Constituent of the Microfilament System in *Physarum polycephalum*." European Journal of Protistology 31:208–22.

Olby, Robert. 2009. *Francis Crick: Hunter of Life's Secrets*. Cold Spring Harbor, NY: Cold Spring Harbor Laboratory Press.

Oparin, Alexander I. 1924. "The Origin of Life." *In The Origin of Life*. Edited by John D. Bernal. Cleveland, OH: World Publishing Company.

Oparin, Alexander I. 1938. *The Origin of Life*. New York: Macmillan.

Orgel, Leslie E. 1968. "Evolution of the Genetic Apparatus." *Journal of Molecular Biology* 38:381–93.

"Oriental Memoirs." 1814. *Monthly Magazine* 36:577–618.

"Origin of Life, The." *Cambridge Independent Press*, June 23, 1905, p. 3.

Packard, Alpheus S. 1876. *Life Histories of Animals, Including Man: Or, Outlines of Comparative Embryology*. New York: Henry Holt.

Palacios, Ensor R., Adeel Razi, Thomas Parr, Michael Kirchhoff, and Karl Friston. 2020. "On Markov Blankets and Hierarchical Self-Organisation." *Journal of Theoretical Biology* 486:110089.

Paleos, Constantinos M. 2015. "A Decisive Step Toward the Origin of Life." *Trends in Biochemical Sciences* 40:487-88.

Parrilla-Gutierrez, Juan M., Soichiro Tsuda, Jonathan Grizou, James Taylor, Alon Henson, and Leroy Cronin. 2017. "Adaptive Artificial Evolution of Droplet Protocells in 3D-Printed Fluidic Chemorobotic Platform with Configurable

Environments." *Nature Communications* 8. doi:10.1038/s41467-017-01161-8.

Peabody, C. A. 1882. "Marriage and Its Duties." *Daily Journal* (Montpelier, VT), November 8, p. 4.

Peattie, Donald C. 1950. *A Natural History of Trees of Eastern and Central North America*. Boston: Houghton Mifflin.

Peck, Carol J., and Nels R. Lersten. 1991a. "Samara Development of Black Maple (*Acer saccharum Ssp. nigrum*) with Emphasis on the Wing." *Canadian Journal of Botany* 69:1349–60.

Peck, Carol J., and Nels R. Lersten. 1991b. "Gynoecial Ontogeny and Morphology, and Pollen Tube Pathway in Black Maple, *Acer saccharum* Ssp. *nigrum (Aceraceae)*." *American Journal of Botany* 78:247–59.

Penning, David A., Schuyler F. Dartez, and Brad R. Moon. 2015. "The Big Squeeze: Scaling of Constriction Pressure in Two of the World's Largest Snakes, *Python reticulatus* and *Python molurus bivittatus*." *Journal of Experimental Biology* 218:3364–67.

Peretó, Juli, Jeffrey L. Bada, and Antonio Lazcano. 2009. "Charles Darwin and the Origin of Life." *Origins of Life and Evolution of Biospheres* 39:395–406.

Perry, Blair W., Audra L. Andrew, Abu H. M. Kamal, Daren C. Card, Drew R. Schield, Giulia I. M. Pasquesi, Mark W. Pellegrino et al. 2019. "Multi-Species Comparisons of Snakes Identify Coordinated Signalling Networks Underlying Post-Feeding Intestinal Regeneration." *Proceedings of the Royal Society B* 286. doi:10.1098/rspb.2019.0910.

Peters, Philip G., Jr. 2006. "The Ambiguous Meaning of Human Conception." *UC Davis Law Review* 40:199–228.

Pettitt, Paul B. 2018. "Hominin Evolutionary Thanatology from the Mortuary to Funerary Realm: The Palaeoanthropological Bridge Between Chemistry and Culture." *Philosophical Transactions of the Royal Society B* 373. doi:10.1098/rstb.2018.0212.

Pfeiffer, Burkard, and Frieder Mayer. 2013. "Spermatogenesis, Sperm Storage and

Reproductive Timing in Bats." *Journal of Zoology* 289:77–85.

Phillips, R. 2020. "Schrodinger's 'What is Life?' at 75: Back to the Future." Manuscript.

Pierpont, W. S. 1999. "Norman Wingate Pirie: 1 July 1907–29 March 1997." *Biographical Memoirs of Fellows of the Royal Society* 45:399–415.

Pirie, Norman W. 1937. "The Meaninglessness of the Terms Life and Living." In *Perspectives in Biochemistry: Thirty-One Essays Presented to Sir Frederick Gowland Hopkins by Past and Present Members of His Laboratory.* Edited by Joseph Needham and David E. Green. Cambridge: Cambridge University Press.

Points, Laurie J., James W. Taylor, Jonathan Grizou, Kevin Donkers, and Leroy Cronin. 2018. "Artificial Intelligence Exploration of Unstable Protocells Leads to Predictable Properties and Discovery of Collective Behavior." *Proceedings of the National Academy of Sciences* 115. doi:10.1073/pnas.1711089115.

Poltak, Steffen R., and Vaughn S. Cooper. 2011. "Ecological Succession in Long-Term Experimentally Evolved Biofilms Produces Synergistic Communities." *ISME Journal* 5:369-78.

Popa, Radu. 2004. *Between Necessity and Probability: Searching for the Definition and Origin of Life.* Berlin: Springer-Verlag.

Porcar, Manuel, and Juli Peretó. 2018. "Creating Life and the Media: Translations and Echoes." *Life Sciences, Society and Policy* 14. doi:10.1186/s40504-018-0087-9.

Postberg, Frank, Nozair Khawaja, Bernd Abel, Gael Choblet, Christopher R. Glein, Murthy S. Gudipati, Bryana L. Henderson et al. 2018. "Macromolecular Organic Compounds from the Depths of Enceladus." *Nature* 558:564-68.

Pratama, Akbar A., and Jan D. Van Elsas. 2018. "The 'Neglected' Soil Virome— Potential Role and Impact." *Trends in Microbiology* 26:649–62.

President's Commission for the Study of Ethical Problems in Medicine and Biomedical and Behavioral Research. 1981. *Defining Death: A Report on the*

*Medical, Legal and Ethical Issues in the Determination of Death*. Washington, D.C.: U.S. Government Printing Office.

Quick, Joshua, Nicholas J. Loman, Sophie Duraffour, Jared T. Simpson, Ettore Severi, Lauren Cowley, Joseph A. Bore et al. 2016. "Real-Time, Portable Genome Sequencing for Ebola Surveillance." *Nature* 530:228–32.

Rajamani, Sudha, Alexander Vlassov, Seico Benner, Amy Coombs, Felix Olasagasti, and David Deamer. 2008. "Lipid-Assisted Synthesis of RNA-Like Polymers from Mononucleotides." *Origins of Life and Evolution of Biospheres* 38:57–74.

Rall, Jack A. 2018. "Generation of Life in a Test Tube: Albert Szent-Gyorgyi, Bruno Straub, and the Discovery of Actin." *Advances in Physiology Education* 42:277–88.

Ramberg, Peter J. 2000. "The Death of Vitalism and the Birth of Organic Chemistry: Wohler's Urea Synthesis and the Disciplinary Identity of Organic Chemistry." *Ambix*, 47170–95

Rankin, Mark. 2013. "Can One Be Two? A Synopsis of the Twinning and Personhood Debate." *Monash Bioethics Review* 31:37–59.

Ratcliff, Marc J. 2004. "Abraham Trembley's Strategy of Generosity and the Scope of Celebrity in the Mid-Eighteenth Century." *Isis* 95:555–75.

Ray, Subash K., Gabriele Valentini, Purva Shah, Abid Haque, Chris R. Reid, Gregory F. Weber, and Simon Garnier. 2019. "Information Transfer During Food Choice in the Slime Mold *Physarum polycephalum*." *Frontiers in Ecology and Evolution* 7:1–11.

Reed, Charles B. 1915. *Albrecht Von Haller: A Physician—Not Without Honor*. Chicago: Chicago Literary Club.

Rehbock, Philip F. 1975. "Huxley, Haeckel, and the Oceanographers: The Case of *Bathybius haeckelii*." *Isis* 66:504–33.

Reid, Chris R., Hannelore MacDonald, Richard P. Mann, James A. R. Marshall, Tanya Latty, and Simon Garnier. 2016. "Decision-Making Without a Brain:

How an Amoeboid Organism Solves the Two-Armed Bandit." *Journal of the Royal Society Interface* 13. doi:10.1098/rsif.2016.0030.

Reid, Chris R., Simon Garnier, Madeleine Beekman, and Tanya Latty. 2015. "Information Integration and Multiattribute Decision Making in Non-Neuronal Organisms." *Animal Behaviour* 100:44–50.

Reid, Chris R., Tanya Latty, Andrey Dussutour, and Madeleine Beekman. 2012. "Slime Mold Uses an Externalized Spatial 'Memory' to Navigate in Complex Environments." *Proceedings of the National Academy of Sciences* 109:17490–94.

Reinhold, Robert. 1968. "Harvard Panel Asks Definition of Death Be Based on Brain." *New York Times*, August 5. https://www.nytimes.com/1968/08/05/archives/harvard-panel-asks-definition-of-death-be-based-on-brain-death.html (accessed June 8, 2020).

Rice, Amy L. 1983. "Thomas Henry Huxley and the Strange Case Of Bathybius haeckelii: A Possible Alternative Explanation." *Archives of Natural History* 11:169–80.

Robinson, Denis M. 1988. "Reminiscences on Albert Szent-Györgyi." *Biological Bulletin* 174:214–33.

Rochlin, Kate, Shannon Yu, Sudipto Roy, and Mary K. Baylies. 2010. "Myoblast Fusion: When It Takes More to Make One." *Developmental Biology* 341:66–83.

Roe, Shirley A. 1981. *Matter, Life, and Generation: 18th-Century Embryology and the Haller-Wolff Debate.* Cambridge, UK: Cambridge University Press.

Rogalla, Horts, and Peter H. Kes, editors. *100 Years of Superconductivity.* London: Taylor & Francis.

Roger, Jacques. 1997. *Buffon: A Life in Natural History.* Translated by Sarah L. Bonnefoi. Ithaca, NY: Cornell University Press.

Rosa-Salva, Orsola, Uwe Mayer, and Giorgio Vallortigara. 2015. "Roots of a Social Brain: Developmental Models of Emerging Animacy-Detection Mechanisms." *Neuroscience & Biobehavioral Reviews* 50:150–68.

Rößler, Hole. 2013. "Character Masks of Scholarship: Self-Representation and

Self-Experiment as Practices of Knowledge Around 1770." In *Scholars in Action: The Practice of Knowledge and the Figure of the Savant in the 18th Century*. Edited by André Holenstein, Hubert Steinke, and Martin Stuber. Leiden, Netherlands: Brill.

Ruggiero, Angela. 2018. "Jahi McMath: Funeral Honors Young Teen Whose Brain Death Captured World's Attention." *Mercury News* (San Jose, CA), July 6. https://www.mercurynews.com/2018/07/06/jahi-mcmath-funeral-honors-young-teen-whose-brain-death-captured-worlds-attention/ (accessed June 8, 2020).

Rummel, Andrea D., Sharon M. Swartz, and Richard L. Marsh. 2019. "Warm Bodies, Cool Wings: Regional Heterothermy in Flying Bats." *Biology Letters* 15. doi:10.1098/rsbl.2019.0530.

Rupke, Nicolaas A. 1976. "*Bathybius haeckelii* and the Psychology of Scientific Discovery: Theory Instead of Observed Data Controlled the Late 19th Century 'Discovery' of a Primitive Form of Life." *Studies in History and Philosophy of Science Part A* 7:53–62.

Russell, Michael J. 2019. "Prospecting for Life." *Interface Focus* 9. doi:10.1098/rsfs.2019.0050.

Rutz, Christian, Matthias-Claudio Loretto, Amanda E. Bates, Sarah C. Davidson, Carlos M. Duarte, Walter Jetz, Mark Johnson et al. 2020. "COVID-19 Lockdown Allows Researchers to Quantify the Effects of Human Activity on Wildlife." *Nature Ecology & Evolution*. doi:10.1038/s41559-020-1237-z.

Sagan, Carl, and Joshua Lederberg. 1976. "The Prospects for Life on Mars: A Pre-Viking Assessment." *Icarus* 28:291–300.

Samartzidou, Hrissi, Mahsa Mehrazin, Zhaohui Xu, Michael J. Benedik, and Anne H. Delcour. 2003. "Cadaverine Inhibition of Porin Plays a Role in Cell Survival at Acidic pH." *Journal of Bacteriology* 185:13–19.

Satterly, John. 1939. "The Postprandial Proceedings of the Cavendish Society I." *American Journal of Physics* 7:179–85.

Schlenk, Fritz. 1987. "The Ancestry, Birth and Adolescence of Adenosine Triphosphate." *Trends in Biochemical Sciences* 12:367–68.

Schmalian, Jörg. 2010. "Failed Theories of Superconductivity." *Modern Physics Letters B* 24:2679–91.

Scholl, Brian J., and Patrice D. Tremoulet. 2000. "Perceptual Causality and Animacy." *Trends in Cognitive Sciences* 4:299–309.

Schrödinger, Erwin. 2012. *What Is Life?* Cambridge: Cambridge University Press.

Secor, Stephen M., and Jared Diamond. 1995. "Adaptive Responses to Feeding in Burmese Pythons: Pay Before Pumping." *Journal of Experimental Biology* 198:1313–25.

Secor, Stephen M., and Jared Diamond. 1998. "A Vertebrate Model of Extreme Physiological Regulation." *Nature* 395:659–62.

Secor, Stephen M., Eric D. Stein, and Jared Diamond. 1994. "Rapid Upregulation of Snake Intestine in Response to Feeding: A New Model of Intestinal Adaptation." *American Journal of Physiology* 266:G695–705.

Setia, Harpreet, and Alysson R. Muotri. 2019. "Brain Organoids as a Model System for Human Neurodevelopment and Disease." *Seminars in Cell and Developmental Biology* 95:93–97.

Setten, Ryan L., John J. Rossi, and Si-Ping Han. 2019. "The Current State and Future Directions of RNAi-Based Therapeutics." *Nature Reviews Drug Discovery* 18:421–46.

Shahar, Anat, Peter Driscoll, Alycia Weinberger, and George Cody. 2019. "What Makes a Planet Habitable?" *Science* 364:434–35.

Shewmon, D. A. 2018. "The Case of Jahi McMath: A Neurologist's View." *Hastings Center Report* 48:S74–76.

Simkulet, William. 2017. "Cursed Lamp: The Problem of Spontaneous Abortion." *Journal of Medical Ethics*. doi:10.1136/medethics-2016-104018.

Simpson, Bob. 2018. "Death." *Cambridge Encyclopedia of Anthropology*, July 23. http://doi.org/10.29164/18death (accessed June 8, 2020).

Sloan, Philip R., and Brandon Fogel. 2011. *Creating a Physical Biology: The Three-Man Paper and Early Molecular Biology*. Chicago: University of Chicago Press.

Slowik, Edward. 2017. "Descartes' Physics." *Stanford Encyclopedia of Philosophy*, August 22. https://plato.stanford.edu/archives/fall2017/entries/descartes-physics/ (accessed July 25, 2020).

Slutsky, Arthur S. 2015. "History of Mechanical Ventilation: From Vesalius to Ventilator-Induced Lung Injury." *American Journal of Respiratory and Critical Care Medicine* 191:1106-15.

Smith, Kelly C. 2018. "Life as Adaptive Capacity: Bringing New Life to an Old Debate." *Biological Theory* 13:76–92.

Srivathsan, Amirita, Emily Hartop, Jayanthi Puniamoorthy, Wan T. Lee, Sujatha N. Kutty, Olavi Kurina, and Rudolf Meier. 2019. "Rapid, Large-Scale Species Discovery in Hyperdiverse Taxa Using 1D MinION Sequencing." *BMC Biology* 17. doi:10.1186/s12915-019-0706-9.

Steigerwald, Joan. 2019. *Experimenting at the Boundaries of Life: Organic Vitality in Germany Around 1800*. Pittsburgh, PA: University of Pittsburgh Press.

Steinke, Hubert. 2005. *Irritating Experiments: Haller's Concept and the European Controversy on Irritability and Sensibility*, 1750–90. Amsterdam: Rodopi.

Stephenson, Andrew G. 1981. "Flower and Fruit Abortion: Proximate Causes and Ultimate Functions." *Annual Review of Ecology and Systematics* 12:253–79.

Stiles, Joan, and Terry L. Jernigan. 2010. "The Basics of Brain Development." *Neuropsychology Review* 20:327–48.

Stott, Rebecca. 2012. *Darwin's Ghosts: The Secret History of Evolution*. New York: Spiegel & Grau.

Strauss, Bernard S. 2017. "A Physicist's Quest in Biology: Max Delbrück and 'Complementarity.'" *Genetics* 206:641–50.

Strick, James E. 2009. "Darwin and the Origin of Life: Public Versus Private Science." *Endeavour* 33:148–51.

Subramanian, Samanth. 2020. *A Dominant Character: The Radical Science and Restless Politics of J. B. S. Haldane.* New York: Norton.

Sullivan, Janet R. 1983. "Comparative Reproductive Biology of Acer pensylvanicum and A. spicatum (Aceraceae)." *American Journal of Botany* 70:916–24.

Surman, Andrew J., Marc R. Garcia, Yousef M. Abul-Haija, Geoffrey J. T. Cooper, Piotr S. Gromski, Rebecca Turk-MacLeod, Margaret Mullin et al. 2019. "Environmental Control Programs the Emergence of Distinct Functional Ensembles from Unconstrained Chemical Reactions." *Proceedings of the National Academy of Sciences* 116. doi:10.1073/pnas.1813987116.

Sutton, Geoffrey. 1984. "The Physical and Chemical Path to Vitalism: Xavier Bichat's Physiological Researches on Life and Death." *Bulletin of the History of Medicine* 58:53–71.

Swartz, Mimi. 1996. "It Came from Outer Space." *Texas Monthly*, November. https://www.texasmonthly.com/articles/it-came-from-outer-space/ (accessed July 25, 2020).

Sweet, William H. 1978. "Brain Death." *New England Journal of Medicine* 299:410–22.

Symonds, Neville. 1988. "Schrödinger and Delbrück: Their Status in Biology." *Trends in Biochemical Sciences* 13:232–34.

Szabo, Liz. 2014. Ethicists Criticize Treatment of Teen, Texas Patient." *USA Today*, January 9. https://www.usatoday.com/story/news/nation/2014/01/09/ethicists-criticize-treatment-brain-dead-patients/4394173/ (accessed June 8, 2020).

Szent-Györgyi, Albert. 1948. *Nature of Life: A Study on Muscle.* New York: Academic Press.

Szent-Györgyi, Albert. 1963. "Lost in the Twentieth Century." *Annual Review of Biochemistry* 32:1–14.

Szent-Györgyi, Albert. 1972. "What Is Life?" In *Biology Today.* Edited by John H.

Painter, Jr. Del Mar, CA: CRM Books.

Szent-Györgyi, Albert. 1977. "The Living State and Cancer." *Proceedings of the National Academy of Sciences* 74:2844–47.

Tamura, Koji. 2016. "The Genetic Code: Francis Crick's Legacy and Beyond." Life 6:36.

Taubner, Ruth-Sophie, Patricia Pappenreiter, Jennifer Zwicker, Daniel Smrzka, Christian Pruckner, Philipp Kolar, Sébastien Bernacchi et al. 2018. "Biological Methane Production Under Putative Enceladus-Like Conditions." *Nature Communications* 9:748.

Taylor, William R. 1920. *A Morphological and Cytological Study of Reproduction in the Genus Acer.* Philadelphia: University of Pennsylvania.

Thomson, Charles W. 1869. "XIII. On the Depths of the Sea." *Annals and Magazine of Natural History* 4:112–24.

Thomson, Joseph J. 1906. "Some Applications of the Theory of Electric Discharge Through Gases to Spectroscopy." *Nature* 73:495–99.

Tirard, Stéphane. 2017. "J. B. S. Haldane and the Origin of Life." *Journal of Genetics* 96:735–39.

Trifonov, Edward N. 2011. "Vocabulary of Definitions of Life Suggests a Definition." *Journal of Biomolecular Structure and Dynamics* 29:259–66.

Trujillo, Cleber A., Richard Gao, Priscilla D. Negraes, Jing Gu, Justin Buchanan, Sebastian Preissl, Allen Wang et al. 2019. "Complex Oscillatory Waves Emerging from Cortical Organoids Model Early Human Brain Network Development." *Cell Stem Cell* 25:558–69.e7.

Truog, Robert D. 2018. "Lessons from the Case of Jahi McMath." *Hastings Center Report* 48:S70–73.

Vallortigara, Giorgio, and Lucia Regolin. 2006. "Gravity Bias in the Interpretation of Biological Motion by Inexperienced Chicks." *Current Biology* 16:R279–80.

Van Kranendonk, Martin J., David W. Deamer, and Tara Djokic. 2017. "Life Springs." *Scientific American* 317:28–35.

Van Lawick-Goodall, Jane. 1968. "The Behaviour of Free-Living Chimpanzees in the Gombe Stream Reserve." *Animal Behaviour Monographs* 1:161–311.

Van Lawick-Goodall, Jane. 1971. *In the Shadow of Man*. Boston: Houghton Mifflin.

Vartanian, Aram. 1950. "Trembley's Polyp, La Mettrie, and Eighteenth-Century French Materialism." *Journal of the History of Ideas* 11:259–86.

Vastenhouw, Nadine L., Wen X. Cao, and Howard D. Lipshitz. 2019. "The Maternal-to-Zygotic Transition Revisited." *Development* 146. doi:10.1242/dev.161471.

Vázquez-Diez, Cayetana, and Greg FitzHarris. 2018. "Causes and Consequences of Chromosome Segregation Error in Preimplantation Embryos." *Reproduction* 155:R63–76.

"Viking I Lands on Mars." *ABC News*, July 20, 1976. https://www.youtube.com/watch?gZjCfNvx9m8 (accessed June 8, 2020).

Villavicencio, Raphael T. 1998. "The History of Blue Pus." *Journal of the American College of Surgeons* 187:212–16.

Vitas, Marko, and Andrej Dobovišek. 2019. "Towards a General Definition of Life." *Origins of Life and Evolution of Biospheres* 49:77–88.

Vitturi, Bruno K., and Wilson L. Sanvito. 2019. "Pierre Mollaret (1898–1987)." *Journal of Neurology* 266:1290–91.

Voigt, Christian C., Winifred F. Frick, Marc W. Holderied, Richard Holland, Gerald Kerth, Marco A. R. Mello, Raina K. Plowright et al. 2017. "Principles and Patterns of Bat Movements: From Aerodynamics to Ecology." *Quarterly Review of Biology* 92:267–87.

Waddington, Conrad H. 1967. "No Vitalism for Crick." *Nature* 216:202–3.

Wakefield, Priscilla. 1816. *Instinct Displayed, in a Collection of Well-Authenticated Facts, Exemplifying the Extraordinary Sagacity of Various Species of the Animal Creation*. Boston: Flagg & Gould.

Walker, Sara I. 2017. "Origins of Life: A Problem for Physics, a Key Issues

Review." *Reports on Progress in Physics* 80. doi:10.1088/1361-6633/aa7804.

Walker, Sara I. 2018. "Bio from Bit." In *Wandering Towards a Goal: How Can Mindless Mathematical Laws Give Rise to Aims and Intention?* Edited by Anthony Aguirre, Brendan Foster, and Zeeya Merali. Cham, Switzerland: Springer International Publishing.

Walker, Sara I., and Paul C. W. Davies. 2012. "The Algorithmic Origins of Life." *Journal of the Royal Society Interface* 10. doi:10.1098/rsif.2012.0869.

Walker, Sara I., Hyunju Kim, and Paul C. W. Davies. 2016. "The Informational Architecture of the Cell." *Philosophical Transactions of the Royal Society A* 374. doi:10.1098/rsta.2015.0057.

Walker, Sara I., William Bains, Leroy Cronin, Shiladitya DasSarma, Sebastian Danielache, Shawn Domagal-Goldman, Betul Kacar et al. 2018. "Exoplanet Biosignatures: Future Directions." *Astrobiology* 18:779-824.

Webb, Richard L., and Paul A. Nicoll. 1954. "The Bat Wing as a Subject for Studies in Homeostasis of Capillary Beds." *Anatomical Record* 120:253–63.

Welch, G. R. 1995. "T. H. Huxley and the 'Protoplasmic Theory of Life': 100 Years Later." *Trends in Biochemical Science* 20:481-85.

Westall, Frances, and André Brack. 2018. "The Importance of Water for Life." *Space Science Reviews* 214. doi:10.1007/s11214-018-0476-7.

Wijdicks, Eelco F. M. 2003. "The Neurologist and Harvard Criteria for Brain Death." *Neurology* 61:970–76.

Willis, Craig K. R. 2017. "Trade-offs Influencing the Physiological Ecology of Hibernation in Temperate-Zone Bats." *Integrative and Comparative Biology* 57:1214–24.

Wilson, Edmund B. 1923. *The Physical Basis of Life.* New Haven, CT: Yale University Press.

WSFA Staff. 2019. "Rape, Incest Exceptions Added to Abortion Bill." *WBRC FOX6 News,* May 8. https://www.wbrc.com/2019/05/08/rape-incest-exceptions-added-abortion-bill/ (accessed July 25, 2020).

Xavier, Joana C., Wim Hordijk, Stuart Kauffman, Mike Steel, and William F. Martin. 2020. "Autocatalytic Chemical Networks at the Origin of Metabolism." *Proceedings of the Royal Society B* 287. doi:10.1098/rspb.2019.2377.

Yashina, Svetlana, Stanislav Gubin, Stanislav Maksimovich, Alexandra Yashina, Edith Gakhova, and David Gilichinsky. 2012. "Regeneration of Whole Fertile Plants from 30,000-Y-Old Fruit Tissue Buried in Siberian Permafrost." *Proceedings of the National Academy of Sciences* 109:4008–13.

Yoxen, Edward J. 1979. "Where Does Schroedinger's 'What is Life?' Belong in the History of Molecular Biology?" *History of Science* 17:17–52.

Zammito, John H. 2018. *The Gestation of German Biology: Philosophy and Physiology from Stahl to Schelling.* Chicago: University of Chicago Press.

Zimmer, Carl. 1995. "First Cell." *Discover*, October 31. https://www.discovermagazine.com/the-sciences/first-cell (accessed June 8, 2020).

Zimmer, Carl. 2007. "The Meaning of Life." *Seed*, September 4. https://carlzimmer.com/the-meaning-of-life-437/ (accessed July 25, 2020).

Zimmer, Carl. 2011. "Darwin Under the Microscope: Witnessing Evolution in Microbes." In *In the Light of Evolution: Essays from the Laboratory and Field.* Edited by Jonathan B. Losos. New York: Macmillan.

Zimmer, Carl. 2021. *A Planet of Viruses.* Third edition. Chicago: University of Chicago Press.

찾아보기